先进遗传算法及其工程应用

汪民乐　高晓光　范阳涛　编著

西北工業大學出版社

西　安

【内容简介】 本书以遗传算法基本理论为基础，依据近年来遗传算法的发展现状，对遗传算法的数学基础理论、算法设计方法及其工程应用进行系统研究和全面总结。本书对基本遗传算法、多目标优化遗传算法、小生境遗传算法进行系统分析和改进；提出新的遗传算法收敛性指标和遗传算法全局收敛性分析的数学方法，并提出预防遗传算法早熟的种群成熟度自适应控制策略，给出针对不同编码方案的遗传算法控制参数优化方法，设计新型遗传算子，构造提高非线性优化全局收敛性的新型遗传算法；给出遗传算法的实际运用方法和应用案例，包括遗传算法在典型组合优化问题和工程系统优化问题中的应用。本书能够为遗传算法理论研究和算法改进提供参考，为运用遗传算法求解经典最优化问题提供算法支持，为遗传算法的工程应用在算法设计与实现上提供借鉴。

本书的主要读者对象为高等学校计算科学、运筹与控制、计算机科学与技术等专业的师生，从事现代智能算法研究的科研人员，以及从事智能算法设计与应用工作的工程技术人员。

图书在版编目(CIP)数据

先进遗传算法及其工程应用/汪民乐，高晓光，范阳涛编著.—西安：西北工业大学出版社，2019.10
ISBN 978-7-5612-6621-2

Ⅰ.①先… Ⅱ.①汪… ②高… ③范… Ⅲ.①遗传-算法-研究 Ⅳ.①TP18

中国版本图书馆CIP数据核字(2019)第220705号

XIANJIN YICHUAN SUANFA JIQI GONGCHENG YINGYONG
先进遗传算法及其工程应用

责任编辑：李阿盟 **策划编辑**：雷 鹏
责任校对：万灵芝 **装帧设计**：李 飞
出版发行：西北工业大学出版社
通信地址：西安市友谊西路127号 **邮编**：710072
电 话：(029)88491757，88493844
网 址：www.nwpup.com
印 刷 者：兴平市博闻印务有限公司
开 本：710 mm×1 000 mm 1/16
印 张：19.25
字 数：399千字
版 次：2019年10月第1版 2019年10月第1次印刷
定 价：88.00元

如有印装问题请与出版社联系调换

前 言

目前,在各种工程系统优化中大量运用模型化方法,但工程系统自身性能的复杂性、系统运用与管理的复杂性及系统环境的复杂性,导致工程系统优化模型的高度复杂性,因此,工程系统优化模型的求解变得十分困难。传统的求解算法存在两个难以逾越的障碍——局部极优和时间复杂性问题。现代智能算法的典型代表——遗传算法,作为一种仿生类智能化随机搜索算法,因其独特的优点为解决这一难题提供了有效途径。

本书以遗传算法基本理论为基础,依据近年来遗传算法的发展现状,对遗传算法的数学基础理论、算法设计方法及其工程应用进行系统研究,力图为遗传算法的设计及应用提供较为全面的参考。本书主要内容包括以下三个部分:

(1)遗传算法基础篇。结合遗传算法的发展现状,从遗传算法的数学理论、基本构成要素与算子、实现流程等方面,对基本遗传算法进行系统分析和总结。针对多目标优化遗传算法,给出非劣解集的评价准则,构造多目标优化遗传算法的基本框架,对典型多目标优化遗传算法进行描述。针对小生境遗传算法,分析基本小生境遗传算法,构造能够克服"早熟"现象的改进小生境遗传算法。

(2)遗传算法进阶篇。针对遗传算法研究中的重点和难点之一——遗传算法的收敛效率问题,给出遗传算法收敛效率的准确定义,提出新的遗传算法收敛性指标,并给出遗传算法全局收敛性分析的数学方法。针对遗传算法早熟问题,提出种群模糊成熟度指标,并在此基础上提出预防遗传算法早熟的种群成熟度自适应控制策略。在遗传算法控制参数优化方面,针对不同编码方案提出新的参数优化方法,包括交叉概率和变异概率控制策略、最优种群规模确定方法、动态收敛准则等。在先进遗传算法设计方面,分别提出基于混合概率的选择算子、基于交叉点数量优化的新型交叉算子和改进的基于个体抽样的变异算子;构造提高非线性优化全局收敛性的新型遗传算法、非线性混合优化和多目标优化的新型遗传算法;研究进化算法中的约束处理技术这一重要问题,给出三类处理约束的方法。

(3)遗传算法应用篇。立足于遗传算法在各种函数优化、组合优化和工程系统优化中的应用背景,针对具体问题,给出遗传算法的实际运用方法和应用案例,包括遗传算法在调度、排序、选址、指派等组合优化问题中的应用,以及遗传算法在路径规划、结构优化、自动控制和电力系统优化等工程系统优化问题中的应用,对遗传算法的实际应用具有参考价值。

本书由汪民乐提出立题，并设计全书总体框架和编写纲目，其中第一篇由高晓光撰写，第二篇由汪民乐撰写，第三篇由范阳涛撰写，最后由汪民乐负责对全书进行修改与统稿。本书的编著与出版受到军队“2110 工程”及国家自然科学基金项目(批准号:61603398)的资助，并得到火箭军工程大学基础部领导和同志们的大力支持与帮助，在此一并致谢！

由于水平所限，书中疏漏之处在所难免，恳请读者批评指正！

编著者

2019 年 5 月

目　录

第一篇　基　础　篇

第二篇　进　阶　篇

第三篇　应　用　篇

第一篇 基 础 篇

第1章 基本遗传算法

遗传算法(Genetic Algorithms,GA)[1-2]是模拟Darwin遗传选择和自然淘汰的生物进化过程的计算模型,是由美国密歇根大学的J. H. Holland教授创立的。1975年,J. H. Holland教授的专著*Adaptation in Natural and Artificial Systems*的出版标志着遗传算法的正式诞生,此后,D. E. Goldberg在1989年出版了*Genetic Algorithms in Search, Optimization, and Machine Learning*一书,这是遗传算法发展史上的又一个里程碑。该书全面阐述了遗传算法的发展历程、现状以及各种算法。近年来,对于遗传算法的研究与应用日益普遍和深入。

遗传算法是全局优化自适应概率搜索算法,是模拟自然选择和自然遗传过程中发生的基因复制、交叉和基因突变现象,在每次迭代中都保留一组候选解,并按某种指标从解群中选取较优的个体。利用选择、交叉和变异等遗传算子,对这些个体进行组合,产生新一代的候选解群,重复此过程直到满足某种收敛指标为止。

遗传算法对一个个体解的好坏用适应度值函数来评价,适应度值函数越大,其解的质量越好。适应度函数是遗传算法进化过程的驱动力,也是进行自然选择的唯一标准。它的设计应结合求解问题本身的要求而定。遗传算法所使用的选择运算实现对群体中的个体进行优胜劣汰的选择操作,就是按某种方法从父代群体中选取一些个体,遗传到下一代群体,而适应度值高的个体被遗传到下一代群体中的概率大。遗传算法要实现全局收敛,首先要求任意初始种群经有限步都能到达全局最优解,其次算法必须有保优操作来防止最优解的遗失。与算法收敛性有关的因素主要包括种群规模、选择操作、交叉概率和变异概率。

遗传算法具有思想简单、易于实现、算法健壮等优点,同时还具有隐含并行性和全局搜索特性两大显著特征,因而在自动控制、组合优化、机器学习和图像处理等领域得到广泛的应用。对于大型的、复杂的非线性系统,遗传算法更能显示出其独特而优越的性能，目前它已被广泛应用于各类复杂最优化问题。

1.1 遗传算法的产生与发展

生物在自然界的生存繁衍过程中，能够逐渐适应其所处的生存环境，品质亦不断改良，其对自然环境的优异自适应能力，令人惊叹不已。受此启发，人们开始致力于对生物的机理研究和行为模拟，并将成果应用于人工自适应系统的设计和开发。

早在20世纪50年代，一些生物学家就开始研究运用数字计算机模拟生物的自然遗传与自然进化过程。1963年，德国柏林技术大学的I. Rechenberg和H. P. Schwefel在做风洞实验时，产生了进化策略的初步思想。20世纪60年代，L. J. Fogel在设计有限态自动机时提出进化规划的思想。1966年，Fogel等人出版了《基于模拟进化的人工智能》，系统阐述了进化规划的思想。20世纪60年代中期，美国密歇根大学的J. H. Holland教授提出借鉴生物自然遗传的基本原理用于自然和人工系统的自适应行为研究和串编码技术。1967年，他的学生J. D. Bagley在博士论文中首次提出"遗传算法"一词。1975年，Holland出版了著名的*Adaptation in Natural and Artificial Systems*，标志着遗传算法的诞生。

20世纪70年代初，J. H. Holland提出了"模式定理"(Schema Theorem)，一般认为是"遗传算法的基本定理"，从而奠定了遗传算法研究的理论基础。1985年，在美国召开了第一届遗传算法国际会议，并且成立了国际遗传算法学会(International Society of Genetic Algorithms，ISGA)。1989年，Holland的学生D. E. Goldberg出版了*Genetic Algorithms in Search, Optimization, and Machine Learning*，对遗传算法及其应用进行了全面而系统的论述。1991年，L. Davis出版了*Handbooks of Genetic Algorithms*，其中包括遗传算法在工程技术和社会生活中大量的应用实例。

遗传算法自起源至今已经得到了人们的普遍认可[3-6]，它为解决实际问题提供了一个很好的方法，但其自身还存在不足，因此许多学者尝试对遗传算法进行改进以更好地解决实际问题[7-9]。

1.2 遗传算法的数学基础理论

1.2.1 模式

遗传算法处理的是一些具有相似编码结构模板的个体，对个体的搜索过程实际上就是对相似模板的搜索过程，因此首先需要对模式这个概念做详细的阐述。

定义1.1 模式表示了一些相似的模块，它描述了在某些位置上具有相似结构特征的个体编码串的一个子集。

在二进制编码串中，模式是基于三个字符集{0,1,*}的字符串，符号*代表任意字符，既可为0，也可为1。例如，$H=1**1$ 模式描述了一个四元的子集{1001,1011,1101,1111}。

在对遗传算法进行理论分析时，有时需要对模式的数量进行估算。对于二进制编码串，如果串长为 l，则共有 3^l 个不同的模式。在遗传算法中串的运算实际上是模式的运算。如果各个串的每一位按等概率生成0或1，则规模为 n 的种群模式总数的期望值为

$$\sum_{i=1}^{l} C_l^i 2^i (1-(1-(1/2)^i)^n \tag{1.1}$$

一般地，定义在含有 k 个基本字符的字母表上长度为 l 的字符串中的模式共有 $(k+1)^l$ 个，在长度为 l、规模为 M 的二进制编码字符串群体中，一般含有 $2^l \sim M \times 2^l$ 个模式。

定义1.2 在模式 H 具有确定基因值的位置数目称为该模式的模式阶，记作 $O(H)$。

以二进制编码字符串为例，模式阶就是模式中含有1和0的个数，因此 $O(011*1*0**)=5$。当字符串长度固定时，模式阶数越高，与之相匹配的字符串就越少，该模式的确定性也就越高。

定义1.3 模式 H 中第一个确定位置和最后一个确定位置之间的距离称为模式的定义长度，也称定义距，记作 $\delta(H)$。

例如，对于二进制编码字符串而言，$\delta(0110*0**)=5$。当只有1位确定的基因值时，这个位置既是第一个确定基因值位置，也是最后一个确定基因值位置，规定它们的模式定义长度为0，如 $\delta(***0**)=0$。

1.2.2 模式定理

从模式的概念来看，遗传算法是对模式的一种运算，遗传算法实质上就是对某一模式的多个样本进行选择运算、交叉运算和变异运算后，得到一些新的样本和新的模式。假设给定时间步 t，当前群体 $P(t)$ 中能与模式 H 匹配的个体数记为 $m(H,t)$，下一代群体 $P(t+1)$ 中能与模式正好匹配的个体数记为 $m(H,t+1)$。下面具体分析在选择运算、交叉运算和变异运算的连续作用下，模式 H 的样本数 $m(H,t)$ 的变化情况。

1. 选择运算的作用

一个特定的模式 H 有 m 个代表串包含在种群 $A(t)$ 中，记为 $m=m(H,t)$。在再生阶段，每个串根据它的适应度值进行复制，一个串 A_i 的再生概率为

$$P_i = \frac{f_i}{\sum_{j=1}^{n} f_j} \tag{1.2}$$

当采用非重叠的 n 个串的种群代替种群 $A(t)$ 时，可以得到：

$$m(H,t+1) = m(H,t)n\frac{f(H)}{\sum_{j=1}^{n} f_j} \tag{1.3}$$

式中，$f(H)$ 是在时间步 t 时表示模式 H 的串的平均适应度值，整个种群的平均适应度值可记为

$$\overline{f} = \frac{\sum_{j=i}^{n} f_j}{n} \tag{1.4}$$

在基本遗传算法的结构条件下，若遗传操作只选择转移到下一代的话，则式

$$m(H,t+1) = m(H,t)\,\frac{f(H)}{\overline{f}} \tag{1.5}$$

成立。

假设从 $t=0$ 开始，某一特定模式适应度值保持在种群平均适应度值以上的 $c\overline{f}$，c 为一常数，则模式的选择生长方程变为

$$m(H,t+1) = m(H,t)\,\frac{\overline{f}+c\overline{f}}{\overline{f}} = (1+c)m(H,t) = (1+c)^t m(H,0) \tag{1.6}$$

由式(1.6)可知，若 $c>0$，则 $m(H,t)$ 呈指数级增长；若 $c<0$，则 $m(H,t)$ 呈指数级减少。由此可得到以下结论：在选择运算作用下，对于平均适应度值高于群体平均适应度值的模式，其样本数将呈指数级增长；而对于平均适应度值低于群体平均适应度值的模式，其样本数将呈指数级减少。

2. 交叉运算的作用

由于交叉运算是以随机方式进行的，当随机设置的交叉点在模式的定义长度之内时，将有可能破坏该模式；而当随机设置的交叉点在模式的定义长度之外时，肯定不会破坏该模式。当交叉操作以概率 P_c 进行交叉，对于模式 H 的生存概率计算如下：

$$P_s \geqslant 1 - P_c\,\frac{\delta(H)}{l-1} \tag{1.7}$$

经过选择运算和交叉运算之后，可以得到子代模式的估计：

$$m(H,t+1) \geqslant m(H,t)\,\frac{f(H)}{\overline{f}}\left[1 - P_c\,\frac{\delta(H)}{l-1}\right] \tag{1.8}$$

由式(1.8)可知，在其他值固定的情况下，$\delta(H)$ 越小，则 $m(H,t)$ 越容易呈指数级增长；$\delta(H)$ 越大，则 $m(H,t)$ 越不容易呈指数级增长。

3. 变异运算的作用

当模式 H 中 $O(H)$ 个确定位都存活时，这时模式 H 被保留下来，存活概率为

$$(1-P_m)^{O(H)} \approx 1-O(H)P_m, \quad P_m \ll 1 \tag{1.9}$$

由此可知，在变异运算作用下，模式 H 的生存概率为

$$P_s \approx 1-O(H)P_m \tag{1.10}$$

由式(1.10)可知，$O(H)$ 越小，模式 H 越易于生存；$O(H)$ 越大，模式 H 越易于被破坏。因此，在考虑选择、交叉和变异操作的作用下，一个特定模式在下一代中期望出现的数目可以近似地表示为

$$m(H,t+1) \geqslant m(H,t)\frac{\overline{f}(H)}{\overline{f}}\left[1-P_c\frac{\delta(H)}{l-1}-O(H)P_m\right] \tag{1.11}$$

式中 $m(H,t+1)$—— 在 $t+1$ 代种群中存在模式 H 的个体数目；

$m(H,t)$—— 在 t 代群体中存在模式 H 的个体数目；

$\overline{f}(H)$—— 在 t 代群体中包含模式 H 的个体平均适应度值；

$\overline{f}$—— 在 t 代群体中所有个体的平均适应度值；

l—— 个体的编码长度；

P_c—— 交叉概率；

P_m—— 变异概率。

综上所述，可以得出模式定理[10-12]：遗传算法中，在选择、交叉、变异运算的作用下，具有低阶、短定义长度、平均适应度值高于种群平均适应度值的模式在子代中呈指数级增长。

模式定理奠定了遗传算法的理论基础，为分析遗传算法原理提供了数学工具，也对遗传算法的应用提供了指导。

1.2.3 积木块假设

模式定理说明了具有低阶、短定义长度、平均适应度值高于种群平均适应度值的模式在子代中呈指数级增长，这种类型的模式被称为基因块或积木块。模式定理说明了遗传算法寻求最优样本的可能性，但并不表明遗传算法一定能够找到最优样本，而积木块假设却说明了遗传算法具有这种能力。

【积木块假设】个体的基因块通过选择、交叉、变异等遗传算子的作用，能够相互拼接在一起，形成适应度值更高的个体编码串，最终接近最优样本。

积木块假设说明了用遗传算法求解各类问题的基本思想，即通过基因块之间的相互拼接能够产生出问题更好的解。基于模式定理和积木块假设，人们能够在很多应用问题中广泛地使用遗传算法的思想。

目前大量的实践支持积木块假设，因此积木块假设在许多领域内得到了成功的应用。统计确定理论中的双角子机问题表明，要获得最优的可行解，则必须保持

较优解的数目呈指数级增长,而模式定理保证了在一定条件下较优模式的样本数呈指数级增长,从而满足了寻找最优解的必要条件,即遗传算法存在找到全局最优解的可能性。积木块假设表明,遗传算法具备找到全局最优解的能力,目前已经有大量的实践证据都支持这一假设。

1.2.4 欺骗性问题

在遗传算法中,将所有妨碍评价值高的个体生成从而影响遗传算法正常工作的问题统称为欺骗性问题(deceptive problem)。遗传算法运算过程中具有将高于平均适应度值、低阶和短定义距的模式重新组合形成高阶模式的趋势。如果低阶模式中包含了最优解,则遗传算法可能把它找出来。但是低阶、高适应度值的模式可能没有包含最优串的具体取值,于是遗传算法就会收敛于一个次优的结果,从而导致欺骗性问题的产生。下面给出欺骗性的概念。

定义1.4(竞争模式) 若模式 H 与 H' 中 $*$ 的位置完全一样,但任一确定位的编码均不同,则称 H 和 H' 互为竞争模式。模式 $H(1***)$ 与模式 $H'(0***)$ 即互为竞争模式。

定义1.5(欺骗性) 假设 $f(X)$ 的最大值对应的 X 的集合为 X^*,H 为一个包含 X^* 的 m 阶模式。H 的竞争模式为 H',而且 $f(H) > f(H')$,则 f 为 m 阶欺骗性。

例如,对一个3位二进制编码的模式,如果 $f(000)$ 为全局最小值,下面的12个不等式,只要有一个不成立,则存在欺骗性问题。

模式阶为1时,$f(**0) > f(**1)$,$f(*0*) > f(*1*)$,$f(0**) > f(1**)$;

模式阶为2时,$f(*00) > f(*11)$,$f(0*0) > f(1*1)$,$f(00*) > f(11*)$,

$f(*00) > f(*01)$,$f(0*0) > f(0*1)$,$f(00*) > f(01*)$,

$f(*00) > f(*10)$,$f(0*0) > f(1*0)$,$f(00*) > f(10*)$

欺骗性函数就是那些对遗传算法进行误导,使其错误地收敛到非全局最优状态的函数。常用的关于欺骗性问题的分析方法主要有两种:一种是Bethke的Walsh模式变换理论方法;另一种是Goldberg采用竞争模式比较的方法。Bethke的Walsh模式变换理论关于欺骗问题得出如下结论:如果随着阶数的升高,Walsh系数变得越来越小,则利用遗传算法优化函数越容易。该方法并没有给出欺骗性的具体数值。Goldberg采用竞争模式比较的方法研究欺骗性,但效果并不理想。虽然可以得到 $Z_2^n \to \mathbf{R}$ 上函数 $f=2^n x_1 x_2 \cdots x_n$ 的欺骗性为0阶,而实际上利用遗传算法几乎不可能找到该函数的最优值点。因此如何给出能客观分析欺骗性问题的定量分析方法,以便更好地利用遗传算法解决实际问题,也是遗传算法理论中亟待解决的问题。此外,对于遗传算法的欺骗性问题,继续寻求使问题成为欺骗性问题的条件以及将欺骗性问题转化为非欺骗性问题的方法都值得进一步研究与探讨。

1.2.5　遗传算法的收敛性分析

基本遗传算法可描述为一个齐次 Markov 链 $P_t=\{P(t),t\geqslant 0\}$，因为基本遗传算法的选择、交叉和变异操作都是独立随机进行的，新群体仅与其父代群体及遗传操作算子有关，而与其父代群体之前的各代群体无关，即群体无后效性，并且各代群体之间的转换概率与时间的起点无关。

定理 1.1　基本遗传算法收敛于最优解的概率小于 1。

证明　将群体的各种可能状态 I 分为包括最优个体的状态 I_0 和不包括最优个体的状态 I_n：

$$I=I_0\cup I_n,\quad I_0\cap I_n=\varnothing \tag{1.12}$$

本定理是要证明 P_t 进入 I_0 状态的稳定概率小于 1。

用反证法。假设基本遗传算法能收敛于最优解的概率等于 1，则进入 I_n 状态的稳定概率应等于 0，即

$$\lim_{t\to\infty}P\{P_t\in I_n\}=0 \tag{1.13}$$

在基本遗传算法的进化过程中，群体从某一状态 $i\in I$，经过选择、交叉和变异算子的连续作用而转变为状态 $j\in I$。这三种遗传算子的转移概率分别为 s_{ij}，c_{ij}，m_{ij}，它们可分别构成相应的随机矩阵 $\boldsymbol{S}=\{s_{ij}\}$，$\boldsymbol{C}=\{c_{ij}\}$，$\boldsymbol{M}=\{m_{ij}\}$，则遗传算法的群体状态变换矩阵为 $\boldsymbol{R}=\boldsymbol{SCM}=\{r_{ij}\}$。

由于 $\boldsymbol{S},\boldsymbol{C},\boldsymbol{M}$ 都是随机矩阵，并且 $m_{ij}=P_{\mathrm{m}}^{H(i,j)}(1-P_{\mathrm{m}})^{1-H(i,j)}>0$，$H(i,j)$ 为状态 i 和状态 j 之间的海明距离，容易证得 $r_{ij}>0$，即 $\boldsymbol{R}$ 是正定的。

在第 t 时刻，群体是状态 j 的概率 $P_j(t)$ 为

$$P_j(t)=\sum_{i\in I}P_i(0)r'_{ij},\quad t=0,1,2,\cdots \tag{1.14}$$

由齐次 Markov 链的性质可知，$P_j(t)$ 的稳定概率分布与其初始概率分布无关，即有

$$P_j(\infty)=\sum_{i\in I}P_i(\infty)r'_{ij}>0 \tag{1.15}$$

注意到式(1.15) 中的状态 $j\in I$，即 j 也可能是 I_n 中的一个状态，故可知

$$\lim_{t\to\infty}P\{P_t\in I_n\}>0 \tag{1.16}$$

式(1.16) 与式(1.13) 的假设相矛盾，从而定理得证。

显然，对于这种收敛于最优解的概率小于 1 的基本遗传算法，其应用可靠性就值得怀疑。从理论上来说，仍希望遗传算法能够保证收敛于最优解，这就需要对基本遗传算法进行改进，如使用保留最佳个体的策略就可达到这个要求。

定理 1.2 使用保留最佳个体策略的遗传算法能收敛于最优解的概率为 1。

证明 考察这样所组成的个体集合 $P^+(t)=(A(t),P(t))$，其中 $A(t)$ 是当前群体中适应度值最高的个体。这一个体集合的状态转移规则如下：

(1) 依据定理 1.1 中的状态转移矩阵 $\boldsymbol{R}$ 由 $P(t)$ 产生 $P(t+1)$。

(2)$A(t+1)$ 是从上一代群体中和本代群体中挑出的一个具有最大适应度值的个体，即

$A(t+1)=\max\{A(t),A_0\}$ （A_0 是群体 $P(t+1)$ 中适应度值最高的个体）

这样所构造出的随机过程 $\{P^+(t),t\geqslant 0\}$ 仍然是一个齐次 Markov 链，即有

$$P^+(t)=P^+(0)(R^+)^t \tag{1.17}$$

假设个体集合状态中包括有最优解的状态为 I_0，则该随机过程的状态转移概率为

$$r_{ij}^+>0,\quad \forall i\in I,\forall j\in I_0 \tag{1.18}$$

$$r_{ij}^+=0,\quad \forall i\in I_0,\forall j\notin I_0 \tag{1.19}$$

即从任意状态向含有最优解的状态转移的概率大于 0，而从含有最优解的状态向不含有最优解的状态转移的概率等于 0。

此时，对于 $\forall i\in I,\forall j\notin I_0$，下两式都成立：

$$(r_{ij}^+)^t\to 0,\quad t\to\infty \tag{1.20}$$

$$P_j{}^+(\infty)=0,\quad j\notin I_0 \tag{1.21}$$

亦即个体集合收敛于不含有最优解的状态的概率为 0。换句话说，算法总能够以概率 1 找到最优解。

定理 1.2 说明了这种使用保留最佳个体策略的遗传算法总能够以概率 1 搜索到最优解。这个结论除了理论上具有重要意义之外，在实际应用中也为最优解的搜索过程提供了一种保证。

1.2.6 隐含并行性原理

在遗传算法的运行过程中，每代都处理了 M 个个体，但由于一个个体编码串中都隐含有多种模式，这样，规模为 M 的群体中就可能隐含更多种模式。随着进化的进行，这些模式中一些定义长度较长的模式被破坏掉，而另一些定义长度较短的模式却可能生存下来。下面对每代群体中按指数增长的模式个数的下界进行估计，这个数据也就是遗传含有多种不同的模式，因此算法实际处理了更多的模式。以二进制编码字符串为例，对遗传算法的实现过程进行分析。

从模式定理中可以看出，模式在交叉和变异时可能遭到破坏。由于变异概率很小，所以在此只考虑交叉的破坏(此式也可兼顾变异的破坏因素)。

模式被破坏的概率为

$$P_d = \frac{\delta(s)}{l-1} \tag{1.22}$$

为保证模式的存活率，令 $P_d < \varepsilon$，即

$$\frac{\delta(s)}{l-1} < \varepsilon \tag{1.23}$$

根据模式定义长度的定义，模式不被破坏的最小长度为

$$l_s = \delta(s) + 1 \tag{1.24}$$

由式(1.23)和式(1.24)得

$$l_s < \varepsilon(l-1) + 1 \tag{1.25}$$

假设下述个体编码字符串的长度 $l=12$，$H(101110001010)$，模式 s 的存活长度 $l_s=5$，将它放置在个体字符串的最左侧，则有

1	0	1	1	1	0	0	0	1	0	1	0

写成模式的形式，上述字符串变为

%	%	%	%	1	*	*	*	*	*	*	*

(1) 方框中 % 可在{0,1,*}三者中任取一个。也就是说，% 可为固定值(0/1)或不固定值(*)两种情况。

(2) 方框内的 l 表示有一个确定的模式，也可以选方框内的其他固定值表示。

这时，可以组成的模式个数为

$$2 \times 2 \times \cdots \times 2 = 2^{(l_s-1)}$$

将上述方框右移一位

1	0	1	1	1	0	0	0	1	0	1	0

其模式表达为

0	%	%	%	%	0	*	*	*	*	*	*

这样又可以组成 $2^{(l_s-1)}$ 个模式。

上述斜体部分可发生在8个不同的位置，即发生次数为 $l-l_s+1$，于是，长度为 l 的个体可组成存活长度为 l_s 的模式数目为

$$n_{s1} = 2^{(l_s-1)} \times (l-l_s+1) \tag{1.26}$$

当群体由 M 个个体组成时，可能组成的长度为 l_s 的模式数目为

$$n_{s2} = Mn_{s1} = M \times 2^{(l_s-1)} \times (l-l_s+1) \tag{1.27}$$

若 M 较大，则对一些低阶的模式肯定会有一些重复。为排除这些重复部分，可取群体的规模数为 $M=2^{l_s/2}$。这时，模式阶高于或等于 $2^{l_s/2}$ 的模式最多只重复计数一次。

由于遗传运算都是利用均匀随机数，模式数目服从二项分布，即模式中有一半

的阶次高于 $2^{l_s/2}$，另一半的阶次小于 $2^{l_s/2}$。于是，计算模式数目应取式(1.27)的 1/2。

综合上述各方面，可能存活的模式数目 n_s 为

$$n_s \geqslant M \times 2^{(l_s-1)}(l-l_s+1) \times 1/2 = MM^2 \times 1/2(l-l_s+1) \times 1/2 = \frac{l-l_s+1}{4}M^3 \tag{1.28}$$

即有

$$n_s = cM^3 = O(M^3) \tag{1.29}$$

由此可以得出如下结论：虽然在进化过程中遗传算法只处理了 M 个个体，但实际上并行处理了与 M 的二次方成正比例的模式数。这种并行处理过程有别于一般意义下的并行算法的运行过程，它是包含在处理过程内部的一种隐含并行性。这种并行性使得遗传算法可以快速搜索到一些比较好的模式。

1.2.7　适应度值函数的自相关分析

经过改进的遗传算法虽然能够以概率 1 收敛于问题的最优解，但若这个收敛过程进行得比较缓慢的话，也会使其毫无应用价值。因此从应用的角度来说，需要定量分析求解效率和解的质量，往往还需要在求解效率和解的质量之间达到一种平衡。

前面对遗传算法的理论分析是基于模式的概念来进行的，未涉及适应度值函数。但是，遗传算法的运行过程中毕竟主要是依据个体的适应度值进行优胜劣汰操作的，所以有必要对适应度值函数的特性进行研究。

若某一个体 A_i 在一系列遗传算子的作用下被转化为另一个不同的个体 A_j，那么在解空间中这两个个体之间就有一种很自然的邻接关系。这样，在解空间中就可以定义一种邻接结构。例如，变异算子使某一个体的某一基因座上的基因值反转，由此而产生出一个新的个体，由新旧两个体之间的海明距离就可在解空间中定义出一种距离空间结构。同样，其他种类的遗传算子也可在解空间中定义出其他类型的邻接空间结构。由此看来，解空间就不仅只是表示可行解的一系列点的集合，与解空间中的邻接结构相对应，各点都有不同的适应度值，这样，在解空间中也可定义一种适应度值函数，从而构成一种适应度值函数的景象。

之所以研究适应度值函数的景象，是因为适应度值函数的景象与最优化的难易程度密切相关。有些最优化问题，在所考虑的邻接结构下其适应度值函数的景象凸凹不平，有很多局部最优解，如图 1.1 所示，这类函数优化起来就比较困难。而另一些最优化问题，其适应度值函数的景象起伏一致，如图 1.2 所示，这类函数优化起来就比较方便。

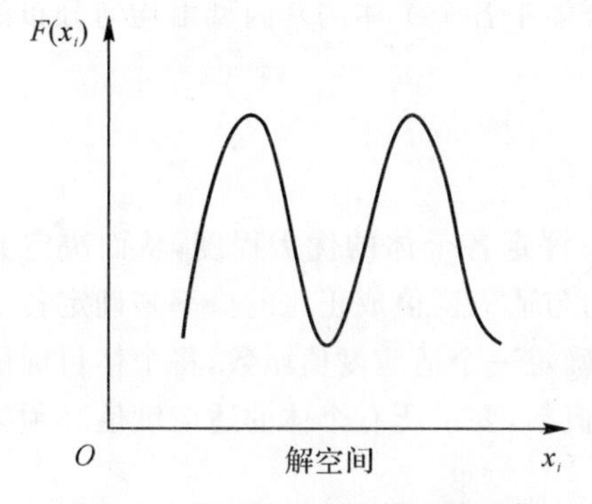

图 1.1　凹凸型适应度值函数景象

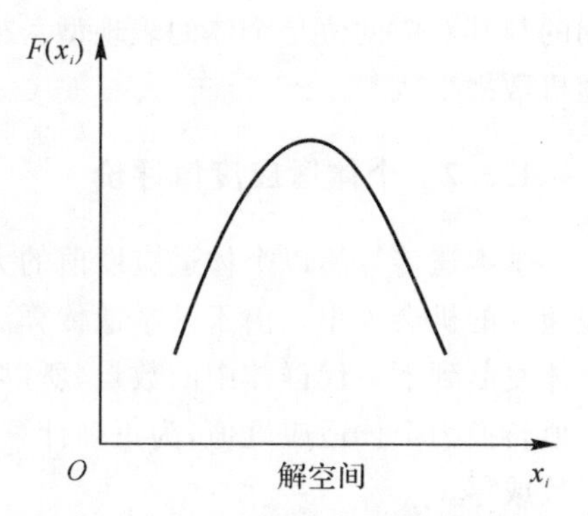

图 1.2　山峰型适应度值函数景象

从解空间中的某一点 x 出发，作向其邻接点的随机漫游$\{x_i\}$，并确定各漫游点的适应度值$\{F(x_i)\}$。若以适应度值 F 为随机变量，则该随机漫游过程中所得到的适应度值函数的自相关函数可定义为

$$\rho(s)=\lim_{N\to\infty}\frac{1}{n}\sum_{i=1}^{N}\frac{[F(x_{i+1})-\bar{F}][F(x_i)-\bar{F}]}{\sigma^2(F)} \tag{1.30}$$

式中，$\bar{F}$ 为随机变量 F 的平均值；$\sigma(F)$ 表示随机变量 F 的标准偏差。随机漫游的观测结果表明，对于很多组合优化的问题，其适应度值函数的自相关函数是以某一相关长度 l_c 为参数而呈指数衰减的，即

$$\rho(s)\approx\exp(-s/l_c) \tag{1.31}$$

其中的相关长度 l_c 是该适应度值函数的一个重要特征参数。

对于图 1.1 所示的适应度值函数的景象，相关长度 l_c 就意味着当前搜索点的适应度值函数与相关长度以前的点的适应度值函数无关，此时它相对于相关长度以前的点来说，呈现出一种随机摆动的趋势。对这类函数进行优化计算时，最少应把可行解区域按相关长度分割为一些小的区域，各个区域分别进行求解，并且相关长度越短，需分割的份数越多。而对于图 1.2 所示的适应度值函数，可认为其相关长度很大，这样，邻近点之间的适应度值有一定的关系，若当前搜索点的适应度值较大的话，则其邻近点的适应度值也会较好。

1.3　基本遗传算法的构成要素

1.3.1　染色体编码方法

基本遗传算法使用固定长度的二进制符号串来表示个体的染色体，其等位基因由符号集{0,1}构成，由这种编码所形成的符号串构成个体的基因型，经解码得到的与其对应的值是个体的表现型。初始群体中各个个体的基因型由均匀分布的随机数来生成。

1.3.2　个体适应度值评价

基本遗传算法以个体适应度值的大小来评定各个体的优劣程度，从而决定其被遗传的机会大小。由于基本遗传算法采用与适应度值成正比的概率来确定各个个体复制到下一代群体中的数量，所以必须确定一个适应度值函数，将个体目标函数值转换为个体适应度值，为正确计算这个概率，要求所有个体的适应度值必须为正数或零。

1.3.3　遗传算子

基本遗传算法使用三种遗传算子，即使用比例选择算子进行选择运算；使用单点交叉算子进行交叉运算；使用基本位变异算子或均匀变异算子进行变异运算。

1.3.4　基本遗传算法的运行参数

l：编码串长度，使用二进制编码来表示个体时，编码串长度 l 的选取与问题所要求的求解精度有关；使用浮点数编码来表示个体时，编码串长度 l 与决策变量的个数 n 相等；使用符号编码来表示个体时，编码串长度 l 由问题的编码方式来确定；为了提高遗传算法的局部搜索能力，可使用格雷码编码。另外，还可使用变长度的编码来表示个体。

M：群体大小，即群体中所含个体的数量。当 M 取值较小时，可提高遗传算法的运算速度，但却降低了群体的多样性，有可能会引起遗传算法的早熟现象；而当 M 取值较大时，又会使得遗传算法的运行效率降低，一般取为 20 ～ 100。

T：遗传运算的终止进化代数，它表示遗传算法运行到指定的进化代数之后就停止运行，并将当前群体中的最佳个体作为所求问题的最优解输出，一般取为 100 ～ 500。

P_c：交叉概率，交叉操作是遗传算法中产生新个体的主要方法，因此交叉概率一般应取较大值。但若取值过大的话，它又会破坏群体中的优良模式，对进化运算反而产生不利影响；若取值过小的话，产生新个体的速度又较慢，一般取为 0.4 ～ 0.9。

P_m：变异概率，若变异概率 P_m 取值较大的话，虽然能够产生出较多的新个体，但也有可能破坏掉很多较好的模式，使得遗传算法的性能近似于随机搜索算法的性能；若变异概率 P_m 取值太小的话，则变异操作产生新个体的能力和抑制早熟现象的能力就会较差，一般取为 0.001 ～ 0.1。

需要说明的是，上述的运行参数对遗传算法的求解结果和求解效率都有一定的影响，但目前尚无合理选择它们的理论依据。在遗传算法的实际应用中，往往需要经过多次试算后才能确定出这些参数合理的取值大小或取值范围。

1.4　基本遗传算法的遗传算子

1.4.1　选择算子

在生物的遗传和自然进化过程中，对生存环境适应程度较高的物种将有更多的机会遗传到下一代，而对生存环境适应程度较低的物种遗传到下一代的机会就相对较少。模仿这个过程，遗传算法使用选择算子来对群体中的个体进行优胜劣汰操作。适应度值较高的个体被遗传到下一代群体中的概率较大，适应度值较低的个体被遗传到下一代群体中的概率较小。遗传算法中的选择操作就是用来确定如何从父代群体中按某种规则选取一些个体遗传到下一代群体中的一种遗传运算。

选择操作建立在对个体的适应度值进行评价的基础之上。选择操作的主要目的是为了避免基因缺失，提高全局收敛性和计算效率。一般来说，遗传算法的选择算子可以分为基于适应度值比例的选择、基于适应度值排序的选择和基于个体竞争的选择三种类型。

基于适应度值比例的选择算子是遗传算法中最常用的一种选择算子，它包括赌轮选择、确定式采样选择、无放回随机选择、无放回余数随机选择等。基于适应度值比例选择方式的共性是个体被选中并遗传到下一代群体中的概率与该个体的适应度值大小成正比，如果在算法的早期出现某个个体的适应度值比其他个体高出很多，则该个体会被过度选择，从而导致收敛过快，出现遗传算法的早熟问题，在多目标优化遗传算法中要避免这种情况的发生。

基于适应度值排序的选择算子的主要思想是对群体中的所有个体按其适应度值大小进行排序，基于这个排序来分配各个个体被选中的概率。其优点为对个体适应度值是否为正值或负值以及个体适应度值之间的数值差异程度无特别要求；在种群多样性差时可以提高选择压力，而在种群多样性丰富时可以降低选择压力，从而在一定程度上避免出现算法的早熟问题。其缺点是必须预先设计一个概率分配表，而这个设计过程无一定规律可循，另外排序选择仍具有较大的选择误差。

基于个体竞争的选择算子主要指锦标赛选择，其基本思想是在每次选取的几个个体中适应度值最高的那个个体被遗传到下一代群体之中。该方法只有个体适应度值之间的大小比较运算，而无个体适应度值之间的算术运算，因而对个体适应度值是否为正值或负值无特别要求；对于单目标优化问题具有较高的选择效率，但对于多目标优化问题，由于每次进行选择操作时都需进行大量的个体之间优越关系的评价和比较运算，所以算法的搜索效率较低。

1.4.2 交叉算子

在生物的自然进化过程中，两个同源染色体通过交配而重组，形成新的染色体，从而产生出新的个体或物种。交配重组是生物遗传和进化过程中的一个主要环节。模仿这个环节，在遗传算法中也使用交叉算子来产生新的个体。

遗传算法中的所谓交叉运算，是指对两个相互配对的染色体按某种方式相互交换其部分基因，从而形成两个新的个体。交叉运算是遗传算法区别于其他进化算法的重要特征，它在遗传算法中起着关键作用，是产生新个体的主要方法。

遗传算法中，在交叉运算之前还必须先对群体中的个体进行配对。目前常用的配对策略是随机配对，即将群体中的 M 个个体以随机的方式组成 $[M/2]$ 配对个体组，交叉操作是在这些配对个体组中的两个个体之间进行的。

交叉运算的设计和实现与所研究的问题密切相关，一般要求它既不要太多地破坏个体编码串中表现优良性状的优良模式，又要能够有效地产生出一些较好的新个体模式。交叉运算主要有以下几种类型[13-14]：

(1) 单点交叉。单点交叉又称简单交叉，它是指先在个体编码串中只随机设置一个交叉点，然后在该点相互交换两个配对个体的部分染色体。单点交叉的重要特点是：若邻接基因座之间的关系能提供较好的个体性状和较高的个体适应度值的话，则这种单点交叉操作破坏这种个体性状和降低个体适应度值的可能性最小。

(2) 双点交叉或多点交叉。双点交叉是指在个体编码串中随机设置了两个交叉点，然后再进行部分基因交换。双点交叉的具体操作过程：首先在相互配对的两个个体编码串中随机设置两个交叉点，然后交换两个个体在所设定的两个交叉点之间的部分染色体。需要说明的是，一般不大使用多点交叉算子，因为它有可能破坏一些好的模式。事实上，随着交叉点数的增多，个体的结构被破坏的可能性也逐渐增大，这样就很难有效地保存较好的模式，从而影响遗传算法的性能。

(3) 均匀交叉。均匀交叉是指两个配对个体的每一个基因座上的基因都以相同的交叉概率进行交换，从而形成两个新的个体。均匀交叉实际上可归属于多点交叉的范围，其具体运算可通过设置一屏蔽字来确定新个体的各个基因如何由哪一个父代个体来提供。

(4) 算术交叉。算术交叉是指由两个个体的线性组合而产生出两个新的个体。为了能够进行线性组合运算，算术交叉的操作对象一般是由浮点数编码所表示的个体。假设在两个个体 X_A^t，X_B^t 之间进行算术交叉，则交叉运算后所产生出的两个新个体是

$$\left.\begin{aligned} X_A^{t+1} &= \alpha X_B^t + (1-\alpha) X_A^t \\ X_B^{t+1} &= \alpha X_A^t + (1-\alpha) X_B^t \end{aligned}\right\} \tag{1.32}$$

其中，α 为一参数，它可以是一个常数，此时所进行的交叉运算称为均匀算术交叉；

它也可以是一个由进化代数所决定的变量,此时所进行的交叉运算称为非均匀算术交叉。算术交叉的主要操作过程是,首先确定两个个体进行线性组合时的系数 α,然后依据上述公式生成两个新的个体。

1.4.3 变异算子

在生物的遗传和自然进化过程中,其细胞分裂复制环节有可能会因为某些偶然因素的影响而产生一些复制差错,这样就会导致生物的某些基因发生某种变异,从而产生出新的染色体,表现出新的生物性状。虽然发生这种变异的可能性比较小,但它也是产生新物种的一个不可忽视的原因。模仿生物遗传和进化过程中的这个变异环节,在遗传算法中也引入了变异算子来产生新的个体。

遗传算法中的所谓变异运算,是指将个体染色体编码串中的某些基因座上的基因值用该基因座的其他等位基因来替换,从而形成一个新的个体。例如,对于二进制编码的个体,其编码字符集为{0,1},变异操作就是将个体在变异点上的基因值取反,即用0替换1,或用1替换0;对于浮点数编码的个体,若某一变异点处的基因值的取值范围为$[U_{min},U_{max}]$,变异操作就是用该范围内的一个随机数去替换原基因值;对于符号编码的个体,若其编码字符集为$\{A,B,C,\cdots\}$,变异操作就是用这个字符集中的一个随机指定的且与原基因值不相同的符号去替换变异点上的原有符号。

从遗传运算过程中产生新个体的能力方面来说,交叉运算是产生新个体的主要方法,它决定了遗传算法的全局搜索能力,而变异运算只是产生新个体的辅助方法,但它也是必不可少的一个运算步骤,因为它决定了遗传算法的局部搜索能力。交叉算子与变异算子的相互配合,共同完成对搜索空间的全局搜索和局部搜索,从而使得遗传算法能够以良好的搜索性能完成最优化问题的寻优过程。

在遗传算法中使用变异算子主要有以下两个目的[15-16]:

(1)改善遗传算法的局部搜索能力。遗传算法使用交叉算子已经从全局的角度出发找到了一些较好的个体编码结构,它们已接近或有助于接近问题的最优解。但仅使用交叉算子无法对搜索空间的细节进行局部搜索。这时若再使用变异算子来调整个体编码串中的部分基因值,就可以从局部的角度出发使个体更加迫近最优解,从而提高遗传算法的局部搜索能力。

(2)维持群体的多样性,防止出现早熟现象。变异算子用新的基因值替换原有基因值,从而可以改变个体编码串的结构,维持群体的多样性,这样就有利于防止出现早熟现象。

最简单的变异算子是基本位变异算子,为适应各种不同应用问题的求解需要,人们也开发出其他一些变异算子,如均匀变异、边界变异和高斯变异等等。

(1)基本位变异。基本位变异操作是指对个体编码串中以变异概率随机指定的某一位或某几位基因座上的基因值作变异运算,基本位变异操作改变的只是个体编码串中的个别基因座上的基因值,并且变异发生的概率也比较小,因此其发挥的作用比较慢,作用的效果也不明显。

(2)均匀变异。均匀变异操作是指分别用符合某一范围内均匀分布的随机数,以某一较小的概率来替换个体编码串中各个基因座上的原有基因值。均匀变异的具体操作过程是:首先依次指定个体编码串中的每个基因座为变异点,然后对每一个变异点,以变异概率 P_m 从对应基因的取值范围内取一随机数来替代原有基因值。均匀变异操作特别适合应用于遗传算法的初期运行阶段。它使得搜索点可以在整个搜索空间内自由地移动,从而可以增加群体的多样性,使算法处理更多的模式。

(3)边界变异。边界变异操作是均匀变异操作的一个变形。在进行边界变异操作时,随机地取基因座的两个对应边界基因值之一去替代原有基因值。边界变异特别适用于最优点位于或接近于可行解的边界时的一类问题。

(4)高斯变异。高斯变异是改进遗传算法对重点搜索区域的局部搜索性能的另一种变异操作方法。高斯变异操作是指进行变异操作时,用符合均值为 μ、方差为 σ^2 的正态分布的一个随机数来替换原有基因值。由正态分布的特性可知,高斯变异也是重点搜索原个体附近的某个局部区域。高斯变异的具体操作过程与均匀变异相类似。

1.5 基本遗传算法的实现过程

1.个体编码

当用遗传算法求解问题时,必须在优化问题解的实际表示与遗传算法编码空间的个体之间建立一个关系,将实际问题中解的形式转换为遗传算法能够辨认的染色体表达形式,即确定编码(encoding)和解码(decoding)运算。由于遗传算法具有鲁棒性,所以它对编码的要求并不苛刻,但编码对进化算法的搜索效果和效率却是非常重要的。

2.参数设定

在进化算法的运行过程中,存在对其性能产生重大影响的一组参数。这组参数在初始化阶段或群体进化过程中如果能有合理的选择和控制,那么进化算法将能够发挥最佳作用,在随机搜索中迅速达到最优解。主要参数包括染色体长度 l,群体规模 N,交叉概率 P_c,以及变异概率 P_m。

3.初始种群的选择

由于遗传算法的群体性操作需要,所以在执行进化操作之前,必须已经有一个由若干初始解组成的初始群体。由于现实工程问题的复杂性,往往并不具有关于问题解空间的先验知识,所以很难确定最优解的数量及其在可行解空间中的分布状况。因此人们往往希望在问题的解空间中均匀布点，随机生成一定数目的个体(个体数目等于种群规模)。初始群体中的每个个体一般都是通过随机方法产生的，它也称为进化的初始代。群体规模是进化算法的控制参数之一，其选取对进化算法效能有影响。一般群体规模在几十到几百之间取值，根据问题的复杂程度不同而取值不同，问题越难，维数越高，种群规模越大，反之则越小。

4.个体的适应性评价

为了执行适者生存的原则，进化算法必须对个体的适应性进行评价。个体对环境的适应程度以适应度值函数(fitness function)度量，因此，适应度值函数就构成了个体的生存环境。

5.遗传操作

对种群作用遗传操作算子，产生新一代种群。标准遗传算法的操作算子一般都包括选择(selection 或者复制 reproduction)、交叉(crossover)和变异(mutation)三种基本形式，它们作为自然选择过程以及进化过程发生的生殖、杂交和变异的主要载体，构成了进化算法的核心，使得算法具有强大的搜索能力。

6.算法终止判断

若算法达到终止条件，则输出当前最优解，否则转 3. 开始算法的新一次迭代，即种群进行新一代进化。关于进化算法的迭代过程如何终止，一般首先采用设定最大代数的方法。该方法简单易行，但需要多次调试才能找到合适的代数，因此不准确。其次，可以根据群体的收敛程度来判定，通过计算种群中基因多样性程度，即所有基因位的相似程度来进行控制。再次，根据算法的最优解连续多少代没有新的改进来确定。最后，可在采用精英保留选择策略的情况下，按每代最佳个体的适应度值变化情况来确定。

图 1.3 为基本遗传算法的流程图。

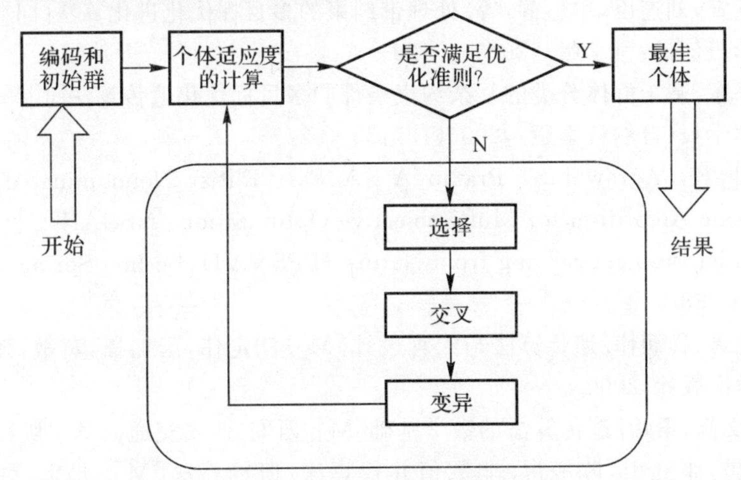

图 1.3　基本遗传算法的流程图

1.6 遗传算法的特点与优点

(1)采用群体搜索具有隐含并行性,从多个初始点开始搜索,因而搜索效率高,能够有效避免陷入局部最优解而使得搜索停滞不前。

(2)以个体的数学编码作为运算对象,使其更易于处理一些无数值概念或很难有数值概念的优化问题。

(3)直接以个体的适应度值函数作为搜索信息,对于很多目标函数是非连续函数的优化问题,无法或很难求导的函数,或导数根本不存在的函数优化问题,以及组合化问题,遗传算法显示出其独特的优越性。

(4)使用概率搜索技术,其选择、交叉和变异运算都是依据概率原则而非确定性原则进行的,从而增加了其搜索过程的灵活性,使其具有良好的全局优化性能和稳健性。

参考文献

[1] 周明,孙树栋.遗传算法原理及应用[M].北京:国防工业出版社,1999.

[2] Goldberg D E. Genetic Algorithms in Search, Optimization, and Machine Learning[M]. Boston: Addision - Wesley, 1989.

[3] 王小平,曹立明.遗传算法:理论、应用与软件实现[M].西安:西安交通大学出版社,2002.

[4] 田盛丰.聚类分析方法[J].计算机研究与发展,1992,29(3):16 - 20.

[5] 谢凯.排挤小生境遗传算法的研究与应用[D].淮南:安徽理工大学,2005.

[6] 王跃宣,刘连臣,牟盛静,等.处理带约束的多目标优化进化算法[[J].清华大学学报(自然科学版),2005(1):26 - 30.

[7] 毕书东.基于群体分类的复杂约束条件的多目标优化遗传算法[J].安徽理工大学学报(自然科学版),2006(10):86 - 92.

[8] Deb K, Agrawal S, Pratap A. A Fast Elitist Nondominated Sorting Genetic Algorithm for Mufti-objective Optimization: NSGAII[C]//Proc of Parallel Problem Solving from Nature (PPSN VI),Berlin: Springer, 2000: 849 - 858.

[9] 玄光男,程润伟.遗传算法与工程设计[M].汪定伟,唐加福,黄敏,译.北京:科学出版社,2000.

[10] 张文修,梁怡.遗传算法的数学基础[M].西安:西安交通大学出版社,2000.

[11] 刘勇,康立山,陈毓屏.非数值并行算法:遗传算法[M].北京:科学出版

社,1995.

[12] 潘正君,康立山,陈毓屏.演化计算[M].北京:清华大学出版社,1998.

[13] Deb K, Pratap A, Meyarivan T. Constrained Test Problems for Multi - objective Evolutionary Optimization [C]//Proc of First International Conference on Evolutionary Mufti - Criterion Optimization, Switzerland: Springer - Verlag, 2001:284 - 298.

[14] 肖宏峰, 谭冠政. 基于单纯形的小生境混合遗传算法[J]. 小型微型计算机系统, 2008, 29(9):1719 - 1725.

[15] 毕书东. 多目标优化遗传算法的研究[D]. 淮南:安徽理工大学,2007.

[16] 王亚子. 小生境与并行遗传算法研究[D]. 郑州: 解放军信息工程大学,2006.

第 2 章　多目标优化遗传算法

2.1　多目标优化问题的定义和数学模型

2.1.1　多目标优化问题的数学模型

多目标优化问题(Multi - objective Optimization Problem ,MOP),又称多准则优化问题(Multi - criteria Optimization Problem)、多性能优化问题(Multi - performance Optimization Problem)或向量优化问题(Vector Optimization Problem)。

一般的多目标优化问题由一组目标函数和相关的一些约束组成,可做如下数学描述[1-3]:

$$\left.\begin{aligned}&\min_{X\in\Omega} F(\boldsymbol{X})=(f_1(\boldsymbol{X}),f_2(\boldsymbol{X}),\cdots,f_m(\boldsymbol{X})),\quad \boldsymbol{X}\in\Omega\in\mathbf{R}^n\\&\text{s.t.}\ \ g_i(\boldsymbol{X})\leqslant 0,\quad i=1,2,\cdots,p\end{aligned}\right\}\tag{2.1}$$

其中,$\boldsymbol{X}=[x_1\quad x_2\quad\cdots\quad x_n]^{\mathrm{T}}$ 是 $\mathbf{R}^n$ 空间的 n 维向量,称 $\boldsymbol{X}$ 所在的空间 Ω 为问题的决策空间;$f_i(\boldsymbol{X})(i=1,2,\cdots,m)$ 为问题子目标函数,它们之间是相互冲突的,即不存在 $\boldsymbol{X}\in\Omega$ 使 $f_1(\boldsymbol{X}),f_2(\boldsymbol{X}),\cdots,f_m(\boldsymbol{X})$ 在 $\boldsymbol{X}$ 处同时取最小值,m 维向量 $[f_1(\boldsymbol{X})\quad f_2(\boldsymbol{X})\quad\cdots\quad f_m(\boldsymbol{X})]$ 所在的空间称为问题的目标空间;$g_i(\boldsymbol{X})\leqslant 0(i=1,2,\cdots,p)$ 为约束函数。

最大化与最小化问题可以相互转化,因此若无特殊说明,本书都以最小化多目标为研究对象。

2.1.2　Pareto 解集的概念

多目标优化问题的本质是在很多情况下,各个子目标之间可能是相互冲突的,一个子目标的改善有可能引起另一个子目标性能的降低。也就是说,要使多个子目标同时达到最优是不可能的,而且只能在它们之间进行协调和折中处理,使各个子目标函数尽可能达到最优。法国经济学家 V. Pareto(1848—1923)最早研究了经济学领域内的多目标优化问题,并提出了 Pareto 解集。

由于多目标优化问题中各个目标之间是相互冲突的,最优解不可能是单一的解,而是一个解集,所以称之为 Pareto 解集(也称非劣解集)。

首先介绍相关概念[4-6]。

定义 2.1 (决策空间上的可行集)

集 $D=\{\boldsymbol{X} \mid g_i(\boldsymbol{X}) \leqslant 0, \boldsymbol{X} \in \mathbf{R}^n, i=1,2,\cdots,p\}$ 称为 MOP 在决策空间上的可行集(Feasible Set in Decision Space)。

定义 2.2 (目标空间上的可行集)

集 $F=\{(f_1,f_2,\cdots,f_m) \in \mathbf{R}^m \mid f_i=f_i(\boldsymbol{X}), i=1,2,\cdots,m, \boldsymbol{X} \in D\}$ 称为 MOP 在目标空间上的可行集(Feasible Set in Objective Space)。

定义 2.3 (Pareto 优超)

设 $\boldsymbol{u}=[u_1 \quad u_2 \quad \cdots \quad u_m]^{\mathrm{T}}, \boldsymbol{v}=[v_1 \quad v_2 \quad \cdots \quad v_m]^{\mathrm{T}} \in \mathbf{R}^m$,若 $u_i \leqslant v_i$ 且 $\exists j \in (1,2,\cdots,m)$ 使 $u_j < v_j$,则称 $\boldsymbol{u}$ 优于 $\boldsymbol{v}$。

定义 2.4 对式(2.1)所描述的多目标优化问题,若 $\exists \boldsymbol{X}^* \in \Omega$,使在 Ω 中不存在 $\boldsymbol{X}$ 使得 $\{f_1(\boldsymbol{X}), f_2(\boldsymbol{X}), \cdots, f_m(\boldsymbol{X})\}$ 优于 $\{f_1(\boldsymbol{X}^*), f_2(\boldsymbol{X}^*), \cdots, f_m(\boldsymbol{X}^*)\}$,则称 $\boldsymbol{X}^*$ 为问题的一个 Pareto 最优解(非劣解)或者为有效解。称 $\{f_1(\boldsymbol{X}^*), f_2(\boldsymbol{X}^*), \cdots, f_m(\boldsymbol{X}^*)\}$ 为目标空间中的 Pareto 最优解。

定义 2.5 多目标优化问题式(2.1)所有的 Pareto 最优解构成的集合为 Pareto 最优解集,记为 $E(F,\Omega)$,称 $\{F(\boldsymbol{X}): \boldsymbol{X} \in E(F,\Omega)\}$ 为有效界面(见图 2.1)。

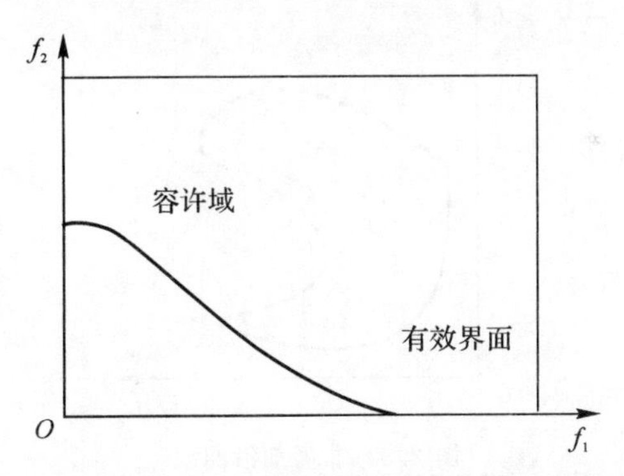

图 2.1 对于两个目标函数的目标空间中有效界面的图形

定义 2.6 设 $\boldsymbol{X}^* \in \Omega$,若不存在 $\boldsymbol{X} \in \Omega$,使得 $f_i(\boldsymbol{X}) < f_i(\boldsymbol{X}^*), i=1,2,\cdots,m$,则称 $\boldsymbol{X}^*$ 为问题的一个弱 Pareto 最优解(弱非劣解、弱有效解)。

定义 2.7 多目标优化问题式(2.1)所有的弱最优解构成的集合称为弱最优解集或弱有效解集,记为 $E_{\mathrm{w}}(F,\Omega)$,称 $\{F(\boldsymbol{X}): \boldsymbol{X} \in E_{\mathrm{w}}(F,\Omega)\}$ 为弱有效界面(见图 2.2)。

由以上定义可知,多目标优化问题的 Pareto 最优解仅仅是可以接受的“不坏”的解,并且通常一个多目标问题大多会具有很多个 Pareto 最优解。在实际应用问题中，必须根据对问题的了解程度和决策人员的个人偏好，从 Pareto 最优解集合中挑选一个或一些解作为多目标优化问题的最优解。

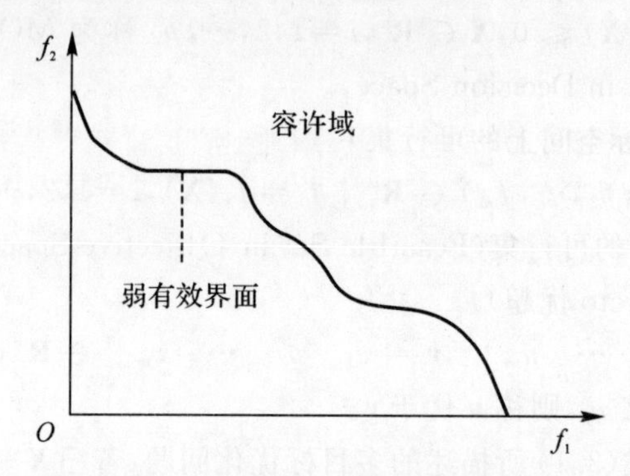

图 2.2　对于两个目标函数的目标空间中弱有效界面的图形

2.1.3　Pareto 最优解集的评价准则

对于有两个目标的优化问题，非劣解集在目标空间上为连续或分散的曲线，称之为非劣前沿曲线。图 2.3 所表示的即为非劣前沿曲线。

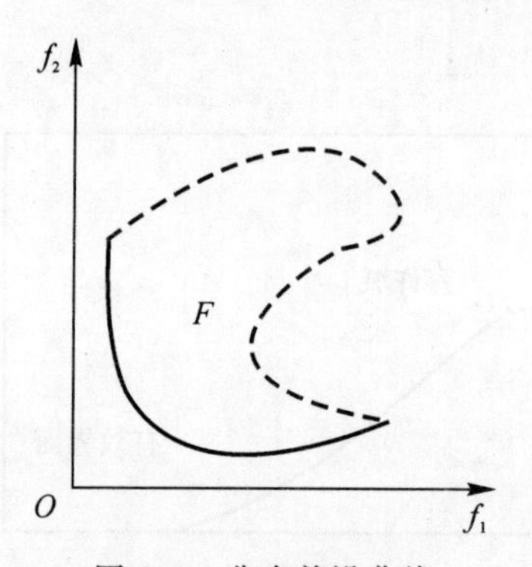

图 2.3　非劣前沿曲线

由于多目标优化问题的结果并不是唯一确定的，所以对其非劣解集质量评价是比较困难的。一般来说，一个比较理想的非劣解集应包括以下几方面：

(1)获得的非劣解集与真实非劣解集的距离应尽可能小。

(2)获得的非劣解集应均匀分布。

(3)获得的非劣解集应具有良好的扩展性，即非劣前沿的端点应尽可能接近单目标极值。

为了方便对多目标优化问题非劣解集质量进行评价，在随后的研究中，人们试图采用明确的数学表达式来定量化以上 3 个衡量标准。通常使用以下 4 个度量方法对算法的性能进行评价。

1. U-度量

设种群在第 t 代获取的可行解个体 $x_1^t, x_2^t, \cdots, x_N^t$ 分别对应目标空间中的解向量是 $\boldsymbol{u}_1^t, \boldsymbol{u}_2^t, \cdots, \boldsymbol{u}_N^t$，对于每一个解向量 $\boldsymbol{u}_i^t (i=1,2,\cdots,N)$，利用在目标向量空间 $\boldsymbol{M}$ 中如何获得一个解的最邻近解的方法，若在目标空间 $\boldsymbol{M}$ 中获得每一个解向量与它最邻近的解向量之间的距离彼此相等，就称解向量 $\boldsymbol{u}_1^t, \boldsymbol{u}_2^t, \cdots, \boldsymbol{u}_N^t$ 在目标空间是均匀分布的。在此定义中，对于确定的解向量 $\boldsymbol{u}_i^t (i=1,2,\cdots,N)$，设 $\boldsymbol{u}_j^t$ 是在 $\boldsymbol{M}$ 中确定的与 $\boldsymbol{u}_i^t$ 最邻近的解，定义 $d_i^t = \left[\sum_{k=1}^{m} (g_k\ (x_i^t - g_k(x_j^t))^2\right]^{\frac{1}{2}}$ 作为解向量 $\boldsymbol{u}_i^t$ 的 U-度量，其中函数

$$g_k(y) = \frac{f_k(l) - l_k}{u_k - l_k}, \quad l_k = \min_{x \in D}\{f_k(x)\}$$

$$u_k = \max_{x \in D}\{f_k(x)\}, \quad k = 1,2,\cdots,m \tag{2.2}$$

称 $U^t = \frac{1}{N} \sum_{i=1}^{N} \left(\frac{d_i^t}{\overline{d}^t} - 1\right)^2$ 为第 t 代获得的解的 U-度量方差。这里 $\overline{d}^t = \frac{1}{N}\sum_{i=1}^{N} d_i^t$。容易看出，当 U^t 越趋近于零时，获得的阶段均匀性越好。

2. 宽广性度量(Maximum Spread)

Deb 设计的宽广性度量用来计算解集 P 中的所有极值解构成的多面体的周长，其定义如下：

$$M = \sqrt{\sum_{k=1}^{m} (\max_i^n f_k^i - \min_i^n f_k^i)^2} \tag{2.3}$$

式中，n 为非支配解的个数；m 为目标空间的维数。

M 值越大，说明解集 P 的范围越宽广，称 M 的值为 M-度量。

3. C-度量(两个解集之间的覆盖率)

Zizter 在 2000 年提出了一种评价方法，用来实现多目标进化算法中两个解集相对覆盖率的比较。在该方法中，假设 P', P'' 是目标空间中的两个解集，将 (P', P'') 映射到 $[0,1]$ 之间，则得到 P' 和 P'' 之间的覆盖率 (C_S)，C_S 的计算公式如下：

$$C_S(P', P'') \stackrel{\text{def}}{=} \frac{|\{a'' \in P'' \mid \exists a' \in P', a' > a'', \text{或 } a' = a''\}|}{|P''|} \tag{2.4}$$

$$C_S(P'', P') \stackrel{\text{def}}{=} \frac{|\{a' \in P' \mid \exists a'' \in P'', a'' > a', \text{或 } a' = a''\}|}{|P'|} \tag{2.5}$$

如果 P' 中的所有的点都支配或等于 P'' 中的所有点，那么定义 $C_S(P', P'') = 1$，反之 $C_S(P'', P') = 0$。评价多目标进化算法时，必须同时考虑 $C_S(P', P'')$ 和 $C_S(P'', P')$。$C_S(P', P'') < C_S(P'', P')$ 表示 P'' 的质量优于 P' 的质量，这种方法的优点是计算简单，可以很方便地比较不同解集之间的优劣。

4. S-度量

Schott 提出了一种计算分布度的方法，其函数定义如下：

$$S=\sqrt{\frac{1}{|Q|-1}\sum_{i=1}^{|Q|}(d_i-\overline{d})^2} \tag{2.6}$$

其中，$d_i=\min\limits_{j\in Q\wedge j\neq i}\sum_{k=1}^{m}|f_k^i-f_k^j|$，$\overline{d}=\left(\sum_{i=1}^{|Q|}d_i\right)\Big/|Q|$，$i,j\in Q$，$m$ 是目标函数的数目，Q 是算法得到的非支配解集合。当集合 Q 中的解越趋于均匀分布，相应的间距评价函数 S 的值越小；当该指标为 0 时，表明得到的非支配解在目标空间是等间距分布的，称 S 的值为 S-度量。

2.2 传统多目标优化方法

2.2.1 传统多目标优化方法的基本思想

传统的多目标优化方法是将多目标优化中的各子目标函数，先经过处理或数学变换，转变成一个单目标函数，然后采用单目标优化技术求解。基本思想如下[7-10]。

(1) 分层序列法。分层序列法是按目标重要性的顺序逐个进行最优化的一种分析决策方法，对各目标不是平等地进行优化。设多目标问题有 m 个目标，要同时处理这 m 个目标是比较麻烦的，分层法的想法是把目标按其重要性先排个序，分为最重要目标、次重要目标等。

(2) 评价函数法。对于一个多目标优化问题，若能根据设计者提供的偏好信息构造出一个实函数，使得求解设计者最满意的解等价于求解实函数，则称该多目标优化问题是标量化的。多目标效用理论就是研究这样的实函数存在的条件和如何构造的问题的。效用理论的基础是，假定设计者的偏好可以用一个称为效用函数的实函数表示，一旦效用函数能够被构造出来，则方案的最后选取用函数值来决定。虽然效用理论为多目标优化分析提供了一种工具，但在许多场合下，设计者所提供的偏好信息并不足以确定这样的效用函数，估计或构造一个实际问题的效用函数是相当困难甚至是不可能的。为了帮助设计者选择满意的解，又克服效用理论存在的困难，于是出现了评价函数的概念。评价函数是用来整体或局部逼近设计者心中常常是模糊而难以构造出来的多属性效用函数，以评价方案的好坏。它的基本思想是，针对多目标优化问题，构造出一个评价函数 $h(f(x))$，然后求解问题：

$$\left.\begin{array}{l}\min h(f(x))\\ \text{s.t.}\ \ X\in S\end{array}\right\} \tag{2.7}$$

用该问题的最优解作为多目标优化问题的最优解。常用的评价函数有加权系数法(线性加权法)、理想点法、平方和加权法等。

(3)目标规划方法。目标规划方法最初是由 Charnes 等人于 1955 年在求解单目标线性规划问题时提出的,并在 Lgnizio 和 Lee 等人的工作之后受到关注。Romero 于 1991 年对该方法进行了深入的总结。该方法的主要思想是:在约束条件下,要求每一目标函数都尽可能地逼近实现给定的对应目标值,而不是直接地对各目标函数极小化。该方法的主要特点是求解效率较高,但需要先验知识。

2.2.2 传统多目标优化算法中的典型算法

(1)加权求和法(Weighted Sum Method)。该方法由 Zadeh 首先提出,它是将多目标优化中的各个目标函数加权(即乘以一个用户自定义的权值),然后求和,并将其转换为单目标优化问题进行求解。

利用加权求和可以将多目标优化转化为以下形式:

$$\min F(x) = \sum_{i=1}^{m} \omega_i f_i(x), \quad x \in \Omega \tag{2.8}$$

其中,$\omega_i \in [0,1]$且满足$\sum_{i=1}^{m} \omega_i = 1$。权重系数$\boldsymbol{\omega} = [\omega_1 \quad \omega_2 \quad \cdots \quad \omega_m]$反映了每个目标函数的重要性。通过选取不同的权重组合,可以获得不同的 Pareto 最优解。这也是一种最为简单有效的求解多目标优化问题的经典方法,而且对于 Pareto 最优前端为凸的多目标优化问题,该方法可以保证获得 Pareto 最优解。但其缺点也很明显,权重系数的选取与各个目标的相对重要程度有很大关系,权重是关键。此外,在搜索空间非凸时,很难在 Pareto 最优前端的非凸部分上求得解,如图 2.4 所示。

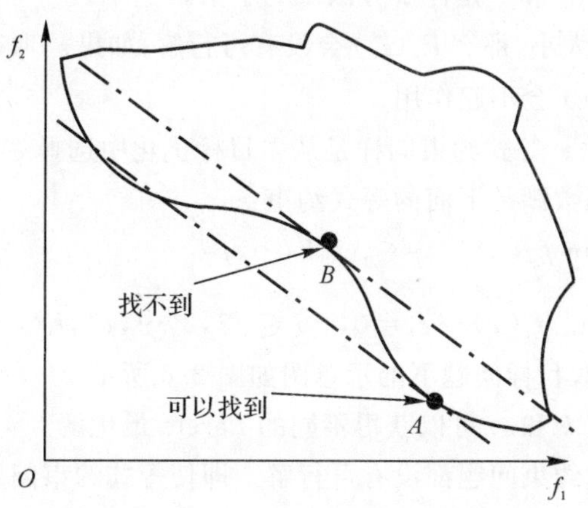

图 2.4 双目标下的加权求和示意图

(2)ε-约束法(ε-Constraint Method)。ε-约束法是由 Marglin 和 Haimes 等人于 1971 年提出的,其原理是将某个目标函数作为优化目标,而约束其他目标函数的方法来求解多目标优化问题。具体方法如下:

$$P_k(\varepsilon^k):\begin{cases}\min f_k(x), & k\in\{1,2,\cdots p\}\\ \text{s.t. } f_j(x)\leqslant\varepsilon_j, & j=1,2,\cdots,m,\quad j\neq k, x\in X_f\end{cases}\tag{2.9}$$

$$\varepsilon_k=(\varepsilon_1,\varepsilon_2,\cdots,\varepsilon_{k-1},\varepsilon_{k+1},\cdots,\varepsilon_m)$$

双目标下ε-约束法找到的 Pareto 解如图 2.5 所示。

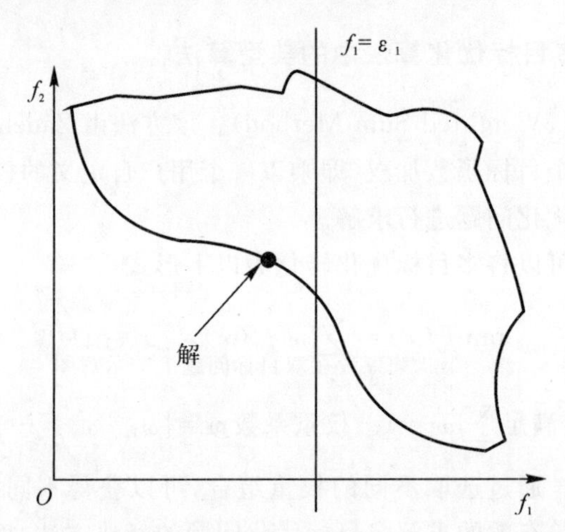

图 2.5 双目标下ε-约束法找到的 Pareto 解示意图

优点:通过改变 k 和 ε^k,可以得到不同的 Pareto 最优解。

缺点:

1) 选择合适的 ε^k 和 k 是件十分困难的事情。

2) 如果 ε^k 取得太小,那么 $P_k(\varepsilon^k)$ 会没有可行解;如果 ε^k 取得太大,那么对于优化问题 ε^k 来说 $f_k(x)$ 会不起作用。

(3) 等式约束法。等式约束同样是从多目标优化中选择一个目标函数 f_j 进行最小化,而其余的函数满足下面的等式约束:

$$\left.\begin{array}{l}\min\limits_{x\in X_f} f_j(x),\quad j\in\{1,2,\cdots,p\}\\ \text{s.t. } f_i(x)-\varepsilon_i=0,\quad i\in\{1,2,\cdots,p\}, i\neq j\end{array}\right\}\tag{2.10}$$

等式约束法在双目标问题下的示意图如图 2.6 所示。

优点:通过改变 k 和 ε_i 可以获得不同的 Pareto 最优解。

缺点:很多等式约束问题都没有可行解。即使等式约束问题存在可行解,那么对于 MOP 来说也不一定是 Pareto 最优解。

(4)最小-最大法(Min-Max Approach)。最小-最大法起源于博弈论法,是为求解有冲突的目标函数而设计的。该方法的线性模型由 Jutler 和 Solich 提出，后由 Osyczka 和 Rao 进一步发展，通过最小化各个目标函数值与预设目标值之间的最大偏移量来寻求问题的最优解。

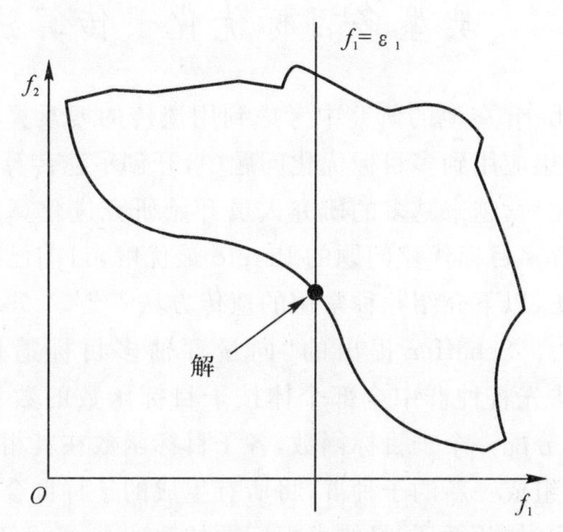

图 2.6 等式约束法在双目标问题下的示意图

2.3 多目标优化遗传算法的基本框架

近些年来，随着对遗传算法研究的深入和普遍应用，很多研究者将遗传算法用到了多目标优化问题的求解上，形成多目标优化遗传算法，而且取得了很好的效果。

多目标优化问题的最优解就是其 Pareto 最优解，且其解一般为一个集合。这就要求利用多目标优化遗传算法求得的最优解解集要尽量地逼近 Pareto 最优解解集；其次，为了便于决策人员做出决策，在求解多目标优化问题时，一般都希望得到的解能够均匀地分布于整个 Pareto 最优解集内，而不是只集中于 Pareto 最优解集合的某一较小的区域上。所以利用多目标优化遗传算法获得的解的分布要尽量地均匀，能够反映整个解集的状况；一般情况下都要求在有限的时间和空间内解决问题，这就要求多目标优化遗传算法在时间复杂度和空间复杂度方面不宜太高。

多目标优化遗传算法都遵从如下的算法基本框架[11-12]：

(1)生成初始种群。

(2)用 Pareto 支配关系对种群进行排序，并根据排序结果对个体赋予对应的适应度值。

(3)当非劣解集中的个体数大于种群规模时，在保持多样性的前提下，保留足够多的非劣(非支配)个体，反之，保留所有非支配个体，在其余个体中按照适应度值由大到小选择个体补充到种群中。

(4)选择保留下来的个体进入交配池,进行遗传操作,产生下一代种群。

(5)满足终止条件,算法终止。

2.4 典型多目标优化遗传算法

1967年,Rosenberg在他的研究中考虑到用遗传的搜索算法求解多目标优化问题,将遗传算法思想应用到多目标优化问题中,开创了遗传算法在多目标优化应用领域中的研究。此后,越来越多的研究人员开始研究进化算法求解多目标优化问题。对于如何求解多目标优化问题的Pareto最优解,目前已经提出了多种基于进化算法的求解方法,以下介绍几种常用的遗传方法[13-15]。

(1)并列选择法。Schaffer提出的“向量评估多目标遗传算法”是一种非Pareto方法。该方法先将种群中全部个体按子目标函数的数目均等分成若干个子种群,对各子群体分配一个子目标函数,各子目标函数在其相应的子群体中独立进行选择操作后,再组成一新的子种群,将所有生成的子种群合并成完整群体后再进行交叉和变异操作,如此循环,最终求得问题的Pareto最优解。

(2)非劣分层遗传算法(NSGA)。Srinivas和Deb于1994年提出的非劣分层遗传算法(Non-dominated Sorting Genetic Algorithm, NSGA)也是一种基于Pareto最优概念的多目标演化算法。首先,找出当代种群中的非劣解并分配最高序号(如零级),赋予该层非劣解集与当前种群规模成比例的总体适应度值。为了保持解的多样性,所有该层非劣解(基于决策向量空间距离)共享此总体适应度值。此后,将不予考虑该层非劣解集。然后,开始下一层非劣解集的搜索,在该层得到的非劣解集称为第二层,分配排列序号(如一级),并赋予与该层种群规模(除去以上各层已被赋予适应度值的非劣解)成比例的总体适应度值。同样,必须在该层非劣解集中实行适应度值共享。如此重复直到当前种群中最后一个个体被赋予适应度值。

在前面的研究基础上,Deb等人又于2002年提出了一种非劣分层选择法Ⅱ(NSGA-Ⅱ)。该方法的主要思想是对种群中的每个个体按Pareto优先顺序进行排序,按照排序值从小到大选择个体,若某些个体具有相同的排序值,则偏好于那些位于目标空间中稀疏区域的个体。

(3)基于目标加权法的遗传算法。该算法的基本思想是给问题中的每一个目标向量分一个权重,将多目标分量乘以各自相应的权重系数后再加和,合起来构成一个新的目标函数,则将其转化成一个单目标优化方法求解。

常规的多目标加权法如下:

$$F(\boldsymbol{X}) = \sum_{i=1}^{m} \omega_i f_i(\boldsymbol{X}) \tag{2.11}$$

其中，$\omega_i(i=1,2,\cdots,m)$ 是目标函数 $f_i(\boldsymbol{X})$ 的非负权重系数，并且满足 $\sum_{i=1}^{m}\omega_i=1$。

若以这个线性加权和作为多目标优化问题的评价函数，则多目标优化问题可以转化为单目标优化问题。权重系数变化方法是在这个评价函数的基础上，对每个个体加以不同的权重系数，就可以利用通常的遗传算法来求解多目标优化问题的多个 Pareto 最优解。

(4) 多目标粒子群算法（MOPSO）。粒子群优化算法（Particle Swarm Optimization，PSO）是一种进化计算技术，由美国学者 Eberhart 和 kennedy 于 1995 年提出，但直到 2002 年它才逐渐被应用到多目标优化问题中。PSO 基本思路是先初始化为一随机粒子种群，然后随着迭代演化逐步找到最优解。在每次迭代中，粒子通过跟踪两个“极值”来更新自己，一个是粒子本身所找到的个体极值 pBest，另一个是在该粒子所属邻居范围内所有粒子找出的全局极值 qBest。MOPSO 与求解单目标的 PSO 相比，唯一的区别就是不能直接确定全局极值 qBest，按照 Pareto 支配关系从该粒子的当前位置和历史最优位置中选取较优者作为当前个体极值，若无支配关系，则从两者中随机选取一个。

MOPSO 方法中，非劣解集中最孤立的非劣解将被赋予 gBest，从而引导 MOPSO 方法尽可能地找出分布均匀的非劣解集。实验证明，该方法能提高算法的收敛速度和解的质量。对于每个粒子的个体极值 pBest 采取如下的选取办法：按 Pareto 支配关系从该粒子的当前位置和历史最优位置中选取较优者作为当前个体极值，如无支配关系，则从两者中随机选取一个。

(5)微遗传算法(Micro - Genetic Algorithm，Micro - GA)。Micro - GA 是由 Coello 和 Toscano Pulido 于 2001 年提出的，是一种包含小的种群和重新初始化过程的 GA。其过程如下：首先，产生随机的种群，并注入种群内存，种群内存分为可替代和不可替代两部分。不可替代部分在整个运行过程中保持不变，提供算法所需要的多样性，可替代部分则随算法的运行而变化。在每一轮运行开始，Micro - GA 的种群都从种群内存的两部分选择个体，包含随机生成的个体(不可替代部分)和进化个体(可替代部分)。Micro - GA 使用传统的遗传操作。其后，从最终的种群选择两个非劣向量，与外部种群中的向量比较，若任何一个都保持非劣，则将其注入外部种群，并从外部种群中删除所有被它支配的个体。

2.5　多目标优化遗传算法中有待解决的问题

尽管多目标优化遗传算法已成为一个热门的研究课题，但它毕竟是一门新兴的学科，其发展的时间并不长，还存在一些有待解决的问题，许多理论尚需证明，许多方法有待完善。而这些理论和方法问题的解决必将推动多目标优化遗传算法更快的发展，进而走向成熟。

2.5.1 最优保存策略问题

在遗传算法的运行过程中，对个体进行交叉、变异等遗传操作从而不断地产生出新的个体。虽然随着群体的进化过程会产生出越来越多的优良个体，但由于选择、交叉、变异等遗传操作的随机性，它们也有可能破坏掉当前群体中适应度值最好的个体，而这是一种不良进化结果。因为它会降低群体的平均适应度值，并且对遗传算法的运行效率、收敛性都有不利的影响，所以，应该使适应度值最好的个体尽可能地保留到下一代群体中。为达到这个目的，可以使用最优保存策略进化模型来进行优胜劣汰操作，即当前群体中适应度值最高的个体不参与交叉运算和变异运算，而是用它来替换掉本代群体中经过交叉、变异等遗传操作后所产生的适应度值最低的个体。该策略的实施可保证迄今为止所得到的最优个体不会被交叉、变异等遗传运算所破坏，它是遗传算法收敛性的一个重要保证条件。但是，它也容易使得某个局部最优个体不易被淘汰掉反而快速扩散，从而使得算法的全局搜索能力不强。因此该方法一般要与其他一些方法配合起来使用，方可有良好的效果。

2.5.2 群体多样性问题

群体多样性的维护问题对多目标优化遗传算法的性能会产生重要的影响，如果这个问题解决得不好，很易导致算法早熟，从而生成极端最优解，不能获得分布均匀的 Pareto 最优解。目前常用的解决方法有共享函数法（如 MOGA，NSGA，NPGA）和聚类分析技术（如 SPEA）等，其共同点是对个体所在局部邻域的拥挤程度进行考察，运用某种策略来降低邻域中拥挤程度高的个体的选择机会，提高邻域中拥挤程度低的个体的选择机会，从而维持群体的多样性。实验证明了该类方法对于目标函数较少的多目标优化问题具有良好的优化效果，但是如果决策变量高维、目标函数众多，则会导致收敛慢，甚至不能收敛。因此，群体多样性问题是多目标优化遗传算法中一个尚需解决的非常重要的问题。

2.5.3 决策偏好问题

决策者应用其偏好信息在非劣解集中最终选择的解称为偏好解。在权重系数变化法中，不同的目标函数根据决策偏好分配一个相应的权重，这对于决策偏好的研究是一个非常有益的尝试。但目前的多目标优化遗传算法注重于获取一个分布均匀的 Pareto 最优解，而对于决策偏好少有研究。众所周知，一方面，多目标优化的最终结果是让决策人员获得一个自认为满意的决策信息，决策人员对于不同目标函数的重要性或价值具有不同的认识，如果全部平等对待则有失公平；另一方面，如果将大量的没有决策偏好信息的 Pareto 最优解置于决策人员面前，则会增加他们决策的难度。因此,决策偏好问题也是多目标优化遗传算法中一个需要重点研究的问题。

2.6　有关多目标优化遗传算法的几点讨论

2.6.1　多目标优化遗传算法与传统多目标优化算法的比较

尽管遗传算法的理论基础还不尽完善,但遗传算法已经很广泛地应用于多目标问题的求解上,并且取得了不错的效果。相比其他算法,遗传算法具有适应性、通用性、隐含并行性和扩展性这4个独特的特点。但是它还是不能很好地解释遗传算法的早熟问题和欺骗问题,缺少完整的收敛性证明等。理论研究比较滞后,参数设置比较困难,解决约束优化问题还缺乏有效的手段,易早熟,而且计算量相对于传统方法要大得多,即使是使用遗传算法解决多目标优化问题,目前的多目标进化算法能有效求解的目标数一般不超过4个。

2.6.2　多目标优化遗传算法中非劣个体的重要意义

在多目标进化算法中,群体中的所有个体均被赋予等级,而且群体中的非劣个体具有相同的等级值。例如,有文献将非劣个体的等级值定为1,也有文献将非劣个体的等级值定为0。在约束优化中,非劣个体在群体中具有重要的地位。图2.7(a)解释了非劣个体在群体中所占的重要地位。例如,群体中有3个非劣个体,分别用 e_1,e_2 和 e_3 表示。显然,个体 e_1 表示最好的可行解,个体 e_2 表示约束违反程度最小的不可行解,个体 e_3 表示具有最小目标函数值的不可行解。这样,一个群体中最主要的信息均包含在非劣个体中。有文献认为,个体 e_2 为最优个体,因为它具有最大的Pareto强度值。同时,也有文献认为,个体 e_1 为需要存档的精英个体,因为它为具有最小目标函数值的可行解。然而,个体 e_1 与个体 e_2 仅为非劣个体的一部分。

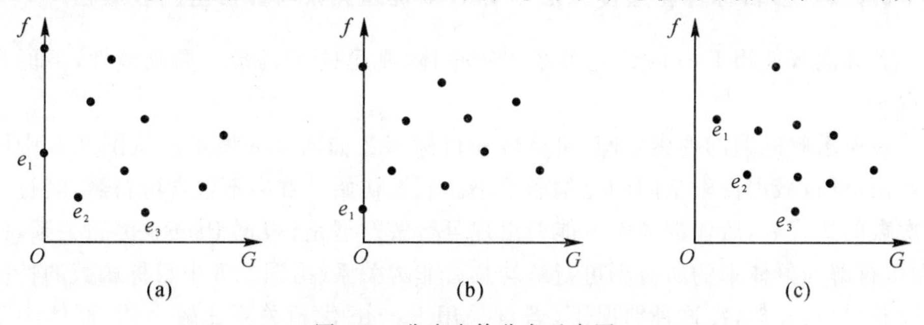

图2.7　非劣个体分布示意图

(a)群体中的非劣个体由可行解和不可行解组成(个体 e_1,e_2 和 e_3);

(b)群体中的非劣个体由一个可行解组成(个体 e_1);

(c)群体中的非劣个体由多个不可行解组成(个体 e_1,e_2 和 e_3)

非劣个体还具有以下几个重要的特征(仅考虑决策变量和目标函数一一映射的情况)[16]:

定理 2.1 一个群体的非劣个体中最多包含一个可行解。

证明(反证法) 假设有 $k(k>1)$个可行解包含于一个群体的非劣个体中,则在这 k 个个体中具有最小目标函数值 $f(\boldsymbol{x})$的个体必然 Pareto 优超这 k 个个体中的其他个体。这与这 k 个个体均为非劣个体相矛盾。

定理 2.1 意味着,就整个搜索空间而言,非劣个体中的可行解即为全局最优解。

性质 2.1 非劣个体可能由一个可行解(见图 2.7(b))、不可行解(见图 2.7(c))或部分可行解与不可行解 (见图 2.7(a))组成。

性质 2.2 子代群体非劣个体中的可行解可以 Pareto 优超父代群体中的可行解或不可行解,但子代群体非劣个体中的不可行解只能 Pareto 优超父代群体中的不可行解。

性质 2.2 可由 Pareto 优超的定义直接得到。

定理 2.2 若子代群体 M' 中的非劣个体全部由不可行解组成,则子代群体 M'也全部由不可行解组成。

证明(反证法) 设 M'中的非劣个体全部由不可行解组成且 M'包含可行解。因为不可行解不能 Pareto 优超可行解,所以,此时 M'包含的非劣个体中也必然包含可行解,矛盾。因此,定理 2.2 成立。

定理 2.3 若子代群体 M'由不可行解组成,则 M'中违反约束条件最小的不可行解必为 M'的非劣个体中违反约束条件最小的不可行解。

证明 设 $\boldsymbol{x}'$为 M' 中违反约束条件最小的不可行解,则 $\exists M'' \in M'$,使得 $\boldsymbol{x}$Pareto 优超于 $\boldsymbol{x}'$,即 $\boldsymbol{x}'' \prec \boldsymbol{x}'$。因此,必有 $\boldsymbol{x}'$包含于M'的非劣个体中,从而也必为 M'的非劣个体中违反约束条件最小的不可行解。

2.6.3 多目标优化遗传算法中 Pareto 优超关系与算法全局收敛性

若算法仅使用 Pareto 优超关系比较个体,则可能不具备全局收敛性,下面举例说明。

设所求解问题的搜索空间、可行域和目标函数如图 2.8 所示。从图 2.8 中可以看出,可行域占搜索空间的比例非常小。假设初始种群中不包含可行解,经过一定次数的迭代后,后代群体中可能会出现可行解。但是,根据 Pareto 优超关系,此时,可行解与群体中的所有不可行解均具有非劣关系(由图 2.8 中目标函数的特征可以看出)。显然,在这种情况下,若仅采用 Pareto 优超关系比较个体,群体中不可能包含可行解。这样,算法就不具备全局收敛性。

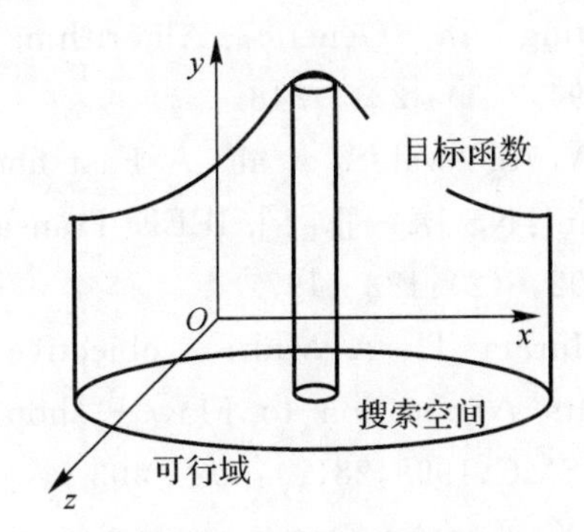

图 2.8 搜索空间、可行域和目标函数示意图

参考文献

[1] 林锉云，董家礼. 多目标优化的方法与理论[M]. 吉林：吉林教育出版社，1992.

[2] Zitzler E, Deb K, Thiele L. Comparison of Multiobjective Evolutionary Algorithms:Empirical Results[J]. Evolutionary Computation,2000,8(2): 173 - 195.

[3] 郑金华. 多目标进化算法及其应用[M]. 北京：科学出版社，2007.

[4] Deb K. Multi - Objective Optimization Using Evolutionary Algorithm[M]. New York:John Wiley & Sons, 2001.

[5] 胡毓达. 实用多目标最优化[M]. 上海：上海科学技术出版社，1990.

[6] 张敏. 约束优化和多目标优化的进化算法研究[D]. 合肥：中国科学技术大学，2008.

[7] Lgnizio J P. A Review of Goal Programming: a Tool for Multi-objective Analysis[J]. Journal of the Operational Research Society, 1978,29(11): 1109 - 1119.

[8] Romero C. Handbook of Critical Issues in Goal Programming[M]. Oxford, UK:Pergamon Press,1991.

[9] Tseng C H ,Lu T W. Mini-max Multi-objective Optimization in Structural Design[J]. International Journal for Numerical Methods in Engineering. 1990, 30(6): 1213 - 1228.

[10] Schaffer J D. Multiple Objective Optimization with Vector Evaluated Genetic Algorithms[D]. Nashville, TN: Vanderbilt University, 1984.

[11] Srinivas N, Deb K. Multi - objective Function Optimization Using Non-

dominated Sorting in Genetic Algorithms [J]. Evolutionary Computation,1994,2(3):221-248.

[12] Deb K, Pratap A, Agarwal S, et al. A Fast and Elitist Multiobjective Genetic Algorithm: NSGA-Ⅱ[J]. IEEE Transactions on Evolutionary Computation,2002,6(2):182-197.

[13] Ishibuchi H, Murata T. A Multi-objective Genetic Local Search Algorithm and Its Application to Flow-shop Scheduling[J]. IEEE Transactions on SMC,1998,28(3):392-403.

[14] Hajela P, Lin C Y. Genetic Search Strategies in Multicriterion Optimal Design[J]. Structural Optimization, 1992, 1(4):99-107.

[15] 马小姝. 多目标优化的遗传算法研究[D]. 西安:西安电子科技大学,2010.

[16] 王勇,蔡自兴,周育人,等. 约束优化进化算法[J]. 软件学报,2009, 20(1):11-29.

第3章　小生境遗传算法

遗传算法[1-5]由于其运算简单和解决问题的有效能力而被广泛应用于众多领域,但是,在遗传算法的应用中也会出现一些不尽如人意的问题。一般来说,对不少问题,基本遗传算法的求解效果往往不是最为有效的,它比专门针对某一问题的知识性启发算法的求解效率要差。另外,遗传算法也无法避免多次搜索同一个可行解,这也是影响遗传算法运行效率的一个因素。

为了克服遗传算法的上述缺陷,人们提出让遗传算法与其他算法混合。通常有三种混合方式:

(1)两种算法各自独立求解,其中一方利用对方的计算结果,但并不直接进入对方的搜索过程中。最常见的做法是,一旦遗传算法搜索到优异的可行解后,马上换用其他算法求解。

(2)一方作为附加成分被加入另一方的搜索中。例如,在遗传算法中引入其他算法,该算法在遗传算法的计算基础上,通过搜索产生更优的最优个体,引导种群新一轮进化。

(3)两种算法融合在一起共同求解,一方作为对方的必要组成部分,直接参与对方的搜索。禁忌搜索与遗传算法混合时,前者就是后者的变异算子,模拟退火算法与遗传算法也用这种方式混合。

小生境是指特定环境下的一种组织结构。在自然界中,特征、形状相似的物种往往相聚在一起,并在同类中交配繁衍后代,这种正选型交配方式在生物遗传进化过程中具有积极的作用。在简单遗传算法中,由于初始群体生成的随机性,往往造成适应度值函数过大的个体出现,“超大”个体的存在,即当算法进行到某一代时,在种群中某个个体 m 的适应度值远远大于其他任何个体的适应度值,从而该个体被选中复制的概率越大,这样就会造成子代中许多个体来自同一祖先 m,这种现象的极限情况就是所有个体来自同一祖先,这就是我们常说的“早熟”。一旦出现“早熟”,遗传算法中的选择和交叉操作就会失效。本章针对这种现象做了研究,利用小生境的特性,结合第二种算法混合方式,提出了小生境遗传算法。这种算法易跳出局部解,计算效率高。

3.1　基本小生境遗传算法

一个理想的生态系统典型的特征就是不同的物种同时生存在整个环境的不同小生境(niches)中。系统中物种数量越多,这个生态系统就越理想。每个物种可以利用系统的不同资源，并且在物种之间存在相互合作或竞争。在进化算法的种群中，同样存在小生境的概念。在种群中有效地形成多个小生境有助于保持种群的多样性，而保持种群多样性的一个主要目的在于能够更有效地利用计算资源，避免无意义的复制和冗余。此外，保持种群多样性能够使个体分布在种群空间的各个部分，这样种群空间的所有位置都能被搜索到，而不会存在空白或过分拥挤的区域。为在种群中形成小生境，保持种群多样性，学者们提出了很多方法，其基本思想是在基本遗传算法(SGAs)中加入小生境的概念[6-9]，实现模拟小生境的方法。这些方法中比较重要的有以下几种[6-12]。

3.1.1 基于预选择机制的小生境实现方法

Cavicchio 在 1970 年提出了基于预选择机制的小生境实现方法。其基本思想是：仅当新产生子代个体的适应度值超过父代个体的适应度值时，所产生的子代个体才能替换其父代个体而遗传到下一代群体中，否则父代个体仍保留在下一代群体中。

3.1.2 基于排挤机制的小生境实现方法

De Jong 在 1975 年提出了基于排挤机制的小生境实现方法。其思想源于在一个有限的生存空间中，各种不同的生物为了能够延续生存，它们之间必须相互竞争各种有限的生存资源。在自然界中，当某种群体中个体大量繁殖时，为争夺有限的生存资源，个体之间的竞争压力加大，个体消亡的概率提高，生存概率下降。排挤模型在执行选择操作时，新的子代个体仅仅替换与之相似的父代个体。通常采用的是确定性排挤模型(deterministic crowding)，其基本思想是，设置一个排挤因子 CF，先由群体中随机选取的 1/CF 个个体组成排挤成员，然后依据新产生的个体与排挤成员的相似性来排挤掉一些与排挤成员相类似的个体。个体成员之间的相似性通常以海明距离来度量。排挤模型能够在一定程度上维持群体的多样性，具有一定的突破模式欺骗的能力，但对于多模态函数的求解能力一般。

3.1.3 基于共享函数机制的小生境实现方法

Goldberg 等人在 1987 年提出了基于共享机制的小生境实现方法。其基本思想是，通过定义群体中个体的共享度，调整个体的适应度值，使得群体保持多个高阶模式。在这种机制中，首先定义共享函数。共享函数是关于两个个体之间关系密切程度的函数。当个体之间关系比较密切时，共享函数值较大(接近 1)，反之，则共享函数值较小(接近 0)，由于每个个体无限接近自身，所以它与自身的共享函数值是 1。然后，确定每个个体在群体中的共享度。一个个体的共享度等于该个体与群体内的其他个体之间的共享函数值总和。根据个体在种群中的共享度，调整其适应度值，即根据与该个体相似的个体数量减小其适应度值。通过反映个体之间相似程度的共享函数来调整群体中各个个体的适应度值，从而在这以后的群体进化过程中，算法能够依据这个调整后新的适应度值来进行选择运算，以维护群体的多样性，创造出小生境的进化环境。共享函数可记为 $S(d_{ij})$，其中，d_{ij} 表示个体 i 和个体 j 之间的某种关系。例如，个体基因型之间的海明距离就可定义为一种共享函数。这里，个体之间的密切程度主要体现在个体基因型的相似性或个体表现型的相似性上。当个体之间比较相似时，其共享函数就比较大；反之，当个体之间不太相似时，其共享函数就比较小。

共享度是某个个体在群体中共享程度的一种度量，它定义为该个体与群体内其他个体之间的共享函数值之和，用 S_i 表示：

$$S_i = \sum_{j=1}^{M} S(d_{ij}), \quad i = 1, 2, \cdots, M \tag{3.1}$$

在计算出群体中各个个体的共享度之后，依据式(3.2)来调整各个个体的适应度值：

$$F'_1(X) = F_1(X)/S_i, \quad i = 1, 2, \cdots, M \tag{3.2}$$

由于每个个体的遗传概率是由其适应度值大小来控制的，所以这种调整适应度值的方法就能够限制群体内个别个体的大量增加，从而维护了群体的多样性，并造就了一种小生境的进化环境。除了上面的基本小生境算法外，还有下面几种常用的小生境算法。

1. 确定性拥挤算法

确定性拥挤(Deterministic Crowding，DC)算法由 Mahfoud 提出。该算法属于拥挤算法范畴，采用子个体与父个体直接进行竞争的模式，竞争的内容包括适应度值和个体之间的距离。算法的过程如下：

确定性拥挤算法(重复 G 代)

重复下列步骤 $N/2$ 次：

(1)用有放回的方式随机选择两个父个体 p_1 和 p_2。

(2)对其进行杂交和变异，产生两个子个体 c_1 和 c_2。

(3)如果 $[d(p_1,c_1)+d(p_2,c_2)] \leqslant [d(p_1,c_2)+d(p_1,c_2)]$，则

如果 $f(c_1) > f(p_1)$，则用 c_1 替换 p_1，否则保留 p_1。

如果 $f(c_2) > f(p_2)$，则用 c_2 替换 p_2，否则保留 p_2。

如果 $f(c_2) > f(p_1)$，则用 c_2 替换 p_1，否则保留 p_1。

如果 $f(c_1) > f(p_2)$，则用 c_2 替换 p_1，否则保留 p_1。

其中，N 是种群规模；$d(i,j)$ 是个体 i 和个体 j 之间的距离。

2. 限制锦标赛选择算法

限制锦标赛选择(Restricted Tournament Selection，RTS)算法由 Harik 提

出。该算法属于拥挤算法范畴，采用了个体与种群中其他个体进行竞争的模式，竞争的内容包括适应度值和个体之间的距离。该算法的过程如下：

限制锦标赛选择算法(重复G代)

重复下列步骤$N/2$次：

(1)用有放回的方式随机选择两个父个体p_1和p_2。

(2)对其进行杂交和变异，产生两个子个体c_1和c_2。

(3)分别为c_1和c_2从当前的种群中随机地选择出w个个体。

(4)不失一般性，设d_1和d_2分别是w个个体中与c_1和c_2距离最近的两个个体。

(5)如果$f(c_1)>f(d_1)$，则用c_1替换d_1，否则保留d_1。

如果$f(c_2)>f(d_2)$，则用c_2替换d_2，否则保留d_2。

3. 多小生境拥挤算法

多小生境拥挤(Multi-Niche Crowding，MNC)算法由Cedeno提出。该算法属于拥挤算法的范畴，采用种群中的若干个体相互竞争的模式，竞争的内容包括适应度值和个体之间的距离。竞争选择出的老个体被新个体产生的子个体替换。算法的过程如下：

多小生境拥挤算法(重复G代)

重复下列步骤$N/2$次：

(1)用有放回的方式随机选择父个体p_1。

(2)从种群中随机选择C_N个个体作为p_1的交配候选集，从中选出与p_1最接近的个体p_2。

(3)对p_1和p_2进行杂交和变异，产生两个子个体c_1和c_2。

(4)分别为c_1和c_2从当前种群中各随机选择出C_f群个体，每群个体包含w个个体。

(5)每一群个体都选出一个与对应子个体距离最近的个体。这样就为每个个体产生了C_f个替换候选个体。

(6)不失一般性，设d_1和d_2是两个替换候选集中适应度值最低的个体。

(7)用c_1替换d_1，用c_2替换d_2。

Cedeno还给出了C_N，w和C_f的最优参数值。C_f应该在区间[2,4]内，C_N和w至少应该两倍于用户希望找到的全局峰个数。该算法的步骤(2)提出了一种基于试探性的方法的限制交配策略。

4. 标准适应度值共享算法

标准适应度值共享(Standard fitness Sharing)算法由Goldberg和Richardson提出。该算法属于适应度值共享算法范畴，事先需要给出解空间中小生境的半径，并假设解空间中峰半径均相同。算法的过程如下：

标准适应度值共享算法(重复 G 代)

(1) 计算种群中个体之间的共享函数值 $sh(d_{ij})$,

$$sh(d_{ij})=\begin{cases}1-(d_{ij}/\sigma)\alpha, & d_{ij}<\sigma \\ 0, & \text{其他}\end{cases} \tag{3.3}$$

其中,σ 是事先给出的峰半径;d_{ij} 是个体 i 和个体 j 之间的距离;α 是控制共享函数形状的参数,一般取 $\alpha=1$(线性共享函数)。两个个体之间共享函数值越大,则两个个体越接近。

(2) 计算种群中个体的小生境数 m,

$$m_i=\sum_{i=1}^{N} sh(d_{ij}) \tag{3.4}$$

其中,N 是种群规模。个体的小生境数越大,则该个体周围绕着越多其他个体。

(3) 计算种群中个体共享后的适应度值 f'_i,

$$f_i'=f_i/m_i \tag{3.5}$$

(4)用个体共享后的适应度值进行选择,杂交和变异出新的个体,生成新一代种群。Deb 和 Goldberg 在假设解空间中峰均匀分布并且峰半径相同的前提下,提出计算峰半径的计算公式。此外,他们还提供了一种基于峰半径的限制交配策略,从而保证所有的杂交均在同一物种进行,确保了后代和父母均属于同一小生境。标准适应度值共享算法计算距离的时间复杂度为 $O(N^n)$。

3.2 克服"早熟"的改进小生境遗传算法

3.2.1 小生境技术分析

依照自然界的小生境原理,在一定条件下将遗传算法的初始群体分为几个子群体。在各自的小生境群体内,灵活地控制进化的参数,保持各个小生境群体向优良群体的方向发展。在同一代中,在各个小生境群体进化的同时,加强小生境群体间纵向联系。生物界的进化竞争是多样的,不但个体之间存在着竞争,种群作为整体同样存在着竞争,适者生存的法则在种群这一层次上同样适用。这样的进化有利于协调由于子种群的个体多样性造成的进化快慢和种群规模的大小差异。小生境群体间横向交流,加速了整个群体的进化速度,使得每个小生境群体的优良个体得到共享。小生境群体的规模通过小生境群体中个体平均适应度值相联系来实现优胜劣汰、适者生存这一机制。子群体平均适应度值高,则其群体规模就大;反之,群体规模就小。生物界在进化过程中,适应环境的物种能得到更多的繁殖机会,其后代不断地增多,但这种增加不是无限制的,否则就会引起生态的失衡。在遗传算法中,群体的总体规模是一定的,为了保证群体中物种的多样性,就必须限制某些子群体的规模，称子群体中所允许的最大规模为子群体最大允许规模，记为 S_{max}。生物界中同样会出现某些物种因不适应环境数量逐渐减少，直至灭绝的现象。为了保持群体的多样性，有时需要有意识地保护某些子群体，使之不会过早地被淘汰，并保持一定的进化能力。子群体的进化能力是和子群体的规模相联系的，要保证子群体的进化能力，必须规定每一子群体生存的最小规模，称为子群体最小生存规模，记为 S_{min}。在进化过程中，表现最优的个体进化为最优解的概率最大，应当使它充分进化，因此实行优种保留策略。优种保留可以作用于最好的一个子群体，也可以作用于最好的几个子群体。

3.2.2 算法的构成及理论分析

1. 算法整体构成[13-15]

随机产生三个个体 $x_i(1\leqslant i\leqslant 3)$，依据适应度值函数 $f(x)$ 进行相应的计算。由三个个体的适应度值大小 $f_i(1\leqslant i\leqslant 3)$，从中选择函数值最大的个体 $\max\limits_{1\leqslant i\leqslant 3} f_i$ 放入初始群体中去，按照这种方法，直到生成群体所要求的规模大小到 M 为止。三选一的选择法有利于初始群体的个体多样性和个体整体性能的优越，从而使群体所含的模块多样化，有利于种群的进化。根据相应的具体问题，确定小生境群体的大小，决定着遗传进化的效率。本篇做了如下构造：

首先给出小生境的半径 σ、小生境的最大容量 S_{max} 和最小容量 S_{min}。

在解个体的 n 维空间内，令

$$\boldsymbol{X}_i=[X_{i1}\quad X_{i2}\quad \cdots\quad X_{in}]$$
$$\boldsymbol{X}_j=[X_{j1}\quad X_{j2}\quad \cdots\quad X_{jn}]$$

则二者之间的距离为

$$d_{ij}=\|\boldsymbol{X}_i-\boldsymbol{X}_j\|=\sqrt{\sum_{k=1}^{n}(x_{ik}-x_{jk})^2},\quad 1\leqslant i\neq j\leqslant M \tag{3.6}$$

任意选取一个元素 x_0，为小生境群体的中心 0，分别计算出该个体与其他个体 x_i 之间的距离 d，当 $d\leqslant\sigma$ 且小生境群体中个体数 j 不大于其最大容量 S_{max} 时，把个体 x_i 归为第一个小生境群体中。当满足条件 $d\geqslant\sigma$ 的小生境群体中个体 x_i 的个数小于容量 S_{min} 时，对该小生境群体中的最大个体进行复制，直到群体中的个体数达到最小容量 S_{min}。在余下的群体个体中，选出一个个体作为另一个小生境群体的中心，构造第二个小生境群体，依此类推，直到所有的个体分配到相应的小生境群体中。即生成的小生境群体总数为 $N(N<M)$。

2. 小生境对的构造[16-18]

在遗传算法中，适应度值函数 $f(x)$ 是一个重要的参数，能够体现群体中个体性能的优良。对各个小生境群体，分别计算出个体的适应度值大小，并按个体的适应度值大小对小生境群体进行排序：$\{X_{i1},X_{i2},\cdots,X_{iw}\}$（$w$：第 i 个小生境群体中个

体总数）。计算出小生境群体平均适应度值 $f_i=\sum_{k=1}^{w} f_{ik}/w$。构造：$\Delta_{ij}=|\overline{f}_i-\overline{f}_j|$，取 $\min\limits_{0<i,j\leqslant p}\Delta_{ij}$，使第 i 个小生境群体与第 j 个小生境群体建立相关联系，形成小生境对。利用小生境对，对相关的小生境群体进行调整，用自己函数值最大的个体相应地代替另一个小生境群体中函数值最小的个体。小生境群体的调整，使得优势个体资源得以在群体中流动。保持群体多样性的同时，协调了小生境群体间的进化速度的差异，使得各个小生境群体中的最大值能够高效地向群体的最大值逼近。采用最优个体保留机制，保障了算法的收敛。

对各个小生境群体进行独立的遗传操作：复制、交叉、变异，生成下一代的小生境群体，判断是否满足收敛条件；循环操作，直到满足条件。

3. 变异算子与收敛率的引入[19-21]

在传统的遗传算法中，交叉概率 P_c、变异概率 P_m 等控制参数与种群进化过程无关，从始至终都保持定值。近年来的研究表明，控制参数对系统性能有重要的影响。交叉概率 P_c 的高低将决定解群体的更新和搜索速度的快慢，P_c 太大会使算法的探测能力越强，越容易探测到新的优良个体，增加算法的收敛速度，P_c 太小会使搜索停滞不前。变异有利于解群体结构的多样性。加大算法群的搜索范围是一种重要手段，变异概率 P_m 太小时难以产生新的基因块，P_m 太大又会使遗传算法变成随机搜索，从而失去其优良特性。由此可知，交叉概率和变异概率对于遗传算法的收敛性有重要影响。

目前，调整遗传算法控制参数较好的方法是动态自适应技术，其基本思想是使 P_c，P_m 在进化过程中根据种群的实际情况，随机调整大小。具体做法为，当种群趋于收敛时，减小 P_c、增大 P_m，即降低交叉的概率，提高变异的概率，以保持种群的多样性，避免“早熟”；当种群个体发散时，增大 P_c、减小 P_m，即提高交叉的概率，降低变异的概率，使种群趋于收敛，增加算法的收敛速度。为了提高小生境算法的搜索性能，采用自适应交叉与变异的计算思想：小生境群体的交叉概率 P_{ic}（第 i 个小生境群体）和变异概率 P_{im}（$1\leqslant i\leqslant N$）随着个体适应度值的增加而减小，随着个体适应度值的减小而增加。计算公式如下：

交叉概率为

$$P_{ic}=\begin{cases}\dfrac{f_{i\max}-f'_1}{f_{i\max}-f_{iavg}}, & f'_1\geqslant f_{iavg}\\ 1.0, & 其他\end{cases} \tag{3.7}$$

式中，$f_{i\max}$ 为第 i 个小生境群体中个体适应度值的最大值；f_{iavg} 为第 i 个小生境群体中个体的平均适应度值；f'_1 为参与交叉的两个个体适应度值中较大的一个。

变异概率为

$$P_{im}=\begin{cases}\dfrac{f_{i\max}-f}{f_{i\max}-f_{iavg}}, & f\geqslant f_{iavg}\\ 0.5, & 其他\end{cases} \tag{3.8}$$

式中，f 为参与变异操作的个体适应度值，其余符号同前。

通常，经历了 50 次以上的迭代运算，算法的群体中已经包含了最优个体的解，其适应度值是群体中的最大者。为了进一步确认最优个体在整个群体中是否占主导地位，引入收敛率 α 的概念。

定义 3.1 （收敛率 α）$\alpha=\dfrac{\sum I_{\max}}{\sum I}\quad(0<\alpha\leqslant 1)$ (3.9)

式中 $\sum I_{\max}$—— 群体中具有最大适应度值的个体数目；

$\sum I$—— 群体中的个体数目。

当 α 值较大($\alpha>0.9$)时，说明遗传算法已经收敛，可以放心地选择其最优个体为全局最优解。因此，收敛率是保障遗传算法收敛的一个重要依据。

4. 算法的实现

(1) 针对具体问题选择合适的编码方案；

(2) 利用三选一法则产生初始种群；

(3) 构造小生境群体；

(4) 计算小生境的适应度值函数及平均适应度值和最优个体，建立联系；

(5) 对小生境群体做优良算子替换；

(6) 对小生境群体选择、交叉、变异，进入下一代；

(7) 终止条件判断，是否满足收敛率；

(8) 满足条件结束运算，否则，继续迭代。

3.2.3 算法验证

为了与文献[10]提出的算法加以比较，取优化函数：

$$J=100-\sum_{i=1}^{n}t_i^2 \tag{3.10}$$

式中，$t_i(i=1,2,3)$ 的取值范围均为 $t_i\in[-5.12,5.12]$，求函数的最大值。函数的最大值在(0,0,0)处取得，为 100。

每个变量用 8 位十进制数表示，把 3 个十进制数连接构成一个个体，则编码长度 $K=24$，种群大小 $N=72$。

适应度值函数定义为

$$f_i=J_i-J_{\min}+(J_{\max}-J_{\min})/N \tag{3.11}$$

式中 i—— 群体中第 i 个个体；

J_{max}，J_{min}—— 群体中的最大、最小函数值。程序用 MATLAB 编写。

对算法重复执行了50次，将仿真实验数据平均值记录，见表 3.1。从表 3.1 中可以看出，当指定的精确度小于 99.99%时，几种算法都能够收敛于指定的最优值点，但收敛的效果差别较大，改进的小生境遗传算法能够较快地收敛于指定最优值。当精确度大于 99.99%时，达到精确值的难度将加大，收敛效果的差异性体现得也更为明显；前四种遗传算法不能够搜索到最优值，而改进的小生境算法能够较好地搜索到指定最优值。

表 3.1 不同优化算法计算结果

精确度/(%)	99	99.9	99.95	99.99	99.995	99.999 5
SGA	3.2	33	45	182	—	—
JGA	3.4	56	90	157	—	—
PGA	4	44	76	180	—	—
WGA	207	8	12	137	—	—
NGA	2.5	5	8	34.7	43.1	48

表 3.1 中，SGA 为简单遗传算法，JGA 为均匀交叉遗传算法，PGA 为引入普通移民的算法，WGA 为文献[10]的遗传算法，NGA 为改进的小生境遗传算法。“—”表示进化到 200 代后该算法的最大目标函数值仍不能达到指定值。

参考文献

[1] Holland J. Adaptation in Natural and Artificial Systems[M]. University of Michigan Press，Ann Arbor，1975.

[2] Goldberg D E. Genetic Algorithm in Search，Optimization，and Machine Learning[M]. Boston：Addision - Wesley，1989.

[3] 王小平，曹立明. 遗传算法：理论、应用与软件实现[M]. 西安：西安交通大学出版社，2002.

[4] 戴晓明. 并行遗传算法收敛性分析及优化运算[J]. 计算机工程，2002(6)：33 - 36.

[5] Dorigo Marco，Maniezzo Vittorio，Colorni Alberto. Ant System：Optimization by a Colony of Cooperating Agents[J]. IEEE Transactions on System ，Man，and Cybernetics_Part B：Cybernetics，1996，26 (1)：29 - 41.

[6] 陈阅增. 普通生物学：生命科学通论[M]. 北京：高等教育出版社，1998.

[7] 贺晓丽. 一种变形杂交算子：轮转杂交算子[J]. 计算机工程与应用，2003(9)：

81－85.
[8] Goldberg D E. Simple Genetic Algorithms and the Minimal Deceptive Problem [A]. In: Davis L, ed. Genetic Algorithms and Simulated Annealing. London, UK: pitman Publishing, 1987:74－88.
[9] 李云强,余昭平.遗传算法中重要模式及其性质[J].模式识别与人工智能,2006,19(1):83－86.
[10] 蔡弘.一种快速收敛的遗传算法[C].第二届全球智能控制与智能自动化大会论文集,1997:1689－1692.
[11] Muhlenbein H, Schomisch M, Born J. The Parallel Genetic Algorithm as Function Optimizer[J]. Parallel Computing, 1991, 17 (6): 619－632.
[12] 宋维.一种用于多峰函数优化的改进混合遗传算法[J].天津师范大学学报,2003,23(2):92－98.
[13] Rudolph G. Convergence Analysis of Canonical Genetic Algorithms[J]. IEEE Transactions On Neural Network, 1994, 5(1):96－101.
[14] 玄光男,程润伟.遗传算法与工程优化[M].于歆杰,周根贵,译.北京:清华大学出版社,2004.
[15] 令狐选霞,徐德民,张宇文.一种新的改进遗传算法:混合式遗传算法[J].系统工程与电子技术,2001,23(7):95－97.
[16] 吴志远.一种新的自适应遗传算法及其在多峰值函数优化中的应用[J].控制理论与应用,1999,16(1):127－129.
[17] 周远晖.基于克服过早收敛的自适应并行遗传算法[J].清华大学学报(自然科学版),1998,38(3):93－95.
[18] 刘杰.一种高效混合遗传算法[J].河海大学学报,2002,30(2):63－65.
[19] 肖伟.改进的遗传算法[D].长沙:湖南师范大学,2001.
[20] 田延硕.遗传算法的研究与应用[D].成都:成都电子科技大学,2004.
[21] 王亚子.小生境与并行遗传算法研究[D].郑州:解放军信息工程大学,2006.

第二篇　进　阶　篇

第4章　遗传算法的收敛效率分析

4.1　引　言

由于遗传算法具有传统优化方法无可比拟的优点[1]，因而近年来被广泛应用于函数优化、机器学习、自动控制及神经网络设计等领域[2-5]，其有效性得到体现。在以上领域的实际问题几乎都可以归结为复杂系统优化问题。对于这类问题，形形色色的传统求解算法均为基于单点迭代的搜索算法，这也是计算数学中的经典方法。这类方法在求解复杂系统优化问题时有着严重缺陷：一是搜索效率低，二是易陷入局部极优。而GA是智能化仿生类随机搜索算法，能有效搜索全局最优解，这也正是它的重要价值之一。尽管如此，目前仍然存在严重制约GA理论发展及其应用的障碍，即GA的收敛效率问题。GA的大计算量使其时间复杂性随种群规模和遗传代数的增加而剧增，虽然理论上已证明带有最优保持操作的GA一定收敛于全局最优解，但这一结论是建立在进化时间$T\to\infty$的基础之上的，因而不具有实际意义。对于大规模问题，GA收敛效率低的问题更显突出。为了提高GA的收敛效率，国内外一些学者进行了有益的探讨，取得了一些研究成果[6-16]，主要集中于收敛性的理论证明、模式分析和算子的改进等方面。但这些研究仍嫌不足，主要表现在以下几个方面：一是研究不系统，多为GA的局部改进，在克服一个问题的同时，可能导致新问题的产生。例如，提出新的高效率选择算子，可能导致“早熟”现象的发生。二是开展的研究多为针对具体问题，因而不具有通用性。三是理论基础薄弱，多为实验性的，缺乏严格的理论证明和分析。综上所述，提高GA的收敛效率具有非常重要的意义，但目前，如何提高GA的收敛效率仍是一个亟待解决的问题。本章就这一问题从GA的收敛效率指标、提高GA的全局收敛性、GA

参数优化等多个方面展开研究。

4.2 GA的收敛效率指标

对GA的收敛效率提出恰当的指标是GA的收敛效率研究的基础。在当前GA研究文献中，虽然已有一些度量GA效率的指标，如在线性能、离线性能等，但这些指标均只能代表GA性能的一个侧面，尚欠完备，因而有必要提出新的更加全面的GA的收敛效率指标，为对GA进行的各种创新和改造提供一个有效性尺度。以下从两个方面定义GA的收敛效率指标，即收敛性能和时间复杂性。

GA的收敛性能除了现有的由De Jong提出的基于适应度值的在线性能指标和离线性能指标外[17]，还有提出的以下两种新的度量指标。

定义4.1 GA的理论收敛概率P_l

设S^*是与问题的全局最优解对应的个体，S_T是第T代种群的最佳个体，称$P_l=P\{\lim_{T\to\infty} S_T=S^*\}$为GA的理论收敛概率。

定义4.2 GA的进行收敛概率P_{opt}

在某个固定的遗传代数g下，GA实际运行能够收敛于全局最优解的概率称为进行收敛概率，以P_{opt}表示。

这两种新的GA的收敛性能指标具有不同的作用。虽然两种指标都是用于度量GA收敛于全局最优解的可能性，但理论收敛概率以$T\to\infty$为前提，反映的是GA收敛性稳态特性；而进行收敛概率则是有限遗传代数下GA收敛于全局最优解可能性的度量，反映的是GA收敛性能的不确定性。这种不确定性源于GA是随机搜索算法，因此在GA的实际运行中，完全有可能在有限进化时间内（有限遗传代数）收敛于全局最优解，即使对于$P_l<1$的GA也是如此，这已被大量实验所证明。设N_u为GA总的运行次数，N_{opt}为收敛于全局最优解的运行次数，则由大数定律得

$$\lim_{N_u\to\infty} P\left\{\frac{N_{opt}}{N_u}=P_{opt}\right\}=1 \tag{4.1}$$

即$\frac{N_{opt}}{N_u}$依概率收敛于P_{opt}，因此，在N_u足够大的前提下，可用频率$\frac{N_{opt}}{N_u}$来近似估计P_{opt}。

GA的时间复杂性指标用于度量其收敛速度。以平均收敛时间作为GA的时间复杂性指标。定义如下：

定义4.3 平均收敛时间$E(T_u)$

GA收敛于全局最优解所需的平均运行时间称为平均收敛时间，以$E(T_u)$表示。其中T_u表示收敛于全局最优解的一次运行时间，显然T_u是一个随机变量。

设 g 表示收敛于全局最优解的遗传代数，t_u 表示进化一代所需运行时间，显然，g，t_u 均为随机变量，则有关系式：

$$T_u = g t_u$$

又 g，t_u 为相互独立随机变量，则有 $E(T_u)$ 的表达式：

$$E(T_u) = E(g t_u) = E(g)E(t_u) \tag{4.2}$$

其中，$E(g)$ 表示收敛到全局解的平均遗传代数；$E(t_u)$ 表示进化一代的平均运行时间。

必须指出，在用以上指标比较不同 GA 的收敛效率时，应在相同测试函数和相同计算设备下进行。

4.3　基于模式的 GA 收敛效率分析

4.3.1　基本概念

模式(schema)是一个描述字符集的模板，是遗传算法理论中的重要概念[17]，用于刻画字符之间的相似性。一个模式表示一族字符串，与之相关的概念还有模式的阶和定义距等。

定义 4.4　模式

基于三值字符集{0,1,＊}所产生的能描述具有某些结构相似性的 0,1 字符集的字符串称为模式。

定义 4.5　模式的阶

一个模式 H 中确定位置的个数称为该模式的阶，记作 $O(H)$。

定义 4.6　模式的定义距

模式 H 中第一个确定位置和最后一个确定位置之间的距离称为该模式的定义距，记作 $\delta(H)$。

例如：011＊1＊代表一个模式，其中的"＊"称为无关符或通配符，既可为"0"，也可为"1"。该模式的阶为 4，定义距也为 4。

4.3.2　基本模式定理(Basic Schema Theorem，BST)

由 Holland 提出的模式定理揭示了模式在进化过程中受选择、交叉及变异算子作用的变化规律。由于该模式定理以二进制编码、标准遗传算子(比例选择、单点交叉、等概率位变异)为基础，故称其为基本模式定理。

定理 4.1　基本模式定理

在遗传算子选择、交叉和变异作用下，具有低阶、短定义距及平均适应度值的模式在子代中将以指数级增长。用式子表达为

$$m(H,t+1) \geqslant m(H,t)(f(H)/\bar{f})[1-P_c\delta(H)/(l-1)-O(H)P_m] \tag{4.3}$$

式中，$m(H,t)$ 表示第 t 代中模式 H 的样本数；$f(H)$ 表示模式 H 的所有样本(个体)的平均适应度值；$\bar{f}$ 为种群的平均适应度值；P_c 为交叉概率；P_m 为变异概率。

模式定理是 GA 的理论基础，其意义是深远的。

4.3.3 扩展的模式定理(Expanded Schema Theorem, EST)

基本模式定理揭示了二进制编码、标准遗传算子作用下的模式变化规律，但仅有 BST 是不够的，因为随着 GA 理论及其应用的发展，产生了许多新的遗传算子[18]，并且 GA 结构本身也发生了许多变化，形成了各种各样所谓改进 GA (MGAS)[19-20]，因此有必要研究 MGAS 下的模式定理，即扩展的模式定理(EST)。在此重点研究具有倒位算子的模式定理[21]。

在遗传操作中引入倒位算子，与这种 GA 相应的模式定理称为具有倒位算子的模式定理。

设倒位算子以概率 P_i 作用于一个个体，其意义是倒位发生的概率为 P_i。如果发生倒位，则在该个体的字符中间随机选择两个点，然后将这两个点间的所有字符首尾倒置形成一个新个体。倒位后与原来完全相同的字符串称为对称字符串。

在第 t 代，设 H 是一给定的模式，它的字符串长为 l，其中含有长为 $2\sim l$ 的子串数为

$$\beta=(l-1)+(l-2)+\cdots+2+1=\frac{l(l-1)}{2} \tag{4.4}$$

S^j 是群体中的一个个体，在群体中所占比例为 R_j^t，设 S^j 中含有对称子串的数目为 γ_j，其中与 H 的 $*$ 位对应的对称子串数是 α_j，当与 H 有相同模式时(简记为 $S^j\in H$)，经过倒位后可能变为与 H 有不同模式的个体(简记为 $S^j\notin H$)的概率为

$$P'_d=P_i\,\frac{1}{l+1}\,\frac{1}{l}\left(1-\frac{\gamma_j^1-\alpha_j}{\beta}\right)$$

则 S^j 在群体中减少的概率为

$$P''_d=P_i\,\frac{1}{(l+1)l}\left(1-\frac{\gamma_j-\alpha_j}{\beta}\right)R_t^j \tag{4.5}$$

群体中所有与 H 有相同模式的个体所占的比例为 $\sum\limits_{\{j|S^j\in H\}} R_j^t$，从而经过倒位后，$H$ 中的个体减少的概率为

$$P_d=P_i\,\frac{1}{l(l+1)}\sum_{\{j|S^j\in H\}}\left(1-\frac{\gamma_j-\alpha_j}{\beta}\right)R_j^t$$

于是，原来属于 H 的个体变为不属于 H 的个体的期望数为

$$m(H,t)=\frac{f(H)}{\bar{f}}P_{\mathrm{d}}=m(H,t)\,\frac{f(H)}{\bar{f}}\,\frac{P_i}{l(l+1)}\sum_{\{j|S^j\in H\}}\left(1-\frac{\gamma_j-\alpha_j}{\beta}\right)R_j^t \tag{4.6}$$

综上所述，得到具有倒位算子的模式定理。

定理 4.2　具有倒位算子的模式定理

在选择、交叉、变异以及倒位算子作用下，模式 H 在相邻两代出现的期望数满足下列关系：

$$m(H,t+1)\geqslant m(H,t)\,\frac{f(H)}{\bar{f}}\Big[1-P_{\mathrm{c}}\frac{\delta(H)}{l-1}-P_{\mathrm{m}}O(H)-\frac{P_i}{l(l+1)}\sum_{\{j|S^j\in H\}}\left(1-\frac{\gamma_j-\alpha_j}{\beta}\right)R_j^t\Big] \tag{4.7}$$

以上讨论了在一种新型遗传算子 —— 倒位算子作用下的模式定理。除此之外，一些虽未引入新算子但遗传操作及算法结构发生改变的改进 GA 也有与之对应的模式定理，如与模糊遗传算法相对应的模糊模式定理[22]，与单亲遗传算法相对应的单亲模式定理[23] 等。限于篇幅，不再详述。

4.3.4　基于模式的 GA 效率分析[24]

在二进制编码下，模式由固定基因 1，0 及任意符 * 组成，因此串长为 l 的模式空间 Π 的维数为 $|\Pi|=3^l$。从模式的角度看，遗传算法的搜索过程是在模式空间中搜索一个最优模式的过程。搜索时间取决于 Π 的大小和每次遗传的搜索效率。$|\Pi|$ 的大小取决于具体问题，因此，每次遗传的搜索效率是关键，取决于以下两点：

(1) 每次遗传产生的新模式。

(2) 每次遗传有效保留模式。

这两点又是矛盾的，如果每次产生很多新模式，但高适应度值模式得不到有效保留，或者每次保留很多模式，而产生较少的新模式，则易陷入局部极优解，搜索效率均不高，遗传算法需在两方面进行协调，尤其需要根据遗传过程进行动态协调才能有高效率。

由于串之间有重复的模式，因此，一个规模为 n 的群体中包含的模式数为

$$2^l\leqslant|\Pi_P|\leqslant n\times 2^l \tag{4.8}$$

遗传过程中主要由交叉和变异操作产生新的模式。

设种群中的任意串按变异概率 P_{m} 变异后的串为 S_i'，S_i 和 S_i' 之间的海明距离为 $H(S_i,S_i')=lP_{\mathrm{m}}$，则 S_i' 具有的 S_i 中没有的新模式数为

$$|\Pi_{\mathrm{m}}|=\sum_{i=1}^{H(S_i,S_i')}2^{l-i} \tag{4.9}$$

设进行交叉的两个串为 S_i,S_j，海明距离为 $H(S_i,S_j)$，若采用两点交叉操作，设交换段基因的海明距离为 H_c，前段和后段的海明距离为 H_b 和 H_a，经推导，两个串交叉操作后产生的新模式数为

$$|\Pi_c|=\begin{cases}\sum_{h=1}^{H_b}2^{l-h}+\sum_{i=1}^{H_c-1}2^{l-H_b-i}+\sum_{j=1}^{H_a}2^{l-H_b-j}+\sum_{K=1}^{H_c-1}H_a2^{l-H_b-H_a-K}, & H_c\geqslant 1\\ 0, & H_c=0\end{cases} \tag{4.10}$$

交叉概率 P_c 越大，发生交叉的串就越多，产生的新模式就越多，即使排除其中可能重复的模式数，此结论仍然成立。

4.4 GA的全局收敛性

作为一种普遍适用的随机大范围搜索策略，遗传算法的收敛性研究是遗传算法随机搜索机理研究的核心内容。建立公理化的收敛性理论体系，不但可以提高现有遗传算法的收敛速度，克服陷于局部极值和出现过早收敛，同时可以探讨判定当前解是否达到最优解的合理准则，从而给出合理的停机准则。因此，通过遗传算法收敛性的研究，可为遗传算法的发展提供坚实可靠的理论依据及正确的方向。目前，关于遗传算法的收敛性研究主要有两种方法：一种是将种群数目推广到无穷，研究其概率密度[35]；一种是以 Markov 链理论作为工具研究有限种群收敛性[36]。由于 GA 实际应用中，均只能构造有限种群，故在此主要研究有限种群 GA 的全局收敛性。

4.4.1 遗传算法收敛性研究的主要方法

遗传算法的收敛性通常是指遗传算法所生成的迭代种群收敛到某一稳定状态，或其适应度值函数的最大或平均值随迭代趋于优化问题的最优值。依据不同的研究方法及所用的数学工具，已有的遗传算法收敛性研究方法可大致分为四类[37]：Vose－Liepins 模型、Markov 链模型、公理化模型和连续(积分算子)模型。

1. Vose－Liepins 模型

这类模型大致可以分为两种情形，即针对无限种群和有限种群的模型。首先由 Vose 和 Liepins 在 1991 年提出了针对无限种群的模型。其核心思想是，用两个矩阵算子分别刻画比例选择与组合算子(即杂交算子与变异算子的复合)，通过研究这两个算子不动点的存在性与稳定性来刻画 GA 的渐近行为。Vose－Liepins 模型在种群规模无限的假设下可精确刻画 GA，但在有限规模情形下却只能描述 GA 的平均性态。为了克服这一缺陷，Nix 和 Vose 在 1992 年结合 Vose－

Liepins 模型与 Markov 链描述，发展了 GA 的一个精确 Markov 链模型，称为 Nix－Vose 模型，它针对的是有限种群的情形。该模型恰好描述了 GA 的实际演化过程。但是由于 Nix－Vose 的有限种群模型概率转移矩阵的复杂性，故直接基于该模型分析 GA 收敛性是困难的。而 Vose－Liepins 的无限种群模型虽然只能描述实际 GA 演化的平均性态，但它却精确预报了 GA 收敛性态随种群规模的变化。

2. Markov 链模型

由于遗传算法下一代种群的状态通常完全依赖当前种群信息，而不依赖于以往状态，故可自然地用 Markov 链描述，这也是遗传算法收敛性研究中最常采用的工具。这种方法一直被用于研究不同形式 GA 的渐近行为，并得出一些典型的结果，如用 Markov 链描述其动态行为，从更一般的等价类层次表述种群等。当然，还有很多其他的分析结果充分体现了使用 Markov 链模型描述遗传算法具有直接、精确的优点。但由于所采用有限状态 Markov 链理论本身的限制，该模型只能用于描述通常的二进制编码或特殊的非二进制编码 GA。

3. 公理化模型

这种模型既可用于分析时齐 GA，又可用于分析非时齐 GA。其核心思想是，通过公理化描述 GA 的选择算子与演化算子，并利用所引进的参量分析 GA 的收敛性。对于常见的选择算子与演化算子，所引进的参量能方便地确定，因而这一模型具有重要的理论意义与应用价值。该模型通过详细估计常见选择算子与演化算子的选择压力、选择强度、保存率、迁入率、迁出率等参数，导出了一系列具有重要应用价值的 GA 收敛性结果。此外，该模型也可用于非遗传算法类的其他模拟演化算法的收敛性分析。

4. 连续(积分算子)模型

大量数值试验表明，为了有效解决高维连续问题和 GA 实现中的效率与稳健性问题，直接使用原问题的浮点表示而不进行编码转换具有许多优点，由此形成的遗传算法称为连续变量遗传算法或浮点数编码遗传算法。对于这类连续变量遗传算法收敛性的分析方法，已有一些研究成果。例如，浮点数编码模式定理，用以描述进化过程中模式的变化规律，特别是优良模式的产生及变化(保持或被破坏)规律，从而有助于分析连续变量遗传算法的收敛性。通过研究大样本行为，分别导出了连续变量 GA 在使用比例选择、均匀杂交和变异以及三个遗传算子联合作用等情形下，当种群规模趋于无穷时，种群的概率分布所对应的密度函数应满足的递归公式。但该结果只是在种群规模趋于无穷的条件下得到的种群迭代序列分布的估计，故只能看作是对 GA 渐近行为的大样本近似，并不能直接应用于改进一般 GA 的实际执行策略。

4.4.2 典型遗传算法的收敛性

1. 标准遗传算法(Canonical Genetic Algorithm,CGA)的全局收敛性

首先给出全局收敛性的定义。

定义 4.7 设 $Z_t = \max\{f(\Pi_K^{(t)}(i)): K=1,2,\cdots,n\}$ 是一个随机变量序列,该变量代表在时间步 t 状态中最佳的适应度值,GA 收敛到全局最优解,当且仅当 $\lim\limits_{t\to\infty} P\{Z_t = f^*\} = 1$,其中 $f^* = \max\{f(b) \mid b \in IB^l\}$。

标准遗传算法(CGA)是指采用二进制编码、比例选择算子、单点交叉算子和简单变异算子的遗传算法。关于 CGA 的全局收敛性有以下结论[14-15]:

定理 4.3 CGA 不能收敛至全局最优解。

引理 4.1 在选择前保留最佳个体的遗传算法最终收敛到全局最优解。

引理 4.2 在选择后保留最佳个体的遗传算法最终收敛到全局最优解。

综合引理 4.1、引理 4.2 得到以下定理:

定理 4.4 带有最优保持操作的遗传算法一定收敛至全局最优解。

以上引理和定理的证明可参见文献[17]。

2. 实数编码遗传算法(Real - coded Genetic Algorithm,RGA)的全局收敛性

实数编码遗传算法的产生是遗传算法研究的一大进步,相关的理论与应用成果不断出现。实数编码遗传算法除了具有二进制编码遗传算法的所有特点,如简单、通用、鲁棒性强、适于并行分布处理等之外,在算法的收敛性方面还有以下优势[16]:

(1)直接使用实数作为染色体参与遗传操作,无需特定的编码与解码过程,因此降低了算法实现的复杂度,提高了算法的执行效率,尤其是当处理大规模复杂问题、高维数值优化问题或子目标个数较多的多目标优化问题时,实数编码遗传算法的效率更能得到体现。

(2)用实数编码可以消除二进制编码存在的海明悬崖(Hamming cliffs)问题。

(3)实数编码遗传算法中可以利用连续变量函数的渐变性(graduality)。这里的"渐变性"是指变量值的微小变化所引起的对应函数值的变化也是微小的,这一特点使实数编码遗传算法具有较强的局部调节功能。例如,实数编码遗传算法的非一致变异算子(non uniform mutation)相比二进制编码遗传算法的变异算子,能更好地实现种群的局部调节,从而更有利于逼近最优解。

(4)在染色体长度一定的条件下,实数编码遗传算法具有比二进制编码遗传算法更大的搜索空间,甚至是无穷搜索空间,而不会影响其搜索精度。但在二进制编码遗传算法中,由于其本质是将一切寻优问题均转化为组合优化问题进行离散寻优,且由于染色体长度的限制,二进制染色体所能表达的个体数是有限的(等价于在问题的解空间所能遍历的点是有限个),如果扩大搜索空间,个体间的距离将被

拉大，导致种群空间里个体分布的稀疏性，从而降低搜索精度，不利于获取全局最优解，尤其对于欺骗问题(deceptive problem)更是如此。因此，实数编码遗传算法比二进制编码遗传算法具有更好的全局收敛性。

(5)对于具有非平凡约束条件的问题，实数编码遗传算法更易吸取问题域知识，指导种群朝正确的搜索方向进化。

(6)实数编码遗传算法繁殖新个体的方式更加灵活。对于二进制编码遗传算法，由于编码的限制，可供使用的交叉和变异算子的种类十分有限，而实数编码遗传算法可使用的交叉和变异算子则相对丰富，因而实数编码遗传算法在寻优时能够在解空间中进行更好的探索和开发。

3. 自适应遗传算法(Adaptive Genetic Algorithm，AGA)的全局收敛性

由于CGA在参数设置及遗传操作上存在不足，许多学者提出种种改进策略，形成了众多改进GA(Modified GAs)[17-24]，其中自适应遗传算法(AGA)[25]是公认的优秀代表，其基本思想是使交叉概率 P_c、变异概率 P_m 随个体适应度值自适应调整，公式如下：

$$P_c=\begin{cases}\dfrac{K_1(f_{\max}-f')}{f_{\max}-\overline{f}}, & f'\geqslant\overline{f}\\ K_3, & f'<\overline{f}\end{cases}\tag{4.11}$$

$$P_m=\begin{cases}\dfrac{K_2(f_{\max}-f)}{f_{\max}-\overline{f}}, & f\geqslant\overline{f}\\ K_4, & f<\overline{f}\end{cases}\tag{4.12}$$

式中，$f_{\max}$ 为当前种群最大适应度值；f' 为待交叉个体中较大的适应度值；f 为待变异个体适应度值；$\overline{f}$ 为种群平均适应度值，$K_1=K_3=1$，$K_2=K_4=0.5$。

AGA自提出以来，已被广泛应用于函数优化、ANN训练等领域。大量实验表明AGA能有效探索全局最优解，但仍需从理论上对其全局收敛性进行严格分析。

定理4.5　AGA是全局收敛的。

证明　由AGA确定 P_c，P_m 的公式可知，$0\leqslant P_c\leqslant 1$，$0\leqslant P_m\leqslant 1$，且当 $f'=f_{\max}$ 时，$P_c=0$；当 $f=f_{\max}$ 时，$P_m=0$。由此可知：任一时刻 t(第 t 代)的最佳个体总能保持到第 $t+1$ 代，故AGA实际上是一种改进的最佳个体保留GA，由定理4.4可知，AGA一定收敛至全局最优解。

4. 并行遗传算法(Parallel Genetic Algorithm，PGA)的全局收敛性

在求解大规模甚至超大规模问题时，采用并行遗传算法(PGA)是一种行之有效的策略，能获得较高的计算效率。并行遗传算法主要分为三种类型[26]，其收敛性各有特点，详细分析如下：

(1)主从式并行模型。这种并行模型由一个主处理器和若干个从处理器构成。

主处理器的工作是监控整个染色体种群，并基于全局统计执行操作；各个从处理器接受来自主处理器的个体然后进行重组、交叉、变异，产生新一代个体，并计算适应度值，再把计算结果回传给主处理器。由于存在主处理器忙而从处理器空闲的情况，而且从处理器计算完成后要向主处理器发送结果，造成瓶颈和通信延迟，从而导致效率的低下，在很大程度上限制了此类模型的应用。如果个体适应度值评价很费时，并且在时间上远远超过通信时间，主从式并行遗传算法将能够获得很高的效率。

(2)粗粒度并行模型。粗粒度并行遗传算法模型将种群划分为多个子种群，并分配给不同的处理器，每个处理器相互独立并自行一个进化过程。为了减少通信量，进化若干代后通信一次，互相传递最佳个体或以一定比例交换个体。虽然最佳个体的多次迁移会造成一定的通信开销，但正是由于粗粒度并行遗传算法允许子种群之间根据预定的通信拓扑关系按一定比例交换个体，通过新个体的加入，增加了个体的差异，维持了种群的多样性，并且每个子种群同时搜索种群空间的不同区域，提高了全局搜索能力，从而有利于避免早熟收敛现象。粗粒度并行遗传算法模型是目前应用最为广泛的一种并行遗传算法，一方面是由于它容易实现，只需要在串行遗传算法中增加个体迁移子例程，在并行计算机的节点上各自运行一个算法的副本，定期交换最佳个体即可；另一方面是它容易模拟，即使在没有并行计算机的情况下，也可在串行机网络或者单台串行机上执行粗粒度并行遗传算法，有较高的加速比。虽然在串行计算机上实现的粗粒度并行遗传算法不具有并行计算的速度优势，但仍具有避免早熟收敛的特性。因此，粗粒度并行遗传算法作为遗传算法的一种特殊变形，能有效克服遗传算法在全局搜索能力方面的固有不足。

(3)细粒度并行模型。细粒度并行模型又称为邻域模型，是将遗传算法与细胞自动机结合起来的模型。细粒度模型可以看作是一种细胞状的自动机网络，群体划分为多个小的子群体，分配到给定空间环境(一般是排列成环形阵列的二维网格的形状，以防止边界效应的问题发生)中的处理器中(在理想情况下每个处理器单独处理一个个体，称为细胞)。网格中的邻域关系限定了个体空间上的关系，遗传操作被看作随机的局部更新规则，这样模型是完全分布而无需任何全局控制结构的。对每个细胞而言，选择仅仅是在赋予该细胞的个体及其邻域的个体上进行，交叉也仅交配邻近的个体。通过比较细粒度模型与标准遗传算法，可以发现细粒度模型能提供对搜索空间更彻底的搜索，因为它的局部选择机制减轻了选择压力。对困难的问题，细粒度并行遗传算法比标准算法的求解效果好，也更不容易陷入局部最优。考虑到参数的设置，细粒度并行遗传算法的鲁棒性较好，但是细粒度并行模型要求有尽可能多的处理器，所以此类模型的应用范围不广，一般只运行于大规模系统。细粒度模型和粗粒度模型的根本区别就是算法框架中的结构的控制次数的不同，前者是群体中个体的个数，而后者则是子群体规模，即处理器的个数。

5. 小生境遗传算法(Niche Genetic Algorithm,NGA)的全局收敛性

在生物学中,小生境 (Niche)是指特定的生存环境。生物在其进化过程中,一般总是和与自己相同的物种生活在一起,这就是一种小生境的自然现象。在遗传算法中引进小生境的概念,让种群中的个体在不同特定的生存环境中进化,而不是全部聚集在一种环境中,这样可以使算法在整个解空间中搜索,以找到更多的最优个体,避免了在进化后期适应度值高的个体大量繁殖,充斥整个解空间,导致算法停止在局部最优解上。

遗传算法中模拟小生境的方法主要有以下几种[38]:

(1)基于预选择的小生境实现方法。其基本思想是,仅当新产生子代个体的适应度值超过其父代个体时,所产生出的子代个体才能替代其父代个体而遗传到下一代群体中,否则父代个体仍保留在下一代群体中。由于子代和父代个体之间的编码结构有相似性,所以该方法替代掉的只是一些编码结构相似的个体,故它能有效地维持种群多样性,并造就小生境的生存环境,从而有利于全局收敛。

(2)基于排挤的小生境实现方法。其基本思想是,设置一个排挤因子 CF,由群体中随机选择的 1/CF 个个体组成排挤成员,排挤掉一些与其相类似的个体。这里个体之间的相似性可用个体编码串之间的海明距离来度量。随着排挤过程的进行,群体中的个体逐渐被分类,从而形成各个小的生存环境即小生境,并维持了群体的多样性。

(3)基于共享(sharing)函数的小生境实现方法。其基本思想是,通过反映个体之间相似程度的共享函数来调整群体中各个个体的适应度值,从而在以后的进化过程中,能够依据调整后的新适应度值来进行选择运算。这种调整适应度值的方法能够限制群体内个别个体的大量增加,以维护群体的多样性,并形成了一种小生境的进化环境。

(4)基于淘汰相似结构机制的小生境实现方法。该方法是在标准遗传算法的基础上增加小生境淘汰运算,通过引入罚函数的方法来调整个体的适应度值。淘汰结构相似的个体,使得各个个体之间保持一定的距离,从而造就了一种小生境的进化环境,维护了群体的多样性,提高了全局搜索能力。

小生境遗传算法具有更强的全局搜索能力和更高的收敛速度,能够高效地寻找到多个全局最优值,是一种寻优能力、搜索效率和全局收敛概率更高的优化算法,其综合性能比标准遗传算法有显著提高。

4.4.3　遗传算法收敛性研究的主要发展方向

遗传算法收敛性研究的主要发展方向包括以下几个方面:

(1)遗传算法的收敛性与遗传算子的内在关系研究。其主要包括遗传算子的操作方式对遗传算法收敛性的影响机制研究、影响结果的定量刻画与描述,如对遗

传算法收敛速度的影响、对遗传算法收敛到全局最优解的影响等。

(2)平衡遗传算法的收敛性与时间复杂性的研究。收敛性与时间复杂性平衡是指在保证遗传算法收敛的同时预防过度进化,防止出现"漫游"(roam)现象。在遗传算法的实际运行中,为提高遗传算法的收敛性(收敛到全局最优解的概率),往往以增加进化时间为代价,而这在求解大规模问题时是难以接受的。

(3)遗传算法最终收敛到全局最优解的时间复杂度研究。其主要是遗传算法收敛速度的定量估计和提高收敛速度的方法研究。除有关标准遗传算法时间复杂度的研究外,还包括各种改进遗传算法时间复杂度的研究。

(4)在提高遗传算法收敛性的同时预防早熟收敛的研究。为提高遗传算法的收敛速度,降低其时间复杂性,在遗传算法的实际运行中,往往采用控制参数选择(如提高遗传算法的交叉概率)和改进遗传操作的方法,但这容易导致"早熟"(premature)现象的发生,从而降低遗传算法收敛到全局最优解的概率,这一矛盾至今依然存在。

(5)混合遗传算法的收敛性研究。许多研究表明,采用混合模型可有效提高遗传算法的局部搜索能力,从而进一步改善其收敛速度和解的品质。对混合遗传算法收敛性的研究,不仅可以增强现有遗传算法的实用性与可靠性,而且可为正在蓬勃发展的混合遗传算法提供一定的理论支撑。而关于混合遗传算法的收敛性分析,却更加困难。

(6)构造高效且全局收敛遗传算法的方法研究。对遗传算法的收敛性进行研究的最终目的是构造高效、收敛的遗传算法,这直接关系到遗传算法的实际应用价值。要构造高效、收敛的遗传算法,必须充分运用已有的收敛性分析的研究成果,从算法结构、控制参数选择、遗传算子的操作方式等方面进行综合设计,其中还存在许多尚未解决的问题,如如何利用遗传算法的收敛性构造合理的停机准则。

4.5 遗传算法控制参数优化策略

GA 的控制参数作为其初始输入对 GA 的收敛效率产生重要影响,因此恰当选择控制参数是提高 GA 收敛效率的重要手段之一。目前,GA 控制参数优化主要有两种方法:一种是由 J.J. Grefenstette 提出的,其思想是利用元级 GA 来优化参数[28],但其系统开销过大;另一种是前文提及的 AGA,但 AGA 有其不足。首先 AGA 只解决了变异概率 P_m、交叉概率 P_c 的选取问题,而未解决其他参数选取问题;其次在 AGA 运行的每一代中,都须对每对待交叉个体和每个待变异个体根据适应度值确定相应的 P_c,P_m。这一过程过于烦琐,同时也增加了 GA 的时间复杂性(Time Complexity)。综上所述,有必要研究简便易行的参数优化策略。

4.5.1 交叉概率 P_c 与变异概率 P_m 的调整策略

根据2.3.4节中通过模式分析得出的结论:较高的 P_c,P_m 使得被保留的模式数减少,而使新产生的模式数增加;反之,较低的 P_c,P_m 使被保留的模式数增加,而使新产生的模式数减少。据此提出一种简便的 P_c,P_m 调整策略。

在GA运行前期,使 P_c,P_m 取较大的值,以提高GA在整个搜索空间的探索能力;在GA运行后期,由于GA已逼近最优解,应使 P_c,P_m 取较小的值,以减小较优个体结构被破坏的概率,提高GA的局部开发能力,从而使GA逐步收敛到全局最优解。

以上提出的是 P_c,P_m 随遗传代数调整的策略,除此之外,还可以对 P_c,P_m 随个体编码串基因位的不同进行微调整。

定义4.8 广义海明距离

二进制编码下两个字符串 S_i,S_j 的广义海明距离定义为

$$\overline{H}(S_i,S_j)=\sum_{K=1}^{l}(l-K+1)\,|\,S_{iK}-S_{jK}\,| \tag{4.13}$$

式中,l 为串长;S_{iK},S_{jK} 分别表示 S_i 和 S_j 的第 K 个基因位码值。

定义4.9 个体变异幅度

对个体作一次变异前后个体之间的“距离”称为个体变异幅度。

对二进制编码个体,将变异幅度定义为变异前个体 S 与变异后个体 S' 间的广义海明距离 $H(S,S')$,由定义4.8得其公式为

$$\overline{H}(S,S')=\sum_{i=1}^{l}(l-i+1)X_i \tag{4.14}$$

式中,X_i 为随机变量,定义为

$$X_i=\begin{cases}0, & \text{第}\ i\ \text{位不变异}\\ 1, & \text{第}\ i\ \text{位变异}\end{cases}$$

对实数编码个体,将变异幅度定义为变异前、后个体的欧氏距离:

$$\|\,S-S'\,\|=\sqrt{\sum_{i=1}^{l}(S_i-S'_i)^2} \tag{4.15}$$

式中,S_i,S'_i分别为个体 S,S' 的第 i 个基因位码值。

定义4.10 平均变异幅度

个体变异幅度的数学期望称为平均变异幅度。

在二进制编码且位变异概率为常数 P_m 的情况下,平均变异幅度为

$$E[\overline{H}(S,S')]=E\Big[\sum_{i=1}^{l}(l-i+1)X_i\Big]=\sum_{i=1}^{l}(l-i+1)E(X_i)=$$

$$P_m\sum_{i=1}^{l}(l-i+1) \tag{4.16}$$

在 GA 运行后期，已接近最优解，此时，局部搜索变得重要，而要实现局部搜索，就要有效降低个体的平均变异幅度。由于 P_m 取常数时，各基因位发生变异的机会相等，而由 $E[\overline{H}(S,S')]$ 可知，发生在 $1 \sim l/2$ 位之间变异将导致较大的变异幅度，有可能使搜索远离最优解，降低局部搜索效率，因此，一种很自然的变异概率调整策略是对不同基因位赋予不同的变异概率，设为 $P_{mi}(i=1,2,\cdots,l)$。确定 P_{mi} 的原则是使其随基因位序号 i 递增，从而使得 $1 \sim l/2$ 之间的基因位有较少的变异机会，而 $l/2 \sim l$ 之间的基因位有较多的变异机会，以达到减少个体变异幅度的目的。

在各基因位变异概率不同情况下，个体平均变异幅度为

$$E[\overline{H}(S,S')] = \sum_{i=1}^{l} P_{mi}(l-i+1) \tag{4.17}$$

以上分析表明，按基因位调整变异概率的策略能保证在尽量保留较优模式的同时，维持一定的种群多样性。而按个体调整变异概率的策略(GA 后期降低 P_m)，虽然也能降低变异幅度，但会带来种群多样性的较大丧失，因为所有基因位变异概率同时被降低相同幅度，带来个体变异概率的更大降低。下面列出的两种情形下个体变异概率公式清楚地表明了这一点。

$$P_{ml} = 1-(1-P_m)^l \tag{4.18}$$

$$P_{ml} = 1-\prod_{i=1}^{l}(1-P_{mi}) \tag{4.19}$$

由此得到下列命题：

命题 4.1 在保证相同变异幅度的条件下，按基因位调整变异概率比按个体调整变异概率能维持更大的种群多样性。

4.5.2 动态收敛准则

目前采用的 GA 收敛准则主要有三种：一是固定遗传代数，到达后即停止；二是利用某种判定标准，判定种群已成熟并不再有进化趋势作为中止条件，常用的是根据几代个体平均适应度值不变(其差小于某个阈值)；三是根据种群适应度值的方差小于某个值为收敛条件，这时种群中各个体适应度值已充分趋于一致。以上三种方法各有利弊。在融合以上三种方法优点的基础上，提出一种新的 GA 收敛准则——动态收敛准则。

首先确定一个基本遗传代数 G_j，到达后对遗传代数取一个增量 ΔG，若再经 ΔG 代后，平均适应度值无变化，则终止 GA 运行，从最后一代群体中获得当前最优解；否则，再取相同的代数增量，继续种群进化。这种动态收敛准则既能保证进化需要，又能避免不必要的遗传，从而在 GA 的收敛性与时间复杂性之间做出均衡。其形式化描述如下：

```
The Population evolves for Gj generations;
G:=Gj;
L:While G<Gj+ΔG   do
   {The population evolves;
      G:=G+1      }
If|f̄_{G+ΔG} − f̄_G|>ε
      {G_j=G
         goto L}
End
```

4.5.3 最佳种群规模的确定

文献[14]对自然数编码下最优种群规模的确定做了研究，指出在个体编码长度 l 固定的条件下，只需求解下列一维整数规划即可得到最佳种群规模 N^*：

$$\max\left\{\frac{\sum_{j=1}^{l} C_l^j P_l^j\left[\left(1-\frac{1}{P_l^j}\right)-\left(1-\frac{1}{P_l^j}\right)^N\right]}{N}\right\} \tag{4.20}$$

用类似的方法可以研究二进制编码下的最优种群规模。

给定 j 阶模式 H，群体中任一个体 S 含有 H 的概率为

$$P_h=\frac{1}{2}\times\frac{1}{2}\times\frac{1}{2}=\frac{1}{2^j}$$

S 不含 H 的概率为

$$\bar{P}_h=1-\frac{1}{2^j}$$

N 个个体均不含 H 的概率为

$$\bar{P}_N=\left(1-\frac{1}{2^j}\right)^N$$

模式 H 在种群中存在的概率为

$$P_N=1-\bar{P}_N=1-\left(1-\frac{1}{2^j}\right)^N \tag{4.21}$$

长为 l 的二进制字符串群体中含有 j 阶模式的期望数为

$$C_l^j 2^j\left[1-\left(1-\frac{1}{2^j}\right)^N\right] \tag{4.22}$$

因此群体中可能含有的各阶模式数的期望值为

$$\sum_{j=1}^{l} C_l^j 2^j\left[1-\left(1-\frac{1}{2^j}\right)^N\right] \tag{4.23}$$

极大化个体平均含有的有用模式数，得到下列以 N 为变量的整数规划问题：

$$\max\left\{\frac{\sum_{j=1}^{l} C_l^j \left[1-\left(1-\frac{1}{2^j}\right]^N - 2^l\right.}{N}\right\} \tag{4.24}$$

求解此规划问题,即可得到二进制编码下最佳种群规模 N。由于是一维整数规划,求解较为方便,具体算法不再赘述。

4.6 GA 早熟问题的定量分析及其预防策略

早熟是 GA 应用中经常发生的现象,正因为如此,如何保证在提高 GA 收敛效率的同时预防早熟的发生已成为 GA 研究中的重点和难点之一,长期困扰从事 GA 研究的国内外学者。虽然在此方面已经取得了一些研究成果,但尚无根本性突破。本节从三个方面入手研究这一问题,即 GA 早熟的定义、早熟度计算新方法及基于早熟度动态控制的预防早熟策略。

4.6.1 GA 早熟的定义

关于 GA 早熟概念,存在多种不同定义[1,26-27],目前并无定论。在此提出 GA 早熟的新定义。

定义 4.11 GA 收敛

若 GA 进一步迭代已不能产生新的更好解,称其收敛。

收敛的形式化描述:设 $f^*(t)$ 表示第 t 代最佳适应度值,若存在 T,使得 $\forall T_1 \neq T$,有 $f^*(T_1) \leqslant f^*(T)$,则称 GA 在第 T 代收敛。

定义 4.12 GA 局部收敛

GA 收敛于非全局最优解的状态称为局部收敛。

定义 4.13 GA 全局收敛

GA 收敛于全局最优解的状态称为全局收敛。

定义 4.14 种群完全成熟

种群中所有个体完全相同的状态称为完全成熟。

定义 4.15 种群不完全成熟

种群中所有个体均已相互接近的一种状态称为种群不完全成熟。

定义 4.16 成熟度

种群成熟的程度称为成熟度。

在以上定义的基础上,给出 GA 早熟的准确定义。

定义 4.17 早熟

若 GA 未收敛到全局最优解,但其种群已具有较高的成熟度,称 GA 早熟。

早熟定义表明其实质是“全局收敛前种群成熟”,而收敛到全局最优解的种群成熟不属于早熟。

一般地,研究早熟问题主要针对种群的不完全成熟状态,因为种群完全成熟状态发生的概率较低。由定义4.15可知,不完全成熟是种群的一种模糊状态,因其定义中的“相互接近”是模糊语言。基于此,GA早熟实际上是一个模糊概念,很自然地,应以模糊系统(Fuzzy System,FS)理论为工具定量分析GA早熟。

4.6.2 基于模糊理论的GA成熟度指标及其计算

衡量GA是否早熟,要视其成熟度高低,而成熟度必须以一定的指标来度量,因而成熟度指标的确定及其计算是早熟问题定量分析的基础。

1. 现有的成熟度指标

目前,GA成熟度指标主要有以下几种[15,29-30]:

定义4.18 种群个体空间分布方差

若第t代种群中的个体由L个基因构成,即$x_t^i = |x_t^{(1)}, x_t^{(2)}, \cdots, x_t^{(L)}|, i \in \{1, 2, \cdots, N\}$,定义第$t$代种群的平均个体如下:

$$\overline{x}_t = |\overline{x}_t^{(1)}, \overline{x}_t^{(2)}, \cdots, \overline{x}_t^{(L)}| \tag{4.25}$$

其中,$\overline{x}_t^{(l)} = \sum_{i=1}^{N} x_t^{i(l)}/N$,由此定义第$t$代种群的方差为

$$D_t = |D_t^{(1)}, D_t^{(2)}, \cdots, D_t^{(L)}| \tag{4.26}$$

其中
$$D_t^{(l)} = \sum_{i=1}^{N} (x_t^{i(l)} - \overline{x}_t^{(l)})^2/N, \quad l \in \{1, 2, \cdots, L\}$$

由D_t的定义可知,种群分布方差越小,表明成熟度越高。

定义4.19 种群的熵

若第t代种群有Q个子集:$S_{t1}, S_{t2}, \cdots, S_{tQ}$,各子集包含的个体数目记为$|S_{t1}|$,$|S_{t2}|, \cdots, |S_{tQ}|$,且对任意$i, j \in \{1, 2, \cdots, Q\}$, $S_{ti} \cap S_{tj} = \varnothing$, $\bigcup_{i=1}^{Q} S_{ti} = A_t$, A_t为第t代种群集合,则第t代种群的熵由下式定义:

$$E_t = \sum_{q=1}^{Q} P_q \ln P_q \tag{4.27}$$

其中,$P_q = |S_{tq}|/N$,N为种群规模。

由熵的表达式可知,当种群中所有个体都相同即完全成熟时,熵取最小值$E_{\min} = 0$;当所有个体都不相同时,熵取最大值$E_{\max} = \ln N$,即熵越小,表明种群成熟度越高。

定义4.20 种群个体最佳适应度值与平均适应度值的差

设第t代种群由个体$x_t^1, x_t^2, \cdots, x_t^N$构成,适应度值分别是$f_t^1, f_t^2, \cdots, f_t^N$。令$f_{\max}$代表该代种群的最优个体适应度值,$\overline{f_t}$代表该代种群平均适应度值,定义$f_{\max}$

与$\overline{f_t}$之差为$\Delta f=f_{\max}-\overline{f_t}$，则$\Delta f$可度量种群的成熟度。$\Delta f$越小，表明种群的成熟度越高。

定义 4.21 设$\boldsymbol{X}=(X_1,X_2,\cdots,X_N)$为二进制编码的一个种群，用$\lambda(\boldsymbol{X})$表示向量$\sum_{i=1}^{N}X_i$取值不为0和$N$的分量个数，称之为多样度，则$\beta(\boldsymbol{X})=L—\lambda(\boldsymbol{X})$表示$\boldsymbol{X}$中所有个体具有相同取值的分量个数，以此作为$\boldsymbol{X}$成熟度指标。

以上几种指标虽然都在不同程度上反映了种群个体的离散程度，但均有其不足，综合起来表现为以下几个方面：一是定义 4.18、定义 4.19 所给出的指标计算量过大。二是这些指标或者反映的是种群空间个体分布的密集程度（如定义 4.18），或者反映的是个体适应度值分布的一致性（如定义 4.20），均不能全面度量成熟度，究其原因是因为种群分布与适应度值分布并非总是一致。例如：两个基因型非常一致的个体，其适应度值可能相差很大，表明种群仍有进化能力。这种情形尤其多见于 GA 欺骗问题（Deceptive Problem）中，如在函数图形中"脊"的附近就容易发生此类现象。三是有些指标仅适用于二进制编码种群成熟度计算，而不适用于实数编码。如定义 4.21 仅适用于二进制编码群体。

关于现有指标的缺陷，还可以举出反例[31]加以说明。

设有 6 个二进制编码长度为 6 的个体构成一个种群，将它们按行排列构成一个种群矩阵$\boldsymbol{X}$：

$$\boldsymbol{X}=\begin{bmatrix}0&1&0&1&0&1\\1&0&1&0&1&0\\1&0&1&0&1&0\\1&0&1&0&1&0\\1&0&1&0&1&0\\1&0&1&0&1&0\end{bmatrix}$$

对该种群，若按定义 4.21 计算可得其多样度指标值为$\lambda(\boldsymbol{X})=6$，而其成熟度指标为$\beta(\boldsymbol{X})=L-\lambda(\boldsymbol{X})=6-6=0$，似乎成熟度最低，但事实上，该种群有 5 个相同个体，成熟度已经相当高了。

2. 模糊成熟度指标及其计算

一个种群的成熟度实际上代表种群个体之间的相似程度，而任意两个事物之间的相似性具有模糊性特征，即通常所说的"似像非像""似是而非"，只有比较两个完全相同的事物之间相似性这种极端情形例外。因此，用模糊（fuzzy）指标度量种群成熟度是非常适宜的。

设 GA 第t代种群X_t中第i个个体$x_t^i=(x_t^{i(1)},x_t^{i(2)},\cdots,x_t^{i(l)})$，其中$l$为编码长度，此处编码方式既可以是二进制编码，也可以是实数编码、自然数编码等其他编码方式。x_t^i的适应度值为f_t^i，将f_t^i列入x_t^i的码串中作为第$l+1$个基因，称其为扩

展个体，记为

$$\overline{x}_t^i=(x_t^{i(1)},x_t^{i(2)},\cdots,x_t^{i(l)},f_t^i)$$

对所有的$\overline{x}_t^i$的各基因码值作归一化处理，得到的新个体记为

$$\underline{X_t^i}=(\underline{x_t^{i(1)}},\underline{x_t^{i(2)}},\cdots,\underline{x_t^{i(l)}},\underline{f_t^i}),\quad i=1,2,\cdots,N$$

其中

$$\underline{x_t^{i(k)}}=\frac{x_t^{i(k)}-\min\limits_{1\leqslant i\leqslant N}x_t^{i(k)}}{\max\limits_{1\leqslant i\leqslant N}x_t^{i(k)}-\min\limits_{1\leqslant i\leqslant N}x_t^{i(k)}},\quad k=1,2,\cdots,l$$

$$\underline{f_t^i}=\frac{f_t^i-\min\limits_{1\leqslant i\leqslant N}f_t^i}{\max\limits_{1\leqslant i\leqslant N}f_t^i-\min\limits_{1\leqslant i\leqslant N}f_t^i}$$

视$\underline{X_t^i}(i=1,2,\cdots,N)$为$N$个模糊集，因此，其中任意两个$\underline{X_i^i}$，$\underline{X_j^i}$的相似性可以用模糊集的贴近度来度量，记为$N(i,j)$。

定义 4.22　设$\underline{A}$，$\underline{B}$是论域U上的两个模糊子集，记

$$\underline{A}\cdot\underline{B}=\bigvee_{x\in U}(\mu_{\underline{A}}(x)\wedge\mu_{\underline{B}}(x))$$

$$\underline{A}\Theta\underline{B}=\bigwedge_{x\in U}(\mu_{\underset{\sim}{A}}(x)\vee\mu_{\underset{\sim}{B}}(x))$$

则$\underline{A}\cdot\underline{B}$，$\underline{A}\Theta\underline{B}$分别称作$\underline{A}$与$\underline{B}$的内积与外积。

定义 4.23　设$\underline{A}$，$\underline{B}$是U上的两个模糊子集，则

$$N'(\underline{A},\underline{B})=\frac{1}{2}[\underline{A}\cdot\underline{B}+(1-\underline{A}\Theta\underline{B})]\tag{4.28}$$

为$\underline{A}$，$\underline{B}$的贴近度。

由定义 4.22 及定义 4.23，可以很容易计算得到$N(i,j)$。

定义 4.24　种群平均贴近度

种群X_t中任意两个个体x_t^i，x_t^j贴近度$N'(i,j)(i,j=1,2,\cdots,N,\ i\neq j)$的算术平均值称为种群平均贴近度，记为$\overline{N}(X_t)$。

定义 4.25　种群的模糊成熟度指标

种群的模糊成熟度指标定义为种群个体的平均贴近度。

由定义 4.25 可以计算种群X_t的模糊成熟度指标：

$$\overline{N}(X_t)=\frac{\sum\limits_{1\leqslant i,j\leqslant N,i\neq j}N'(i,j)}{(N-1)+(N-2)+\cdots+3+2+1}=\frac{\sum\limits_{1\leqslant i,j\leqslant N,i\neq j}N'(i,j)}{\frac{(N-1)[(N-1)+1]}{2}}=$$

$$\frac{2\sum\limits_{1\leqslant i,j\leqslant N,i\neq j}N'(i,j)}{N(N-1)}\tag{4.29}$$

基于模糊理论的成熟度指标综合考虑了个体结构的一致性和个体适应度值一致性对种群成熟度的影响，因而能够更加全面、准确地反映种群的早熟状况。

对于完全成熟种群，其模糊成熟度指标值取最大值1。一般地，总有 $\overline{N}(X_t)<1$。

4.6.3 基于成熟度动态自适应控制的预防早熟策略

在遗传算法运行中定量分析种群成熟度的意义在于实时判断种群是否有早熟倾向。若未满足收敛准则(如远未达到预定的遗传代数)，而成熟度已较高，表明有可能发生早熟。根据对交叉和变异两种遗传算子作用机理分析可知，增大 P_c，P_m，将提高种群多样性，从而降低其成熟度；反之，降低 P_c，P_m，将使种群成熟度上升。据此，可以提出基于模糊成熟度计算的预防早熟策略，即 P_c，P_m 随成熟度自适应调整策略。其基本思想是，当种群模糊成熟度指标值较高时，增大 P_c，P_m，使种群多样性增加，反过来又降低了种群成熟度；当种群成熟指标值过低时，降低 P_c，P_m，以防算法蜕变为纯粹的随机搜索算法，同时种群成熟度上升。可见模糊成熟度指标与 P_c，P_m 相互之间存在负反馈作用，而正是这种作用维持着进化过程中的群体多样性，从而有效预防早熟。一种可行的 P_c，P_m 随模糊成熟度指标自适应调整的公式如下：

$$P_c(t+1)=\frac{1}{2-\overline{N}(X_t)} \tag{4.30}$$

$$P_m(t+1)=0.5\overline{N}(X_t) \tag{4.31}$$

式中，$P_c(t+1)$，$P_m(t+1)$ 分别表示第 $t+1$ 代交叉概率和变异概率。该公式可保证 $P_c(t+1)\in[0.5,1]$，$P_m(t+1)\in[0,0.5]$。

此外，从节省计算资源出发还可以对上述自适应策略做出改进。在种群进化过程中，允许其成熟度随代数递增。以线性递增为例：设初始时种群成熟度指标值为 N_0，预定遗传代数为 G，则第 t 代种群成熟度指标 N_t 可递增为

$$N_t=N_0+\frac{t(1-N_0)}{G} \tag{4.32}$$

以 N_t 作为第 t 代种群成熟度指标值，将实际计算出的种群成熟度指标与 $\overline{N}(X_t)$ 和 N_t 作比较，若 $\overline{N}(X_t)>N_t$，则调整 $P_c(t+1)$，$P_m(t+1)$，否则不进行调整。这种改进可以避免由于不必要地提高交叉概率和变异概率导致较优个体被破坏的概率增大，影响 GA 收敛速度。

除了调节参数预防早熟外，还可以通过多种群遗传算法的方式(Multi - Population GA)预防早熟[26]。

4.6.4 算法实验及分析

选择求取测试函数 F3 即 J. D. Schaffer 提出的函数的最大值进行仿真实验：

$$\max f(x_1,x_2)=0.5-\frac{\sin^2\sqrt{x_1^2+x_2^2}-0.5}{[1+0.001(x_1^2+x_2^2)]^2},\quad -100<x_1,x_2<100$$

此函数的全局极大点是(0,0)，极大值为 1 ，而在距全局极大点大约 3.14 范围内的隆起部分有无限多的次全局极大点，具有较高的欺骗性。

对该函数同时运用本节提出的预防 GA 早熟的方法和标准遗传算法进行求解，结果如下：

利用标准遗传算法优化运行 100 次，每一次进化 50 代，100 次运行的最优求解结果为：最大值为 0.974 4，对应的解为 $x_1=1.146\,8$，$x_2=2.164\,5$。表 4.1 列出了标准遗传算法的一次最佳运行结果。

表 4.1 标准遗传算法的一次运行结果

最优值范围	解的个数
0.9～1	4
0.8～0.9	5
0.7～0.8	16

利用基于预防早熟策略的遗传算法得到的最优求解结果为：最大值为 0.999 9，对应的解为 $x_1=-0.130\,1$，$x_2=-0.029\,3$。表 4.2 列出了基于预防早熟策略的遗传算法的一次最佳运行结果。

表 4.2 基于预防早熟策略的遗传算法的一次运行结果

最优值范围	解的个数
0.9～1	12
0.8～0.9	13
0.7～0.8	19

比较以上求解结果可以看出，基于成熟度动态自适应控制的预防早熟策略的求解结果明显优于标准遗传算法，表明该策略确实具有预防 GA 早熟的功效。

参考文献

[1] Goldberg D E. Genetic Algorithm in Search, Optimization, and Machine Learning[M]. Boston: Addison - Wesley, 1989.

[2] kristisson K, Dument G A. System Identification and Control Using Genetic Algorithms[J]. IEEE Transactions on SMC, 1992, 22(5): 1033 - 1046.

[3] Yao X. A Review of Evolutionary Artificial Neural Networks[J]. Int. J. Intelligent Systems, 1993(8): 539 - 567.

[4] Chipperfield A J. Multiobjective Turbine Engine Controller Design Using GA[J]. IEEE Transactions. Int Electron, 1996, 4(3): 583 - 589.

[5] Buckles B P. Fuzzy clustering with GA[C]. IEEE～FUZZY'1994, 1994:46－50.
[6] Carlos M. Multiobjective Optimization and Multiple Constraint Handling With Evolutionary Algorithm[J]. IEEE Transactions on SMC, 1998, 28(1):26－34.
[7] Glovfer F. GA and Tabu Search: Hybrids for Optimization[J]. Computer Ops. Res., 1995, 22(1):111－134.
[8] Back T, Forgel D, Michalewicz Zeds. Handbooks of Evolutionary Computation[M]. New York: Oxford University Press, 1997.
[9] Sankar K Pal, Fellew, Murthy C A. GA for Generation of Class Boundaries [J]. IEEE Transactions on SMC－Part B: cybemetics, 1998, 28(6):816－828.
[10] Potts J C, et al. The Development and Evaluation of an Improved Genetic Algorithm Based on Migration and Artificial Selection [J]. IEEE Transactions on SMC, 1994, 24(1):73－86.
[11] Rudolph G. Convergence Analysis of Canonical GA [J]. IEEE Transactions on Neural Networks, 1994, 5(1):96－101.
[12] Srinivas M, Patnaik L M. Adaptive Probabilities of Crossover and Mutation in GA[J]. IEEE Transactions on SMC, 1994, 24(4):656－667.
[13] 孟庆寿. 带有对称编码的基因算法研究[J]. 电子学报, 1996, 24(10):27－31.
[14] 孙艳丰,王众托. 自然数编码遗传算法的最优群体规模[J]. 信息与控制, 1996, 25(5):317－320.
[15] 徐宗本,高勇. 遗传算法过早收敛现象的特征分析及预防[J]. 中国科学(E), 1996, 26(4):364－375.
[16] 章珂,刘贵忠. 交叉位置非等概率选取的遗传算法[J]. 信息与控制, 1997(1):53－60.
[17] 陈国良. 遗传算法及其应用[M]. 北京:人民邮电出版社, 1996.
[18] 潘正君. 演化计算[M]. 北京:清华大学出版社, 1998.
[19] Pierre S, Legault G. An Evolutionary Approach for Configuring Economical Packet Switched Computer Networks [J]. Artificial Intelligence in Engineering, 1996, 10(3):127－134.
[20] 李大卫,等. 遗传算法与禁忌算法的混合策略[J]. 系统工程学报, 1995, 13(3):28－34.
[21] 孙艳丰,王众托. 具有倒位算子的图式定理[J]. 系统工程与电子技术, 1995

(10):26－31.

[22] 汤服成,薄运承. 模糊方程解的模糊寻优算法[J]. 高技术通讯,1998(70):26－30.

[23] 李茂军,樊韶胜. 单亲遗传算法在模式聚类中的应用[J]. 模式识别与人工智能,1999,12(1):32－37.

[24] 恽为民,席裕庚. 遗传算法运行机理[J]. 控制理论与应用,1996,13(3):297－304.

[25] Xiao Fang Qi, Frarcesco P. Theoretical Analysis of Evolutionary Algorithms with on Infinite Population Size in Continuous Space, Part I and Part Ⅱ: Basic Properties of Selection and Mutation [J]. IEEE Transactions on neural network, 1994,5 (1):102－129.

[26] Davis L. Handbook of Genetic Algorithm [M]. Van Nostrand Reinhold, NYU,1991.

[27] Michalewicz Z. Genetic Algorithms＋Data Structure＝Evolution Program [M]. 2nd ed. Berlin:Springer—Verlag,1994.

[28] Grefenstette J J. Optimization of Control Parameters for Genetic Algorithm[J]. IEEE Transactions on SMC,1986,16(1):122－128.

[29] 吴浩杨. 基于种群过早收敛程度定量分析的改进自适应遗传算法[J]. 西安交通大学学报,1999,33(11):32－30.

[30] 张晓缋,戴冠中,徐乃平. 遗传算法种群多样性的分析研究[J]. 控制理论与应用,1998,15(1):17－23.

[31] 李书金. 一种防止遗传算法成熟前收敛的有效算法[J]. 系统工程理论与实践,1999(5):72－77.

[32] 刘勇,康立山,陈毓屏. 非数值并行算法:遗传算法[M]. 北京:科学出版社,1995.

[33] Stoffa Pawl,sen Mrinal K. Nonlinear Multiparameter Optimization Using Genetic Algorithms: Inversion of Plane － wave seismograms [J]. Geophysics, 1991, 56 (11):1794－1810.

[34] 丁承民. 遗传算法纵横谈[J]. 信息与控制,1997,26(1):40－47.

[35] 明亮. 遗传算法的模式理论及收敛理论[D]. 西安:西安电子科技大学,2006.

[36] 曹建文. 遗传算法收敛性问题研究[J]. 中南林业科技大学学报,2008,28(3):163－167.

[37] 朱筱蓉,张兴华. 基于小生境遗传算法的多峰函数全局优化研究[J]. 南京工业大学学报,2006,28(3):39－43.

第5章　新型高效率遗传算法设计

5.1　引　　言

通过改进遗传算法提高其收敛效率，一直是遗传算法研究中的重要课题。本章在第4章对GA的收敛效率进行详尽分析的基础上，以提高GA收敛效率为目的，从微观和宏观两个方面对GA做出创造和改进。GA的微观改进体现在两个方面：一是新型遗传算子设计，包括新型选择算子、新型交叉算子和新型变异算子的设计；二是根据具体问题的要求，改进GA的编码方式。GA的宏观改进也体现在两个方面：一是针对非线性优化、多目标优化等最优化中的经典难点问题，构造相应的提高全局收敛性的新型GA；二是为充分发挥不同算法的各自优势，提出GA与传统优化算法和其他智能算法的混合策略。

5.2　高效率遗传算子设计

5.2.1　一种基于混合概率的高效率选择算子

遗传算法在求解多峰实值优化问题的过程中，一方面需要维持一定的种群多样性以避免早熟收敛；另一方面，在搜索后期，较大的种群多样性又会减缓收敛速度，因此单纯依靠变异操作无法满足对种群多样性的适应性控制要求，此时如果在执行选择操作时，产生符合高适应度值个体特征的新个体参加后续遗传操作，则能够在搜索前期维持一定的种群多样性，而在搜索后期，由于种群每个个体相似度较大，因而该操作生成的新个体也比较接近，从而有利于提高整个种群的收敛速度。基于该思想，提出一种基于高斯分布和柯西分布的选择算子，融合两种算子的优势，以期改进遗传算法在多个不同实值优化问题上的收敛速度和总体性能。

首先根据实际问题初始化两个大小均为 N 的子种群，其中一个子种群在选择阶段采用基于高斯分布的选择算子，另一个子种群在选择阶段采用基于柯西分布的选择算子，两个子种群独立进行评估达到交换最优解的代数时，将其中一个子种群所有 N 个个体和另一个子种群按适应度值从大到小排序的前 M 个个体合并成一个大小为 $(N+M)$ 的新种群，对新种群按适应度值从大到小进行排序，取前 N 个个体作为这个子种群的下一代，然后对另一个子种群采取同样操作，最终满足遗传操作终止条件后，两个子种群中适应度值较高的最优解作为整个算法的最优解。

算法的伪代码的结构框架如下：

begin

(1)初始化种群大小均为 N 的子种群 1 和子种群 2。

(2) while 没有满足终止条件 do。

(a)对子种群 1 和子种群 2 所有个体进行适应度值评估。

(b)子种群 1 采用基于高斯分布选择的改进遗传算法；子种群 2 采用基于柯西分布选择的改进遗传算法。柯西分布的概率密度函数为

$$f(x;x_0,\gamma)=\frac{1}{\pi}\frac{\gamma}{\gamma^2+(x-x_0)^2} \tag{5.1}$$

式中，$-\infty<x<+\infty$；x_0是波峰所对应的 x 值；$\gamma>0$ 为波形宽度比例参数。

(c)if 遗传代数达到设定的交换代数。

(Ⅰ) 把子种群 1 的 N 个个体和子种群 2 的前 M 个优秀个体合并成一个新的种群。

(Ⅱ) 对新的种群按适应度值由高到低排序。

(Ⅲ) 取新种群前 N 个个体作为子种群 1 的下一代。

(Ⅳ) 把子种群 2 的 N 个个体和子种群 1 的前 M 个优秀个体合并成一个新的种群。

(Ⅴ) 对新的种群按适应度值由高到低排序。

(Ⅵ) 取新种群前 N 个个体作为子种群 2 的下一代。

end if

end while

(3)子种群 1 和子种群 2 中的适应度值较高的最优解作为整个算法的最优解。

end

5.2.2　基于交叉点数量优化的新型交叉算子

常见的一点交叉、两点交叉、多点交叉和一致交叉等几种算子都属于使用二进制编码的两父辈等位交叉操作，此类算子的特性主要由其所具有的交叉点数量以及交叉位间基因段的交换概率所决定。为了提高这类交叉算子的搜索性能，应该对交叉点数量进行优化控制。本节分析交叉点数量对交叉操作搜索效率的影响，并针对交叉点数量的优化问题，提出分阶段随机分配策略和自适应进化策略等方法。

5.2.2.1　任意 k 点交叉算子的空间搜索能力分析

规模为 2^L 的二进制编码的解空间是一个 L 维超立方体 M，其中任一顶点 $\nu\in$

M 都是解空间中的一个个体，顶点 ν_1,ν_2 间的编码差异值可用海明距离 $H(\nu_1,\nu_2)$ 表示。

定义 5.1 设 $H(\nu_1,\nu_2)=d$，顶点 ν_1,ν_2 通过基因位的交换所能达到的所有顶点构成了一个待搜索空间，其规模为 2^d；经任意 k 点交叉运算可能搜索到的所有顶点构成了该算子的可搜索空间 ϕ，其规模表示为 $|\phi(k)|$。

ϕ 反映了交叉算子的空间搜索范围，其规模越大，说明交叉算子具有越广的空间搜索能力。已有工作表明，一点交叉的可搜索空间规模 $|\phi(1)|=2d$，两点交叉的可搜索空间规模 $|\phi(2)|=d^2-d+2$，一致交叉的可搜索空间规模为 2^d，下文将对任意 k 点交叉算子的空间搜索能力进行分析。

显然，ν_1,ν_2 间相同基因位的交换对新顶点的发现没有实际作用，有效的交叉操作依靠的是相异基因位的交换。由于相异基因位数限制了可能用于交换的基因段的数量，而交叉点的规模决定了实际可产生交换的基因段数量，因此，这两个因素直接影响着可产生的相异基因位交换组合类型的数量。

定理 5.1 设 $H(\nu_1,\nu_2)=d$，则 ν_1,ν_2 间进行一次有效交叉，最大可交换的基因段规模为

$$\phi(\nu_1,\nu_2)=[d/2]\ ([\ \ ]\ \text{表示取整操作}) \tag{5.2}$$

证明 显然，一个基因段的最小单位是一个基因位，任意连续基因位的交换都可等价为一个基因段的交换，只有相隔至少一个相异位的交叉操作需要至少两次基因段交换。当 d 为偶数时，以一个基因位为交换单位且只相隔一个相异位的基因段最多有 $d/2$ 个；当 d 为奇数时，交换 $(d+1)/2$ 个基因段的效果可等效于交换 $\lfloor d/2 \rfloor$ 个基因段。因此，$\phi(\nu_1,\nu_2)=\lfloor d/2 \rfloor$，证毕。

定理 5.2 设 $H(\nu_1,\nu_2)=d,\phi(\nu_1,\nu_2)=t$，则对于任意 k 点交叉算子，当 $[k/2]\geqslant t$ 时，k 点交叉的可搜索空间规模为 $|\phi(k)|=2^d$；当 $[k/2]<t$ 时，若 k'_{even} 是小于 k 的最大偶数且 $|\phi(k'_{\text{even}})|=2m$，即由该算子可达到 m 对子顶点且达到第 j 对子顶点时，最后一个交叉点在 d 个相异基因位中的位置为 $q_j\in[1,d]$，则 k 点交叉的可搜索空间规模为

$$|\phi(k)|=|\phi(k'_{\text{even}})|+2\sum_{j=1}^{m}\psi_j \tag{5.3}$$

其中，$2\sum_{j=1}^{m}\psi_j$ 表示可新达到的顶点数量。若 k 为偶数，当 $q_j<d-1$ 时，$\psi_j=C_{d-q_j}^2$，其余情况下不会产生新顶点，$\psi_j=0$；若 k 为奇数，当 $q_j<d-1$ 时，$\psi_j=d-q_j-1$，其余情况下，$\psi_j=0$。

证明 令 $i=\lfloor k/2 \rfloor$，显然，当 $i\geqslant t$ 时，d 个相异基因位间的任意基因交换组合都是可实现的，因此，ν_1,ν_2 构成的待搜索空间都是可达的，所以，$|\phi(k)|=2^d$；当 $i<t$ 时进行 $i+1$ 个以上基因段的交换组合是不可能实现的。因此，交叉操作的可

搜索空间是待搜索空间的一个子集。

考虑只有部分交叉点在相异基因位间以及交换基因段可能只包含相同基因位的情况，则任意较小规模交叉操作的可搜索空间都是较大规模交叉操作可搜索空间的一个子集。若 k 为偶数，则交叉操作最多可完成 i 个基因段的交换，新增一次基因段交换达到的新顶点都是以上一个基因段交换达到的顶点为出发点。因此，i 个基因段的交换与连续 i 次交换基因位不产生相交的两点交叉操作等价。若 $q_j \geqslant d-1$，则再新增交叉点不会产生相异基因位的交换，因此可新达到的顶点数 $\psi_j = 0$；反之，通过 $[q_j+1, d]$ 间的两点交叉操作能够新达到的顶点数量为 $\psi_j = C_{d-q_j}^2$。

因此，当 k'_{even} 新增两个交叉点时，由 m 对子顶点可新达到的所有顶点的数量为 $2\sum_{j=1}^{m}\psi_j$。当 k 为奇数时，其交叉过程等价于交换基因位不产生相交的 i 次两点交叉与一次单点交叉，与偶数点交叉不同之处在于，通过 $[q_j+1, d]$ 间一点交叉操作可新达到的顶点数量为 $\psi_j = d-q_j-1$。综上所述，定理 5.2 成立，证毕。

进行交叉操作是为了在可搜索空间中发现更有价值的顶点。定理 5.2 表明，交叉点数量越大，产生的相异基因位交换组合类型越多，则其可搜索的范围也越广。但是，随着 k 的增大，$d-q_j$ 的值必然减小，这意味着在增加交叉点数量的同时，可搜索范围获得的增长反而在减小。当 $[k/2] \geqslant t$ 时，再增加交叉点数量将不会扩大交叉操作的搜索范围。而且，交叉操作可搜索空间范围越大，也就意味着此空间中任一顶点被搜索到的概率越小。因此，过大的交叉点数量反而会影响有价值顶点被搜索到的概率。

在实际运算中，相异基因位总是与一定的相同基因位相邻，此时并非所有的交叉点都能产生新个体，交叉操作实际搜索的空间仅是其可搜索空间的一个子集 $\Lambda \subseteq \phi$。显然，当交叉点数量不同时，Λ 接近 ϕ 的概率是不一样的，其极端情况是交叉操作没有搜索到任何新个体，即 Λ 中只有两个父个体。

定理 5.3 设 $H(\nu_1, \nu_2) = d$，ν_1, ν_2 的交叉概率为 P_c，第 k 个交叉点在位串中的位置为 l_k，且 k 个交叉点都不重合，则任意 k 点交叉可搜索到新顶点的概率下限为

$$P_{\text{new}} \geqslant \begin{cases} \left[1-\dfrac{(L-d-1)!}{(L-1)^k(L-d-k-1)!}\right]P_c, & k=2i, i=1,2,\cdots \\ \left[1-\dfrac{(L-d-1)!\ l_k!}{(L-1)^{k+d-1}(L-d-k)!\ (l_k-d)!}\right]P_c, & k=2i-1 \end{cases} \tag{5.4}$$

证明 当交叉操作产生交换的基因位都是相同位，或所有的相异位同时都被交换时，交叉操作无法达到新的顶点，相异位同时都被交换的概率可忽略。当 k 为偶数时，交换的基因位数至少为 k，则被交换的基因位都是相同位的上限概率为 $\prod_{j=0}^{k-1}\dfrac{L-d-1-j}{L-1} = \dfrac{(L-d-1)!}{(L-1)^k(L-d-k-1)!}$；当 k 为奇数时，其结果等效为

$k-1$ 点偶数交叉与一个一点交叉的叠加，第 k 个交叉点产生的交换基因段 $L-l_k$ 中不存在相异位的概率为 $\prod_{j=0}^{d-1}\frac{l_k-j}{L-1}=\frac{l_k!}{(L-1)^d(l_k-d)!}$，则此基因段和其他被交换的 $k-1$ 个基因位都是相同位的上限概率为

$$\left(\prod_{j=0}^{k-2}\frac{L-d-1-j}{L-1}\right)\left(\prod_{j=0}^{d-1}\frac{l_k-j}{L-1}\right)=\frac{(L-d-1)l_k!}{(L-1)^{k+d-1}(L-d-k)!\ (l_k-d)!}$$

综上所述，定理 5.3 成立，证毕。

定理 5.3 表明，d 和 k 是影响相异基因位被交换概率的两个主要因素。当 d 较大时，即使 k 较小，交叉操作也依然可以交换较多的相异基因位，此时 Λ 将以较大的概率接近于 ϕ，但当 d 随群体收敛过程逐渐降低时，Λ 接近 ϕ 的概率也随之降低，k 的增大可在一定程度上提高 Λ 的规模。

定理 5.2 和定理 5.3 从交叉算子对静态编码空间搜索范围的角度分析了交叉点数量与交叉算子搜索性能的关系。基于以上分析可以得出在群体迭代过程中交叉点数量所呈现的大致调控趋势：在进化初期可采用较小的交叉点数量，随着群体的收敛可适当增大交叉点数量，基本保持一个逐渐递增的过程。从模式重组与存活概率的角度分析交叉点数量与交叉算子模式搜索性能的关系，可以得出以下结论：若某类交叉算子的模式生存概率较大，则其模式重组能力较差；反之亦然。综上所述，在遗传算法搜索过程中，交叉算子对交叉点数量的需求会随群体状态的演变而动态地发生变化。为保持交叉操作的搜索效率，需要在群体进化过程中对交叉点数量进行动态调控。但是，由于遗传算法搜索过程的随机性导致群体状态演变的不确定性，因此很难通过简单的方法直接获得理想的交叉点数量。

5.2.2.2　基于分阶段调控的交叉点数量随机分配策略

一般交叉操作需要同时满足对未知空间的探索和对已发现区域的求精两种类型的搜索，单一的交叉点数量无法达到这一要求，因此，实际应用中往往需要同时使用多种规模的交叉操作。交叉点数量的阶段调整是对其演变过程的一种近似估计，一个阶段内所设置的交叉点数量可视为对此阶段所需各种交叉规模均值的期望。本章提出使用随机分配策略，在有效的阶段调控基础上来实现交叉规模的多样化。

设 α 为一个在(0,1) 区间的随机数，μ 为当前进化阶段所设定的交叉点数量，则通过式(5.5) 可确定此阶段内一次交叉操作所使用的交叉点数量：

$$\chi=f(\alpha)=\mu+r-e,\quad \frac{r}{2e+1}<\alpha\leqslant\frac{r+1}{2e+1} \tag{5.5}$$

其中，$e=1,2,\cdots$ 为交叉点数量调整步长，它将(0,1) 区间划分为 $2e+1$ 个等分区间，若获取的随机数在区间 $r=0,1,\cdots,2e$，则 $r-e$ 将决定 x 的调整方向和幅度。

式(5.5)对交叉点数量的调节类似于一个随机变异过程,显然,μ 是 x 分配结果的均值,而 α 的分布特征将决定不同规模交叉操作的分布数量。例如,若 α 是均匀分布的,则 x 在 $[\mu-e,\mu+e]$ 间的分布数量也是均匀的;若 α 是正态分布的,则 x 的分布结果也接近于正态分布。下文中使用的 α 都服从正态分布,因此也将该策略称为正态分配策略。

5.2.2.3　交叉点数量的自适应进化策略

下文进一步提出以代为单位的交叉点数量自适应进化策略,利用该方法可对交叉点数量的演化过程进行搜索。交叉算子的进化包括算子初始化过程、利用正态分配策略进行类似于变异操作的随机搜索过程以及对搜索到的算子的效果评估和选择过程。交叉算子的进化过程与群体进化过程通过交叉操作交换信息,实现二者的协同进化。

交叉算子的进化过程描述如下:

(1) 设置初始交叉点数量 ξ_0;

(2) 若第 i 代交叉点数量期望值为 ξ_i,则此代中任一交叉操作的交叉点数量可由式(5.5)产生;

(3) 若第 i 代个体繁殖过程中,父个体 A_1,A_2 使用 k 点交叉产生的后代个体为 $A_{1,2}^1$,$A_{1,2}^2$,则一次 k 点交叉的效果为

$$\nu^k=\frac{\max[F(A_{1,2}^1),F(A_{1,2}^2)]}{F_{\text{best}}^{i-1}} \tag{5.6}$$

其中,F_{best}^{i-1} 为第 $i-1$ 代群体中最优个体的适应度值。交叉操作结束后,若 k 点交叉共使用了 t 次,则其平均效果为 $\overline{\nu^k}=\sum_{j=1}^{t}\nu_j^k\Big/t$ 。统计本代使用的所有规模的交叉算子的平均效果,并据此选择下一代的交叉点数量期望值:

$$\varepsilon_{i+1}=\begin{cases} g(\max(\overline{\nu^{\xi_i+1}},\cdots,\overline{\nu^{\xi_i+e}})), & (\overline{\nu^{\xi_i}},\overline{\nu^+},\overline{\nu^-})=\overline{\nu^+} \\ g(\max(\overline{\nu^{\xi_i-e}},\cdots,\overline{\nu^{\xi_i-1}})), & (\overline{\nu^{\xi_i}},\overline{\nu^+},\overline{\nu^-})=\overline{\nu^-} \\ \xi_i, & \text{其他} \end{cases} \tag{5.7}$$

其中,$\overline{\nu^+}=\sum_{j=\xi+1}^{\xi+e}\overline{\nu^j}\Big/e$ 为交叉点数量增加方向的平均效果,相反方向为 $\overline{\nu^-}=\sum_{j=\xi-e}^{\xi-1}\overline{\nu^j}\Big/e$;$g(\nu^{cp})=cp$ 表示获取某个交叉操作的交叉点数量。

(4) 若群体进入下一个迭代过程,则返回步骤(2)。

5.2.3　一种改进的变异算子及其效率分析

标准遗传算法(Canonical GA,CGA)[1]的变异算子执行过程是依据一定的变异概率 P_{m},对染色体的所有基因逐位进行变异,这种执行方法计算量大、计算时间

长，影响进化速度，尤其当染色体编码的位串较长时更是如此。本节在不改变CGA变异算子的遗传功能并保持等价的变异效果的前提下，提出一种改进的变异算子。该算子能提高变异操作的速度，相对于CGA的变异算子具有明显的优越性。为了证明其有效性，还对改进的变异算子作了数学分析。

1. 改进的变异算子(Modified Mutation Operator，MMO)

(1)CGA变异算子的不足。设GA的变异概率为P_m，其含义是任一染色体之任一基因位发生变异的概率均为P_m，且各基因位的变异是相互独立的。CGA的变异过程是依概率P_m对所有染色体的所有基因位逐位进行，当种群规模为N，染色体长度为m时，每一代进化中，共需进行Nm次变异操作。当种群规模N和染色体长度m较大时，计算量非常大。

(2) 改进的变异算子(MMO)。为了减小变异操作的计算量，提出一种改进的变异策略。改进的变异算子分两步执行，首先由P_m计算得到任一个体发生变异的概率P_{m1}，以概率P_{m1}对种群中所有个体进行随机抽样，得出需进行变异的个体，设为l个，再对此l个个体逐位以概率P_m进行变异操作，此时变异操作的次数减少为lm次，而先前对N个个体以P_{m1}进行的随机变异抽样仅相当于N次位变异操作(甚至不超过位变异操作的计算量)，因此，可认为总计算量相当于$lm+N$次基因位变异操作。

3) 个体变异概率P_{m1}的计算。显然，任一个体发生变异等价于该个体的m个基因位中至少有一个基因发生变异。由于各基因位的变异是相互独立事件，则P_{m1}的计算式为

$$P_{m1}=1-(1-P_m)^m$$

2. MMO有效性的数学分析

(1)MMO有效性的理论分析。由MMO的执行流程可知：对一个规模为N，染色体长度为m的种群，在一代进化中，变异的总计算量由Nm次基因位变异操作变为$lm+N$次位变异操作，其中l是需进行变异的个体数($l\leqslant N$)。要判断MMO是否使变异的计算量减少可利用下面的定理：

定理5.4 当$l=N$时，采用MMO对种群变异的计算量不减反增。

证明 因为

$$(lm+N)-Nm=(l-N)m+N$$

而$l=N$，故

$$(lm+N)-Nm=N>0$$

所以变异的总计算量增加。证毕。

由于P_m一般很小，因此，由以上P_{m1}的计算式可知P_{m1}也较小，而$P\{l=N\}$为

$$P\{l=N\}=[1-(1-P_m)^m]^N$$

可见,$P\{l=N\}$ 较 P_{m1} 更小,因而在变异过程中 $l=N$ 的情形很少发生,一般情况下总有 $l<N$,此时,关于 MMO 的有效性有以下定理。

定理5.5 MMO使变异的总计算量减少的充要条件是$l<N$且$m>\frac{N}{N-l}$。

证明 1) 充分性

由 $m>\frac{N}{N-l}$,$l<N$ 得

$$m(N-l)>N$$

即

$$mN-(ml+N)>0$$

充分性得证。

2) 必要性

由定理 5.4,在 MMO 作用下,使总计算量减少必有

$$l<N$$

即

$$Nm-(lm+N)>0$$

$$(N-l)m-N>0$$

$$m>\frac{N}{N-l}$$

必要性得证。

推论 5.1 采用 MMO 对种群变异时,计算量的减少量与 m 成正比。

证明 设总计算量的减少量为 ΔC,则

$$\Delta C=Nm-(lm+N)=(N-l)m-N \tag{5.8}$$

由 ΔC 的表达式可知推论 5.1 成立。

由推论 5.1 可知:m 越大,即染色体编码长度越大,被减少的计算量也越大,MMO 的效益也越大,这正说明了新变异算子意义之所在,因为当 m 较大时,采用原来的变异方法,计算量急剧增加,影响收敛速度,此时恰恰需要改进的变异算子。

(2)MMO有效性指标及其计算。由于l是依赖概率P_{m1}进行个体随机独立抽样的结果,因此,l 是在[0, N] 上取整数的一个离散型随机变量。由变异过程可知:l 服从二项分布,又由式(5.8) 可知,采用 MMO 对任意第 i 代种群进行变异时总计算量的减少量 ΔC_i 也是一个随机变量,因此,直接以 ΔC_i 作为 MMO 有效性的度量是不恰当的,为此选用 ΔC_i 的期望值即平均减少量 $E(\Delta C_i)$ 作为 MMO 在第 i 次进化中有效性度量指标。$E(\Delta C_i)$ 的计算方法如下:

由 P_{m1} 可得

$$P(l=q)=C_N^q P_{m1}^q (1-P_{m1})^{N-q} \tag{5.9}$$

式中,$q\in[0, N]$ 且为整数,于是

$$E(\Delta C_i)=\sum_{q=0}^{N}P(l=q)[(N-q)m-N] \tag{5.10}$$

必须指出：当 q 不满足使计算量减少的条件时，$(N-q)m-N$ 有可能为负值，即此时计算量不减反增，但 $E(\Delta C_i)$ 体现的是计算量减少量的平均特性。

以上计算的是 MMO 在某一代进化中的有效性指标，衡量的是 MMO 在一代进化中的效益，对于 MMO 在整个种群进化过程的效益，必须另选指标来度量。

设进化的总代数为 q，当每代的基因位变异概率不同时，采用 MMO 变异时的计算量减少量也不同，这是因为基因位的变异概率影响个体的变异。基因变异的概率随代数变化的一个典型例子是所谓自适应（adaptive）变异概率[12]，表达式如下：

$$P_m=\begin{cases}\dfrac{K_1\times(f_{i\max}-f')}{f_{i\max}-f'}, & f'\geqslant\overline{f}_i\\ K_2, & f'<\overline{f}_i\end{cases}$$

式中，$f_{i\max}$ 是第 i 代种群最大的适应度值；$\overline{f}_i$ 是第 i 代种群平均适应度值；f' 为待变异个体的适应度值；K_1，K_2 为常数，一般取 0.5。

设第 i 代进化采用 MMO 后计算量的减少量为 ΔC_i，则经 g 代进化后的总减少量为

$$\Delta C=\sum_{i=1}^{g}\Delta C_i$$

以 $E(\Delta C_i)$ 作为整个进化过程采用 MMO 进行变异的效益指标，则有下式：

$$E(\Delta C)=E\left(\sum_{i=1}^{g}\Delta C_i\right)=\sum_{i=1}^{g}E(\Delta C_i) \tag{5.11}$$

特别地，当每一代的基因变异概率保持为常数时，$E(\Delta C_i)$ 也为常数，设为 e，则由式(5.11)得

$$E(\Delta C)=ge \tag{5.12}$$

(3)实际应用中 MMO 的有效性指标。以上建立的 MMO 有效性指标虽然计算较为方便，但仍不够直观。在 GA 的实际应用中，CPU 时间往往用作一个重要的性能指标，因此可以用下列两种时间指标来度量 MMO 的有效性。

定义 5.2 MMO 的绝对有效性——采用 MMO 后被减少的 CPU 时间。

定义 5.3 MMO 的相对有效性——采用 MMO 对种群进行变异后被减少的 CPU 时间与原来所需 CPU 时间之比。

事实上，绝对有效性指标衡量的是算子的经济特性，相对有效性指标才是衡量其性能优劣的最佳指标。

以上建立的两种有效性指标不仅适用于两种不同的遗传算子性能优劣的比较，同样适用于两种不同的 GA 性能优劣的比较。

3.算例及分析

用 GA 求解下列单目标优化问题：

$$\left.\begin{aligned} \max\ f(x) &= \frac{x_1^2 x_2 x_3^2}{2x_1^3 x_3^2 + 3x_1^2 x_2^2 + 2x_2^2 x_3^3 + x_1^3 x_1^2 x_3^2} \\ \text{s.t.}\ & x_1^2 + x_2^2 + x_3^2 \geqslant 1 \\ & x_1^2 + x_2^2 + x_3^2 \leqslant 4 \\ & x_1,\ x_2,\ x_3 > 0 \end{aligned}\right\}$$

取种群规模为 30,交叉概率为 0.6,变异概率为 0.5,遗传代数为 50,采用浮点数编码。

最优解为:$X^* = (0.859\ 7,\ 0.527\ 3,\ 1.324\ 5)$。

最优目标函数值为:$f(X^*) = 0.153\ 7$。

用 CGA 变异算子花费的 CPU 时间为 42 s 左右。

用改进变异算子花费的 CPU 时间为 34 s 左右。

MMO 绝对有效指标:8 s。

MMO 相对有效指标:$\frac{42-34}{42} \approx 20\%$

由算例的计算结果可知:由于该问题规模较小,表面上看来采用 MMO 后减少的 CPU 时间不多,似乎效益不大,但正如前面所分析的,对于大规模问题,其效益将是明显的。事实上,即使被减少的计算时间仅以秒计,对于广泛存在的计算机实时控制问题,其意义也是很大的。

5.3 提高非线性优化全局收敛性的新型 GA

非线性优化问题的求解一直是最优化研究中的难点之一,对该问题,现有的基于爬山法(Climbing)的传统求解算法效率低下,且通常只能获得次优解。当问题规模较大时(变量个数较多),上述算法的计算量将呈指数增长,其时间复杂性和空间复杂性均不能接受,这是由于这些算法均采用确定性搜索规则,当问题规模较大时,势必导致计算量剧增。而遗传算法是一种概率性搜索算法,且具有隐并行性,能够通过对有限个点的适应性比较实现更大范围甚至是无穷空间的搜索,因而能快速逼近最优解。由于 GA 具有这些优点,所以 GA 在优化领域的应用越来越广泛[2-5],包括求解非线性优化问题的 GA 也有所报道[6-10]。但由于目标函数的复杂性,非线性优化问题属于多峰欺骗性(Deceptive)函数优化问题,在用 GA 求解的过程中易陷入局部极优,即存在早熟收敛问题。此外,由于非线性优化问题的可行域存在非凸性等复杂性,对搜索过程产生影响,主要表现为增加搜索时间,降低求解效率。本节探讨一种求解非线性约束优化问题的新型 GA,其特点是具有较高的全局收敛性和求解效率。

5.3.1 非线性优化模型的一般形式(The Standard Form of Nonlinear Programming)

设决策向量 $\boldsymbol{X}$ 为 $\mathbf{R}^n$ 中的 n 维向量,形式为 $\boldsymbol{X}=[X_1 \quad X_2 \quad \cdots \quad X_n]^{\mathrm{T}}$,一个非线性约束优化问题通常可以描述为下列模型形式:

$$\left.\begin{aligned} &\max \quad f(\boldsymbol{X}) \\ &\text{s.t.} \quad g_i(\boldsymbol{X}) \geqslant 0, \quad i=1,2,\cdots,P \\ &\qquad\ \ h_j(\boldsymbol{X})=0, \quad j=P+1,P+2,\cdots,m \end{aligned}\right\} \tag{5.13}$$

决策变量 $X_i \in [a_i,b_i](i=1,2,\cdots,n)$ 且取实数。

采用精确罚函数法将上述约束问题转化为无约束形式:

$$\max F(\boldsymbol{X})=f(\boldsymbol{X})-\theta\left(\sum_{i=1}^{p}\left|\min\{0,g_i(\boldsymbol{X})\}\right|+\sum_{j=p+1}^{m}\left|h_j(\boldsymbol{X})\right|\right) \tag{5.14}$$

其中,$\theta>0$ 为惩罚因子。以下提出的改进 GA 是针对这种转化后的无约束非线性优化模型的。

5.3.2 非线性优化遗传算法的设计(Design of Genetic Algorithm for Solving Nonlinear Programming)

1.改进的实数编码方案

对于非线性优化问题,若仍采用标准遗传算法的二进制编码方案,当决策变量取值范围大,精度要求高时,将导致二进制字符串过长,从而降低搜索效率,影响 GA 收敛速度。为此,提出一种改进的实数编码方案,称为实数直接编码。

设变量 $X_j \in [a_j,b_j]$,X_j 的编码过程如下:

产生$[a_j,b_j]$上的一个随机数,设其整型部分有 p 位数字,小数部分有 q 位数字,分别将整型部分的数字直接编码为 p 个基因位,将小数部分的数字直接编码为 q 个基因位,即每个数字占一个基因位,因此,变量 X_j 的编码所形成的基因段(字符串)共由 $p+q$ 个基因位构成。示例如下:

设变量 $X_j \in [520.600,630.800]$,产生的$[520.600,630.800]$上的随机数为 586.369,则该变量的初始编码如图 5.1 所示。

5	8	6	3	6	9

图 5.1 变量编码示意图

对所有变量 $X_i \in [a_i, b_i](i=1,2,\cdots,n)$ 均采用实数直接编码，再将它们的字符串级联构成一个染色体，从而完成对一个个体的编码。设种群规模为 P_{size}，将以上过程重复 P_{size} 次，便获得了初始种群。

实数直接编码不仅保持一般实数编码所具有的优点，如：能够降低染色体编码长度、消除二进制字符串离散性带来的误差，还由于实数直接编码对变量的整型部分和小数部分分别独立编码，从而有利于根据需要设置小数部分编码长度，达到控制求解精度的目的。实际上，实数直接编码更重要的作用是为改进交叉算子和变异算子打下基础。

2. 自适应选择算子

选择算子操作方式对 GA 运行效率产生重要影响，本节提出一种新型高效率选择算子——自适应选择算子。

自适应选择算子的思想是，随遗传代数和种群成熟度的变化自适应调整个体的适应度值函数，从而改变个体的选择概率，以防止早熟收敛现象的发生。

在种群进化过程中，允许其成熟度随代数递增。以线性递增为例：设初始时种群成熟度指标值为 N_0，预定遗传代数为 G，则第 t 代种群成熟度指标 N_t 可递增为

$$N_t = N_0 + \frac{t(1-N_0)}{G} \tag{5.15}$$

以 N_t 作为第 t 代种群 P_t 成熟度指标的阈值，将实际计算出的种群成熟度指标 $\overline{N}(P_t)$ 与 N_t 作比较，若 $\overline{N}(P_t) > N_t$，则调整个体的适应度值函数，否则不进行调整。种群成熟度指标 $\overline{N}(P_t)$ 的计算采用 4.6.2 节中的方法。

自适应选择算子的操作步骤如下：

Step1 设 t 为 GA 当前遗传代数，P_t 为第 t 代种群。计算种群 P_t 的模糊成熟度指标 $\overline{N}(P_t)$。

Step2 考察 $\overline{N}(P_t)$ 的值，若 $\overline{N}(P_t) > N_t$，表明 GA 有早熟的可能，此时对个体适应度值采用某种合适的定标方法增加适应度值差异，以拉大个体间的“距离”。

Step3 采用自适应调整后的适应度值函数计算第 t 代第 i 个个体 x_t^i 的比例选择概率，依据此概率对 P_t 作用以赌轮选择算子得到中间群体 P_{tm}，再以 P_{tm} 作为交叉和变异算子的作用对象。

3. 改进的离散交叉算子

实数直接编码交叉算子的操作与一般实数编码的离散交叉算子相类似[11-12]，其流程如下：

(1)确定交叉概率 P_c；

(2)对种群中的个体进行随机配对；

(3)对任一个体配对，以交叉概率 P_c 判断其是否需要交叉，若是，在染色体上

随机选定一个交叉点，然后将交叉点后的基因互换，否则，不作改变。

虽然实数直接编码交叉算子的操作流程与一般实数编码的离散交叉算子类似，但产生的效果完全不同。一般实数编码由于变量值只占一个基因位，其离散交叉算子的交叉点只能位于变量的交界处，交叉的结果只发生基因转移而不会改变变量的取值，而实数直接编码交叉算子的交叉点可位于任意位置，只要随机选定的交叉点处在某个变量编码的字符串内，交叉的结果就会改变该变量的取值，从而增强了交叉算子的探索能力，表现为探索范围的扩大和搜索的加速，有利于提高遗传算法的全局收敛性和求解效率。

4. 非均匀变异算子

变异算子在维持种群多样性、改变搜索区域方面发挥着重要作用。实数直接编码变异算子的操作流程如下：

(1)在非线性优化问题的 n 个变量中，随机选定一个需变异的变量；

(2)以概率 P_m 对该变量编码的字符串逐位进行判断，以确定需要进行变异的基因；

(3)产生[0,9]上的随机整数，来替换需变异基因位的码值。

实数直接编码变异算子的主要优势在于可灵活选择变异幅度，从而增强了局部开发能力，有利于提高遗传算法的全局收敛性。如：在进化的前期或种群有早熟倾向时，可选择变量编码字符串的高位进行变异，以获得较大的变异幅度，维持种群多样性；在进化的后期，可选择变量编码字符串的低位甚至小数位进行变异，以获得较小的变异幅度，避免破坏已产生的优良模式，同时进行局部“微调”，有利于获取全局最优解。

5.3.3 算法测试(Simulation Experiment)

为了评估本节算法的性能，选取参考文献[13]中使用的测试函数测试本节提出的算法，测试函数如下：

$$\left.\begin{aligned} &\min f(x)=(x_1-2)^2+(x_2-1)^2 \\ &\text{s.t}\ G(x)=x_1-2x_2+1=0 \\ &\qquad H(x)=-\frac{x_1^2}{4}-x_2^2+1\geqslant 0 \\ &0\leqslant x_1,x_2<10 \end{aligned}\right\}$$

在此问题中共有两个未知量，按照实数编码规则，在编码过程中，每个参数的精度为10^{-9}，由此确定染色体的长度为 20。设定成熟度指标 N_0 为 0.6，交叉概率为 0.7，变异概率为 0.3，利用本节提出的改进遗传算法进行求解，进化 200 代，将得到的结果与文献[13][14]中的求解结果进行比较得表 5.1。

表 5.1　测试函数不同算法的数值结果对照

算法	函数		
	$G(x)$	$H(x)$	$f(x)$
本节提出的改进遗传算法	0	3.4×10^{-10}	1.393 463 2
退火精确罚函数法	0	0.000 004 8	1.393 474
退火二次型罚函数法	−0.000 000 17	0.000 001 02	1.393 536
遗传算法	0.000 255	0.004 406	1.401 217
改进遗传算法	0	−0.000 000 46	1.393 465

从上面的实验结果可以看出，与其他算法相比，本节提出的改进遗传算法更能够提高非线性优化全局收敛性。同时从算法的收敛性来看，与经典的遗传算法相比，运行 200 代得到的结果如图 5.2 所示。

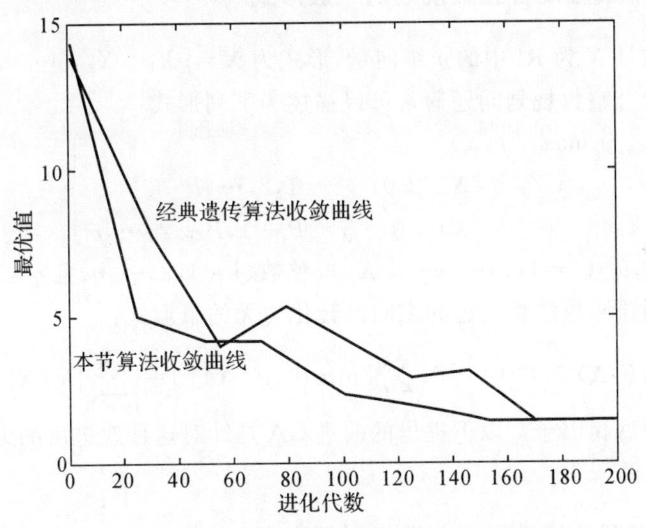

图 5.2　经典遗传算法与本节算法收敛性比较

由图 5.2 可以看出，经典的遗传算法在收敛过程中，容易出现“振荡现象”，本节提出的遗传算法则一直在向最优结果逼近，同时从图上还可以看出，本节提出的遗传算法的收敛速度优于经典遗传算法。

5.4　求解非线性混合整数规划的新型 GA

整数规划的求解一直是运筹学研究中的难点之一，已被归入 NP－hard 类问题。现有的算法[8-10]如隐枚举法、分支定界法、割平面法等都是针对线性整数规划设计的，而适于求解非线性整数规划尤其是非线性混合整数规划（Non－linear

Hybrid Integer Programming,NLHIP)的有效算法尚未出现。即便是求解线性整数规划,当问题规模较大时(变量个数较多),上述算法的计算量将呈指数增长,其时间复杂性和空间复杂性均不能接受。这是由于这些算法均采用确定性搜索规则,其思想都是通过求解多个连续变量优化问题来逐步逼近线性整数规划问题的解。当问题规模较大时,势必导致计算量剧增。近年来,已有人尝试将求解线性整数规划的算法推广至非线性整数规划[11],但算法思想及立足点仍没有实质改变,有效性也未得到证明。而 GA 是一种概率性搜索算法,且具有隐并行性,能够通过对有限个点的适应性比较实现更大范围甚至是无穷空间的搜索,因而能快速逼近最优解。由于这些优点,GA 在优化领域的应用[12-15]正越来越广泛,但求解非线性整数规划 GA 仍鲜见报道。本节探讨一种求解非线性混合整数规划的新型 GA (NLHIPGA),以提高算法的收敛效率和收敛效果。

5.4.1 非线性混合整数规划的一般形式

设决策向量 $\boldsymbol{X}$ 为 $\mathbf{R}^n$ 中的 n 维向量,形式为 $\boldsymbol{X}=[X_1 \quad X_2 \quad \cdots \quad X_n]^{\mathrm{T}}$,一个非线性带约束混合整数规划问题通常可以描述为下列形式:

$$\left.\begin{aligned} &\max \quad f(\boldsymbol{X}) \\ &\text{s.t.} \quad g_i(\boldsymbol{X}) \geqslant 0, \quad i=1,2,\cdots,P \\ &\qquad\ \ h_j(\boldsymbol{X})=0, \quad j=P+1,P+2,\cdots,m \end{aligned}\right\} \tag{5.16}$$

$X_i \in [a_i,b_i](i=1,2,\cdots,n)$ 且 X_j 取整数($j=1,2,\cdots,q$,且 $q \leqslant n$)。

采用精确罚函数法将上述约束问题转化为无约束形式:

$$\max F(\boldsymbol{X})=f(\boldsymbol{X})-\theta\left(\sum_{i=1}^{p}\left|\min\{0,g_i(\boldsymbol{X})\}\right|+\sum_{j=p+1}^{m}\left|h_j(\boldsymbol{X})\right|\right) \tag{5.17}$$

其中,$\theta>0$ 为惩罚因子。以下提出的改进 GA 是针对这种改进后的无约束非线性混合整数规划的。

5.4.2 求解非线性混合整数规划新型 GA 的设计

1. 混合编码方案

由于非线性混合整数规划的决策变量既有整型,又有实型,若仍采用标准遗传算法(CGA)的二进制编码方案,当决策变量取值范围大,精度要求高时,将导致二进制字符串过长,从而降低搜索效率,影响 GA 收敛速度。为此,提出一种改进的编码方法——混合编码法。

对所有整型变量,用二进制编码,以整型变量的最大值决定二进制编码长度。此时,编码长度只要能满足由变量取值范围到二进制字符串的映射即可,不存在精度要求。

设整型变量 $X_j \in [a_j,b_j]$,X_j 的二进制编码长度 m_j 确定过程如下:

由映射要求：

$$2^{m_j} \geqslant b_j - a_j + 1 \quad \Rightarrow \quad m_j \geqslant \frac{\ln(b_j - a_j + 1)}{\ln 2} = \mathrm{lb}(b_j - a_j + 1)$$

则

$$m_j = \begin{cases} \mathrm{lb}(b_j - a_j + 1), & \text{当 } \mathrm{lb}(b_j - a_j + 1) \text{ 为整数时} \\ [\mathrm{lb}(b_j - a_j + 1)] + 1, & \text{当 } \mathrm{lb}(b_j - a_j + 1) \text{ 不为整数时} \end{cases}$$

对所有实型变量，采用实数直接编码。实数编码有两个益处：一是有效降低了染色体编码长度，二是消除了二进制字符串离散性带来的误差。

对所有变量编码后，将它们的字符串级联构成一个染色体，从而完成对一个个体的编码。

2. 适应度值函数

一般情形下，当目标函数为收益型（极大形式）时，可直接映射为适应度值函数，但对于带约束非线性混合整数规划问题，在化为无约束形式后，由广义目标函数 $F(\boldsymbol{X})$ 的形式可以看出，$F(\boldsymbol{X})$ 可能取负值，因此，不能直接以 $F(\boldsymbol{X})$ 作适应度值函数，而应进行某种变换，在此提出两种变换方法。

设第 i 个个体 X_i 的适应度值为 $f_{it}(X_i)$，可令

$$f_{it}(X_i) = \begin{cases} F(X_i), & \text{当 } F(X_i) > 0 \text{ 时} \\ 0, & \text{当 } F(X_i) \leqslant 0 \text{ 时} \end{cases} \tag{5.18}$$

或者取一个足够大的正数 $C_{\max}$（如：到当前代，所有个体适应度值中的最大值），令

$$f_{it}(X_i) = F(X_i) + C_{\max} \tag{5.19}$$

3. 改进的选择算子

对基于适应度值比例的赌轮选择算子作两点改进，即同时进行最佳个体保留和动态调整个体间的距离。

在此采用的是一种改进的最佳个体保留策略，主要思想是使每一代最佳个体不仅能被保持到下一代，同时还能参加进化过程。设种群规模为 N，第 K 代种群为 $P(K)$，第 $K+1$ 代种群为 $P(K+1)$，由 $P(K)$ 向 $P(K+1)$ 进化时，首先按正常方法作用交叉、变异算子产生 $N-1$ 个个体，若此 $N-1$ 个个体中不含第 K 代最佳个体，则将 $P(K)$ 中最佳个体直接进入 $P(K+1)$ 作为第 N 个个体；若 $P(K+1)$ 的前 $N-1$ 个个体中已包含 $P(K)$ 的最佳个体，则 $P(K+1)$ 的第 N 个个体仍按正常方法产生。这种改进的最佳个体保留策略既能保证当前最佳个体得到保护，又能使最佳个体参与进化过程，从而有利于提高 GA 的收敛速度，且能保证 GA 的收敛性[6]，否则，将使最佳个体中的有用遗传信息得不到利用。

所谓动态调整个体间“距离”是指当 GA 出现早熟或停滞（stalling）现象时，重新选择种群，在选择过程中适当拉大个体间的距离，在此采用欧氏距离。

设已产生了 t 个个体，记为 $G = \{X_1, X_2, \cdots, X_t\}(t < N)$，通过选择产生第 $t+$

1个个体的步骤如下：

(1) 由赌轮法产生一个个体，记为 X'_{t+1}；

(2) 计算 X'_{t+1} 与 G 中个体的欧氏距离：

$$r_j = \| X'_{t+1} - X_j \| = \sqrt{\sum_{i=1}^{n} (x'_{t+1,i} - x_{ji})^2} \ (j=1,2,\cdots t)，并记\ r_{\max} = \max_{1 \leqslant j \leqslant t} r_j；$$

(3) 若 $r_{\max}$ 大于某一阈值 r，返回(1)；否则，令 $X_{t+1} = X'_{t+1}$。

4. 分段交叉算子

由于采用混合编码方法，每一染色体分为两个基因段，一个基因段对应整型变量，所有码值均为二进制字符；另一个基因段对应实型变量，所有码值均为实数。在搜索过程中，整型变量的变化是离散的，而实型变量的变化是连续的，亦即在搜索最优解的过程中，由整型变量构成的子向量(整型子向量)及由实型变量构成的子向量(实型子向量)分别在搜索空间的离散子空间和连续子空间迭代，不失一般性，设决策向量 $\boldsymbol{X}$ 的整型子向量为 $\boldsymbol{X}_{\mathrm{I}} = [x_1 \quad x_2 \quad \cdots \quad x_q]^{\mathrm{T}}$，实型子向量为 $\boldsymbol{X}_{\mathrm{R}} = [X_{q+1} \quad X_{q+2} \quad \cdots \quad X_n]^{\mathrm{T}}$。由于交叉算子是产生后代解的主要算子，因而对GA的搜索效率影响甚大。为了实现分子空间并行搜索，以提高GA的收敛速度，提出一种分段并行交叉算子，对每个染色体的整型段和实型段以不同交叉概率 P_{c1}，P_{c2} 分别作交叉运算，其解码意义是在 $\boldsymbol{X}_{\mathrm{I}}$ 和 $\boldsymbol{X}_{\mathrm{R}}$ 中并行搜索。分段并行交叉算子的执行流程如下：

(1) 确定整型段和实型段交叉概率 P_{c1}，P_{c2}。

(2) 对种群中的个体进行随机配对。

(3) 对任一染色体配对，以概率 P_{c1} 判断其整型段是否需要交叉，若是，则按照CGA二进制单点交叉方法作基因交换，否则，不作改变。以概率 P_{c2} 对实型段作单点交叉运算，即在实型段随机选定一个交叉点，然后将交叉点后的基因互换。

5. 混合变异算子

变异算子在维持种群多样性、改变搜索区域方面发挥了重要作用。由于同一染色体有两种不同基因型，故提出混合变异算子。

混合变异算子的操作流程如下：

(1) 以概率 P_{m1} 对染色体的整型段逐位进行判断，以概率 P_{m2} 对染色体的实型段进行判断，以确定需要进行变异的基因。

(2) 若需变异的基因位于整型段，则按标准遗传算法(CGA)的变异方法进行取反操作；若需变异的基因位于实型段，则按实数编码的变异方法进行变异。

必须指出的是，对于实数编码，变异成为主要算子，变异概率较二进制编码有较大增加。根据经验，二进制编码的变异概率 P_{m1} 的取值范围为 $0.001 \sim 0.05$，而实数编码的变异概率 P_{m2} 的取值范围为 $0.2 \sim 0.5$。

5.4.3 求解非线性混合整数规划GA与传统算法的混合

以上对NLHIPGA作了详尽的设计，除此之外，为提高NLHIPGA的搜索效率，还可以与传统算法相混合。

首先用传统快速算法（各种基于梯度的非线性优化算法）在不考虑整数约束的条件下，对非线性混合整数规划求解，将所得最优解中受整数约束的分量取整（$[X_i]$），其余分量保持不变，然后将其加入NLHIPGA的初始种群中，这实际上是为NLHIPGA提供了“优良种子”，有利于引导遗传方向，符合进化思想。

5.5 求解多目标规划的新型GA

多目标规划是一类重要的优化模型，有着广泛的实际应用，但多目标规划的求解至今仍是一个难点，对大规模问题尤为如此。通常不能求出最优解，而只能求出非劣解。即便是求非劣解，往往也非易事。除了一些特殊的多目标规划外，绝大多数多目标规划不能直接求解，需要将其化为单目标规划来求解，在这一方面，有许多方法[16-18]可供使用，如约束法、分层序列法、加权和法、理想点法等。但无论何种方法都已违背多目标规划的初衷，或者说已不是“真正的”多目标规划。近年来，由于遗传算法在求解复杂大规模单目标函数优化问题方面表现出的有效性，一些学者开始探索将GA用于多目标规划的求解[19-21]。用GA求解多目标规划无须进行单目标化，从而最大限度地体现多目标规划的决策思想，这是用GA求解多目标规划最突出的优点。但用GA求解多目标规划也存在一些难点，其中最为关键的是多目标规划的目标函数构成一个向量（目标向量），这就给解的适应性度量和比较带来困难，因为两个向量往往无法比较优劣。在克服这一困难方面已有一些有益的探索。文献[19]提出根据个体非劣性的不同进行分级，对不同级别的个体赋予不同的适应度值，同一级别的个体适应性不加区别，以此衡量个体优劣；文献[20]以整个群体在各个目标分量的平均值作为阈值，对个体进行逐步淘汰，以此逼近非劣解；文献[21]将个体的选择过程分解为一个循环过程，每次循环在某一个目标分量上进行，这样求出的解具有在某个分量上占优的特性。虽然这些方法在某种程度上都是有效的，但均有其局限性和不足。如文献[19]是针对多目标0-1规划得出的，不具有普遍性；文献[21]不能保证求出目标分量均取中间值的非劣解，而这种非劣解在实际应用中却是比较重要的。本节针对一般约束多目标优化问题，提出一种新型多目标GA（Novel Multiple-Objective GA，NMOGA），其中设计了新的适应度值函数和选择算子，较好地解决了个体适应性度量问题。NMOGA将在后续的毁伤效能多目标优化中发挥重要的作用。

5.5.1 NMOGA设计

考虑多目标规划的一般形式：

$$\left.\begin{aligned} &\max \boldsymbol{f}=[f_1(\boldsymbol{X}) \quad f_2(\boldsymbol{X}) \quad \cdots \quad f_n(\boldsymbol{X})] \\ &\text{s.t. } g_i(\boldsymbol{X}) \geqslant 0, i=1,2,\cdots,P \\ &\quad\ \ h_i(\boldsymbol{X})=0, i=P+1,P+2,\cdots,K \\ &\quad\ \ X_j \in [a_j,b_j],\quad j=1,2,\cdots,m \end{aligned}\right\} \tag{5.20}$$

式中，$\boldsymbol{X}=[x_1 \quad x_2 \quad \cdots \quad x_m]^{\mathrm{T}}$ 为决策向量；$\boldsymbol{f}$ 为目标向量；$f_j(\boldsymbol{X})$ 为第 j 个目标分量。

为了求解的方便，应将以上给出的约束多目标规划化为无约束形式，采用精确罚函数法可将其化为下列形式：

$$\begin{gathered} \max \boldsymbol{f}=[f_1(\boldsymbol{X})-\theta\Phi(\boldsymbol{X}) \quad f_2(\boldsymbol{X})-\theta\Phi(\boldsymbol{X}) \quad \cdots \quad f_n(\boldsymbol{X})-\theta\Phi(\boldsymbol{X})] \\ \Phi(\boldsymbol{X})=\sum_{i=1}^{P}|\min(0,g_i(\boldsymbol{X})|+\sum_{i=P+1}^{k}|h_i(\boldsymbol{X})| \end{gathered} \tag{5.21}$$

式中，$\Phi(\boldsymbol{X})$ 为罚函数；$\theta>0$ 为惩罚因子，惩罚因子还可以取不同值 $\theta_i(i=1,2,\cdots,n)$。以下根据多目标规划的无约束形式设计 NMOGA。

1.适应度值函数设计

根据多目标规划的决策思想，提出多目标适应度值函数，由两个函数构成，分别定义如下：

定义 5.3　极值性适应度值函数

显然对一个极大化问题，各目标分量越大越好，对此以极值性适应度值函数进行度量。

对于任意个体 $\boldsymbol{X}$(由决策向量编码得到)，有一个目标向量 $\boldsymbol{f}$ 与之对应，该向量对应 $\mathbf{R}^n$ 空间中的一点，所有这样的点构成的集合称为像空间，显然像空间是一个 n 维超空间，且为 $\mathbf{R}^n$ 的子空间。以像空间中与向量 $\boldsymbol{f}$ 对应的点与原点(零向量)的欧氏距离作为个体 $\boldsymbol{X}$ 的极值性适应度值，形式如下：

$$f_{it1}(\boldsymbol{X})=\|\boldsymbol{f}\|=\sqrt{f_1^2(\boldsymbol{X})+f_2^2(\boldsymbol{X})+\cdots+f_n^2(\boldsymbol{X})} \tag{5.22}$$

定义 5.4　均匀性适应度值函数

仅用 f_{it1} 度量个体的适应性是不够的，因为可能存在这样的个体，f_{it1} 较大，但某个 $f_i(\boldsymbol{X})$ 较小，仍然不满足非劣性要求，因此，还需要定义个体的均匀性适应度值函数，形式如下：

$$f_{it2}(\boldsymbol{X})=C-[\max_{1\leqslant i\leqslant n}f_i(\boldsymbol{X})-\min_{1\leqslant i\leqslant n}f_i(\boldsymbol{X})] \tag{5.23}$$

式中，C 是某个足够大的常数。

2.改进的选择算子

由于以上设计的多目标适应度值函数实际由两个适应度值函数构成，因而，不能再采用 SGA 的选择算子，为此提出一种新型选择算子 —— 多重选择算子，其执行流程是首先以 $f_{it1}(\boldsymbol{X})$ 为适应度值对种群进行选择，得到一个中间种群，再以 $f_{it2}(\boldsymbol{X})$ 为适应度值对中间种群进行选择，这样的选择过程逐代进行，可以使种群的非劣性逐步提高。

3. 改进的最佳个体保留策略

为适应多重选择算子，并保证 NMOGA 的全局收敛性，必须改进最佳个体保留策略。

设 $P(k)=\{X_1^{(k)},X_2^{(k)},\cdots,X_N^{(k)}\}$ 为第 K 代种群，

$$f_{it1}(X_q^{(k)})=\max_{1\leqslant i\leqslant N} f_{it1}(X_i^{(k)}),\quad f_{it2}(X_r^{(k)})=\max_{1\leqslant i\leqslant N} f_{it2}(X_i^{(k)})$$

将 $X_q^{(k)},X_r^{(k)}$ 均直接保留到第 $K+1$ 代。

4. 其他

以上提出了改进的适应度值函数和改进的选择算子以适应求解多目标规划的需要，至于 GA 的其他方面无须作过多变动。如：在编码方面，可以采用二进制编码，也可以采用实数编码。在选择算子的具体实现方面也有多种方法[22]，如赌轮方法、排序方法、锦标赛方法、排挤方法等。选用何种方法，应根据问题需要而定。

5.5.2 NMOGA 流程

Step1 确定编码方案。当决策变量的取值范围明确时，可用二进制编码；当决策变量取值范围不明确或精度要求高时，应采用实数编码。

Step2 确定 GA 控制参数。参数包括种群规模 N，遗传代数 G，交叉概率 P_c 和变异概率 P_m。

Step3 设置遗传代数计算器 i，将其初值置为 0。

Step4 随机产生初始种群，即第 i 代种群，记为

$$\mathrm{PoP}(i)=\{X_1^{(i)},X_2^{(i)},\cdots,X_N^{(i)}\}$$

Step5 计算种群中各个体的适应度值 $f_{it1}(X_j^{(i)}),f_{it2}(X_j^{(i)})(j=1,2,\cdots,N)$。

Step6 对第 i 代种群进行遗传操作，产生新一代种群 $\mathrm{PoP}(i+1)$。

Step7 将 i 赋值为 $i+1$，即 $i=i+1$，并判断 $i\geqslant G$ 是否成立，若是，进化终止，输出当代所有非劣解，否则转 Step5。

5.5.3 提高 NMOGA 搜索效率的可行域缩减法

采用附加约束法以使可行域被缩减，从而缩小搜索空间，提高 NMOGA 搜索效率，这在求解大规模多目标优化问题时是必要的，其意义在于能有效降低时间复杂性。

设多目标规划为

$$\left.\begin{aligned}&\max\ \boldsymbol{f}=[f_1(\boldsymbol{X})\quad f_2(\boldsymbol{X})\quad\cdots\quad f_n(\boldsymbol{X})]\\&\text{s. t. }\boldsymbol{X}\in D\subset\mathbf{R}^m\end{aligned}\right\}\tag{5.24}$$

可行域缩减的步骤如下：

Step1　求解 $\max f_i(\boldsymbol{X})$，s. t. $\boldsymbol{X}\in D$ 得各单目标优化的最优点 X_i^* 及最优值 $f_i(X_i^*)=F_i(i=1,2,\cdots,n)$；

Step2　对任一 i，计算 $f_i(X_j^*)(i=1,2,\cdots,n;\ j=1,2,\cdots,n$ 且 $j\neq i)$，并取 $R_i=\min\limits_{\substack{1\leqslant j\leqslant n\\ j\neq i}} f_i(X_j^*)$，据此得一组新的约束(非劣解应满足的不等式)：

$$R_i\leqslant f_i(\boldsymbol{X})\leqslant F_i,\quad i=1,2,\cdots,n$$

Step3　令 $D_i=\{\boldsymbol{X}|R_i\leqslant f_i(\boldsymbol{X})\leqslant F_i\}$，则非劣解集 P 必须满足

$$P\subset D_1\cap D_2\cap\cdots\cap D_n\cap D=D'$$

D'即为缩减后的可行域，将其作为 GA 的搜索空间，编码求非劣解。

可行域缩减后，为在进化中保持解的可行性，有两种方法：一是化为无约束；二是设计新的遗传算子，维持解的可行性。

5.6　高效率混合 GA

作为一种新型仿生类随机寻优算法，GA 具有较强的稳健性(robustness)和全局搜索能力，但其局部搜索能力较差。解决这一问题的策略除了改进遗传操作和优化控制参数外，还有一个有效途径就是将 GA 与传统的基于问题知识的启发式搜索算法(如爬山法)相结合构成混合遗传算法(Hybrid Genetic Algorithm，HGA)，HGA 的性能(搜索效率、收敛速度、解的质量)将超过混合前的单纯 GA 和单纯启发式算法，其本质是 HGA 性能的涌现性。此外，混合 GA 也可以预防早熟。本节以求解复杂函数优化问题的 HGA 为研究对象，提出构造 HGA 的形式化策略，对当前典型的函数优化 HGA 进行描述，并指出 HGA 的发展趋势。

5.6.1　混合 GA 策略

虽然 GA 与其他算法的混合方法多种多样，但可对其本质进行抽象，从而实现 HGA 混合策略的形式化描述。HGA 混合策略应从进化时间轨道、种群空间轨道以及混合模式等三个方面来描述，也就是说 GA 与传统算法的混合策略是一种三维策略向量，其中任一个分量代表某个方面的子策略，而子策略又取自子策略集。以下对各子策略集分别进行研究。

1. 时间子策略集

记时间子策略集为 H_t，其中任一子策略记为 $h_{ti}(i=1,2,\cdots,n_t)$，可以采取的时间子策略有：

在 GA 种群进化过程中每一代，都与传统算法混合，记为 h_{t1}；

GA 种群进化若干代后，再与传统算法混合，记为 h_{t2}；

GA 种群每进化若干代，与传统算法混合一次，记为 h_{t3}。

因此，$H_t=\{h_{t1}, h_{t2}, h_{t3}\}$。

2. 空间子策略集

记空间子策略集为 H_s，其中任一子策略记为 $h_{si}(i=1,2,\cdots,n_s)$，可以采用的空间子策略有：

对 GA 种群中每个个体用传统算法作局部寻优，记为 h_{s1}；

只对 GA 种群中的最优个体用传统算法作局部寻优，记为 h_{s2}；

选择种群中若干个体以传统算法作局部寻优，选取的原则是使所选个体尽可能分布广，记为 h_{s3}。

因此，$H_s=\{h_{s1}, h_{s2}, h_{s3}\}$。

3. 混合模式子策略集

记模式子策略集为 H_p，其中任一子策略记为 $h_{pi}(i=1,2,\cdots,n_p)$，可采取的模式子策略有：

(1) 嵌入式混合模式，记为 h_{p1}。所谓嵌入式混合是指 GA 与传统算法混合时，其中一种算法作为另一种算法的某一操作步骤出现，它又分为内嵌和外嵌两种形式。内嵌是指在 GA 的执行过程中嵌入传统算法，外嵌是指在传统算法执行过程中嵌入 GA。

(2) 组合式混合模式，记为 h_{p2}。所谓组合式混合是指两种算法以一定的先后顺序各自执行。

因此，$H_p=\{h_{p1}, h_{p2}\}$。

综上所述，记 GA 与传统算法的混合策略向量为 $\overline{\boldsymbol{H}}$，则

$$\overline{\boldsymbol{H}}=[h_t \quad h_s \quad h_p]^{\mathrm{T}}$$

其中，$h_t \in H_t, h_s \in H_s, h_p \in H_p$。

5.6.2　函数优化混合 GA 的构造

函数优化是最优化中最为典型的一类问题，而复杂函数优化由于其非线性、多峰性和欺骗性(deceptive)等特征，则成为最优化中的难点。传统的基于问题知识的启发式搜索算法，在求解复杂函数优化问题时往往陷入局部极优，而 GA 求解此类问题时又难以摆脱“早熟”困境，有鉴于此，结合二者优点的 HGA 在求解复杂函数优化问题中得到广泛应用。当前用于复杂函数优化的典型 HGA 有 GA 与梯度法、爬山法等经典函数优化算法的混合；GA 与神经网络学习算法的混合；GA 与禁忌搜索(Tabu Search，TS)算法的混合；GA 与模拟退火(Simulated Annealling，SA)算法的混合等。以下分别对用于连续函数优化的 HGA 和用于离散函数优化

（组合优化）的 HGA 进行详细描述。

1. 用于连续函数优化的 GA 与 SA 混合算法（SA－GA）

模拟退火法是模拟物理系统徐徐退火过程的一种搜索技术。在搜索最优解的过程中，SA 除了可以接受优化解外，还用一个随机接受准则（Metropolis）有限度地接受恶化解，并且使接受恶化解的概率逐渐趋于零，这使算法能尽可能找到全局最优解，并保证算法收敛。

SA 最引人注目的地方是它独特的退火机制，所谓 GA 与 SA 混合算法本质上是引入退火机制的 GA，其策略分为两类：一类是在 GA 遗传操作中引入退火机制，形成基于退火机制的遗传算子；一类是在 GA 迭代过程中引入退火机制，形成所谓退火演化算法。

退火遗传算子包括退火选择算子和退火变异算子。

在 GA 迭代前期适当提高性能较差串进入下一代种群的概率以提高种群多样性，而在 GA 迭代后期适当降低性能较差串（劣解）进入下一代的概率以保证 GA 的收敛性，这是 GA 运行的一种理想模式，退火选择算子（Selection Operator Based on Simulated Annealing）有助于这种模式的实现，其原理是利用退火机制改变串的选择概率，它又有以下两种形式。

一种形式是采用退火机制对适应度值进行拉伸，从而改变第 i 个个体的选择概率 P_i，公式如下：

$$P_i = \frac{e^{f_i/T}}{\sum_{j=1}^{M} e^{f_j/T}}, \quad T = 0.99^{g-1} T_0 \tag{5.25}$$

式中，f_i 为第 i 个个体适应度值；f_j 为第 j 个个体适应度值；M 为种群规模；g 为遗传代数序号；T 为温度；T_0 为初始温度。

退火选择算子的另一种形式是引入模拟退火算法接受解的 Metropolis 准则对两两竞争选择算子做出改进。设 i,j 为随机选取的两个个体，它们进入下一代的概率为

$$P_i = \begin{cases} 1, & f(i) \geqslant f(j) \\ \exp\left[\dfrac{f(i)-f(j)}{T}\right], & \text{其他} \end{cases}$$

$$P_j = \begin{cases} 0, & f(i) \geqslant f(j) \\ 1-\exp\left[\dfrac{f(i)-f(j)}{T}\right], & \text{其他} \end{cases} \tag{5.26}$$

式中，$f(i), f(j)$ 为个体 i,j 的适应度值；T 为温度值。在每一次选择过程之后，T 乘以衰减系数 $a\,(a<1)$ 以使 T 值下降。

退火变异算子也可以采取两种形式。一种适用于实数编码，其原理是使变异幅度随温度 T 的衰减而减小，目的是在 GA 迭代后期进行局部搜索，以提高 GA

的局部爬山能力。另一种适用于二进制编码,其原理是使变异概率随温度 T 的衰减而减小,目的是在GA迭代后期保护较优个体,提高收敛速度,同时,由于变异概率的减小,导致发生变异基因数减少,也能使变异幅度减少,从而达到局部寻优目的。

关于退火演化算法,以求函数 $f(x)$ 极小值为例描述如下:

首先从一个包含 N 个点的初始种群出发,在每个控制参数 C 下,群体中每个点都产生 L 个新解,这些新解根据Metropolis准则被接受或舍弃,经过一个冷却步后,群体由原来的规模增加到至多包含 $N(L+1)$ 个点,按照适应度值比例方法从中选择 N 个点作为生存集,然后算法再在一个降低的控制参数下重复以上过程。其伪代码描述如下:

```
begin
K:=0
Initialize  (c,P(k));
Evaluate P(k);
Termination-criterion:=false
While  terination-criterion=false do
begin
K:=K+1;
Select  P(k)  from  P(K-1);
For i:=1  to L        do
Begin
For j:=1  to N       do
Begin
Generate  yj  from  xj;
If   f(yj)-f(xj)≤0
Then  xj=yj
Else  if exp[-(f(yj)-f(xj)/c)]>rand [0,1]
Then  xj=yj
End
End
Lower  c;
Evaluate  P(k);
End
End
```

2. 用于离散函数优化(组合优化)的 GA 与 TS 混合算法(TGA)

禁忌搜索算法求解组合优化问题已显示出一定的有效性,但仍不能摆脱陷于局部极优的困扰,而将禁忌搜索算法与 GA 混合则能既保持禁忌搜索算法局部搜索能力强的特点,又能充分发挥 GA 全局最优性的优势,从而使混合算法(TGA)的性能超出混合前的任一算法。

禁忌搜索算法涉及邻域(Neighborhood)、禁忌表(Tabu List)、禁忌长度(Tabu Length)、候选解(Candidate)、藐视准则(Aspiration Criterion)和邻域函数 $N(x)$ 等概念,它们的选取直接影响优化结果。禁忌表通过设置一个 m[colonysize][lchrom]二维数组来实现,该数组存储二进制串中最近被反位的次数,其中 colonysize 为种群大小,lchrom 为基因长度;禁忌长度 t 随问题规模的大小动态变化,根据经验 t 取 0.5~0.7;候选解 n 是当前状态的邻域解集的一个子集,即 $N(S_{j-1}\subseteq S)$,即禁忌表 m 中对应位为 0 的基因所构成的解集;藐视准则表示禁忌对象所产生的适应度值若优于当前代的最大值,仍选择它作为一个当前状态,这样就能防止遗失最优解。

以下以典型组合优化问题——背包问题为例设计 GA 与 TS 混合算法(TGA)。

令 $\max\ f(s), s\in S$ 为一个背包问题,其中 s 为搜索状态,S 为有限状态集(即搜索状态空间),k 为算法执行代数,S_k 为算法执行到第 k 代搜索到的所有解的集合,并令 c_i 为第 i 个物品的价值,w_i 为第 i 个物品的质量。

TGA 算法设计如下:

(1)首先借助贪婪算法(Greedy Algorithm)随机产生初始种群,即在基因编制时,按 c_i/w_i 的降序对所有的物品进行排列,优先装入 c_i/w_i 较大且 $x_i=1$ 的物品,直到满足背包质量最大限度,对于不能装下且 $x_i=1$ 的物品,便令 $x_i=0$,这样就能满足约束条件,且解的质量较好,由此得到一组初始解,同时把禁忌表 m 初始化为 0。

(2)执行进化操作,根据每一个解的变化来修改 m 的值。如果 m 中某位的值大于禁忌长度 t,则相应位清零。

(3)判断 k 是否大于最大禁忌代数 tsgen,若满足,则转向(4)执行,否则对各个体执行禁忌搜索,个体当前解为 s_k,设置 s_{temp} 为一个临时状态。

1)计算 s_k 的所有邻域解。如 s_k 的所有邻域解均已被测试过,即 m 的相应位均不为 0,s_i 为最早被测试的解,则令 $s_{temp}=s_i$。

2)若 1)步不成立,判断是否满足藐视准则。如在 s_k 的被禁忌的邻域解中,产生了大于当前代的最大适应度值的解 s_{max},则 $s_{temp}=s_{max}$,$S_{k+1}=S_k+\{x_{k+1}\}$;否则按照禁忌准则选取未禁忌的邻域解中的最大值 s_m,令 $s_{temp}=s_m$,$S_{k+1}=S_k+\{x_{k+1}\}$。

3)按照先进先出(First In First Out,FIFO)的原则修改禁忌表 m。用临时状态更新当前状态,即 $s_k = s_{temp}$,并令 $k = k+1$。

(4)产生新种群,判断 k 是否小于给定的最大迭代次数 maxgen,若满足,则转向(3)中的 2)执行,否则结束算法运行,输出最优值。

5.6.3 算法实验及分析

1. SA－GA 连续函数优化仿真实验

$$\max f(x_1, x_2) = 0.5 - \frac{\sin^2\sqrt{x_1^2 + x_2^2} - 0.5}{[1 + 0.001(x_1^2 + x_2^2)]^2}$$

此函数的全局极大点是(0,0), 极大值为 1 ,而在距全局极大点大约 3.14 范围内的隆起部分有无限多的局部极大点,具有较高的欺骗性。

对该函数同时运用以上提出的 SA－GA 和标准遗传算法进行求解,结果如下:

利用标准遗传算法优化运行 100 次,每一次进化 50 代,100 次运行的最优求解结果为,最大值为 0.974 4,对应的解为 $x_1 = 1.146\,8$,$x_2 = 2.164\,5$。表 5.2 列出了标准遗传算法运行 100 次的最佳结果。

表 5.2 标准遗传算法的运行结果

最优值范围	解的个数
0.9～1	4
0.8～0.9	5
0.7～0.8	16
小于 0.7	75

利用 SA－GA 求解,每一代均采用 Metropolis 准则选择算子和退火变异算子以及基本遗传算法的交叉算子进行进化,初始温度 $T_0 = 20$℃,运行 100 次,每次进化 30 代,100 次运行的最优结果是:最大值为 0.999 995 041 1,对应的解为 $x_1 = -0.030\,2$,$x_2 = -0.029\,5$。表 5.3 列出了利用 SA－GA 的最佳运行结果。

表 5.3 SA－GA 的运行结果

最优值范围	解的个数
0.9～1	100
0.8～0.9	0
0.7～0.8	0

2. TGA 离散函数优化仿真实验

首先利用标准遗传算法对参考文献[25]中例 1 的数据进行测试，该实例的最优值为 295。

利用标准遗传算法，因为共 10 件物品，所以染色体的长度选为 10，算法运行 30 次，每次运行 50 代，种群规模为 100，求解结果：最小值为 252(1 个)，最大值为 295(共 8 个)，具体分布情况见表 5.4。

表 5.4 标准遗传算法的运行结果

最优值范围	解的个数
295	8
290～294	10
285～289	11
252	1

利用 TGA 算法求解，首先利用贪婪算法得到的一个较优解的值为 290，禁忌表的长度为 5，邻域规模为 30，候选集规模为 10，生成邻域时剔除物品的数量为 2～4，进化代数为 40，运行 50 次的最优结果均为 295。

本节分别设计了用于连续函数优化和用于离散函数优化(组合优化)的混合遗传算法，并通过仿真实验对其有效性进行了验证。混合遗传算法已成为近年来 GA 研究中的热点和极有价值的课题之一。虽然 HGA 一般是串行的，但由于 HGA 融合了局部搜索能力强的传统算法或是某个领域已被证明有效的专有算法，甚或是其他智能化搜索方法，因而能弥补 GA 局部搜索能力低的不足，充分利用启发式信息，提高 GA 关于具体问题的针对性，这已被大量 HGA 的应用实例所证明。除了上述典型 HGA 外，HGA 又有了一些新发展，如：GA 与模糊系统等智能算法和智能系统的混合；GA 与进化规划(EP)、进化策略(ES)等其他随机演化算法的混合；GA 与人工免疫算法、蚁群算法(Ant)等新型仿生算法的混合；GA 与混沌算法的混合；GA 与微粒群算法的混合。目前虽然各种各样的 HGA 研究成果不断出现，但仍需在新的混合策略、混合策略的形式化以及混合算法系统实用化等方面作进一步研究。

5.7 进化算法中的约束处理技术

进化算法已被广泛应用于求解优化问题，其性能的好坏主要取决于两个因素：

(1)进化算法的随机性能；

(2)如何将优化问题的目标函数转换为适应度值函数，因为适应度值函数可以使搜索向着合理的区域进行。

当优化问题具有约束条件时，将目标函数转换为适应度值函数变得非常困难，这是由于此时适应度值函数不仅要评价一个解的好坏，还应描述其与搜索空间中可行域的接近程度。

当优化问题具有许多线性和非线性、等式和不等式约束条件时，其求解过程将变得更加复杂。值得注意的是，进化算法是一种无约束的搜索技术，因为它缺乏明确的约束处理机制，这促使研究者开发不同的方法来处理约束条件。一般来说，在进化算法中结合约束处理技术会给算法带来一些额外的参数，这些参数的选取通常由使用者决定。正因为如此，设计具有较好性能的约束处理技术显得尤为重要。

一般来说，基于进化算法的约束处理技术将等式约束条件转换为如下的不等式约束条件来处理，即

$$|h(\boldsymbol{x})|-\delta \leqslant 0 \tag{5.27}$$

其中，δ 为等式约束条件的容忍值，一般取较小的正数。假设将等式约束条件转换为不等式约束条件处理后，最优化问题将包含 p 个不等式约束条件。

通常，群体中的个体 $\boldsymbol{x}$ 违反第 j 个约束条件的程度可表示为

$$G_j(\boldsymbol{x})=\begin{cases}\max\{0,g_j(\boldsymbol{x})\}, & 1\leqslant j\leqslant l\\ \max\{0,|h_j(\boldsymbol{x})|-\delta\}, & l+1\leqslant j\leqslant p\end{cases} \tag{5.28}$$

则

$$G(\boldsymbol{x})=\sum_{j=1}^{p}G_j(\boldsymbol{x}) \tag{5.29}$$

表示个体 $\boldsymbol{x}$ 违反问题中所有约束条件的程度，也反映了个体 $\boldsymbol{x}$ 在群体中的不可行性。

值得注意的是，由于约束条件之间的特征差异，某些约束条件可能对个体的约束违反程度 $G(\boldsymbol{x})$ 起着决定性的作用，此时，可通过标准化来平等地对待每个约束条件。在标准化过程中，首先找出群体中的个体违反每个约束条件的最大值 $G_j^{\max}(j\in\{1,\cdots,p\})$：

$$G_j^{\max}=\max_{i=1,\cdots,N}(G_j(\boldsymbol{x}_i)),\quad j\in\{1,\cdots,p\} \tag{5.30}$$

其中，N 为群体规模，即群体中所包含的个体数。利用这些 $G_j^{\max}$ 可以标准化个体 $\boldsymbol{x}_i$ 对每个约束条件的违反值，最后个体 $\boldsymbol{x}_i$ 的标准化约束违反程度 $G_{\text{nor}}(\boldsymbol{x}_i)$ 定义为该个体的每个约束违反标准值的平均值：

$$G_{\text{nor}}(\boldsymbol{x}_i)(\boldsymbol{x}_i)=\frac{\sum_{j=1}^{p}G_j(\boldsymbol{x}_i)/G_j^{\max}}{p},\quad i\in\{1,\cdots,N\} \tag{5.31}$$

根据近年来进化算法的约束处理技术的研究趋势，可将它们划分为以下3类。

5.7.1 惩罚函数法

惩罚函数法因为执行简单而得到了广泛的应用，其主要思想是，通过对目标函数 $f(\boldsymbol{x})$增加惩罚项 $p(\boldsymbol{x})$来构造惩罚适应度值函数 $\text{fitness}(\boldsymbol{x})$，将约束优化问题转换为无约束优化问题进行处理。

惩罚项的构造通常基于个体违反约束条件的程度 $G(\boldsymbol{x})$，同时，惩罚项的形式决定了惩罚函数法的类型，例如：若惩罚项中的惩罚系数不依赖于进化代数，则这类方法称为静态惩罚函数法。例如按如下方式构造惩罚适应度值函数：

$$\text{fitness}(\boldsymbol{x})=f(\boldsymbol{x})+\sum_{j=1}^{p} r_{k,j}G_j^2(\boldsymbol{x}) \tag{5.32}$$

其中，$r_{k,j}(k=1,\cdots,q;j=1,\cdots,p)$为惩罚系数；$q$ 为用户对每个约束条件定义的约束违反水平数。若惩罚项中的惩罚系数随着进化代数的改变而改变，则这类方法称为动态惩罚函数法。例如按如下方式构造惩罚适应度值函数：

$$\text{fitness}(\boldsymbol{x})=f(\boldsymbol{x})+(Ct)^{\alpha}\sum_{j=1}^{p} G_j^{\beta}(\boldsymbol{x}) \tag{5.33}$$

其中，t 是进化代数；C,α,β 是需要调整的参数。

Le Riche 等人设计了一种隔离遗传算法，它具有两个惩罚系数，这两个惩罚系数旨在过大与过小的惩罚之间实现平衡。在进化过程中，该方法首先随机产生规模为 $2m$ 的初始群体，接着通过两个惩罚系数构造两个惩罚适应度值函数，群体中的每个个体分别通过两个惩罚适应度值函数进行评价，这样得到两个惩罚适应度值列表。然后对两个列表中的惩罚适应度值分别排序，最后根据两个排序后的列表，从规模为 $2m$ 的群体中选出最好的 m 个个体构成下一代群体。

严格惩罚法是最简单但最严厉的惩罚函数法，它总是拒绝不可行解，不利用可行解提供的任何信息。在严格惩罚法中，不可行解的惩罚适应度值定义为 0。这样当初始群体不包含可行解时，进化过程将会停滞，因为群体中的所有个体具有相同的惩罚适应度值，此时需要重新生成初始群体。严格惩罚法仅适合于可行域为凸或可行域占搜索空间比例较大的约束优化问题。

Huang 等人提出了一种协同进化法，该方法采用两个群体。第 1 个群体中的个体表示惩罚系数集，第 2 个群体中的个体表示问题的解。利用第 1 个群体中的惩罚系数可以进化第 2 个群体中的解，同时，第 2 个群体中的个体可以用来调整第 1 个群体中的惩罚系数。通过协同地进化这两个群体，迭代结束时可以得到满意的解和合理的惩罚系数。

一般来说，自适应惩罚函数法具有较好的优化效果，因为它能利用搜索过程中的反馈信息动态地调节参数。Rasheed 提出了一种自适应惩罚函数法，该方法在初始阶段具有较小的惩罚系数，这样可以保证群体对搜索空间充分采样。在进化过程中，该方法根据群体状态自适应地决定增加或减少惩罚系数。Farmam 和 Wright 提出了一种自适应适应度值表示法，该方法将惩罚分为两个阶段进行：第 1 个惩罚阶段使得群体中最差的不可行解具有比群体中最好解更高或相等的惩罚适应度值，第 2 个惩罚阶段使得群体中最差的不可行解的惩罚适应度值等于群体中具有最大目标函数值的解的惩罚适应度值。

对于惩罚函数法，具有以下定理。

定理 5.6 令 $\{s_t\}_1^\infty$ 为一个非负、严格单调递增趋于无穷大的序列，定义以下函数：

$$L(s,\boldsymbol{x})=f(\boldsymbol{x})+sG(\boldsymbol{x}) \tag{5.34}$$

其中，s 为惩罚系数，令 $\boldsymbol{x}_t$ 使得 $L(s,\boldsymbol{x})$ 取最小值，则序列长的极限 $\{\boldsymbol{x}_t\}_1^\infty$ 即为问题的最优解。

上述定理说明，当 $s\to\infty$ 时，$L(s,\boldsymbol{x})$ 的最小值与 $f(\boldsymbol{x})$ 的最小值等价。

虽然惩罚函数法是进化算法求解约束优化问题时最常用的方法，但其仍存在着一定的缺陷。其中，最为主要的缺陷是惩罚系数的合理设置十分复杂，往往需要多次实验来不断地进行调整。惩罚系数决定着对不可行解的惩罚程度，过大或过小的惩罚程度可能给进化算法的求解过程带来困难。如果惩罚程度过大，群体将以较快的速度进入可行域，此时忽略了对不可行域的“勘探”和“开采”，这样对于最优解位于可行域边界或可行域不连通的约束优化问题求解便会出现困难。另一方面，如果惩罚程度过小，个体的惩罚适应度值主要由目标函数决定，此时，群体可能在不可行域产生滞留现象，这样，群体将很难进入可行域，甚至可能收敛于不可行解。

Richardson 等人对如何构造惩罚函数提出了以下导向性的准则：

(1)基于个体违反约束条件程度构造的惩罚函数比基于个体违反约束条件个数构造的惩罚函数具有更好的性能；

(2)对于具有较少约束条件和较少可行解的约束优化问题，如果仅仅基于个体违反约束条件个数来构造惩罚函数，则不可能找到最优解；

(3) 好的惩罚函数应该从两个量出发来构造：最大完备花费(maximumcompletion cost)和期望完备花费 (expected completion cost)，完备花费是指个体违反约束条件的程度。

(4)惩罚应该接近期望完备花费，但是不能频繁地低于它。总之，惩罚越精确，得到的解的质量越好。

在惩罚函数法中，个体的惩罚适应度值由目标函数和惩罚项同时决定，所以在计算个体惩罚适应度值时，目标函数和惩罚项具有一定的支配关系。Runarsson 和 Yao 认为，惩罚函数法试图在目标函数和惩罚项中找到一个好的平衡(trade-off)。他们将惩罚函数法归结为选取一个合理的惩罚系数 r_g，并且系统地分析了在评价个体时，r_g 如何影响目标函数和惩罚项之间的支配关系。事实上，对于每个群体，均存在某个区间 $[r_1,r_2]$，使得当 $r_g<r_1$ 时，个体惩罚适应度值的比较完全由目标函数 $f(\boldsymbol{x})$ 决定；当 $r_g<r_2$ 时，个体惩罚适应度值的比较完全由惩罚项 $p(\boldsymbol{x})$ 决定；当 $r_g\in[r_1,r_2]$ 时，个体惩罚适应度值的比较由目标函数 $f(\boldsymbol{x})$ 和惩罚项 $p(\boldsymbol{x})$ 共同决定。值得注意的是，参数 r_1 和 r_2 的选取与具体的群体有关，因而是依赖于问题的。

5.7.2 多目标法

由于惩罚函数法存在一些缺陷，近年来，有研究者提出将约束优化问题转换为多目标优化问题来处理。在此将基于上述思想的方法分为两类：区分可行解与不可行解法和多目标优化法。

1. 区分可行解与不可行解法

区分可行解与不可行解法通常将约束优化问题转换为具有两个目标的多目标优化问题。一般来说，其中一个目标为原问题的目标函数 $f(\boldsymbol{x})$，另一个目标为个体违反约束条件的程度 $G(\boldsymbol{x})$。这类方法的主要特点是在群体进化过程中对可行解与不可行解区别对待。区分可行解与不可行解法与惩罚函数法的本质区别在于，后者在评价个体时同时考虑个体的目标函数值和约束违反程度，因而需要通过惩罚系数使目标函数值和约束违反程度具有相同的阶(order)，然而，前者有针对性地利用目标函数值或约束违反程度来比较个体。以下介绍几种典型的算法。

Powell 和 Skolnick[18] 将可行解的适应度值映射到区间 $(-\infty,1)$，以将不可行解的适应度值映射到区间 $(1,+\infty)$，使得可行解总是优于不可行解。Powell 和 Skolnick 使用如下的个体评估方式：

$$\text{fitness}(\boldsymbol{x})=\begin{cases}f(\boldsymbol{x}), & \boldsymbol{x}\text{ 为可行解}\\ 1+rG(\boldsymbol{x}), & \text{其他}\end{cases} \tag{5.35}$$

其中，$f(\boldsymbol{x})$ 被缩放到区间 $(-\infty,1)$；$G(\boldsymbol{x})$ 被缩放到区间 $(1,+\infty)$；r 为常数。

Deb 提出了一种联赛选择算子(也就是每次比较成对的个体)，并采用以下准则比较个体：

(1)当在两个比较的个体中，一个个体为可行解，另外一个个体为不可行解时，选择可行解；

(2)当两个比较的个体均为可行解时，选择目标函数值小的个体；

(3)当两个比较的个体均为不可行解时，选择违反约束条件程度小的个体。

上述比较准则的主要缺陷是难以发挥不可行解的作用，特别是当群体中的绝大部分个体均为可行解时，不可行解将很难进入群体。为了保持群体的多样性，Deb 还提出了一种简单的小生态技术。

Jimenez 和 Verdegay 提出了一种类似于多目标优化中使用的 min－max 表示

方法。该方法中的个体比较准则类似于 Deb 所提出的个体比较准则：

(1)当一个个体为可行解，另外一个个体为不可行解时，可行解总是优于不可行解；

(2)当两个个体均为可行解时，目标函数值小的个体占优；

(3)当两个个体均为不可行解时，个体的比较基于最大的约束违反程度 $\max\limits_{j=1,\cdots,p} G_j(\boldsymbol{x})$，具有最小的最大约束违反程度的个体占优。

Mezura - Montes 和 Coello 提出了一种简单的多样性操作，该操作以一定的概率(例如 0.03)使得群体中最好的不可行解可以继续生存。值得注意的是，这类多样性机制具有十分重要的作用，特别是当全局最优解位于可行域边界上时。

林丹等人针对很多约束优化问题的最优解位于可行域边界的特点，提出了一种自适应保持群体中不可行解比例的策略，得到了一个新的个体比较准则：

(1) 当两个个体 $\boldsymbol{x}_1$ 和 $\boldsymbol{x}_2$ 都可行时，比较它们的目标函数值，目标函数值小的个体占优。

(2) 当两个个体 $\boldsymbol{x}_1$ 和 $\boldsymbol{x}_2$ 都不可行时，比较它们违反约束条件的程度，违反约束条件程度小的个体占优。

(3) 当 $\boldsymbol{x}_1$ 可行而 $\boldsymbol{x}_2$ 不可行时，如果 $G(\boldsymbol{x}_2)<\varepsilon$，比较它们的目标函数值，目标函数值小的个体占优；否则，$\boldsymbol{x}_1$ 占优。

为了将不可行解的比例保持在一个固定的水平，还可以对 ε 进行自适应的调整。

Runarsson 和 Yao 提出了随机排序法，它是目前最为经典的进化算法约束处理技术。该方法采用参数 p_f 表示在不可行域中仅使用目标函数比较个体的概率，也就是说，当比较两个相邻的个体时，若两个个体都是可行解，则比较它们目标函数的概率是 1，否则，参数 p_f 将决定是否采用目标函数或约束违反程度来比较个体。实验结果表明，当 $p_f=0.45$ 时，随机排序法可以产生很好的优化效果。值得注意的是，$p_f=0.45$ 意味着个体之间的比较更多地依赖于约束违反程度。

Takahama 和 Sakai 提出了 α 约束法。该方法采用约束满足水平 $\mu(\boldsymbol{x})$ 来表示个体 $\boldsymbol{x}$ 满足约束条件的程度。为了定义个体 $\boldsymbol{x}$ 的约束满足水平 $\mu(\boldsymbol{x})$，首先计算个体 $\boldsymbol{x}$ 对每个约束条件的满足水平，接着再将这些满足水平组合起来。例如，对于个体 $\boldsymbol{x}$，根据关于 $g_i(\boldsymbol{x})$ 和 $h_i(\boldsymbol{x})$ 的分段线性函数，每个约束条件可转换为如下的满足水平：

$$\mu_{gi}(\boldsymbol{x})=\begin{cases}1, & g_i(x)\leqslant 0\\ 1-g_i(\boldsymbol{x})/b_i, & 0\leqslant g_i(x)\leqslant b_i\\ 0, & \text{其他}\end{cases} \tag{5.36}$$

$$\mu_{hj}(\boldsymbol{x})=\begin{cases}1-|h_j(\boldsymbol{x})|/b_j, & |h_j(\boldsymbol{x})|\leqslant b_j\\ 0, & \text{其他}\end{cases} \tag{5.37}$$

其中,b_i 和 b_j 为正常数。通过组合满足水平 $\mu_{gi}(\boldsymbol{x})$ 和 $\mu_{hj}(\boldsymbol{x})$,个体 $\boldsymbol{x}$ 的约束满足 $\mu(\boldsymbol{x})$ 水平定义为

$$\mu(\boldsymbol{x})=\min_{i,j}\{\mu_{gi}(\boldsymbol{x}),\mu_{hj}(\boldsymbol{x})\} \tag{5.38}$$

在定义个体的约束满足水平后,采用 α 水平比较(记为 $<_\alpha$)来比较个体的优劣。令 f_1,f_2 和 μ_1,μ_2 分别表示个体$\boldsymbol{x}_1$ 和$\boldsymbol{x}_2$ 的目标函数值和约束满足水平,α 水平比较定义如下:

$$(f_1,\mu_1)<_\alpha(f_2,\mu_2) \quad \Leftrightarrow \quad \begin{cases} f_1<f_2, & \mu_1,\mu_2 \geqslant \alpha \\ f_1<f_2, & \mu_1=\mu_2 \\ \mu_1>\mu_2, & \text{其他} \end{cases} \tag{5.39}$$

其中,$0\leqslant\alpha\leqslant1$,$\alpha$ 的取值由分段函数控制。通过采用 α 水平比较替换通常的比较准则,α 水平法可将求解无约束问题的算法转换为求解约束优化问题的算法。

2. 多目标优化法

多目标优化法近年来受到了极大的关注,其主要特点是:

(1) 将约束优化问题转换为多目标优化问题;

(2) 利用多目标优化技术来处理转换后的问题。

在将约束优化问题转换为多目标优化问题时,通常存在着两种方式。第1种方式将约束优化问题转换为具有两个目标的多目标优化问题。在第2种方式中,约束优化问题的目标函数和约束条件分别作为不同的目标看待。对于第1种方式,第1个目标为原问题的目标函数 $f(\boldsymbol{x})$,第2个目标为个体违反约束条件的程度 $G(\boldsymbol{x})$。令 $f(\boldsymbol{x})=[f(\boldsymbol{x}) \quad G(\boldsymbol{x})]$,此时可以利用多目标优化技术对 $f(\boldsymbol{x})$ 进行求解。对于第2种方式,转换后的多目标优化问题将具有 $p+1$ 个目标,其中 p 为原问题的约束条件个数。这样就得到了一个新的待优化的向量 $F(\boldsymbol{x})=[f(\boldsymbol{x}) \quad f_1(\boldsymbol{x}) \quad \cdots \quad f_p(\boldsymbol{x})]$,其中 $f(\boldsymbol{x}),f_1(\boldsymbol{x}),\cdots,f_p(\boldsymbol{x})$ 为原问题的约束条件,此时可利用多目标优化技术对 $F(\boldsymbol{x})$ 进行求解。

一般来说,以下3种多目标优化技术经常运用于处理转换后的问题:

(1)使用 Pareto 优超作为一种选择准则。

(2)使用 Pareto 排序(ranking)来定义个体适应度值。

(3)将群体划分为若干个子群体,子群体的评估或者基于目标函数,或者基于某个约束条件。这种机制称为基于群体的方法。

以下是几种典型的算法。

Surry 和 Radcliffe 提出了 COMOGA(Constrained Optimization by Multi-Objective Genetic Algorithm)方法。在该方法中,约束优化问题被视作约束满足问题或无约束优化问题来处理。当约束优化问题被视为约束满足问题时,目标函数被忽略,此时,个体之间的比较由 Pareto 排序决定,Pareto 排序基于约束违反来定义。当约束优化问题被视为无约束优化问题时,约束条件被忽略,此时,个体

之间的比较由目标函数决定。受向量评估遗传算法的启发，该方法采用参数 P_{cost} 来决定基于目标函数选择个体的概率。为了避免因参数 P_{cost} 固定而引发的一些问题，该方法通过对群体中的可行解设置目标比例 τ 来动态地调节 P_{cost}。例如，假设群体中可行解的目标比例为 $\tau=0.1$，若当前代群体中的可行解比例没有靠近 0.1，则应相应地调节 P_{cost}。

Camponogara 和 Talukdar 从 Pareto 集合中计算个体的改进方向，Pareto 集合由目标函数和约束违反程度共同定义，如图 5.3 所示。

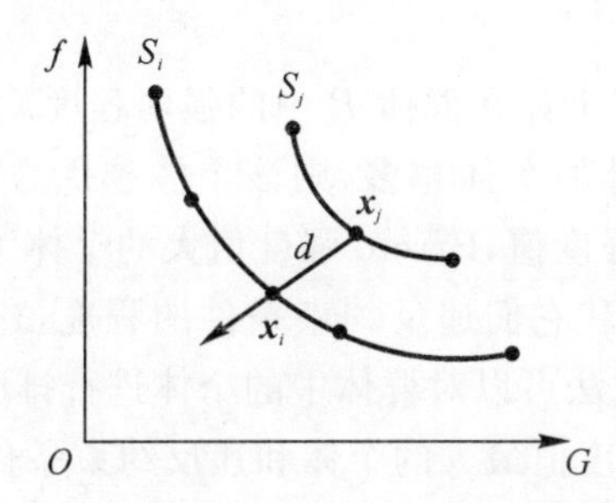

图 5.3　从个体 $\boldsymbol{x}_i \in S_i$ 和 $\boldsymbol{x}_j \in S_j$ 得到的搜索方向

考虑两个 Pareto 集合 S_i 与 S_j 和两个个体 $\boldsymbol{x}_i$ 与 $\boldsymbol{x}_j$，其中 $i<j$，$\boldsymbol{x}_i \in S_i$，$\boldsymbol{x}_j \in S_j$，$\boldsymbol{x}_i \prec \boldsymbol{x}_j$。通过这两个个体，可以得到如下的改进方向：

$$d=(\boldsymbol{x}_i-\boldsymbol{x}_j)/|\boldsymbol{x}_i-\boldsymbol{x}_j| \tag{5.40}$$

根据此改进方向进行线性搜索，可望找到一个更好的解 $\boldsymbol{x}$，使得 $\boldsymbol{x}$ 同时 Pareto 优超 $\boldsymbol{x}_i$ 和 $\boldsymbol{x}_j$。

Coello 提出了一种基于 Pareto 排序过程的方法来定义个体的等级(rank)。对于群体中的每个个体 $\boldsymbol{x}_i$($i=1,\cdots,N$)，该方法通过式(5.41)计算个体的等级：

$$\text{rank}(\boldsymbol{x}_i)=\text{count}(\boldsymbol{x}_i)+1 \tag{5.41}$$

其中，$\text{count}(\boldsymbol{x}_i)$ 根据以下准则来计算：初始化 $\text{count}(\boldsymbol{x}_i)=0$，将 $\boldsymbol{x}_2$ 与群体中的其他个体 $\boldsymbol{x}_j$($j=1,\cdots,N$；$j\neq i$)逐一进行比较：

1)如果 $\boldsymbol{x}_i$ 和 $\boldsymbol{x}_j$ 都为可行解，则 $\text{count}(\boldsymbol{x}_i)$ 保持不变；

2)如果 $\boldsymbol{x}_i$ 为不可行解，$\boldsymbol{x}_j$ 为可行解，则 $\text{count}(\boldsymbol{x}_i)=\text{count}(\boldsymbol{x}_i)+1$；

3)如果 $\boldsymbol{x}_i$ 和 $\boldsymbol{x}_j$ 均为不可行解，但 $\boldsymbol{x}_i$ 比 $\boldsymbol{x}_j$ 违反更多的约束条件，则 $\text{count}(\boldsymbol{x}_i)=\text{count}(\boldsymbol{x}_i)+1$；

4)如果 $\boldsymbol{x}_i$ 和 $\boldsymbol{x}_j$ 均为不可行解，且它们违反相同个数的约束条件，但 $\boldsymbol{x}_i$ 比 $\boldsymbol{x}_j$ 具有更大的约束违反程度，则 $\text{count}(\boldsymbol{x}_i)=\text{count}(\boldsymbol{x}_i)+1$，然后，对个体的等级按式(5.42)进行变换：

$$\text{rank}(\boldsymbol{x}_i)=\begin{cases}\text{fitness}(\boldsymbol{x}_i), & \text{if } \boldsymbol{x}_i \text{ is feasible}\\ 1/\text{rank}(\boldsymbol{x}_1), & \text{其他}\end{cases} \tag{5.42}$$

值得注意的是，fitness($\boldsymbol{x}_i$)需要经过一定的处理，以使得可行解的等级总是高于不可行解的等级。这样与不可行解相比，可行解更容易进入下一代种群。

周育人等人采用 Pareto 强度值对个体进行排序选优。Pareto 强度值定义如下：

定义 5.4 (Pareto 强度值)：设$\boldsymbol{x}_i$ 为群体 P 中的一个个体，用 $S(\boldsymbol{x}_i)$表示群体中 Pareto 劣于$\boldsymbol{x}_i$ 的个体总数，称为$\boldsymbol{x}_i$ 的强度值，即

$$S(\boldsymbol{x}_i)=\# \quad \{\boldsymbol{x}_j \mid \boldsymbol{x}_j \in P \text{ 且 } \boldsymbol{x}_i \prec \boldsymbol{x}_j\}$$

其中，# 表示集合的基数。

Pareto 强度值反映了个体在群体 P 中的强弱程度。Pareto 强度值越大，表示群体中 Pareto 劣于该个体的个体越多，则该个体越优秀。该方法在比较个体时，首先比较个体的 Pareot 强度值，Pareto 强度值大的个体为优。若个体之间具有相等的 Pareto 强度值，则比较它们违反约束条件的程度，违反约束条件程度小的个体为优。通过上述比较方法可以对群体中的个体进行排序。每次遗传操作完成之后，该算法选择 Pareto 强度值最大的个体和违反约束条件程度最小的个体同时进入下一代种群。

Cai 和 Wang 提出了 CW 算法，该算法首先找出子代群体中所有的非劣个体，然后随机选择一个非劣个体，并用该非劣个体随机替换掉父代群体中的一个劣于个体(如果该劣于个体存在)。此外，该算法还提出了一种不可行解存档和替换机制，旨在引导群体快速地向可行域逼近。值得注意的是，该算法在不需要将等式约束条件转换为不等式约束条件的情况下，也能搜索到全局最优解。

Venkatraman 和 Yen 提出了一个通用的框架求解约束优化问题，该框架包括两个阶段。第 1 个阶段将约束优化问题作为约束满足问题进行处理，其目标为至少找到一个可行解。为了实现这个目标，群体基于约束违反程度进行排序。若群体中出现可行解，则转入第 2 个阶段，此时，其目标为找到全局最优解。第 2 个阶段同时考虑目标函数和约束违反程度，并对群体进行非劣排序。此外，第 2 个阶段还采用小生态策略来保持群体的多样性。

Wang 等人认为约束优化问题求解的本质在于如何有效地均衡目标函数和约束违反程度，提出了一种自适应均衡模型。该模型将群体进化分为 3 种情形，即：①群体中仅包含可行解；②群体由可行解与不可行解联合组成；③群体中仅包含不可行解，并针对每种进化情形设计了不同的个体比较和选择准则。当群体处于第①种情形时，提出了一种分层的非劣个体选择机制，其目的在于引导群体从不同的方向朝可行域逼近；当群体处于第②种情形时，提出了一种自适应转换个体目标函数值的方法，其目的在于自适应地调节群体中可行解与不可行解的比例；当群体处于第③种情形时，个体之间的比较和选择主要依赖于目标函数值。

Coello 基于向量评估遗传算法求解约束优化问题。在每一次迭代中，群体被

划分为 $p+1$ 个具有相等规模的子群体，其中 p 为约束条件的个数。该方法中，其中一个子群体将目标函数作为适应度值函数来评价个体。此外，其余的子群体将相应的约束条件作为适应度值函数来评价个体，其目的在于每个子群体试图找到对应于相应约束条件的可行解，通过联合这些子群体，该方法可以找到对应于所有约束条件的可行解。对于将约束条件作为适应度值函数的子群体，该方法基于如下准则来定义个体的适应度值：如果 $g_j(\boldsymbol{x})<0$，则适应度值定义为 $g_j(\boldsymbol{x})$；否则，如果 $\nu\neq0$，则适应度值定义为 $-\nu$；否则，适应度值定义为 $f(\boldsymbol{x})$。其中，$g_j(\boldsymbol{x})$ 为对应于第 $j+1$ 个子群体的约束条件，ν 是指个体违反约束条件的个数。该算法的主要缺陷是子群体的个数会随着约束条件的个数呈线性增加。此外，如何确定每个子群体的规模也有待深入研究。

Coello 和 Mezura - Montes 提出了一种类似于 Pareto 小生态遗传算法的约束处理技术。Pareto 小生态遗传算法是一种多目标优化方法，它采用基于 Pareto 优超的联赛选择机制。然而与小生态遗传算法不同，该方法不使用小生态技术，而是通过选择概率 S_r 来控制群体的多样性。选择概率 S_r 指定了群体中按以下 4 个准则进行比较的个体比例：①当两个个体均为可行解时，比较它们的目标函数值，目标函数值小的个体占优；②可行解总是优于不可行解；③当两个个体均为不可行解时，若一个个体劣于，另外一个个体非劣，则非劣个体占优；④当两个个体均为不可行解且同时非劣或劣于时，违反约束条件程度小的个体占优。判断某个个体劣于或非劣，是通过将该个体与群体中预先设定的一个样本集进行比较而得到的。群体中的其余个体通过纯概率方法进行选择。

Ray 和 Liew 通过模仿社会行为来处理约束优化问题，该方法提出了一种社会-文明(society - civilization) 模型。文明由若干个社会组成，每个社会拥有自己的“领导”，这些“领导”用于引导其邻居进化。此外，“领导”可以从一个社会迁移到另外一个社会，这促进了对搜索空间中新的领域的勘探。同时，该方法还提出了一种新颖的“领导”辨识机制：①如果群体中没有可行解，则“领导”为约束等级为 1 的个体，其中，约束等级为 1 表示该个体非劣；②如果群体中的所有个体均为可行解，则“领导”为目标等级小于群体平均目标等级的个体。

Aguirre 等人提出了一种 IS - PAES(Inverted - Shrinkable Pareto Archived Evolutionary Strategy)法，该方法基于 Pareto 存档进化策略。IS - PAES 采用自适应网格存储进化过程中发现的最好解，同时自适应网格也是一种群体多样性维持技术。在产生一个新的个体后，Pareto 优超用于比较该个体与自适应网格中个体的优劣。此外，IS - PAES 还提出了一种缩减区域技术。在进化过程中，随着对包围在可行域周围个体信息的开发与利用，搜索区域将不断地被缩减。

为了评估多目标优化法的优化性能，Mezura - Montes 和 Coello 对其中 4 种较好的方法进行了广泛的实验研究。实验结果表明，Pareto 优超选择准则能够比

Pareto 排序和基于群体的方法得到更好的结果。同时,Mezura-Montes 和 Coello 还指出,必须采用额外的机制(如多样性技术)来改进这类方法的有效性。

5.7.3 其他算法

除了上述两类约束处理技术以外,研究者还提出了许多不同的思想。与上述两类方法相比,因为这些思想所形成的约束处理技术或者不具备较好的优化性能,或者通用性欠佳,所以本章称它们为其他算法,并选取其中较具代表性的几种算法进行说明。

Michalewicz 和 Janikow 提出了约束问题数值优化的遗传算法(Genetic Algorithm for Numerical Optimization for Constrained Problems,GENOCOP),该算法通过投影操作将可行解映射到可行域边界。GENOCOP 算法仅适合于线性的约束条件并且需要初始可行解。为了克服这些缺陷,1994 年,Michalewicz 和 Attia 提出了一种混合优化方法 GENOCOPII 来处理通用的非线性规划问题。后来,Michalewicz 和 Nazhiyath 通过修补不可行解并结合协同进化提出了一种新的算法 GENOCOPIII。

同态映射法通过在可行域与 n 维立方体 $[-1,1]^n$ 之间建立映射关系,将约束优化问题转化为无约束优化问题求解。图 5.4 解释了二维平面中的任意凸可行域 F 通过 T 映射到正方形 $[-1,1]^2$,其中,$\boldsymbol{r}_0$ 点映射到 0 点,$\boldsymbol{x}_0$ 点映射到 $\boldsymbol{y}_0$ 点。同态映射法的优点是,不需要特别的操作来保持解的可行性,不需要评价不可行解,可以与任何类型的进化算法进行结合;缺点是,当可行域非凸时,算法的实现较为复杂,而且算法需要初始可行解。

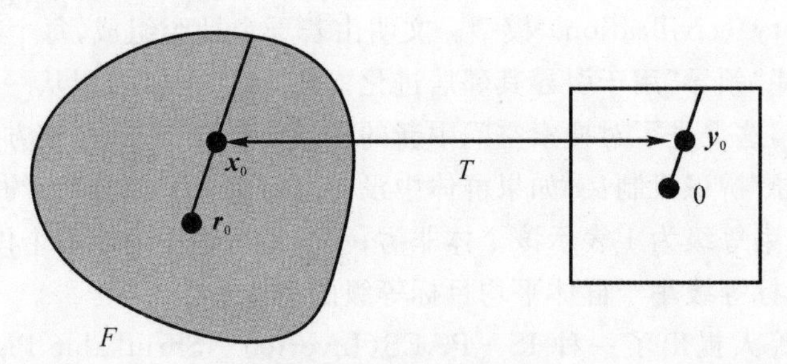

图 5.4 凸可行域 F 通过 T 映射到正方形 $[-1,1]^2$

增广拉格朗日法可将约束优化问题转化为 min-max 问题进行求解。增广拉格朗日函数通常定义为

$$L_A(\boldsymbol{x},\boldsymbol{\mu},\boldsymbol{\lambda},\rho)=f(\boldsymbol{x})+\sum_{i=1}^{l}p_i(\boldsymbol{x},\mu,\rho)+\boldsymbol{\lambda}^{\mathrm{T}}h(\boldsymbol{x})+\rho\sum_{i=l+1}^{p}h_i^2(\boldsymbol{x}) \tag{5.43}$$

其中,ρ 为惩罚常量;$\boldsymbol{\mu}$ 为 $l\times 1$ 的乘子向量;$\boldsymbol{\lambda}$ 为 $(p-l)\times 1$ 的乘子向量;p_i 由式

(5.44)定义：

$$p_i(\boldsymbol{x},\mu_i,\rho)=\begin{cases}\mu_i g_i(\boldsymbol{x})+\rho g_i^2(\boldsymbol{x}), & g_i(\boldsymbol{x})\geqslant -\mu_i/2\rho\\ -\mu_i^2/4\rho, & g_i(\boldsymbol{x})<-\mu_i/2\rho\end{cases} \tag{5.44}$$

通过增广拉格朗日函数，约束优化问题可转化为如下 min - max 问题：

$$\min_{x}\max_{\mu,\lambda} L(\boldsymbol{x},\boldsymbol{\mu},\boldsymbol{\lambda},\rho) \tag{5.45}$$

$$\text{s.t.}\ \boldsymbol{\mu}\geqslant 0,\quad i=1,2,\cdots,l \tag{5.46}$$

$$\boldsymbol{\lambda}\geqslant 0,\quad i=l+1,l+2,\cdots,p \tag{5.47}$$

事实上，当问题的最优解$\boldsymbol{x}^*$ 与 min - max 问题$(\boldsymbol{\mu}^*,\boldsymbol{\lambda}^*)$满足 Kuhn - Tucker 条件时，$(\boldsymbol{x}^*,\boldsymbol{\mu}^*,\boldsymbol{\lambda}^*)$称为增广拉格朗日函数的鞍点，即

$$L_A(\boldsymbol{x}^*,\boldsymbol{\mu},\boldsymbol{\lambda},\rho)\leqslant L_A(\boldsymbol{x}^*,\boldsymbol{\mu}^*,\boldsymbol{\lambda}^*,\rho)\leqslant L_A(\boldsymbol{x},\boldsymbol{\mu}^*,\boldsymbol{\lambda}^*,\rho) \tag{5.48}$$

当 min - max 问题具有鞍点时，称为 zero - sum 博弈问题。将约束优化问题通过增广拉格朗日法化为 min - max 问题后的主要任务在于求解 zero - sum 博弈问题的鞍点。式(5.48)表明，在$(\boldsymbol{\mu}^*,\boldsymbol{\lambda}^*)$已知的情况下，$\boldsymbol{x}^*$为$L_A(\boldsymbol{x},\boldsymbol{\mu}^*,\boldsymbol{\lambda}^*,\rho)$的无约束最优解，这样$\boldsymbol{x}^*$可在整个决策空间 S 中搜索且不需要考虑约束条件。

Kim 和 Myung 提出了一种两阶段的进化规划方法。该方法在第 2 个阶段采用增广拉格朗日函数作为适应度值函数来评价个体。同时，拉格朗日乘子向量$(\boldsymbol{\mu},\boldsymbol{\lambda})$(记$\boldsymbol{\theta}=(\boldsymbol{\mu},\boldsymbol{\lambda})$)采用确定性的增广拉格朗日方法中广泛使用的更新策略来进行更新。Tahk 和 Sun 提出了一种协同增广拉格朗日方法，该方法通过进化具有相反目标的两个群体来求解 zero - sum 博弈问题的鞍点，第 1 个群体 p_1 由决策向量 $\boldsymbol{x}$ 组成，第 2 个群体 p_2 由拉格朗日乘子向量 $\boldsymbol{\theta}$ 组成。当进化第 1 个群体 $\boldsymbol{p}_1$ 中的决策向量 $\boldsymbol{x}$ 时，第 2 个群体 p_2 中的拉格朗日乘子向量 $\boldsymbol{\theta}$ 保持不变；当进化第 2 个群体 p_2 中的拉格朗日乘子向量 $\boldsymbol{\theta}$ 时，第 1 个群体 p_1 中的决策向量 $\boldsymbol{x}$ 保持不变，这两个群体协同地进化，并通过适应度值函数相互影响。对于第 1 个群体中的个体 $\boldsymbol{x}$，适应度值函数定义为

$$\text{fitness}(\boldsymbol{x})=\max_{\mu,\lambda\in p_2} L_A(\boldsymbol{x},\boldsymbol{\mu},\boldsymbol{\lambda},\rho) \tag{5.49}$$

对于第 2 个群体中的个体 $\boldsymbol{\theta}$，适应度值函数定义为

$$\text{fitness}(\boldsymbol{\theta})=\min_{x\in p_1} L_A(\boldsymbol{x},\boldsymbol{\mu},\boldsymbol{\lambda},\rho) \tag{5.50}$$

参 考 文 献

[1] Holland J H. Adaptation in Natural and Artificial Systems[M]. 2nd ed. Combridge. MA：MIT Press, 1992.

[2] Back T, Forgel D, Michalewicz Zeds. Handbooks of Evolutionary Computation[M]. New York：Oxford University Press, 1997.

[3] 胡小兵.模糊理论在遗传算法中的运用[J].模式识别与人工智能，2001，14(1):109-113.

[4] 肖宏峰，谭冠政. 基于单纯形的小生境混合遗传算法[J]. 小型微型计算机系统，2008，29(9):1719-1725.

[5] 潘正君. 演化计算[M]. 北京:清华大学出版社,1998.

[6] Liu Y, Kang L S, Evans D J. The Annealing Evolution Algorithm as Function Optimizer[J]. Parallel Computing,1995,21(9):389-400.

[7] Booker L B. Classifier System and GAS[J]. Artificial Intelligence, 1989, 40(3):235-282.

[8] Glover F,Kelly J,Laguna M. GA and TS: Hybrids for Cptimizations[J]. Computers. ops. Res, 1995, 22(1):111-134.

[9] 刘胜辉,王丽红. 求解车间作业调度问题的混合遗传算法[J]. 计算机工程与应用，2008，44(29):73-75.

[10] 刘勇,康立山,陈毓屏. 非数值并行算法:遗传算法[M]. 北京:科学出版社,1995.

[11] 李大卫. 遗传算法与禁忌搜索算法混合策略[J]. 系统工程学报,1995,13(3):28-34.

[12] 罗小平,韦巍. 一种基于生物免疫遗传学的新优化方法[J]. 电子学报,2003,31(1):36-39.

[13] 王煦法. 一种基于免疫原理的遗传算法[J].小型微型计算机系统,1999,20(2):117-120.

[14] Seppo J Ovaska. Fusion of Soft Computing and Hard Computing in Industrial Applications: An Overview[J]. IEEE Transactions on system, Man and cybern－Part C: Applications and reviews,2002,32(2):72-78.

[15] 李宏，焦永昌，张莉，等. 一种求解全局优化问题的新混合遗传算法[J]. 控制理论与应用，2007，24(3): 343-348.

[16] 陈国良. 遗传算法及其应用[M]. 北京:人民邮电出版社,1996.

[17] Syslo M M. Discrete Optimization Algorithms[M]. Englewood cliffs, N J:prentice-Hall, Inc,1983.

[18] 魏权龄. 数学规划引论[M]. 北京:北京航空航天大学出版社,1991.

[19] 孙艳丰,王众托. 多目标0-1规划问题的遗传算法[J]. 系统工程与电子技术,1994(10):57-61.

[20] 马良. 多目标投资决策问题的进化算法[J]. 上海理工大学学报,1998,20(10):56-59.

[21] Schaffer J D. Multiple objective Optimization with Vector Evaluated

Genetic Algorithms[C]// Pro. Int. conf. on GA and Their Applications, 1985:83 - 100.

[22] Goldberg D E. Genetic Algorithms in Search, Optimization, and Machine Leaming[M]. Boston:Addison Wesley,1989.

[23] 贺一,邱玉辉,刘光远,等. 多维背包问题的禁忌搜索求解[J]. 计算机科学, 2006,33(9):169 - 172.

[24] 廖飞雄,马良,王攀. 一种改进的禁忌搜索算法求解背包问题[J]. 计算机应用与软件,2009(3):131 - 133.

[25] 秦玲, 白云, 章春芳. 解 0 - 1 背包问题的蚁群算法[J]. 计算机工程, 2006, 32(6) : 212 - 214.

[26] 赵鑫宁,喻歆,吴锡. 一种基于混合概率选择算子的改进遗传算法[J]. 成都信息工程大学学报,2016, 3(6): 247 - 254.

[27] 陈皓,崔杜武,李雪,等. 交叉点规模的优化与交叉算子性能的改进[J]. 软件学报,2009, 20(4): 890 - 901.

[28] 王勇,蔡自兴,周育人,等. 约束优化进化算法[J]. 软件学报,2009, 20(1): 11 - 29.

第三篇　应　用　篇

第6章　遗传算法在调度问题中的应用

6.1　多资源约束的车辆调度问题的改进遗传算法

6.1.1　问题描述

随着全球经济和现代科技的高速发展，国民经济的新型服务行业——物流业正在迅速成长壮大起来，并且逐渐发展为经济的支柱产业[1]。物流业的成长成为衡量一个国家的现代化程度的指标甚至是标志。物流被称为全民经济的"加速器"，经济结构变革的"润滑剂"，企业的"第三利润来源"。由于我国物流业起步晚，并且对行业发展要求高，出现了物流基础设备落后、专业化程度低、高耗能、低效率等不健康的发展现象。

物流配送是物流业发展的基础，研究如何做到物流配送快速和有效，实现现代化配送，解决城市交通拥挤和能源枯竭等普遍存在的社会问题[2]，对改善物流配送中的不利条件、促进物流业的发展具有重要意义。在物流业中，车辆调度问题是完成全部物流配送的关键因素，这一问题也被称为车辆路径问题，最初在1959年被Dantzig及Ramser提出，经过近60年的持续发展，已被越来越多的学者所关注和研究，现在已经成为运筹学关于组合优化研究的热点问题。电子商务和互联网通信技术的联合发展和运用，使得物流车辆调度越来越广泛地应用到各种连锁和大型商贸等需要较高流通性的领域中。对车辆调度算法的研究能够提高车辆调度的效率，并降低能耗，具有重要的科学意义和实际应用价值。

目前，由于物流业的发展日新月异[3]，所产生的最优化问题越来越复杂，应用传统的遗传算法解决诸如物流配送和车辆调度等问题，已经明显表现出与现代物流业发展速度和变革深度极不适应的现象。必须对传统的遗传算法进一步改进和发展,并经过长时间的实践应用使其能够解决现代物流业的车辆调度和配送路径优化等问题。只有这样才能适应物流业的发展,节约以后发展中的消耗成本,实现车辆的最优调度和配置,提高其使用寿命,进一步促进物流业的发展步伐,增强综合国力。

6.1.2 多资源约束及调度模型

6.1.2.1 车辆调度及优化策略

物流的车辆调度一般需要使用技术在多约束条件下实现最优化,即实现费用、车辆数、运输距离、服务时间的最优化[4],也就是使车辆的全部配送中所有费用之和最少。其中包括车辆的启用固定费用、行驶费用、等待费用、服务费用和惩罚费用等;还要满足用最少的运输车辆实现最多的货物运送[5]。还需要最短的路程实现整个配送任务,更需要在最短的时间内完成所有配送任务,其中含有车辆的行进时间、等待时间、延误时间和服务时间等。

6.1.2.2 多资源约束

目前对车辆调度问题的研究,比较重视需求固定的调度,其中包含较多的资源约束条件和限制,将这些约束归类大概分为里程资源约束、车型资源约束、满载资源约束、非满载资源约束及时间窗资源约束[6]等。总结前人的研究成果,发现对车辆调度问题的算法求解方式也有多种,其中分支定界法通过对车辆划分进行车辆最优调度的配置,节约里程法以路程节约为最优解的前提和基础进行最优化车辆调度,插入法是在恰当的区域插入合理的配送中心实现最优车辆调度,禁忌搜索法也就是阻止一些不适合的区域的算法搜索以实现车辆调度的最优化,遗传算法应用模拟进化理论实现车辆调度的最优化,神经网络法采用神经分级对车辆调度实现最优解,等等。在实际中应用较多的算法是遗传算法。但是遗传算法的缺点也逐渐显现出来,随着物流技术的发展越来越表现出了其强烈的不适应性,因此需要对该种算法进行改进,使其能够应用到实践中,既能使用方便,又能收到很好的实际效果。

6.1.2.3 不同资源约束下的车辆调度模型

为了研究车辆的调度问题,需要建立不同资源约束的车辆调度的模型[7]。最先需要预估车辆的配送条件,通常情况下,车辆调度中的资源约束条件越多,行车线路的安排就会越繁杂,每台车辆需要进行的资源约束下的任务量就越小,也就是在实际操作中车辆所需完成的配送任务也越少,每台车辆装载率也会降低,所以需要配送任务成功的需求车辆相对增多。为了实现行驶线路的安排弹性强，对车辆进行了提前预留，其中具体公式满足：

$$m=\left[\sum_{i=1}^{n} q_i/\partial Q\right]+1 \tag{6.1}$$

式中，m 是配送车辆总数；Q 是标准载重；q_i 是第 i 位客户的需求，"$[\cdot]$" 是整数函数，要求 $0<\partial<1$，通常情况下装卸车越繁杂越能够增加资源约束条件，但是会使得 ∂ 变小，也就是说每天车的载重量降低很严重。与此同时，还可以得出，如果整个配送任务需要的车辆越多，也就是 ∂ 越小。

重载约束下的车辆调度问题中会出现车辆装载率和行驶距离最优的目标相冲突的情况，为了权衡这两者之间的最优解，需要对车辆的装载率进行建模。当重载约束条件下的客户需要大于或等于车辆载重时，运载车辆必须满载行驶。要完成 n 个配送任务，并且任务的平均需求量 $q_i \geqslant Q$，其中 $i=1,2,\cdots,n$。实现对第 i 个客户的配送需要的配送车辆 m_i：

$$m_i=\begin{cases} q_i/Q, & \text{取值为整数} \\ [q_i/Q]Q+\Delta=m_i+1, & \text{取值为整数} \end{cases} \tag{6.2}$$

其中，$\Delta>0$，而且 q_i/Q 的整数值大于或者等于其对数值。目前主要研究非满载车辆的调度问题，构建其模型，先给出决策变量：

$$x_{ijk}=\begin{cases} 1, & \text{车辆 } k \text{ 由客户 } i \text{ 驶向客户 } j \\ 0, & \text{其他} \end{cases} \tag{6.3}$$

$$y_{ik}=\begin{cases} 1, & \text{车辆 } k \text{ 完成客户 } i \text{ 配送任务} \\ 0, & \text{其他} \end{cases} \tag{6.4}$$

建立模型：

$$\min \sum_{i=0}^{n}\sum_{j=0}^{n}\sum_{k=1}^{m} c_{ij}x_{ijk}+Fm \tag{6.5}$$

$$\text{s.t. } \sum_{i=1}^{n} q_i y_{ik} \leqslant Q,\quad k=1,2,\cdots,m \tag{6.6}$$

$$\max \sum_{i=1}^{n} q_i y_{ik},\quad k=1,2,\cdots,m \tag{6.7}$$

$$\sum_{i=0}^{n}\sum_{j=0}^{n} c_{ij}x_{ijk} \leqslant L,\quad k=1,2,\cdots,m \tag{6.8}$$

$$\sum_{k=1}^{m} y_{ik}=1,\quad i=1,2,\cdots,n \tag{6.9}$$

$$\sum_{k=1}^{m} y_{0k}=m \tag{6.10}$$

$$\sum_{i=1}^{n} x_{ijk}=y_{jk},\quad j=1,2,\cdots,n,\quad k=1,2,\cdots,m \tag{6.11}$$

$$\sum_{j=1}^{n} x_{ijk} = y_{ik}, \quad i=1,2,\cdots,n, \quad k=1,2,\cdots,m \tag{6.12}$$

$$x_{ijk}(x_{ijk}-1)=0, \quad i=1,2,\cdots,n, \quad j=1,2,\cdots,n, \quad k=1,2,\cdots,m \tag{6.13}$$

$$y_{ik}(y_{ik}-1)=0, \quad i=1,2,\cdots,n, \quad k=1,2,\cdots,m \tag{6.14}$$

$$\sum_{i\in S}\sum_{j\in S} x_{ijk} \geqslant 1, \quad \forall S \in V, \quad k=1,2,\cdots,m \tag{6.15}$$

其中,式(6.5)表示配送总费用最小的优化目标;式(6.6)表示车辆k承担的配送任务量之和不大于车辆的载重量;式(6.7)表示k的载重量最大约束;式(6.8)表示车辆的一次配送距离不能超过车辆的最大行驶距离;式(6.9)表示客户i只能由一台车辆对其配送服务;式(6.10)表示由配送中心发出m辆车;式(6.11)和式(6.12)表示两个变量之间的关系;式(6.13)和式(6.14)表示两变量均为0-1变量约束;式(6.15)表示车辆配送路径中取消回路。

时间窗约束下的车辆调度问题是指在基本车辆调度中添加时间窗再次约束,需要满足车辆行驶路线最优,并且配送成本最小,而且车辆一次只能服务一个客户。时间约束分为:硬时间约束和软时间约束。硬时间约束惩罚较为严格,车辆装卸时间在$[\mathrm{ET}_i,\mathrm{LT}_i]$期间,否则要接受无限大的惩罚成本$M$,其中$\mathrm{ET}_i$为第$i$个客户开始接收货物的允许最早时间;$\mathrm{LT}_i$为第$i$个客户开始接收货物的允许最迟时间。构建模型满足:

$$P(t)=\begin{cases} M, & t<\mathrm{ET}_i \\ 0, & \mathrm{ET}_i<t<\mathrm{LT}_i \\ M, & t>\mathrm{LT}_i \end{cases} \tag{6.16}$$

软时间约束的惩罚较轻,给予一定的惩罚,要求车辆装卸时间在$[\mathrm{ET}_i,\mathrm{LT}_i]$期间,没有惩罚;或早或晚时惩罚成本不同,其模型满足:

$$P(t)=\begin{cases} a(\mathrm{ET}_i-t), & t<\mathrm{ET}_i \\ 0, & \mathrm{ET}_i<t<\mathrm{LT}_i \\ b(t-\mathrm{LT}_i), & t>\mathrm{LT}_i \end{cases} \tag{6.17}$$

因此,不同的时间窗约束实质是不同的违反方式的处理惩罚不同。最初给出决策变量:

$$x_{ijk}=\begin{cases} 1, & \text{车辆 } k \text{ 由客户 } i \text{ 驶向客户 } j \\ 0, & \text{其他} \end{cases} \tag{6.18}$$

$$y_{ik}=\begin{cases} 1, & \text{车辆 } k \text{ 完成客户 } i \text{ 配送任务} \\ 0, & \text{其他} \end{cases} \tag{6.19}$$

然后,带有时间窗约束的车辆调度的模型:

$$\min \sum_{i=0}^{n}\sum_{j=0}^{n}\sum_{k=1}^{m} c_{ij}x_{ijk} + \sum_{i=1}^{n} P(t_i) \tag{6.20}$$

$$\text{s. t.} \sum_{i=1}^{n} q_i y_{ik} \leqslant Q, \quad k=1,2,\cdots,m \tag{6.21}$$

$$\sum_{i=0}^{n} \sum_{j=0}^{n} c_{ij} x_{ijk} \leqslant L, \quad k=1,2,\cdots,m \tag{6.22}$$

$$\sum_{k=1}^{m} y_{ik} = 1, \quad i=1,2,\cdots,n \tag{6.23}$$

$$\sum_{k=1}^{m} y_{0k} = m \tag{6.24}$$

$$t = T_0 = 0 \tag{6.25}$$

$$t_i > 0, \quad i=1,2,\cdots,n \tag{6.26}$$

$$T_i > 0, \quad i=1,2,\cdots,n \tag{6.27}$$

$$\mathrm{ET}_i \leqslant t_i \leqslant \mathrm{LT}_i, \quad i=1,2,\cdots,n \tag{6.28}$$

$$t_i + T_i + t_{ij} + (1 - xi_{jk})T \leqslant t_j, \quad i=1,2,\cdots,n, \quad j=1,2,\cdots,n \tag{6.29}$$

$$\sum_{i=1}^{n} x_{ijk} = y_{jk}, \quad j=1,2,\cdots,n, \quad k=1,2,\cdots,m \tag{6.30}$$

$$\sum_{j=1}^{n} x_{ijk} = y_{ik}, \quad i=1,2,\cdots,n, \quad k=1,2,\cdots,m \tag{6.31}$$

$$x_{ijk}(x_{ijk} - 1) = 0, \quad i=1,2,\cdots,n, \quad j=1,2,\cdots,n, \quad k=1,2,\cdots,m \tag{6.32}$$

$$y_{ik}(y_{ik} - 1) = 0, \quad i=1,2,\cdots,n, \quad k=1,2,\cdots,m \tag{6.33}$$

$$\sum_{i\in S} \sum_{j\in S} x_{ijk} \geqslant 1, \quad \forall S \in V, \quad k=1,2,\cdots,m \tag{6.34}$$

式中，$P(t_i)$ 为第 i 个客户的惩罚成本；t_i 是配送车辆到该客户的时间；T_i 是在该客户处装卸货的时间；t_{ij} 是车辆由第 i 个客户到第 j 个客户的时间；T 是足够大的时间。其中，式(6.20) 表示配送总费用最小的优化目标和违反时间窗的惩罚最小；式(6.21) 表示车辆 k 承担的配送任务量之和不大于车辆的载重量；式(6.22) 表示车辆的一次配送距离不能超过车辆的最大行驶距离；式(6.23) 表示客户 i 只能由一台车辆对其配送服务；式(6.24) 表示由配送中心发出 m 辆车；式(6.25) ～ 式(6.29) 表示时间窗约束，其中，式(6.25) 表示在配送中心车辆的行驶时间和装卸货时间均为 0，式(6.26) 表示车辆到达第 i 个客户的行驶时间非负，式(6.27) 表示第 i 个客户的装卸货时间非负，式(6.28) 表示车辆到达第 i 个客户的时间应满足其时间窗约束，式(6.29) 表示车辆由第 i 个客户到达第 j 个客户的时间计算公式，也即前驱点与后续点的时间关系；式(6.30) 和式(6.31) 表示两个变量之间的关系；式(6.32) 和式(6.33) 表示两变量均为 0-1 变量约束；式(6.34) 表示车辆配送路径中取消回路。

6.1.3 遗传算法的改进

6.1.3.1 遗传算法

遗传算法最早由 Holland 提出，之后由 Holland 重新定义和归纳，其核心思想是在任意一个种群中，每代中的优秀个体都会出现指数增长的方向，也就是其是收敛的，在实际中可以得到较好的应用。这种算法是一种自适应较强的随机搜索计算方法，其中的优化对象较为宽松，不需要优化对象是连续型的，也不需要优化对象能微分，拥有非常好的稳定性和并行搜索能力。并且遗传算法不需要初始解，任意的初始化种群都能进行运算输出，算法中使用随机选择策略，也就是优胜劣汰尽可能地使优秀个体进入下一代，然后经过交叉繁殖和变异等遗传行为，直至算法实现收敛[8]。

相对于其他算法，遗传算法具有很好的优点，表现在：遗传算法采用进化机制，处理搜索过程在全局进行，即使自适应函数不连续和不规则，遗传算法也能搜索到全局的优化解；该算法并行处理性相当好，尤其适合于规模大、分布性广的问题，可实现和其他算法的融合。

为了实现车辆调度最优化，采用遗传算法的基本流程是：

(1)对研究对象编号。因为遗传算法对空间型数据的处理能力较差，只有将空间数据问题转换成算法能够处理的基因串数据才能进行遗传算法的运算处理。

(2)种群初始化。为了实现遗传算法对空间问题的操作，需要将其转化生成随机性的很多个体的种群，而且使得每个个体都能反映一个空间优化问题的解，怎样构成初始化的种群是实现遗传算法的关键。

(3)使用适应度值函数。转换成的种群，其中的个体都影响到整个问题的解的优劣程度，必须应用适应度值函数评价每个个体的能力，并将该数据应用到其他的遗传操作中。

(4)选择优良个体。在遗传算法中，只有选择了较优良的上一代，对优良的后代生成才具有重要意义，而且被选择的个体及基因都是很优秀的，能够繁衍生成更加优秀的子代。

(5)交叉成新个体。个体基因交叉能够影响算法的收敛性，促使算法时间缩短，在个体中选择基因优秀的个体对较好的基因段进行交叉，使得基因组合更加优秀。通常情况下交叉操作分两步完成，首先需要随机对选中的优秀上一代的个体配对，之后需要随机对这些能够配对的个体确定交叉点，并对其中的部分信息进行交换或者交叉，用来产生新的个体。

(6)变异生成新个体。变异使得种群中个体可以更加多样，这样能防止算法进入局部,影响全局的最优解计算。变异也分为两个步骤,首先随机选择一部分被选中的个体,之后按照变异操作的设计过程,使这部分实现变异,创造出新的个体。遗传算法的全部执行过程如图 6.1 所示。

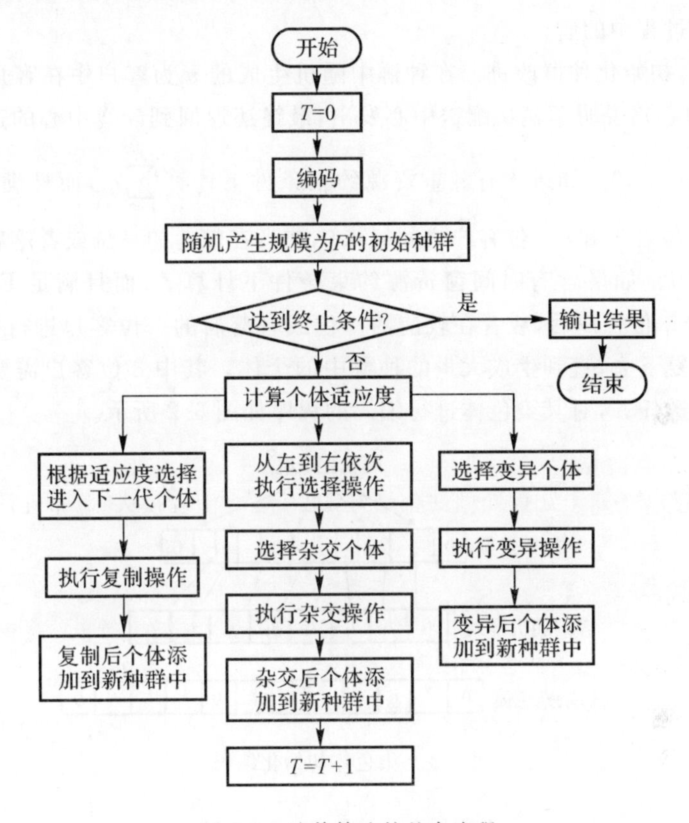

图 6.1　遗传算法的基本流程

6.1.3.2　改进后的遗传算法

对传统的遗传算法的改进可以通过很多方式实现,在此主要通过对其编码结构进行更新,改进交叉操作和变异操作,最后对种群进行扩张,从四方面来进行改进提高,对每个环节描述如下。

第一步:编码设计改进。因为车辆调度问题的解的结构较为特殊,选用自然数的序列对染色进行了编码,根据 n 位客户组建的整个配送网络需求 m 辆车辆实现物品的配送,将染色体编码成一条长为 $n+m-1$ 的数据,n 个自然数实现了全排列用 $m+1$ 个 0 来表示,比如 $0,i_1,i_2,\cdots,0,i_f,\cdots,i_k,0,\cdots,0,i_p,\cdots,i_q,0$,其中 i_j 是某条线路上第 j 位客户,0 指配送中心。进行编码后的染色体结构就可以表示成车辆从配送中心发出通过 $0,i_1,i_2,\cdots,i_c$ 之后再返回到配送中心,构成了整个网络中第一条子配送网络，然后第二辆车也从配送中心发出通过 $i_f, i_g, \cdots, i_k$ 后返回到配送中心，构成了整个网络中的第二条子网络，这样一直进行下去，将所有的用户都实现访问，这种染色体构成的子网络是没有次序的，在子网络中的有次序的特殊构成是车辆调度过程中的解。

第二步：初始化种群改进。在种群中随机生成的 n 为客户中在客户的末尾插入 0（配送中心），说明车辆从配送中心发出，最终还返回到配送中心的过程[9]。比如 $0, i_1, i_2, \cdots, i_c, 0$。如果含有载重资源约束条件下计算 $\sum_{i=1}^{c} q_i$，而且满足 $\sum_{i=1}^{c} q_i \leqslant Q$，将在第 i_c 位客户和 i_{c+1} 位客户之间插入 0，或者在较前的一位或者落后的一位客户进行插入 0。如果含有时间窗资源约束条件下计算 t_i，而且满足 $\mathrm{ET}_i \leqslant t_i \leqslant \mathrm{LT}_i$，将在第 i_i 位客户后，或者在较前的一位或者落后的一位客户进行插入 0[5]。一直这样重复下去，直到生成大量的种群中的个体。其中 8 位客户需要 2 辆车辆完成整个配送任务，对其染色体进行编码的程序如图 6.2 所示。

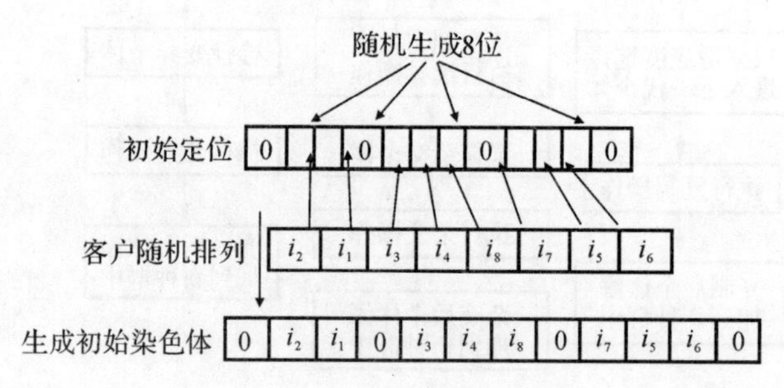

图 6.2　染色体初始化编码

第三步：交叉算子改进。车辆调度具有特殊的构成，但是传统的遗传算法中染色体编码采用单点、多点及变化交叉的方式进行排列，这些方式破坏了染色体和优良的子串组成，并且上一代的两个染色体一样时无法生成新的子代个体[10]。因此，必须对传统方式进行改进，在染色体特殊编码的基础上进行交叉编码时选定配送中心 0 的位置，以防损害优良的子串和上一代染色体。而且，采用将子串移动到染色体首位进行交叉，最大限度地保持优秀子串的完整性，在实现双亲个体染色体相同的情况下也能生成新的良好的子代个体，并配合改进后的变异操作生成更加优秀的子代新个体，提升了算法的搜索优秀个体的能力和算法的收敛速度。详细的操作过程如下：

首先进行交叉复制，随机选择两个概率值为 0.85 的染色体 A 和 B，并且在 $[1, m]$ 范围中选择生成两个自然数 r_1 和 r_2，新的算法中要求 A 中子串染色体 r_1 被复制到下一代 B^* 染色的前端，还要将 B 中的子串染色体 r_2 复制到下一代 A^* 染色的前端。其次，选择剩余0的位置，将0插入到下一代染色体 B^* 和 A^* 的头部和尾部，并且随机得在空格处插入余下的 $m-2$ 个0，还得使任意0之间都有内容。最后，补全染色体中的余下基因，也就是将上一代和下一代不相同的基因填进剩下的染色体中，产生新的个体[7]。

第四步：变异操作改进。选择一个随机满足概率为0.15的染色体，并在[1,$n+m$]的范围内生成两个自然数 t_1 和 t_2，如果这两组基因对应非零值就进行交叉生成新个体，如果不满足则重新生成两个自然数，直到生成能够进行交叉的自然数为止。

应用改进后的算法将染色 $0i_4i_50i_3i_1i_20i_7i_6i_80$ 变异生成 $0i_3i_70i_1i_2i_50i_4i_6i_80$ 新染色体，具体过程如图6.3所示。

	随机选择产生两个自然数指向染色体编码											
						↓						
上一代染色体	0	i_4	i_5	0	i_3	i_1	i_2	0	i_7	i_6	i_8	0
交换						↓						
变异后的染色体	0	i_3	i_7	0	i_1	i_2	i_5	0	i_4	i_6	i_8	0

图6.3 编译操作具体过程

第五步：终止条件改进。对种群生成过程重复进行 n 次没有变化就终止算法，如果没有到达终止结束条件就转回到第三步；否则执行第六步。

第六步：输出结果。将种群中适应度值最优的个体进行输出生成，并且生成问题的最优解，实现车辆的最优调度方案[8]。为了提高改进后的遗传算法的全局寻优特性，对种群的扩张机制进行了设定：提升传统遗传算法只利用个体信息的方式，利用种群扩张，按照个体适应度值不同把上一代种群中的前个体最优的 p 个与当代中的 p 个组成一个新的种群 $2p$，完成最优种群的扩大，再在这个种群中实现交叉，重新排列和变异，生成新的 p 个个体的下一代种群。

6.1.3.3 改进遗传算法复杂度分析

改进后的遗传算法在交叉、变异和种群扩张中优于传统遗传算法，种群扩张实现了种群搜索空间的增大[11]。设种群规模为 P，迭代次数为 T，车辆调度规模为 $n\times m$，车辆调度优化复杂度分析为：在 T 次迭代算法中，每次都要进行解码、适应函数计算、选择、交叉、变异和扩张种群几步。解码的复杂度是 $O(P\times n\times m)$，适应度值计算中的复杂度是 $O(P\times n\times m)$，选择的复杂度是 $O(P^2)$，交叉的复杂度是 $O(P_c\times P\times n^2\times m^2)$，变异的复杂度是 $O(P_m\times P\times n\times m)$，种群扩张的复杂度是 $O(P+p)$。因此改进后的总复杂度是

$$O(P,N,n)=N\times O(P\times n\times m)+N\times O(P\times n\times n)+N\times O(P^2)+$$
$$N\times O(P_c\times P\times n^2\times m^2)+N\times O(P_m\times P\times n\times m)+$$
$$N\times O(P+p)\approx N\times O(P\times n^2\times m^2)$$

6.1.4 遗传算法改进实例分析

为了证明以上经过改进的遗传算法在多资源约束条件下能够实现车辆调度的最优解,并验证其可靠的现实应用性,借助软件进行了数据验证。在 MATLAB 中,用 rand( )函数在[0,100]的正方形区域中随机生成 10 位客户建立起较完整的配送网络,并对其编号 1,2,…,10,配送网络的中心和所有客户的坐标根据需求点的要求的需求量在[0,8]范围内进行随机生成。函数的输入还包括成本价格 1.2 元/km,路程是 123 m,每个运送任务完成都需要用时 20 min,配送过程中车辆速度是45 km/h,最后生成的算法的随机距离数据见表 6.1。

表 6.1 随机生成的算法数据

序号	坐标/km	时间/d	时间窗约束
0	(55,56)	0	—
1	(59,41)	2.2	14:50—15:20
2	(32,94)	2.3	9:00—9:30
3	(58,12)	6.8	10:30—11:30
4	(60,85)	3.6	10:05—10:45
5	(36,71)	1.2	14:00—14:30
6	(14,66)	5.6	11:05—11:45
7	(34,25)	3.2	9:50—10:25
8	(67,40)	1.8	14:00—14:30
9	(75,79)	3.4	11:00—11:25
10	(19,46)	1.6	15:40—16:20

在区域中选择坐标的直线距离即为节点的实际距离,把违反资源约束的限制惩罚向损失距离进行转变。必须先对整个配送任务需要的总车辆数进行估算,使 $\partial=0.86$,车辆数满足 $m=\left[\sum_{i=1}^{n}q_i/\partial Q\right]+1=3$。

现实的物流车辆配送中,被多资源约束的调度问题可以实现较好的处理和分配,而且现代交通运输非常发达,各种网点的连锁加油点也多,将车辆的持续通行行驶能力看作是不间断的。因此,只需要对车辆模型实现调度最优解的求出就可以[12]。通过使用改进的传统的遗传算法对载重资源约束条件的车辆调度进行最优解处理,限定运输车辆为 3,依照交叉变异等详细操作步骤,使得程序运行了 26

次，最后将最优解收敛，直到当成本价钱是 866.12 元时可以使得配送最为简单，而且收益也最高[13]。进行配送的方案如图 6.4 所示。

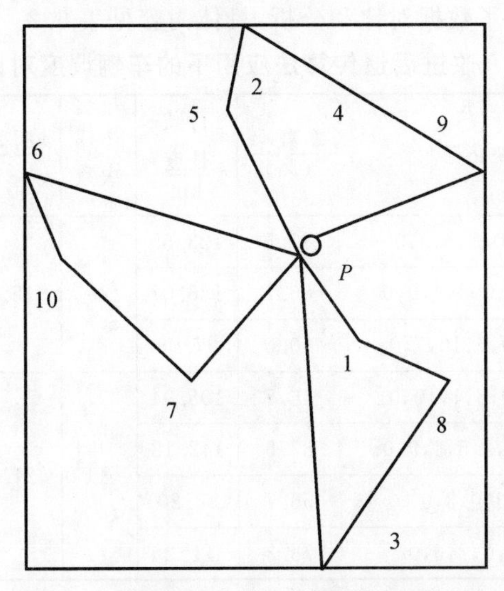

图 6.4　载重资源约束条件的车辆调度方案

按照上述中的改进遗传算法对车辆模型中的时间窗资源约束进行最优化解和输出，进行了 30 次迭代和收敛，计算得出成功实现配送任务需要的最小最优的配送成本是 1 202.03 元，当然是在共 4 辆运输车进行配送的条件下，配送的详细线路如图 6.5 所示。

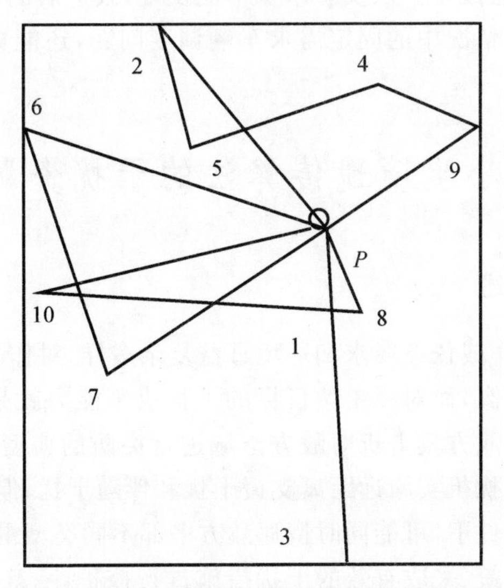

图 6.5　时间窗资源约束条件的车辆调度方案

然后，又将不同资源约束条件下的车辆调度模型进行了相应的输入和算法应用的输出，并分别对其在行驶路径、行驶长度、车载重量、算法进行迭代的次数及计算所需要的时间进行了数据对比和分析，具体内容见表6.2。

表6.2　改进后遗传算法应用下的车辆调度对比分析

模型	行驶路径	车载率 (%)	行驶长度 km	迭代次数	时间 s	总长度 km	总成本 元
载重资源约束	路径1:0,1,8,3,0	87.5	123.59	26	15.6	346.77	866.12
	路径2:0,5,2,4,9,0	86.7	126.07				
	路径3:0,6,10,7,0	90.0	97.09				
时间窗资源约束	路径1:0,8,1,10,0	46.7	105.94	30	21.8	501.69	1 202.03
	路径2:0,2,5,4,9,0	87.5	142.18				
	路径3:0,3,0	56.7	88.20				
	路径4:0,7,6,0	73.3	125.26				

从表6.2中的数据得出，载重资源约束条件的车辆调度问题能够在行驶路径、行驶长度、车载重量等方面获得最合理的优化，而且使用的迭代次数和计算使用的时间也比较少，最重要的是配送成本也最小[14]。但是带有时间窗资源约束条件下的车辆调度，因为其不满足时间窗导致的惩罚成本，只能牺牲长度确保时间满足要求，因此有较大的配送成本。从实验举例中能发现，改进后的遗传算法不仅能较好地优化不同资源约束情况中的固定需求车辆调度问题，还能提高算法的求解效率及全局的收敛性[15]。

6.2　基于小生境遗传算法的干扰资源调度优化

6.2.1　问题描述

在未来战场中，作战任务要求和环境日益复杂多样，对作战武器系统电子对抗能力的要求也越来越高，而对多雷达目标的干扰决策能力就是衡量电子对抗能力的一个重要指标。以我方攻击机对敌方空域进行突防的典型战场态势想定为例，我方综合运用多部干扰机实施远距离支援干扰和伴随干扰，但在干扰资源有限、任务时间紧迫等不利条件下，可能同时遭遇敌方多部不同类型雷达的探测，若不能及时制定有效的干扰决策、采取有效的干扰措施进行掩护，一旦被敌方地空、空空武器平台跟踪锁定，后果将不堪设想。因此，如何对敌方多部探测雷达实施有效的干扰、实现“隐身”突防就成为一个极富意义和挑战的研究课题。

干扰机的资源调度是建立在雷达侦察的基础上,综合分析敌方布防雷达参数,实时解算探测雷达数量、探测距离、威胁等级,并结合我方干扰机的工作效能,制定干扰方案,形成干扰决策[16]。文献[17-19]分别将基于投影梯度、0-1规划和最大元素算法的资源分配方法运用到了类似的问题中,取得了一定的效果,但随着雷达数 M 和干扰资源数 N 的增加,该问题涉及的解空间呈指数级增加,容易出现计算量的组合爆炸现象[20],上述方法难以高效求解。文献[21]在问题的求解中引入了遗传算法,并运用基于 Grefenstette 等人在解决 TSP 问题时提出的巡回路线编码方法,解决了常规编码方法所对应的交叉运算和变异运算会使子代群体中产生较多不满足问题约束条件的分配方案的问题,但由于编码方式的限制,实际上是对模型和解空间作了额外的约束,削弱了模型和算法的普遍适用性。文献[22]在无线自组网多目标优化资源选择模型中引入了一种基于整数编码的改进遗传算法,弥补了二进制编码和实数编码在处理此类问题时的缺陷,但仍然存在传统遗传算法处理此类问题时易出现的收敛稳定性差和容易早熟等问题。

文献[23]中首先提出了基于小生境思想的改进型遗传算法,其基本思想是,首先给出群体中各个染色体之间的距离定义,然后两两比较个体之间的距离。若小于预设值 D,则选择二者中适应度值较低的个体,极大地降低其适应度值。经此处理,距离较近的较差个体在后续竞争中将会逐渐被淘汰,因而数代之后在距离 D 之内将只存在一个较优者。这样既维护了群体的多样性,又使得种群中的各个个体之间保持了一定的距离,从而使个体能够在整个约束空间中分散开来,保证了有效基因的传递性。

本节从干扰压制概率公式出发,建立雷达干扰资源调度模型。采用基于整数编码的小生境遗传算法对模型进行寻优求解,有效改善传统遗传算法收敛速度慢、计算结果稳定性差以及容易早熟等问题,相较其他文献方法,能够进一步提升算法的整体寻优能力。

6.2.2 雷达干扰资源调度的数学模型

雷达干扰资源调度优选问题从本质上可以归结为一个多目标规划问题,即在一系列节点、链路上优化一个反映某些参数指标的资源约束函数,并据此寻找满足目标约束条件的满意解。下面基于多目标规划方法,建立雷达干扰资源调度的数学模型。

由雷达原理可知,一般地,在虚警概率 P_{fa} 一定时,信噪比 SNR 越大,发现概率 P_{d} 越大,即雷达发现目标的概率是以信噪比为自变量的增函数。这里可以按照文献[20]中计算发现概率 P_d 和压制概率 Q 的方法对二者进行计算。显然,发现概率 P_d 越小,压制概率 Q 越大,干扰机对雷达的干扰效果就越好,所以可用压制概率 Q 作为干扰压制效果的评估准则。

假设在某次突防任务中,我方可用干扰资源由 N 部干扰机组成,集合为 $J=\{J_1,J_2,\cdots,J_N\}$,干扰方式为压制式干扰;需要干扰的敌方布防雷达网由 M 部雷达组成,集合为 $R=\{R_1,R_2,\cdots,R_M\}$。因为各部雷达的探测性能、工作方式、开机时间以及布防区域均有所差别,所以各部雷达的威胁等级也不尽相同,因此不妨设第 j 部雷达的威胁等级为 L_j,$j=1,2,\cdots,M$,并规定威胁等级越大,其对突防任务的威胁程度就越高,需要对其分配更多的干扰压制,以保证干扰掩护的整体效果。为方便计算,对 L_j 进行归一化处理,可得第 j 部雷达的威胁权系数为

$$w_j=\frac{L_j}{\max\limits_{1\leqslant j\leqslant M}L_j} \tag{6.35}$$

由文献[5]计算方法可得如下的干扰效能矩阵:

$$\boldsymbol{Q}_J=\begin{bmatrix} Q_{11} & \cdots & Q_{1M} \\ \vdots & & \vdots \\ Q_{N1} & \cdots & Q_{NM} \end{bmatrix} \tag{6.36}$$

式中,Q_{ij} 为第 i 部干扰机对第 j 部雷达的干扰压制概率,$i=1,2,\cdots,N$,$j=1,2,\cdots,M$。

为简化模型,设定干扰策略原则为:采用干扰效益最大准则,优先分配威胁等级较大的雷达;每部干扰机在某一时刻只能集中功率干扰一部雷达;某部雷达在某一时刻可不被干扰机干扰,也可被多部干扰机同时干扰。在这里应注意两点:一是部分文献[5-6]在设定干扰策略原则时规定"每部雷达在某一时刻中至少分配一部干扰机",这实际上是忽略了可能存在的"某部雷达威胁等级较低时,综合考虑整体的干扰效益,可选择不对其分配干扰资源,而是将多余的资源分配给威胁等级较高的雷达,进行重点干扰"的实际情况,这样虽然模型求解时的速度较快,但却是在以降低模型和算法的普遍适用性为代价减小解空间,因此本节并未直接采用这些文献中的模型,而是对模型的约束条件作了相应的改进;二是当 $N<M$,即干扰机数量少于雷达数量时,可以补充 $N-M$ 台虚设的干扰机,并令这些干扰机对所有雷达的压制概率均为 0,从而将雷达干扰资源调度问题 0-1 规划问题[25],并保证了模型和算法的可行性不降低。

根据上述原则,可得 N 部干扰机对 M 部雷达实施干扰的资源调度模型目标函数为

$$\max E=\sum_{j=1}^{M}w_j\left[1-\prod_{i=1}^{N}(1-x_{ij}Q_{ij})\right] \tag{6.37}$$

其约束条件为

$$\begin{cases} \sum_{j=1}^{M} x_{ij} = 1 \\ x_{ij} = 0 \text{ 或 } x_{ij} = 1, i = 1,2,\cdots,N, j = 1,2,\cdots,M \\ \sum_{i=1}^{N}\sum_{j=1}^{M} x_{ij} \leqslant N \end{cases}$$

式中，E 为干扰资源调度的整体效益；$x_{ij}=1$ 时表示将第 i 部干扰机分配给第 j 部雷达，$x_{ij}=0$ 时则表示不分配。

由分析可知，式(6.37)的干扰资源调度问题为一种多参数、多约束的非线性整数规划问题，属于 NP 难问题。当干扰机数 N 和雷达数 M 增大时，干扰资源调度问题的解空间呈指数级增加[11]，常规方法难以高效地求解此类优化问题，因此，可采用小生境遗传算法进行优化求解。

6.2.3　基于整数编码小生境遗传算法的干扰资源调度优化

为进一步避免算法中存在的收敛速度慢、计算结果稳定性差以及容易早熟等问题，应对基本小生境遗传算法进行一定的改进。其具体实现步骤如下：

步骤 1　编码

编码的目的就是把自变量在解空间中的数据表示成遗传空间中的基因型结构数据，其基本的码型有 0-1 编码、整数编码和实数编码等。二进制编码计算量大，权系数的表示精度受到限制；而对于变量离散型的问题，采用实数编码的 GA 得到的最优解必须离散化归整处理，结果往往不再是全局最优，对于多约束的优化问题甚至会产生不可行解[22]。为此，文献[27]提出了基于整数编码的改进遗传算法，兼具二进制编码和实数编码的优点，具有很好的全局收敛性能。因此，本节采用整数编码，编码得到的基因串用一个整数数列表示，顺序值表示干扰机的编号，整数值表示雷达的编号，如一个染色体为[5,1,4,2,3,4]，其表示将第 1 部干扰机分配给第 5 部雷达，第 2 部干扰机分配给第 1 部雷达，第 3 部干扰机分配给第 4 部雷达……第 6 部干扰机分配给第 4 部雷达。这样就可以将干扰资源调度方案转化为一个整数编码的基因串，并且这种对应是唯一的。

步骤 2　初始群体的产生

采用随机方法产生 K 个维数为 N 的整数向量，每个向量作为一个独立的染色体；向量的维数 N 代表染色体上基因的个数，即干扰机的个数；每个基因取 $\geqslant 1$，$\leqslant M$ 的整数，M 为雷达的数量；K 个染色体作为一个种群，每个染色体表示为 $X_{i,t}$，i 表示染色体在种群中的序列，$1 \leqslant i \leqslant K$，$t$ 表示遗传代数，$1 \leqslant t \leqslant G$，$G$ 表示最大的遗传代数。

步骤 3 构造适应度值函数

遗传算法在搜索进化过程中一般不需要其他外部信息，仅用评估函数值来评估个体或解的优劣，并作为以后遗传操作的依据。这里根据目标函数式(6.37)来评估群体中的每个个体的适应度值。

步骤 4 选择

将选择分为两步，首先从得到的子代个体中预选出前 K 个较优个体(这里初始群体的个数为 K)，让它们成为下一步遗传操作中的备选父代。然后利用赌轮的方法选出实际参与交叉操作的父代个体。为了避免传统赌轮方法易出现的"一枝独秀"而使得优化问题陷入局部解的现象，对其进行如下改进：将群体中的染色体按照适应度值由好到坏进行排序，即序号越小，对应的个体越优，那么其被选中的概率也就越大。其后的个体被选中的概率应逐步减小，但也不宜过小。这里可生成一个向量

$$\boldsymbol{P}=[P_0 \quad P_1 \quad P_2 \quad \cdots \quad P_i \quad \cdots \quad P_k]$$

式中，$P_0=0$；$P_1=\alpha$；$P_i=\alpha+\sum_{m=2}^{i}\beta^{m-1}\alpha, i=2,3,\cdots,K$；$P_K=1$，则 P_i-P_{i-1} 的值就表示第 i 个染色体被选中的概率值，$i=2,3,\cdots,K$；β 为一大于 0 小于 1 的常数，在仿真中可根据具体情况进行设定：

$$\alpha=\frac{1-\beta}{1-\beta^k}$$

然后在 $[0,P_K]$ 内产生均匀分布的随机数 r，若 $P_{i-1}\leqslant r\leqslant P_i$，就选择第 i 个染色体放入交叉队列，$i=1,2,\cdots,K$。重复上述步骤，直至得到含有 K 个实际参与交叉操作父代个体的交叉队列。

步骤 5 交叉

为了克服收敛对于初始群体选择的依赖，可采用 4 种不同的交叉操作，并在后代生成的过程中两两交替使用这 4 种操作。在奇次代中使用单点交叉和多点交叉操作生成子代染色体。

1. 单点交叉操作

随机选择一个初始基因位，便得到了从首位基因到初始基因位的一个基因段，然后再随机选取两个染色体，将两者的上述相应基因段进行交换，得到两个新的子代个体。

2. 多点交叉操作

与单点交叉操作类似，不同的是被交换的基因段是由随机产生的 2 个初始基因位决定的。在偶数代中使用差分进化和内插 / 外推操作生成子代染色体。

(1) 差分进化操作。在第 t 代的交叉队列中，随机选取 3 个父代个体 X_{r1}^t，X_{r2}^t，X_{r3}^t，然后按照式 $\boldsymbol{X}_i^{t+1}=\boldsymbol{X}_{r1}^t+\boldsymbol{F}(\boldsymbol{X}_{r2}^t-\boldsymbol{X}_{r3}^t)$ 进行操作，每次操作得到一个新的子代

染色体：

$$X_i^{t+1}=X_{r1}^t+F(X_{r2}^t-X_{r3}^t) \tag{6.38}$$

式中，$i=1,2,\cdots$；$F\in[0,2]$，用于控制差分项的幅度，在仿真中可根据具体情况进行设定。得到新染色体后需对超出边界和非整数的基因进行强制规整赋值：若 $x_{i,j}\leqslant 1$，则令 $x_{i,j}=1$；若 $x_{i,j}\geqslant M$，则令 $x_{i,j}=M$；若 $1<x_{i,j}<M$ 且 $x_{i,j}\leqslant 1-[x_{i,j}]<\varepsilon$，则令 $x_{i,j}=[x_{i,j}]$；若 $1<x_{i,j}<M$ 且 $x_{i,j}-[x_{i,j}]\geqslant\varepsilon$，则令 $x_{i,j}=[x_{i,j}]+1$。其中，$x_{i,j}$ 表示操作后第 i 上的第 j 个基因位上的数值，$1\leqslant i\leqslant K$，$1\leqslant j\leqslant N$；$[x_{i,j}]$ 表示对 $x_{i,j}$ 的值进行向下取整；ε 是一个大于 0 小于 1 的常数，在仿真中可根据具体情况进行设定。

(2) 内插／外推操作。在第 t 代的交叉队列中，随机选取 2 个父代个体 X_{r1}^t，X_{r2}^t，然后按照式(6.39) 进行操作，每次操作得到 4 个新的子代染色体：

$$\left.\begin{aligned}X_{4i+1}^{t+1}&=CX_{r1}^t+(1-C)X_{r2}^t\\X_{4i+2}^{t+1}&=CX_{r2}^t+(1-C)X_{r1}^t\\X_{4i+3}^{t+1}&=X_{r1}^t+C(X_{r1}^t-X_{r2}^t)\\X_{4i+4}^{t+1}&=X_{r2}^t+C(X_{r2}^t-X_{r1}^t)\end{aligned}\right\} \tag{6.39}$$

式中，$i=0,1,2,\cdots$；$C\in[0,0.5]$，用于控制内插／外推的幅度，在仿真中可根据具体情况进行设定，再对每个基因采用类似于差分进化中规整赋值的方法进行处理。

步骤 6 变异

每一代的交叉操作完成后，应随机选取少数子代个体进行变异操作，其具体操作类似于初始群体中个体的产生。通常情况下，应使变异个体数占总群体数目的 1%～2%。此外，由于在遗传操作的后几代，染色体会相继进入局部解，所以可以在一定代数之后稍微增大变异概率，以使其突破局部限制，收敛到全局最优解。

步骤 7 评价适应度值函数

与步骤 3 类似。

步骤 8 小生境淘汰运算

对上述经过遗传操作后的子代染色体，定义 2 个个体之间的欧几里得距离为 $B_{i,j}^t=\|X_i^t-X_j^t\|$，$i,j=1,2,\cdots,K$ 且 $i\neq j$，然后算出每 2 个个体的欧几里得距离 B，当其小于预设值 D 时，就对其中较劣势的个体进行惩罚，将其适应度值降为原来的 1/2。对处理后的新个体按适应度值由大到小进行排序，并将前 K 个染色体作为后续遗传操作的种群。

步骤 9 精英保留策略

如果经过步骤 8 得到的种群的最优值劣于父代，则需用父代种群中的最优个体代替子代中的最差个体，以使后代种群的最优值不差于前代，提高算法的收敛效率。小生境遗传算法的具体实现流程如图 6.6 所示。

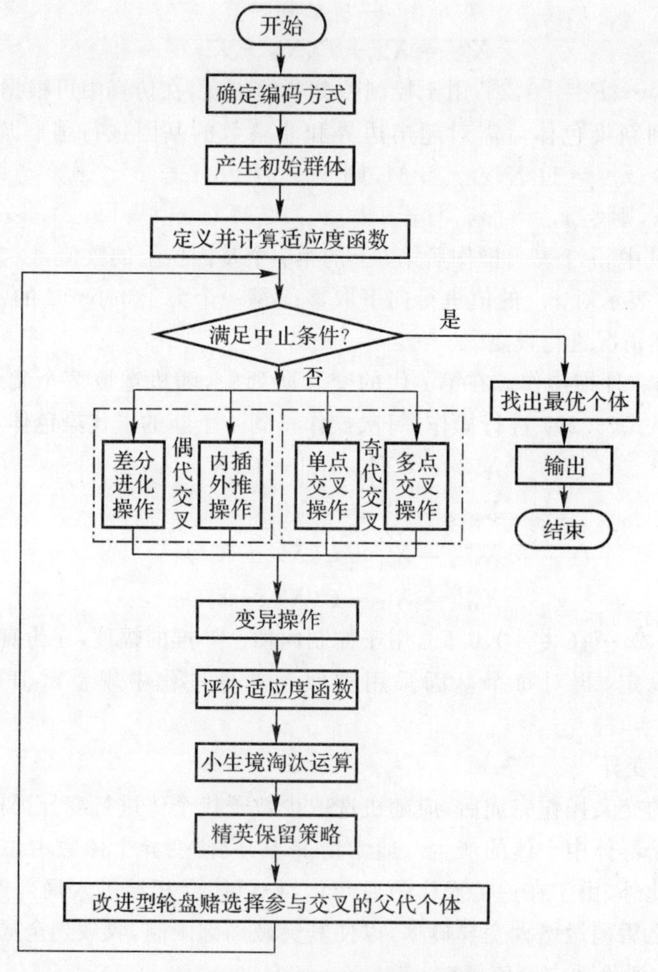

图 6.6　小生境遗传算法流程图

6.2.4　仿真实验

6.2.4.1　算法正确性验证

为了验证本节算法的有效性,这里给出基于整数编码小生境遗传算法的雷达干扰资源调度的计算机仿真结果。设作战区域中 5 部干扰机对 5 部雷达进行干扰,5 部雷达的威胁系数分别为 0.80,0.76,0.84,0.86,0.90,根据干扰机和雷达各自参数性能、空间位置关系和压制时间段的设置,利用压制概率计算方法,可得干扰决策矩阵,见表 6.3。

表 6.3　干扰效能数据列表

干扰机编号	压制概率				
	雷达 1	雷达 2	雷达 3	雷达 4	雷达 5
1	0.90	0.50	0.80	0.80	0
2	0.70	0.68	0.35	0.85	0.68
3	0.88	0.30	0.95	0.60	0
4	0.15	0.90	0.25	0.10	0.20
5	0.70	0.10	0.82	0.89	0.50

设定参数，令整数编码小生境遗传算法的初始种群中个体数目 $K=20$，最大进化代数 $G=40$，差分幅度控制系数 $F=1$，内插外推系数 $C=0.25$，参量 $\varepsilon=0.5$，$\beta=0.92$，$\alpha=0.0986$，变异概率取 0.015，小生境个体间最小欧几里得距离预设值 $D=1$。

优化结果为 $\boldsymbol{g}_{\text{best}}=[1\quad 5\quad 3\quad 2\quad 4]$，其所对应的适应度值函数为 3.579 4，其结果与用匈牙利算法进行的优化结果一样，说明了本节算法的正确性。其干扰资源调度方案表示为：第 1 部干扰机干扰第 1 部雷达，第 2 部干扰机干扰第 5 部雷达，依此类推。图 6.7 给出了目标函数的收敛特性。

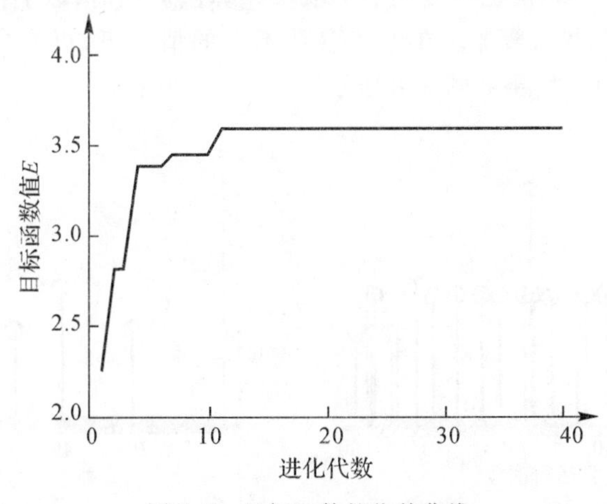

图 6.7　目标函数的收敛曲线

从图 6.7 中可知，本节算法目标函数的上升，分了几个不同的阶段，这是因为雷达干扰资源调度的目标函数是非线性的多峰函数，这些不同的阶段正好说明了整数编码小生境遗传算法的正确性和有效性，能够很好地减小搜索过程陷入局部最优解的概率，从而提高算法的寻优能力。

6.2.4.2 算法优越性验证

为了验证本节算法的优越性,这里再给出本节算法与其他文献算法的计算机仿真结果比较。在上述参数均相同的情况下,将文献[21]算法与本节算法进行对比,二者各独立运行500次,算法性能对比结果见表6.4。

表6.4 两种算法的性能对比结果

参数	文献[21]算法	本节算法
最优收敛的目标函数值	3.579 4	3.579 4
最优收敛次数	369	471
最优收敛概率/(%)	73.8	94.2
最差收敛的目标函数值	3.180 0	3.376 8
目标函数收敛后的平均值	3.530 9	3.570 3
目标函数收敛后的平均相对误差	0.013 5	0.002 5
平均每次收敛耗时/s	0.087 2	0.106 3

从表6.4可以看出,虽然两种算法多次运行后都可以最佳收敛到全局最优解,但本节算法的收敛稳定性明显高于文献[21]算法,且本节算法的最差收敛结果和目标函数收敛后的平均值也明显优于文献[21]算法。同时,以上性能的提升所付出的代价是耗时的小幅增加。在上述参数不变的情况下,再将二者各独立运行100次,收敛误差对比结果如图6.8所示。

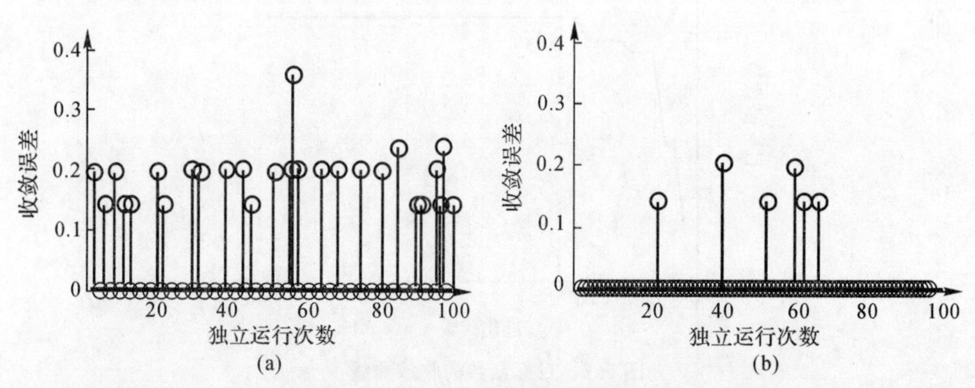

图6.8 收敛误差对比结果

(a)文献[21]算法的收敛误差图; (b)本节算法的收敛误差图

从图6.8中可知,运行100次后,本节算法的非最优收敛次数和最差收敛误差分别为6次和0.202 6,均优于文献[21]算法的27次和0.358 6,因此,本节算法较文献[21]算法有明显优势。

6.3 基于小生境遗传算法的相控阵雷达任务调度

6.3.1 问题描述

相控阵雷达任务调度是资源约束下的动态组合优化问题，具有非线性和随机性等特点[28]，是典型的NP(Non - deterministic Polynormial)- hard问题。密集目标环境下，相控阵雷达资源趋于饱和，任务调度的目的是在资源约束条件下雷达提高任务调度成功率(Scheduling Success Rate，SSR)，降低任务截止期错失率(Missed Deadline Ratio，MDR)，最大限度地发挥雷达威力，提高作战效能。文献[1]提出了基于相控阵雷达任务二次规划数学模型，证明了该模型的最优解存在条件，给出了一种最优解的解析求解方法。文献[29]从相控阵雷达任务调度代价的角度，提出了调度算法的数学模型和评价指标。文献[30]研究了人工智能在相控阵雷达调度中的应用。文献[31 - 32]建立了基于遗传算法的相控阵雷达最优化调度模型，提出了结合启发式规则的混合遗传算法，但是仅考虑了时间、能量和计算机资源约束，且收敛速度较慢。遗传算法是借鉴生物的自然选择和遗传进化机制的全局自适应概率搜索算法[33-34]，具有简单通用、鲁棒性强等特点，但也存在收敛速度慢及早熟等缺点，无法保证算法能搜索到最优解。本节研究遗传算法在相控阵雷达任务调度中的局限性，在文献[34]的基础上提出了基于小生境技术的改进方法。基于此优化方法，研究了约束条件下相控阵雷达任务调度模型。仿真结果表明，本节所提出的小生境遗传算法能够有效地提高相控阵雷达任务调度成功率，降低任务截止期错失率。

6.3.2 相控阵雷达任务调度模型

6.3.2.1 相控阵雷达的工作任务

搜索和跟踪是相控阵雷达最基本的两种工作任务，进一步可分为搜索任务ST，跟踪确认CT，跟踪任务TT，失跟踪处理LT四类。其中，搜索和跟踪细分为2个子类，即低/高优先级搜索和粗/精跟踪，如图6.9所示。

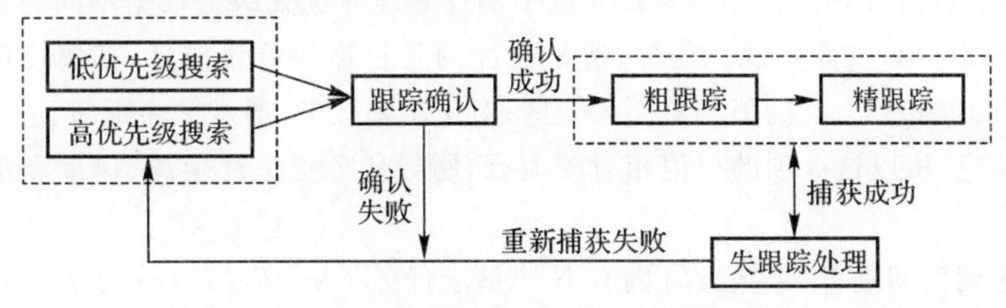

图6.9 相控阵雷达工作任务及相互转换

6.3.2.2　任务调度流程

雷达控制器把下一个调度间隔 SI 内的所有任务 T 从待调度任务中取出并送入综合优先级分配网络。然后该网络根据工作方式优先级、目标距离、目标速度、目标加速度、目标属性等参数来确定其综合优先级并送入调度模块。经调度模块分析处理，把待调度任务分成 3 种类型，分别是可调度任务、延迟任务和删除任务。对于可调度任务，则执行调度优化；延迟任务则送入下一个调度间隔等待调度，如图 6.10 所示。

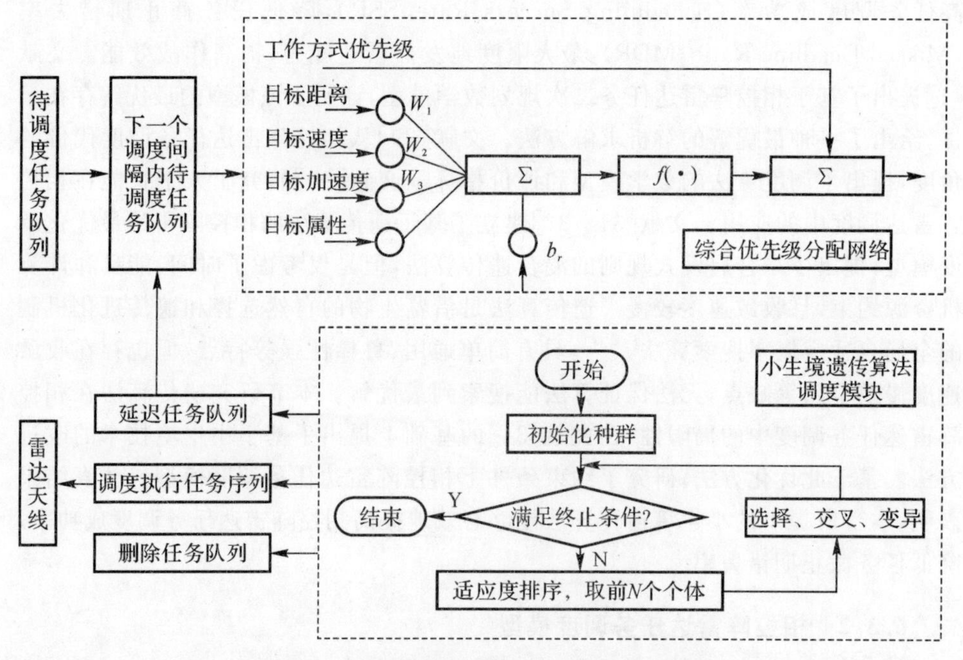

图 6.10　基于改进遗传算法任务调度结构框图

其中，综合优先级分配网络利用任务本身的工作方式优先级和任务中所含目标的先验信息（距离、速度、加速度和目标属性）来确定该任务的综合优先级。网络中 $f(\cdot)=[1+\exp(-x)]^{-1}$，权值 w_i，b 设置见表 6.6。由于 $f(\cdot)$ 的输出在[0，1)之间，故仅改变相同工作方式优先级下的任务综合优先级。根据不同任务类型设置权值 w_i，b。如跟踪确认任务，通常关注的是目标的位置信息，其属性信息并不重要，所以 w_1-w_3 的值相对要大一些；对于跟踪任务，通常关注距离、速度和目标属性信息，所以这 3 项的权值相对较大；而制导任务更关注距离、速度和加速度信息。

假定调度间隔 $SI=[t_0,t_1]$ 内有 N 个请求任务 $T=\{T_1,T_2,\cdots,T_N\}$。对于任

务 $T_i \in T$，其最早可执行时间为 t_{zi}，最晚可执行时间为 t_{wi}，期望执行时间为 t_{qi}，任务的执行时间长度为 Δt_i，任务优先级为 p_i，任务调度属性为 η_i。其中 $\eta_i = 1, 0, -1$，分别表示任务被调度执行、延迟、删除。以下是雷达任务调度具体步骤。

Step1：对于综合优先级相同的任务，调度模块按照其期望执行时间排序，组成待调度任务队列 T'。同时虚拟 2 个端点任务 T'_0 和 T'_{N+1}，且任务优先级为最高，令 $t_{z0} = t_{w0} = t_{q0} = t_0, t_{z(N+1)} = t_{w(N+1)} = t_{q(N+1)} = t_0 + SI, \Delta t_0 = \Delta t_{N+1} = 0$ 成立。

Step2：从待调度队列 T' 中取出任务 T'_k，假设已确定调度的雷达任务有 $M(M \leqslant k)$ 个，加上 2 个虚拟任务，组成新的调度队列 $S = \{S_0, S_1, \cdots, S_M, S_{M+1}\}$，其中 $S_0 = T'_0, S_{M+1} = T'_{N+1}$，且调度执行时间满足 $t_{s0}^{(s)} \leqslant t_{s1}^{(s)} < \cdots < t_{s(M+1)}^{(s)}$。

Step3：依次比较任务 T'_k 的期望执行时间和 S 中各个任务的调度执行时间，确定出调度执行时间位于任务 T'_k 前后的 2 个任务（S_{p-1} 和 S_p）。确定此时 S_{p-1} 的最早可执行时间 $t_{z(p-1)}^{(s)'}$ 和 S_p 的最晚可执行时间 $t_{wp}^{(s)'}$。

Step4：设 gap 为任务 T'_k 可贡献的最大时间空隙，则有 $\text{gap} = t_{wp}^{(s)'} - t_{z(p-1)}^{(s)'} - \Delta t_{p-1}^{(s)}$，可以得到 T'_k 的调度属性 η_i。当 $\eta_i = -1$ 时，任务分配至删除队列；当 $\eta_i = 0$ 时，任务分配至延迟队列，同时令 $t'_{qk} = t_0 + SI$；当 $\eta_i = 1$ 时，用小生境遗传算法来确定该任务的调度执行时间 t'_{sk}，并将该任务插入到任务 S_{p-1} 和 S_p 之间，组成新的调度队列 S。

Step5：本调度周期内的任务结束，调度程序中止，此时集合 $T' = \varnothing$；若 $T' \neq \varnothing$，令 $k = k + 1$，回到 Step1。

6.3.2.3　任务调度的数学模型

1. 目标函数

本节借鉴文献[29]中的方法，定义相控阵雷达任务调度的目标函数为调度执行时间与期望执行时间的偏移量之和最小，以及所有类型雷达任务调度成功率加权和最大。表达式如下：

$$\left.\begin{aligned} \min E_t &= \sum_{j=1}^{N} \delta(\eta_j - 1) A(p_j) f(t_{sj} - t_{wj}) \\ \max E_s &= \sum_{i=1}^{M+L+P+Q} \frac{\rho_i}{N_i} \Big[\sum_{j=1}^{n_i} F_{ij}(t) \Big] \end{aligned}\right\} \tag{6.40}$$

式中，M, L, P 和 Q 分别为 ST，CT，TT 以及 LT 的子类数目；$A(\cdot)$ 为代价函数；当 $\eta_j = 1$ 时，$\delta(\cdot) = 1$，当 $\eta_j \neq 1$ 时，$\delta(\cdot) = 0$；ρ_i 为雷达任务的加权；n_i 和 N_i 分别表示第 i 子类雷达任务调度安排和待调度安排的数目；$F(\cdot)$ 为任务执行效益因子，如式(6.41)所示：

$$F(t)=\begin{cases}\dfrac{1}{2}+\dfrac{1}{2}\sin\left[\dfrac{\pi}{t_1-t_0}\left(t-\dfrac{t_1+t_0}{2}\right)\right], & t_0<t\leqslant t_1\\ 1, & t_1<t\leqslant t_2\\ \dfrac{1}{2}-\dfrac{1}{2}\sin\left[\dfrac{\pi}{t_3-t_2}\left(t-\dfrac{t_3+t_2}{2}\right)\right], & t_2<t\leqslant t_3\\ 0, & t>t_3\end{cases} \tag{6.41}$$

2. 雷达资源约束条件

时间、能量、计算机资源和雷达硬件是制约相控阵雷达威力的主要因素[35-37]。为了更客观科学地优化雷达任务调度，有必要把这 4 类约束条件考虑进来。

(1) 时间资源约束。调度间隔内完成的雷达事件是有限的，雷达事件必须在截止期内完成，且不能竞争同一个“时间槽”，相应约束条件为

$$\sum_{i=1}^{N} D_i \leqslant R_1 \tag{6.42}$$

式中，D_i 为雷达任务 T_i 的波束驻留时间；N 为雷达任务总数；R_1 为雷达波束驻留总时间限制。

(2) 能量资源约束。一个雷达事件的发生，都要求雷达 T/R 组件产生一种或多种波束驻留，即消耗一定的能量。能量资源约束主要指发射机占空比必须满足一定条件，服从 T/R 组件的平均功率容量的限制并在一定范围内波动[38-40]，那么有

$$f_N\left(\sum_{k=1}^{L_j} P_{jk} \leqslant \tau\right) \geqslant N\alpha \tag{6.43}$$

式中，τ 为占空比；α 为比率；P_{jk} 为脉宽；L_j 为第 j 个波束驻留中发射脉冲个数。

(3) 计算机资源约束。雷达系统计算机处理回波信号，占用一定的计算机资源[41-42]。计算机资源很大程度上影响着信号处理的速度，进而影响雷达的任务调度。与上述约束条件类似，得到计算机资源约束条件

$$\sum_{i=1}^{N} g(T_i) \leqslant R_2 \tag{6.44}$$

式中，$g(\cdot)$ 为事件发生次数；R_2 为计算机总资源。

(4) 雷达硬件约束。雷达硬件约束指某些硬件所造成的限制(激励器与末级放大器相关联的长期与瞬时占空比等)。同上所述，得到雷达硬件约束条件

$$\sum_{i=1}^{N} h(T_i) \leqslant R_3 \tag{6.45}$$

式中，$h(\cdot)$ 为事件对雷达硬件的需求；R_3 为雷达硬件总资源。

综上所述，得到基于遗传算法的相控阵雷达任务调度模型：

$$
\left.
\begin{aligned}
&\min E_{\mathrm{t}}=\sum_{j=1}^{N}\delta(\eta_j-1)A(p_j)f(t_{\mathrm{s}j}-t_{\mathrm{w}j})\\
&\max E_{\mathrm{s}}=\sum_{i=1}^{M+L+P+Q}\frac{\rho_i}{N_i}\Big[\sum_{j=1}^{n_i}F_{ij}(t)\Big]\\
&\mathrm{s.\,t.}\sum_{i=1}^{N}D_i\leqslant R_1\\
&\qquad f_N\Big(\sum_{k=1}^{L_j}P_{jk}\leqslant\tau\Big)\geqslant N\alpha\\
&\qquad \sum_{i=1}^{N}g(T_i)\leqslant R_2\\
&\qquad \sum_{i=1}^{N}h(T_i)\leqslant R_3
\end{aligned}
\right\}
\tag{6.46}
$$

式中，各符号含义同式(6.40)～式(6.46)。

相比以前的相控阵雷达任务调度研究工作，提出了4种约束条件下任务调度模型，更加客观全面。

6.3.3　小生境遗传算法设计

6.3.3.1　小生境技术

基于共享机制的小生境方法通过反映个体之间相似程度的共享函数来调整群体中各个个体的适应度值，以创造小生境环境。本节提出了一种基于小生境遗传算法(Niched Genetic Algorithms，NGA)的雷达任务调度方法，将小生境技术引入其中，从而达到保护种群的多样性的目的。

共享函数 $S(d_{ij})$ 计算表达式为

$$
S(d_{ij})=\begin{cases}1-\dfrac{d_{ij}}{\sigma_{\mathrm{sh}}}, & d_{ij}<\sigma_{\mathrm{sh}}\\ 0, & d_{ij}\geqslant\sigma_{\mathrm{sh}}\end{cases}
\tag{6.47}
$$

式中，d_{ij} 为个体之间海明距离，即 $d_{ij}=\| X_i-X_j \|$；X_i 和 X_j 分别为种群中第 i 和第 j 个个体；σ_{sh} 为小生境的峰半径。则个体的小生境数 S_i 为

$$
S_i=\sum_{j=1}^{m}S(d_{ij}),\quad i=1,2,\cdots,m
\tag{6.48}
$$

利用个体之间共享函数调整群体中各个体的适应度值，依据调整后的适应度值来进行选择操作，以维护群体的多样性。调整后的适应度值为 f'_{fit}，表达式为

$$
f'_{\mathrm{fit}}=f_{\mathrm{fit}}/S_i,\quad i=1,2,\cdots,m
\tag{6.49}
$$

式中，f_{fit} 为个体 X_i 调整前的适应度值；f'_{fit} 为个体 X_i 调整后的适应度值。

6.3.3.2　算法操作的改进

1.适应度值函数

对于相控阵雷达任务调度问题,适应度值函数就是目标函数,本节选择目标函数 E_s 的倒数与 E_t 之和为适应度值函数,即 $f_{fit}=1/E_s+E_t$。

适应度值函数等于任务调度模型的目标函数加上惩罚函数,即

$$f_i=E_s+E_t+P_i^R \tag{6.50}$$

式中,P_i^R 为第 i 条染色体在4类约束条件下的罚函数因子。

2.改进交叉、变异算子

传统的交叉、变异算子虽然可以产生新的个体,但是也容易破坏适应度值较高的优良个体。采用自适应方法改进交叉、变异算子,不仅可以保护优良个体不被破坏,而且有利于产生新的个体,即

$$P_c=\begin{cases}P_{c1}-\dfrac{(P_{c1}-P_{c2})(f_1-f_{avg})}{f_{max}-f_{avg}}, & f_1\geqslant f_{avg}\\ P_{c1}, & f_1<f_{avg}\end{cases} \tag{6.51}$$

式中,P_{c1},P_{c2} 为交叉概率,且有 $0<P_{c2}<P_{c1}<1$;f_1 为2个个体中较大的适应度值;f_{max},f_{avg} 分别为最大适应度值和平均适应度值。同式(6.51),变异算子也采用自适应变异概率。

6.3.4　仿真实验

6.3.4.1　仿真场景及参数设置

仿真场景选择7种典型的雷达工作方式,并分配任务优先级,其驻留时间和更新率见表6.5。

表6.5　相控阵雷达工作方式参数表

编号	工作方式	优先级	驻留时间/ms	更新率/Hz
1	制导	7	2	2
2	跟踪确认	6	4	1
3	精跟踪	5	3	2
4	粗跟踪	4	2	2
5	高优先级搜索	3	30	20
6	失跟踪处理	2	7	0.5
7	低优先级搜索	1	50	100

仿真中以固定的更新率周期产生搜索任务;航迹起始后按目标更新率周期性产生跟踪和制导任务;跟踪确认是对搜索到的目标进行确认并转入跟踪;失跟踪处理任务是在目标已经跟踪上之后以一定的数据率产生。

假定调度间隔 SI=50 ms,雷达探测距离为 400 km;目标 Ma 为 0～3;加速度为 0～$4g$。综合优先级分配网络中权值 w_i,b 设置见表 6.6。

表 6.6　综合优先级分配网络参数设置

任务类型	w_1	w_2	w_3	w_4	b
制导	−0.5	0.8	0.6	0.1	0.5
跟踪确认	−0.8	0.6	0.2	0	0.4
精跟踪/粗跟踪	−0.6	1.2	0.4	0.5	0.2
高优先级搜索	−0.6	1.0	0.3	0.6	0.3
失跟踪处理	−0.6	1.0	0.4	0.4	0.5
低优先级搜索	−0.5	0.9	0.3	0.5	0.4

遗传算法采用二进制染色体编码方式,最大交叉概率 P_c=0.9,最大变异概率 P_m=0.1,最大进化代数为 1 000,进化中采用最优保留策略。

6.3.4.2　仿真结果

采用调度成功率和截止期错失率作为表征调度算法的评价指标。调度成功率是指成功被调度的任务与待调度任务数量的比例;截止期错失率是指截止期内调度失败的任务数占待调度任务总数之比。

每种仿真场景分别对 2 种算法进行 10 次独立实验,计算实验结果的平均值,得到相控阵雷达在不同目标数的情况下 SSR 和 MDR 曲线,如图 6.11 和图 6.12 所示。

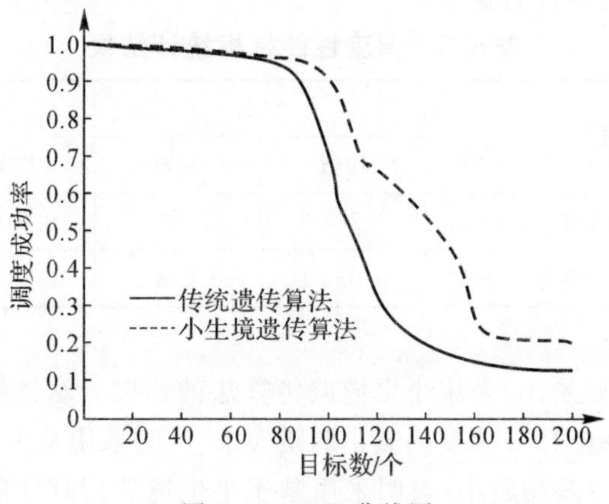

图 6.11　SSR 曲线图

由图 6.11 可以看出，任务量在 85 个以内时，这两种算法的任务调度成功率相差不大，因为在这个任务量范围内，相控阵雷达资源未达到饱和，可以满足大多数任务请求的需要；当任务量超过 85 个时，基于传统遗传算法的任务调度成功率先于基于小生境遗传算法急剧降低，也就说明基于小生境遗传算法调度方法的相控阵雷达任务事件容量大于基于传统遗传算法调度方法的相控阵雷达。当任务量增加到一定程度，达到 160 个以上时，两种方法的调度成功率都基本稳定在一个很低的水平，分别为 14%和 21%，此时任务请求达到了雷达资源的极限。

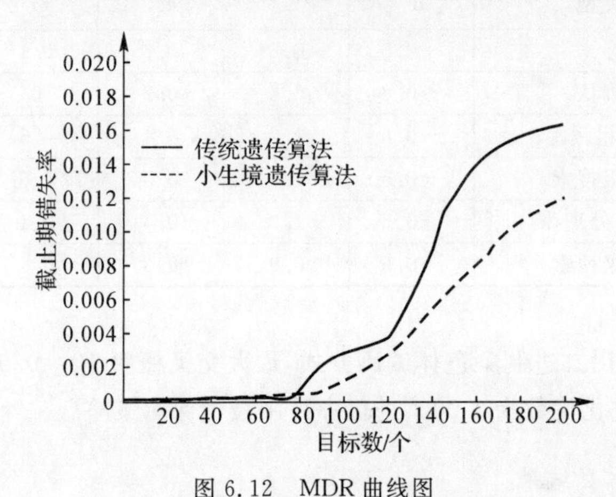

图 6.12　MDR 曲线图

图 6.12 给出的是截止期错失率曲线。当任务量超过 80 个时，两种调度方法的 MDR 曲线开始上升，但上升速度较慢，此时雷达负载较轻；当任务量超过 120 个时，曲线急剧上升，但采用基于小生境遗传算法的调度方法 MDR 曲线上升较为平缓；随着任务量的继续增加，基于传统遗传算法的调度方法的 MDR 值达到了 0.016，而基于小生境遗传算法的调度方法的 MDR 值仅达到 0.012。表 6.7 给出了 10 次仿真结果的统计数据。

表 6.7　调度性能指标统计结果

调度算法	SSR		MDR	
	均值	方差	均值	方差
基于传统遗传算法的调度方法	0.762 5	0.063 5	0.015 9	0.055 2
基于小生境遗传算法的调度方法	0.833 1	0.038 9	0.011 7	0.037 0

从表 6.7 中可以看出，采用小生境遗传算法的调度方法能够明显地提高雷达任务调度成功率，降低任务调度的截止期错失率，同时采用基于小生境遗传算法的 SSR 和 MDR 统计方差均较小，表明采用基于小生境遗传算法的调度方法比采用

基于传统遗传算法的调度方法表现得更加稳健。

为了客观地比较传统遗传算法和小生境遗传算法的收敛性，分别在任务量为120和140时进行10次独立实验。表6.8为10次实验的平均值，其中收敛次数是指10次搜索中找到全局最优解的平均次数；最小收敛代数、最大收敛代数、平均收敛代数分别指收敛于全局最优解的最小代数、最大代数、平均代数值。

表6.8 两种算法的收敛性比较

目标数	120		140	
	传统遗传算法	小生境遗传算法	传统遗传算法	小生境遗传算法
收敛次数	65.3	836.6	43.7	62.8
最小收敛代数	279.1	106.3	783.4	327.3
最大收敛代数	2 358.8	769.2	5 236.9	1 256.5
平均收敛代数	1 318.9	437.8	3 010.2	791.8

从表6.8中可以看出，本节所提出的小生境遗传算法无论是在收敛次数还是在收敛代数上均优于传统遗传算法。鉴于传统遗传算法在工程上应用的普及程度，小生境遗传算法在工程上也是可行的。

参 考 文 献

[1] 刘云忠，宣慧玉. 车辆路径问题的模型及算法研究综述[J]. 管理工程学报，2005，19(1)：124－130.

[2] 霍佳震，王新. 基于约束规划求解车辆调度问题[J]. 物流技术，2005(9)：110－112.

[3] 钟石泉，贺国光. 多车场有时间窗的多车型车辆调度及其禁忌算法研究[J]. 运筹学学报，2005，9(4)：67－73.

[4] 周屹，李海龙，王锐. 遗传算法求解物流配送中带时间窗的VRP问题[J]. 吉林大学学报(理学版)，2008，46(2)：301－303.

[5] Gao Peng, Liu Haoran, Hao Xiaochen, et al. Hybrid Model Predictive Control of Nonliner System based on PSO[J]. Journal of Mechanical & Electrical Engineering, 2011, 28(2): 231－234.

[6] 赵赫，杜端莆. 遗传算法求解旅行推销员问题时算子的设计与选择[J]. 系统工程理论与实践，2008，18(2)：62－65.

[7] 施朝春，王旭，葛显龙. 带有时间窗的多配送中心车辆调度问题研究[J]. 计算机工程与应用，2009，45(34)：21－24.

[8] 陶胤强,牛惠民.带时间窗的多车型多费用车辆路径问题的模型和算法[J].交通运输系统工程与信息,2008,8(1):113-117.

[9] 张景玲,赵燕伟.多车型动态需求车辆路径问题建模及优化[J].计算机集成制造系统,2010,16(3):543-550.

[10] Guo H,He J. A Colorfractal-based Morphing Algorithm[J]. Computer Modelling and New Technologies,2013,17(3):63-68.

[11] 张海刚,吴燕翔,顾幸生.基于免疫遗传算法的双向车辆调度问题实现[J].系统工程学报,2007,22(6):649-654.

[12] Krainyukov A,Kutev V,Opolchenov D. Reconstruction of the Roadway Inner Structure Electro-physical Characteristics[J]. Transport and Telecommunication,2010,11(4):14-28.

[13] Xue Changjiang. The Steel Supply Chain of Forging Stability-Rerecognition of Current Relationship for Steel and Steel Production[J]. China's Steel Industry,2007,1:33-35.

[14] Wang Wei, Wu Min, Chen Xiaofang, et al. Raw Material Stock Optimization System Based on Multiple Parallel Genetic Algorithm[J]. Control Engineering of China,2003,10(1):33-37.

[15] Liu Guoli,Tang Lixin,Zhang Ming. A Study on Raw Material Inventory in Lron and Steel Industry[J]. Journal of Northeastern University: Natural Science,2007,28(2):172-175.

[16] 裴立彬,刘春生.宽带阵列的同时多目标干扰资源调度研究[J].电子对抗信息技术,2012,25(6):46-54.

[17] 徐振海,王雪松,肖顺平.雷达组网对抗中遮盖干扰功率优化分配[J].系统工程与电子技术,2003,25(6):655-657.

[18] 沈阳,陈永光,李修和.基于0-1规划的雷达干扰资源优化分配研究[J].兵工学报,2007,28(5):528-532.

[19] 李波,高晓光.编队空战中协同电子干扰的功率分配[J].系统工程与电子技术,2008,30(7):1298-1300.

[20] 刘以安,倪天权,张秀辉.模拟退火算法在雷达干扰资源优化分配中的应用[J].系统工程与电子技术,2009,31(8):1914-1917.

[21] 高彬,吕善伟,郭庆丰.遗传算法在电子战干扰规划中的应用[J].北京航空航天大学学报,2006,32(8):933-936.

[22] 刘勇,张晓红.遗传算法的多目标优化资源选择算法[J].火力与指挥控制,2009,33(2):89-92.

[23] Deb K,Goldberg D E. An Investigation of Niche and Species Formation in

Genetic Function Optimization [C]//Proceedings of the Third International Conference on Genetic Algorithms,1989:42-50.

[24] 丁鹭飞,耿富录.雷达原理[M].西安:西安电子科技大学出版社,2002.

[25] 胡运权.运筹学教程[M].北京:清华大学出版社,1998.

[26] Parsopoulos K E, Vrahatis M N. Recent Approaches to Global Optimization Problems Through Particle Swam Optimization[J]. Natural Computing,2002,1(2-3):235-306.

[27] 廖美英,郭荷清,张勇军.一种整数编码的改进遗传算法[J].计算机工程与应用,2003(1):103-105.

[28] 赵宇,李建勋,曹兰英.基于二次规划的相控阵雷达任务自适应调度算法[J].系统工程与电子技术,2012,34(4):698-703.

[29] 卢建斌,胡卫东,郁文贤.多功能相控阵雷达实时驻留的自适应调度算法[J].系统工程与电子技术,2005,27(12):1981-1984,1987.

[30] Popolii R, Samuel Blackman. Expert System Allocation for The Electronically Scanned Antenna Radar [C] // American Control Conference,1987,3:1821-1826.

[31] 周颖,王雪松,汪连栋.基于遗传算法的相控阵雷达最优化调度研究[J].系统工程与电子技术,2005,27(12):1977-1980.

[32] 周颖,王国玉,王雪松.基于启发式混合遗传算法的相控阵雷达最优化调度[J].系统工程与电子技术,2006,28(7):992-996,1005.

[33] 陈大伟.相控阵雷达自适应调度算法研究[D].成都:电子科技大学,2011.

[34] 曹正林,杨向忠,刘卫华.机载相控阵雷达TAS方式的实现[J].电子与信息学报,2009,31(5):1136-1139.

[35] 卢建斌,胡卫东,郁文贤.多功能相控阵雷达实时任务调度研究[J].电子学报,2006,34(4):732-736.

[36] 郑世友,郑瑶.基于任务综合规划的相控阵自适应调度方法[J].计算机仿真,2013,30(7):11-16.

[37] Cheng Ting, He Zi-shu, Tang Ting. Novel Radar Dwell Scheduling Algorithm Based on Pulse Interleaving[J]. Journal of Systems Engineering and Electronics,2009,20(2):247-253.

[38] 耿文东.基于相控阵雷达的群目标准自适应调度策略研究[J].雷达科学与技术,2013,11(2):125-129.

[39] 谢俞秋,茅玉龙,胡进.被动相控阵雷达自适应调度算法研究[J].计算机仿真,2013,30(7):1-4,16.

[40] 陈杰,谢潇潇,陈明艳.引入波形参数的相控阵雷达波束调度研究[J].雷达

科学与技术,2012,10(5):524-528.

[41] 谢潇潇,张伟,陈杰.一种改进的相控阵雷达脉冲交错算法[J].雷达科学与技术,2013,11(2):185-191.

[42] 綦文超,杨瑞娟,李晓柏.多功能一体化雷达任务调度算法研究[J].雷达科学与技术,2012,10(2):150-155.

[43] 张玉,贾遂民.多资源约束的车辆调度问题的改进遗传算法[J].计算机工程与应用,2016,52(7):253-258.

[44] 雷磊,周青松,张剑云,等.基于小生境遗传算法的干扰资源调度研究[J].现代防御技术,2014,42(1):94-100.

[45] 郑玉军,田康生,邢晓楠,等.基于小生境遗传算法的相控阵雷达任务调度[J].现代防御技术,2016,44(1):168-174.

第7章 遗传算法在排序问题中的应用

7.1 基于改进遗传算法的航班进港排序优化

7.1.1 问题描述

近年来，随着改革开放不断深入和国民经济快速增长，我国民航交通运输量始终保持着较高的增长率，但由于基础设施建设无法赶上航班的需求量，从而引起了空中交通拥堵，造成航班延误，带来了巨大的经济损失。因此，优化飞机的进场排序，减少延误，是当前空中交通流量管理[1]的一个重要研究内容。为了防止飞机与飞机之间以及飞机与障碍物之间相撞，采用了空中交通管制的方式对飞机进行统一管理，在这种方式中，将时间作为统一的标准。不同类型的飞机之间有不同的尾流间隔，即时间间隔。表7.1给出了国际民航组织(ICAO)规定的在无风条件下不同类型飞机之间尾流间隔的最小距离标准和最小时间标准，其中，第一列表示前机机型，第二行表示后机机型。所有降落到跑道上的飞机必须满足前机与后机之间的最小尾流间隔[2]。

表7.1 国际民航组织规定的最小尾流间隔标准

飞机类型	最小距离标准/(n mile)			最小时间间隔/s		
	轻型(L)	中型(M)	重型(H)	轻型(L)	中型(M)	重型(H)
轻型(L)	3	3	3	98	74	74
中型(M)	4	3	3	138	74	74
重型(H)	6	5	4	167	114	94

7.1.2 改进的遗传算法

针对单跑道飞机排序问题[3]，最常用的方法是先到先服务方法(First Come First Service, FCFS)[4]，它根据飞机的预计到达时间(Estimated Time of Arrival, ETA)和尾流间隔来对飞机进行排序，这种方法的缺点是不能最大限度地利用机场现有容量，并且会造成较大的延误。目前，应用较多的排序算法是基于尾流间隔的位置调换法(Position Shifting, PS)[5]，它利用不同类型飞机的尾流间隔，调换飞机位置以减少航班延迟[6]，基于位置调换的航班排序问题是一个典型的旅行商(Traveling Salesman Problem, TSP)问题，随着问题规模的增大，计算量也会急剧上升，很难满足机场排序的实时性要求。

航班队列的重排，有时会违背公平的原则，如果航班顺序发生较大的变动，势必会打乱空中交通秩序，增加飞行成本。因此，在对航班进行重排时，要考虑约束条件最大移动量[7]，在先到先服务算法的基础上进行微调，这样既能保证不会打乱原有的交通秩序，又能减少延误，把损失降到最小。

遗传算法是一种全局优化概率算法，对于各种特殊问题都可以灵活处理，因此，本节运用遗传算法来解决航班排序问题[8]。

7.1.2.1 遗传算法原理

遗传算法[9-10]是从一个种群开始的，种群由一定数目的染色体组成，染色体由多个基因编码得到。初始种群产生之后，按照适者生存、优胜劣汰的原理，逐步演化出越来越适应环境的个体，在每一代，根据个体适应度值大小来选择个体，并借助自然遗传学的遗传方法进行组合交叉和变异，产生代表新解集的下一代个体。这个过程模拟了自然界的自然选择和进化机制，最终将产生比前一代更适应环境的个体，即问题的最优解或次优解。

遗传算法的基本概念如下：染色体是由基因组成的一个DNA长链，在此基因是指每一架飞机个体，染色体指的是飞机的排序序列。适应度值函数是对染色体适应能力进行度量的函数，用以计算个体在群体中可能被选中的概率，由于遗传算法大多是解决最大化问题，而航班排序问题是求延误最小化的问题，所以将适应度值函数 F 定义为总延误目标函数加一个无穷小的 ε 的倒数，适应度值高的染色体被选中的概率要高，反之亦然。选择是指通过一定的方法和概率来选择两条染色体进行交叉或者变异，选择的过程是一种“优胜劣汰”的过程，在此采用精英策略下的“截断＋锦标赛”复合选择算子来进行选择操作。交叉是指将选中的两条染色体中的基因以一定的方式互换来产生两条新的染色体，在此采用均匀交叉算子。变异是指将某条染色体中的某两个基因进行交换，此处的变异是对一条飞机序列染色体中的基因以一定的概率进行交换。

7.1.2.2 遗传算法的改进

1. 精英策略下的“截断＋锦标赛”复合选择算子

截断选择算子是一种人工选择方法，只有在截断阈值之上的个体才被选择，其中，截断阈值是指被选的百分比。锦标赛选择算子是随机选择3个个体，然后选择最好的个体作为父个体，重复选择所需数目的父个体，直到达到种群规模，其中，S 为竞赛规模。精英保留策略是把群体在进化过程中迄今出现的最好个体(elitist)

不进行配对交叉而直接复制到后代中。精英策略下的“截断＋锦标赛”复合选择算子将以上方法进行结合应用。

2. 均匀交叉

在均匀交叉中，交叉点 m,n 的范围为$[1,N-1]$，且 $m\neq n$，N 是染色体中基因的数目，在该两点之间找到一一对应的关系，并交换变量。例如，以下两条飞机染色体(数字代表飞机代码)选定位置3和位置7为两个交叉点：

$$(2,1,4,|3,5,7,8,|6,10,9)$$

$$(1,3,2,|4,6,5,7,|8,9,10)$$

则基因3对应于4，5对应于6，7对应于5，8对应于7。首先遍历第一条染色体，将相互对应的基因进行对换，对第二条染色体亦然。则均匀交叉后的两条染色体为

$$(2,1,3,4,6,5,7,8,10,9)$$

$$(1,4,2,3,8,6,5,7,9,10)$$

3. 自适应遗传算法

传统遗传算法中交叉和变异的概率固定不变，而交叉和变异概率的不同取值对算法结果会有不同影响，这会造成遗传算法性能不稳定。在此采用自适应遗传算法[12](Adaptive GA，AGA)来计算个体的交叉和变异概率，交叉概率 P_c 和变异概率 P_m 能随适应度值自动进行改变，当种群各个体适应度值趋于一致或者趋于局部最优时，P_c 和 P_m 增加，反之亦然。自适应的 P_c 和 P_m 能提供相对某个解最优的 P_c 和 P_m，自适应遗传算法中的 P_c 和 P_m 按式(7.1)和式(7.2)计算：

$$P_c=\begin{cases}P_{c1}-\dfrac{(P_{c1}-P_{c2})(f_{max}-f')}{f_{max}-f_{avg}}, & f'\geqslant f_{avg}\\ P_{c1}, & f'<f_{avg}\end{cases} \tag{7.1}$$

$$P_m=\begin{cases}P_{m1}-\dfrac{(P_{m1}-P_{m2})(f_{max}-f)}{f_{max}-f_{avg}}, & f\geqslant f_{avg}\\ P_{m1}, & f<f_{avg}\end{cases} \tag{7.2}$$

式中，f' 为要进行交叉操作的2个个体中较大的适应度值；f_{avg} 为每代群体的平均适应度值；f_{max} 为群体中最大的适应度值；f 为要变异个体的适应度值。

一般取 $P_{c1}=0.9$，$P_{c2}=0.6$，$P_{m1}=0.1$，$P_{m2}=0.001$。

7.1.3 基于改进遗传算法的航班进港排序仿真分析

7.1.3.1 单跑道航班降落排序模型

设在一段时间 T 内，某一跑道上有 N 架飞机降落。每架飞机的ETA已知，第 k 架航班的ETA表示为ETA(k)；根据调度结果，航班有实际到达时间

(Schedule Time of Arrival, STA)，第 k 航班的 STA 表示为 STA(k)，飞机 m 的类别为 n，记作 $K(m)=n$。两架不同类型的飞机 k,l 之间的尾流间隔记作 $C(k,l)$。

模型中类型 H 代表重型飞机，M 代表中型飞机，L 代表轻型飞机，同一类型的飞机具有相同的特性。设 $\boldsymbol{S}$ 是 N 维向量，若 $\boldsymbol{S}(i)\in[1,N]$ 且 $\boldsymbol{S}(i)\neq\boldsymbol{S}(j)$，对任意的 $i,j\in[1,N]$，$i\neq j$，则 $\boldsymbol{S}$ 是问题的一个可行解，表示的是一个可能的飞机排序队列，其中 i,j 表示的是飞机的位序。$\boldsymbol{S}(i)$的着陆时间为

$$\mathrm{STA}[\boldsymbol{S}(i)]=\max(\mathrm{ETA}(\boldsymbol{S}(i)),\mathrm{STA}(\boldsymbol{S}(i-1))+C\{K[\boldsymbol{S}(i)],K[\boldsymbol{S}(i-1)]\}\tag{7.3}$$

即本架飞机的 STA 是本架飞机的 ETA 与前架飞机的 STA 加上本架飞机与前架飞机的尾流间隔中较大的值。

则航班的延迟为 STA 与 ETA 的差，N 架航班的总延迟目标函数可表示为

$$T_{延迟}=\sum_{i=1}^{N}[\mathrm{STA}(\boldsymbol{S}(i))-\mathrm{ETA}(\boldsymbol{S}(i))]\tag{7.4}$$

一般情况下，将飞机的平均延误降低到最小是飞机排序的最主要目的。设 S^* 为一可能的飞机排列次序，则平均延误成本函数为

$$F(\boldsymbol{S}^*)=(1/N)\left\{\sum_{i=1}^{N}[\mathrm{STA}(\boldsymbol{S}(i))-\mathrm{ETA}(\boldsymbol{S}(i))]+\varepsilon\right\}\tag{7.5}$$

根据航班排序要求，有以下约束条件：

(1)STA(k)≥ETA(k)，即飞机不能提前降落；

(2)$|\mathrm{STA}(k)-\mathrm{STA}(l)|\geq C(k,l)$，相邻的航班 k,l 之间应满足最小尾流间隔；

(3)MPS =3，即飞机最大移动量为 3 架。

对于航班优化排序的此类问题，常用的编码方式是二进制编码，其编码简单易行，便于交叉、变异等遗传操作的实现。但是二进制编码存在着连续函数离散化的映射误差，当编码长度较短时，这种缺点体现得不太明显；当问题规模较大时，编码长度太长带来了极大的不方便，并且，使用二进制编码，还要经过编码、译码等一系列烦琐的工作，会使程序运行效率不高。

采用十进制编码，它将待处理的参数数值逐位转化为数字字符并形成字符串，如 (2,3,1,5,4,6,7,9,10,8)就可以表示一个航班排序序列，这样，结果看起来简单直观，而且不需要编码、译码等复杂的过程。

7.1.3.2 遗传算法流程

(1) 随机产生 N 个个体作为初始种群，每个个体代表由基因编码的一条染色体，即一个航班序列。

(2) 模型中对于给定的染色体的 C 适应度值评分函数为总的飞机延误时间加 ε 的倒数，即

$$F(C)=\frac{1}{(1/N)\left\{\sum_{i=1}^{N}[\mathrm{STA}(\boldsymbol{S}(i))-\mathrm{ETA}(\boldsymbol{S}(i))]+\varepsilon\right\}} \tag{7.6}$$

优化准则为当式(7.6)代数超过预先设定值时，结束计算，否则转向(3)。

(3)采用精英策略下的“截断＋锦标赛”复合选择对种群进行选择操作，适应度值大的被选中的概率大，反之亦然。

(4)按照式(7.1)计算交叉概率，采用均匀交叉的方法，对两条染色体进行交叉。

(5)按照式(7.2)计算变异概率，并对染色体进行变异操作。进行变异操作时，随机选取染色体中的两个基因，进行位置互换。如染色体为

(2,1,3,[5],4,6,8,[7],9,10)

则变异后的染色体为

(2,1,3,7,4,6,8,5,9,10)

7.1.3.3　仿真模拟

以 20 架飞机为例进行仿真，20 架飞机的航班号、飞机编号、飞机类型和 ETA 是已知的。其中，飞机编码唯一地表示一架飞机，根据国际民航组织的规定，有三种类型的飞机，分别为重型(H)、中型(M)和轻型(L)。

用 VS2005 结合 QT4 编写了仿真程序，每条染色体都用一个结构体表示，结构体中包含了已知的飞机信息。产生随机的初始种群，分别设计了选择、交叉和变异函数，对种群进行操作。

本节的遗传算法有两个运行参数需要提前设定：一为种群的大小，即群体中所含个体的数量，一般取染色体长度的两倍；二为遗传运算的终止进化代数，一般取 100～2 000 代。

这两个运行参数对遗传算法的求解结果和效率都有一定的影响，取值不同，得到的结果也会不同，目前尚无合理选择它们的理论依据。在遗传算法中，往往需要经过多次实验后才能确定这些参数的取值。文中遗传算法参数取值为，染色体长度为 20，种群大小为 40，最大进化代数为 2 000 代。

7.1.3.4　结果分析

按照上述方法对遗传算法进行了改进，经过 2 000 代的迭代计算，得到了优化的航班排序结果，同时，使用 FCFS 算法和传统的遗传算法进行了排序分析，各方法汇总结果详见表 7.2，对比结果详见表 7.3。首先，由表 7.2 和表 7.3 可知，改进

的遗传算法得到的总延迟为 1 571 s,FCFS 算法、传统的遗传算法的总延迟分别为 2 036 s,1 758 s,分别减少了 465 s,187 s,表明改进的遗传算法较其他算法能有效减小航班总延误;其次,改进的遗传算法得到的无延迟飞机架数为 4 架,比 FCFS 算法增加了 3 架;另外,改进的遗传算法得到的航班调动架数为 9 架,比传统遗传算法少了 2 架,较少的航班调动架次不仅能减轻管制员的工作负担,也能保障机场空中飞行安全。

表 7.2　各算法航班排序结果汇总表

FCFS算法					传统的遗传算法				改进的遗传算法			
飞机编号	飞机类型	ETA	STA	延误/s	飞机编号	飞机类型	STA	延误/s	飞机编号	飞机类型	STA	延误/s
1	L	090000	090000	0	1	L	090000	0	1	L	090000	0
2	L	090121	090138	17	2	L	090138	17	2	L	090138	17
3	L	090217	090316	59	3	L	090316	59	3	L	090316	59
4	M	090330	090430	60	4	L	090454	22	4	L	090454	22
5	L	090432	090648	136	5	M	090608	50	5	M	090608	158
6	M	090518	090802	164	6	M	090722	232	6	M	090722	124
7	M	090852	090916	24	7	M	090852	0	7	M	090852	0
8	L	091040	091134	54	8	L	091110	30	8	L	091110	30
9	M	091205	091248	43	9	L	091308	0	9	M	091224	19
10	M	091241	091402	81	10	M	091422	101	10	M	091338	57
11	L	091308	091620	192	11	L	091640	68	11	L	091556	24
12	L	091532	091758	146	12	M	091754	349	12	L	091734	266
13	H	091731	091912	101	13	M	091908	7	13	M	091901	0
14	H	091833	092046	133	14	M	092022	47	14	M	092015	40
15	M	091901	092240	219	15	M	092136	56	15	M	092129	49
16	M	091935	092354	259	16	H	092250	319	16	H	092243	250
17	M	092040	092508	268	17	H	092424	351	17	H	092417	406
18	L	092716	092726	10	18	L	092716	0	18	L	092716	0
19	L	092829	092904	35	19	L	092854	25	19	L	092854	25
20	M	092943	093018	35	20	H	093008	25	20	H	093008	25

表 7.3　各算法对比结果

排序算法	总延迟/s	平均延迟/s	无延迟飞机架数/架	航班调动架数/架
FCFS算法	2 036	101.8	1	
传统的遗传算法	1 758	87.9	4	11
改进的遗传算法	1 571	78.55	4	9

7.2 基于遗传算法的加工工艺决策与排序优化

7.2.1 问题描述

加工中心主要用于箱体、壳体、模具等较复杂零件的加工，加工中心具有工作台转位和自动换刀的功能，零件在一次装夹下的工步有数十到上百道。在传统的工艺规划中，工艺专家根据经验为每一工艺特征选择一个加工方案(加工链)，然后将所有特征的加工方案组合在一起进行最优化排序[13]。然而，工步数越多，排序规模越大，只靠传统的经验法难以得到最优的排序方案。

为解决工艺规划中的工步排序问题，一些智能算法逐渐被用于此方面的研究。文献[13-16]采用了遗传算法，文献[17-18]采用了蚁群算法，文献[19]采用了模拟退火算法，文献[20]采用了遗传算法和模拟退火相结合的算法。但是，上述文献所研究的大都是零件在一次装夹下并且每个加工特征都只有一种加工方案时的工步排序。在实际情况中，对于某类特征及其工艺要求，通常存在几个能力重叠的加工方法[14]。本节在前人研究的基础上，使用遗传算法对加工中心多次装夹下，每种特征有多种加工方案的情形进行工艺选择与排序优化。目标函数由换刀时间、工作台转位时间、装夹时间和加工时间四部分组成，并通过引入特征约束矩阵和加工优先级系数确保工步之间的正确排序。

7.2.2 工艺排序的数学模型

7.2.2.1 特征元和加工链

一般来说，箱体零件由一些具有加工意义的最基本的加工特征所构成，如面、孔、槽等，这些最基本的加工特征被称为特征元。

设一个零件的全部特征元构成了该零件的特征集合 F，若此零件一共有 m 个特征元，则零件的特征元集可表示为

$$F=\{f_1,f_2,\cdots,f_m\}$$

其中，f_i 为零件的第 i 个特征元，由于每一特征元可能对应着多条加工链，因此特征元 f_i 又可以表示为

$$f_i=\{[IDf_i,Op_i,W_i,I_i]\}$$

其中，IDf_i 指特征代码；Op_i 为特征元的加工链集；W_i 为特征类型；I_i 为加工精度等信息。f_i 的加工链集 Op_i 又可表示为

$$Op_i=\{Op_{i1},Op_{i2},\cdots,Op_{im},\cdots\}$$

其中，Op_{im} 为 f_i 的第 m 条加工链。由于加工链一般由多个工步组成，所以 Op_{im} 又

可以表示为

$$Op_{im}=\{Op_{im1},Op_{im2},\cdots,Op_{imn},\cdots\}$$

其中，Op_{imn} 为特征元 f_i 的第 m 条加工链中的第 n 个工步。

7.2.2.2 工步信息表达

对每一个特征元都选择一条加工链，每一条加工链又包含几个工步，这些工步就组成了一条完整的工艺路线。设选择出的加工链中包含的工步总数为 n，则工艺路线表示为 $O=\{o_1,o_2,\cdots,o_n\}$。这样，理论上存在 n 种工步排序，但在实际情况下，由于特征间和加工阶段的约束，某些工步之间必定存在优先关系，所以实际工步的排列种数要远小于 $n!$ [3]。

在编码的时候令每一个基因码（工步）都对应一个基因座，基因码与基因座信息的映射关系为

$$o\mid\rightarrow\{IDf,IDOp,S,M,FS,C,A,P,T\}$$

其中，$IDOp$ 指加工链编号；S 指粗加工、半精加工、精加工等加工阶段；M 指钻、铣、镗等加工方法；FS 为装夹表面代码；C 为使用的刀具代码，A 为方位面代码，P 为工步所属加工链的加工优先级系数；T 为工步的加工时间。

7.2.3 工艺排序的约束条件

需要重点强调的一点是，在加工工艺的决策与优化排序中，最重要的任务是要保证加工质量，否则单纯的工艺排序将变得毫无意义，也就是说生成的工艺路线必须满足工艺规划中的约束条件。在加工中心上加工箱体零件时，零件的不同特征元之间存在着各种约束关系，这些约束可分为强制性约束和最优性约束。加工工艺排序优化的基本思路就是先找出所有满足强制性约束的工艺路线集，然后根据最优性约束的标准进行判断和评价，从而找到最好或较好的工艺路线。

7.2.3.1 强制性约束

强制性约束是指在同一表面上加工零件时，应严格按照粗加工、半精加工、精加工的次序进行；对既有铣面又有钻孔的零件，若加工平面作为孔的基准，则应严格按照先面后孔的次序要求；加工时应当先安排主要表面的加工，后安排次要表面的加工；工件的精基准表面要先于其他面加工。引入特征约束矩阵 $\boldsymbol{Y}$ 和加工优先级系数 P 用来保证零件工艺排序中的强制性约束。

对于待加工零件的特征元集 $F=\{f_1,f_2,\cdots,f_m\}$，可以使用一个 $m\times m$ 的矩阵 $\boldsymbol{Y}$ 来存储特征元之间的优先关系，其中：

$$Y(i,j)=\begin{cases}1, & \text{特征元 } i \text{ 必须在特征元 } j \text{ 之前加工}\\ 0, & \text{特征元 } i \text{ 不必在特征元 } j \text{ 之前加工}\end{cases}$$

使用加工优先级系数 P 来保证同一特征工步间加工阶段的约束，P 为自然数，P 值越小表明工步的加工优先级越高。如对一平面特征的加工顺序为粗铣、精铣、精磨，则对应的加工优先级系数依次为 1，2，3。可以证明，特征约束矩阵和加工优先级系数能够严格保证工艺排序过程的合理性，因而可以保证加工质量。

7.2.3.2 最优性约束

最优性约束主要是要达到以下目标：①使用相同刀具的工步应集中安排在一起，以尽量缩短加工中心的换刀时间；②将零件同一方位上的表面加工集中在一起，以尽量缩短工作台的转位时间；③具有相同装夹表面的特征元集中在一起加工，以缩短装夹时间；④在满足上面三个条件的基础上，为零件的每一特征元都选择一条合适的加工链，使得零件总的生产时间最短。这样在最少换刀和装夹的情况下，可以尽可能多地加工满足形位公差要求的特征，也能够保证加工过程的质量。

首先建立一个函数 $g(x,y)$

$$g(x,y)=\begin{cases}1, & x=y\\0, & x\neq y\end{cases}$$

设某箱体零件的工艺路线为 $O=\{o_1,o_2,\cdots,o_n\}$。在工步 o_i 加工完毕后，若 o_i 所用的刀具 o_iC 与工步 o_{i+1} 的刀具 $o_{i+1}C$ 不同，则 $g(o_iC,o_{i+1}C)=1$，否则 $g(o_iC,o_{i+1}C)=0$。因为数控加工中心下一工步要用的刀具总是提前转到换刀位置，所以每次换刀的时间基本相同，设每次换刀时间为 t_T，则总换刀时间可以表示为

$$t_1(x)=t_T\sum_{i=1}^{n-1}g(o_iC,o_{i+1}C) \tag{7.6}$$

箱体零件各特征所依附的面称为方位面，按其法向平行于 x,y,z 轴正负向共分为 6 个。令主视图中零件的前面、右面、顶面分别为方位面 1 ～ 3，零件后面、左面、底面分别为方位面 −1 ～−3。设工步 o_i 所在的方位面代码为 o_iA，工步 o_{i+1} 的方位面为 $o_{i+1}A$，加工中心工作台转位 90° 时间为 t_z。因为工作台转位时间与转位角度大小有关，则从工步 o_i 到 o_{i+1} 所需要的工作台总的转位时间可以表示为

$$t_2(x)=t_z\sum_{i=1}^{n-1}q(o_iA,o_{i+1}A) \tag{7.7}$$

其中，$q(x,y)$ 是专门设计的一个分布函数，用来计算工作台转位次数，表示为

$$q(x,y)=\begin{cases}0, & x=y\\1, & |x|\neq|y|\\2, & x=-y\end{cases} \tag{7.8}$$

设工步 o_i 的装夹表面代码为 o_iFS，工步 o_{i+1} 的装夹表面代码为 $o_{i+1}FS$，在工步 o_i 加工完毕后，若 o_i 的装夹表面与工步 o_{i+1} 的装夹表面不同，则 $g(o_iFS,o_{i+1}FS)=$

1,否则 $g(o_iFS, o_{i+1}FS)=0$。为简化模型,固定装夹时间为 t_S,则总装夹时间可表示为

$$t_3(x)=t_S\sum_{i=1}^{n-1}g(o_iFS, o_{i+1}FS) \tag{7.9}$$

假设工步 o_i 的加工时间为 t_i,则该零件的总加工时间可表示为

$$t_4(x)=\sum_{i=1}^{n}t_i \tag{7.10}$$

由上文可知:函数 $t_1(x)$ 的值越小,工步的刀具越集中;$t_2(x)$ 的值越小,工步方位面越集中;$t_3(x)$ 的值越小,零件装夹的次数越少;$t_4(x)$ 的值越小,零件的加工时间就越短。

综上,目标函数 t 由四部分组成,表示为

$$\min t=\sum_{i=1}^{4}t_i(x) \tag{7.11}$$

7.2.4 基于遗传算法的工艺排序方法

基于遗传算法的工艺路线优化方法的步骤如图 7.1 所示。

7.2.4.1 工步顺序编码

遗传算法常用的编码方法可以分为二进制编码、顺序编码、整数编码和实数编码等方法。在此采用顺序编码的方式,它是用自然数编码并且不允许重复。若一共有 n 个工步需要排序,则基因值在 $1\sim n$ 之间随机取值,每个基因值都不同,代表一个工步。

7.2.4.2 初始群体生成

设 N 为初始群体的个体总数,并设随机选择的特征加工链集中共包含 n 个工步,则首先要随机产生 N 条长度为 n 的符号串。将生成的符号串存入初始群体 POP 中,记 $\mathrm{POP}=\{x_1, x_2, \cdots, x_N\}$,其中 x_i 为初始群体 POP 中的第 i 个个体,表示一种工步顺序。

7.2.4.3 适应度值函数

本节优化的目标函数是零件所需的总生产时间最短,但由于算法中通常认为适应度值越大越好,因此 POP 中每个染色体的适应度值取 $g=M-t$,其中 M 为一个极大值。

7.2.4.4 选择

调用赌轮比例选择算法,选择 N 个个体放入 NewPOP 中,并将适应度值最大

的符号串保存到 Best 中，直到后面出现适应度值更大的个体再将其替代。

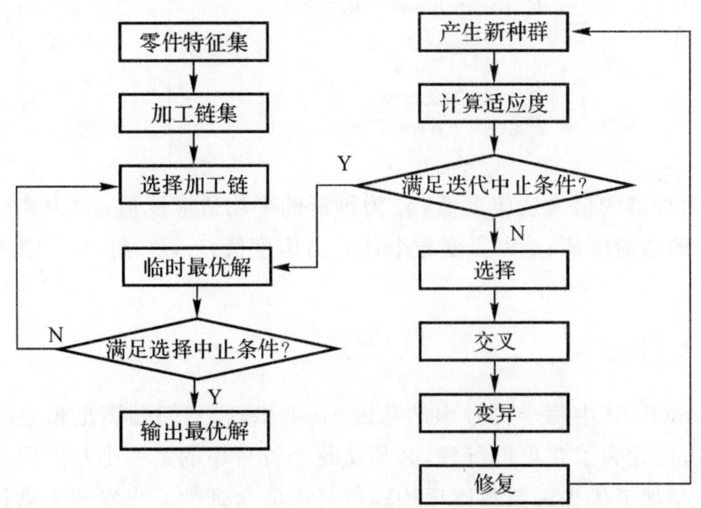

图 7.1　基于遗传算法的工艺路线选择与排序优化步骤

7.2.4.5　交叉

从 NewPOP 中随机选择两个个体(符号串)，生成一个 0-1 均匀分布的随机数 r_a，若 $r_a \leqslant P_c$(P_c 为交叉概率)，则将这两个符号串进行交叉操作。调用单点交叉算法，选择一个交叉点，子代交叉点前的部分从父代中复制，交叉点后的部分依次从另一个父代中扫描，如果某个基因码在子代中没有，就把它添加到子代中，按照这样生成两个子代。将新生成的符号串加入 NewPOP 中，否则将原符号串加入 NewPOP 中。

7.2.4.6　变异

对 NewPOP 中的每个符号串，生成一个 0-1 均匀分布的随机数 r_b，若 $r_b \leqslant P_m$(P_m 为变异概率)，则对此符号串进行变异操作，随机选择并交换两个基因码。将新生成的符号串加入 NewPOP 中，否则将原符号串加入 NewPOP 中。

7.2.4.7　自适应策略

遗传算法的交叉概率 P_c 和变异概率 P_m 是影响遗传算法行为和性能的关键所在，直接影响算法的收敛性。通过引入自适应策略，P_c 和 P_m 就能够随适应度值自动改变，因而自适应遗传算法在保持群体多样性的同时，保证遗传算法的收敛性。P_c 和 P_m 按式(7.12) 进行自适应调整：

$$\left.\begin{aligned}P_c&=\begin{cases}\dfrac{k_1(g_{\max}-g')}{g_{\max}-g_a}, & g'\geqslant g_a\\ k_2, & g'<g_a\end{cases}\\ P_m&=\begin{cases}\dfrac{k_3(g_{\max}-g)}{g_{\max}-g_a}, & g\geqslant g_a\\ k_4, & g<g_a\end{cases}\end{aligned}\right\} \tag{7.12}$$

式中,$g_{\max}$ 为种群的最大适应度值;g_a 为种群的平均适应度值;g' 为要交叉的两个个体中较大的适应度值;g 为要变异个体的适应度值;k_1,k_2,k_3,k_4 均为(0,1)之间设定的常数。

7.2.4.8 修复

由于 NewPOP 中每个符号串的基因码(工步)相互间要满足相应的特征约束和工步约束,因此为了获得可行解,必须从每个符号串的第一个基因码开始按照特征约束矩阵和加工优先级系数逐项检验符号串的合理性。当发现不满足约束关系的工步时,将两工步对调,再重新进行校检,直到关系都符合。

7.2.4.9 迭代循环

令 POP=NewPOP,返回 7.2.4.3,计算 POP 的适应度值,直至满足迭代次数为止,输出最优解。

7.2.5 实例分析

7.2.5.1 算法应用

文献[13,16,17,20]与本节的研究相似,都是用智能算法解决零件加工工艺排序问题的。为了验证本文设计的算法的有效性,用本算法分别对上述四篇文献中的待加工零件(见图 7.2)进行工艺排序。

文献[13]中的算法获得的最短辅助加工时间为 65 s,而采用本节算法得到的最短时间为 53 s;文献[16]中直接利用算法得到最短辅助加工时间为 13.35 s,而本节算法直接得到的最短加工时间为 126.5 s;文献[17]中得到工艺排序的最短加权海明距离为 6.49,而本节算法得到更优值 6.34;在假设换刀与工作台转位时间相同的前提下,本节算法得到了与文献[20]中结果相同的最优解。具体排序结果比较见表 7.4,其中粗加工、半精加工、精加工阶段分别用字母 a、b、c 表示;车削、铣削、刨削、钻孔、钻中心孔、镗孔、铰孔、扩孔、锪孔、攻丝分别用字母 L、M、P、S、DC、B、R、E、C、T 表示。

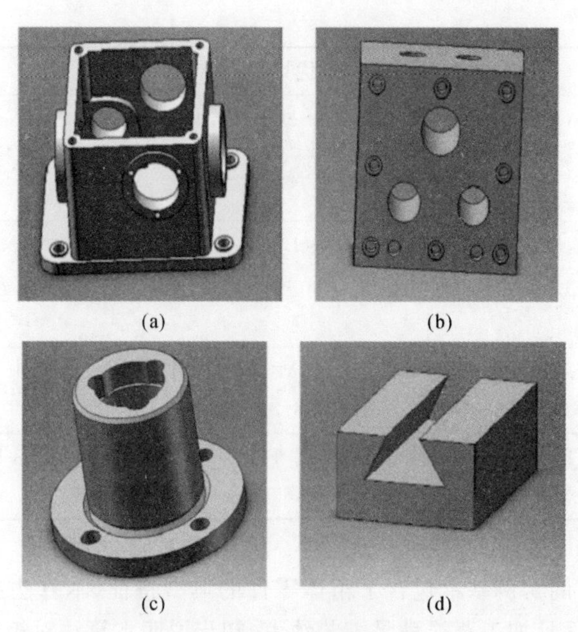

图 7.2 实例零件

(a)文献[13]； (b)文献[16]； (c)文献[17]； (d)文献[20]

表 7.4 算法排序结果比较

算法来源	最优排序	最优值
文献[13]	aM f_{15}—cM f_{15}—aM f_4—cM f_4—aM f_7—cM f_7—aM f_{10}—cM f_{13}—aM f_{13}—D f_{12}—aB f_{11},f_5—D; f_6,f_3,f_{14},f_9—aB f_8,f_1,f_2—cB f_1,f_2,f_5,f_8,f_{11}	65 s
本算法	aM f_{10},f_7,f_4,f_{13},f_{15}—cM f_{15},f_{10},f_7,f_4,f_{13}—D f_{12},f_9,f_6,f_3,f_{14}—aB f_{11},f_8,f_5,f_1,f_2—cB f_1,f_2,f_{11},f_8,f_5	53 s
文献[16]	aB H01,H06,H07～ 08,H02 ～03—bBH02～03,H07～08,H06,H01—DCTH01～－ 12,H04 ～05,H09～10,TH13～20—D TH13～20,H09～10,H04～05,TH01～12—T TH01～12—E H04～05—T TH13～20—cB H06,H01,H02～0,H07～08—R H09—10,H04～05	135.5 s
本算法	aB H06,H01,H02～03,H07～08—bBH07～08,H02～03,H01,H06DC H09～10,TH13～20,H04—05,TH01～12—D TH01～12,T TH01～12—D H04～05—E H04～05—D H09～10,TH13～20—T TH13～20—cB H06,H01,H02～03,H07～08—R H09～10,H04～05	126.5 s

续 表

算法来源	最优排序	最优值
文献[17]	aL f_1,f_3,f_5,f_9—bL f_3,f_5—cL f_1,f_3,f_2,f_5,f_9,f_4—aL f_7,f_6,f_{12}—bL f_{12}—cL $f_{12},f_{11},f_6,f_7,f_8$—aM f_{10}—cM f_{10} D f_{13}	6.49
本算法	aL f_1,f_3,f_5,f_9—bL f_3,f_5—cL f_1,f_3,f_2,f_9,f_5,f_4——aL f_7,f_6,f_{12}—bL f_{12}—cL $f_{12},f_{11},f_6,f_7,f_8$—D f_{13}—aM f_{10}—cM f_{10}	6.34
文献[20]	cM FA6—aM FB2—cM FB2—aM FB3—cM FB3—aM FB1—cM FB1—D FD03—E FD03—R FD03	
本算法	aM FB2—cM FB2—D FD03—E FD03—R FD03—aM FB3—cM FB3—aM FB1—cM FB1—cM FA6	

上述文献中的实例基本包含了箱体零件的典型特征，本算法在几个算例中都取得了更优解，而且加工路线满足工艺约束，初步说明本算法对箱体零件工艺路线排序方面有一定的优越性。为了说明本算法在零件多次装夹并且每个特征元有多种加工方案时的有效性，对图 7.3 所示的待加工零件进行加工方案选择与排序。

图 7.3 待加工零件

该零件有 20 个特征元，零件特征元信息见表 7.5。

根据特征元的特征类别和加工精度等要求利用反向设计法为每个特征元设计多条加工链，加工链内的工步用编码表示为($IDf,IDOp,FS,C,A,P,T$)。加工用的铣、刨、钻、粗扩、粗镗、精扩、半精镗、精镗、铰、锪等的刀具编码为 1～10，得到零件的加工信息见表 7.6。

表 7.5 零件特征元信息表

特征元编号	特征名称	加工精度	特征元编号	特征名称	加工精度
f_1	前端面	IT8	f_{11}	左端面	IT8
f_2	ϕ26 通孔	IT7	f_{12}	ϕ30 通孔	IT7
f_3	$M3$ 孔系	IT7	f_{13}	$M3$ 孔系	IT7
f_4	右端面	IT8	f_{14}	顶面	IT8
f_5	ϕ30 通孔	IT7	f_{15}	$M4$ 孔系	IT7
f_6	$M3$ 孔系	IT7	f_{16}	台面	IT8
f_7	后端面	IT8	f_{17}	$M6\phi_{10}$ 沉孔系	IT8
f_8	ϕ26 通孔	IT7	f_{18}	底面	IT8
f_9	$M3$ 孔系	IT7	f_{19}	ϕ30 通孔	IT7
f_{10}	ϕ20 通孔	IT7	f_{20}	ϕ45 孔	IT8

表 7.6 零件加工信息表

特征元	工步编码
f_1	(1,1,1,1,1,1,20)—(1,1,1,1,1,2,24)
	(1,2,1,2,1,1,26)—(1,2,1,2,1,2,32)
f_2	(2,1,1,5,11,10)—(2,1,1,7,1,2,12)—(2,1,1,8,1,3,14)
	(2,2,1,4,11,9)—(2,2,1,7,1,2,12)—(2,2,1,8,1,3,14)
f_3	(3,1,1,3,11,9)—(3,1,1,4,1,2,12)—(3,1,1,6,1,3,12)—(3,1,1,9,1,4,15)
	(3,2,1,3,11,9)—(3,2,1,5,1,2,15)—(3,2,1,7,1,3,15)—(3,2,1,8,1,4,15)
f_4	(4,1,1,1,2,1,20)—(4,1,1,1,2,2,24)
	(4,2,1,2,2,1,26)—(4,2,1,2,2,2,32)
f_5	(5,1,1,5,21,10)—(5,1,1,7,2,2,12)—(5,1,1,8,2,3,14)
	(5,2,1,4,21,9)—(5,2,1,6,2,2,10)—(5,2,1,8,2,3,14)
f_6	(6,1,1,3,21,9)—(6,1,1,4,2,2,12)—(6,1,1,6,2,3,12)—(6,1,1,9,2,4,15)
	(6,2,1,3,21,9)—(6,2,1,5,2,2,15)—(6,2,1,7,2,3,15)—(6,2,1,8,2,4,15)
f_7	(7,1,1,1,−1,1,20)—(7,1,1,1,−1,2,24)
	(7,2,1,2,−1,1,26)—(7,2,1,2,−1,2,32)

续表

特征元	工步编码
f_8	(8,1,1,5,−11,10)—(8,1,1,7,−1,2,12)—(8,1,1,8,−1,3,14)
	(8,2,1,4,−11,9)—(8,2,1,6,−1,2,10)—(8,2,1,8,−1,3,14)
f_9	(9,1,1,3,−11,9)—(9,1,1,4,−1,2,12)—(9,1,1,6,−1,3,12)—(9,1,1,9,−1,4,15)
	(9,2,1,3,−11,9)—(9,2,1,5,−1,2,15)—(9,2,1,7,−1,3,15)—(9,2,1,8,−1,4,15)
f_{10}	(10,1,1,5,−11,7)—(10,1,1,7,−1,2,10)—(10,1,1,8,−1,3,12)
	(10,2,1,4,−11,7)—(10,2,1,6,−1,2,8)—(10,2,1,8,−1,3,12)
f_{11}	(11,1,1,1,−2,1,20)—(11,1,1,1,−2,2,24)
	(11,2,1,2,−2,1,26)—(11,2,1,2,−2,2,32)
f_{12}	(12,1,1,5,−21,10)—(12,1,1,7,−2,2,12)—(12,1,1,8,−2,3,14)
	(12,2,1,4,−21,9)—(12,2,1,6,−2,2,10)—(12,2,1,8,−2,3,14)
f_{13}	(13,1,1,3,−21,9)—(13,1,1,4,−2,2,12)—(13,1,1,6,−2,3,12)—(13,1,1,9,−2,4,15)
	(13,2,1,3,−21,9)—(13,2,1,5,−2,2,15)—(13,2,1,7,−2,3,15)—(13,2,1,8,−2,4,15)
f_{14}	(14,1,1,1,3,1,7)—(14,1,1,1,3,2,11)
	(14,2,1,2,3,1,9)—(14,2,1,2,3,2,12)
f_{15}	(15,1,1,3,31,9)—(15,1,1,4,3,2,12)—(15,1,1,6,3,3,12)—(15,1,1,9,3,4,15)
	(15,2,1,3,31,9)—(15,2,1,5,3,2,15)—(15,2,1,7,3,3,15)—(15,2,1,8,3,4,15)
f_{16}	(16,1,1,1,3,1,14)—(16,1,1,1,3,2,17)
	(16,2,1,2,3,1,20)—(16,2,1,2,3,2,22)
f_{17}	(17,1,,13,31,16)—(17,1,1,10,3,2,32)
	(17,2,1,3,31,16)—(17,2,1,5,3,2,38)
f_{18}	(18,1,3,1,−3,1,20)—(18,1,3,1,−3,2,24)
	(28,2,3,2,−3,1,26)—(18,2,3,2,−3,2,32)
f_{19}	(19,1,3,5,−3,1,10)—(19,1,3,7,−3,2,12)—(19,1,3,8,−3,3,14)
	(19,2,3,4,−3,1,9)—(19,2,3,6,−3,2,10)—(19,2,3,8,−3,3,14)
f_{20}	(20,1,3,5,−3,1,12)—(20,1,3,7,−3,2,16)
	(20,2,3,4,−3,1,12)—(20,2,3,6,−3,2,18)

7.2.5.2 结果分析

遗传算法的每一次迭代必须维持群体的数量不变，当 N 取值较小时，可提高遗传算法的运行速度，但却降低了群体的多样性，有可能引起早熟现象；而当 N 取值较大时，又会使得遗传算法的运行效率降低。本节中取群体大小 $N=20$，交叉概率 $P_c=0.6$，变异概率 $P_m=0.1$，极大值 $M=1\ 500$，每次迭代代数 $E=1\ 200$，设加工中心换刀时间为 4 s，工作台转位 90°时间为 2 s，每次装夹时间为 20 s。

算法一共运行 50 次，得到最优解为 578。但考虑到工步排序问题规模大、约束条件多等特殊性，因此交叉概率和变异概率宜取较大值。但较大的交叉概率和变异概率会导致算法收敛变慢，因此为了加快收敛速度，采用最优解保存策略，即每次迭代后用最优解替代当前种群中的最差解。

重新设置交叉概率 $P_c=0.8$，变异概率 $P_m=0.4$，运行 50 次，得到最优解为 585，调整前后算法得到最大适应度值时的寻优路线如图 7.4 所示。

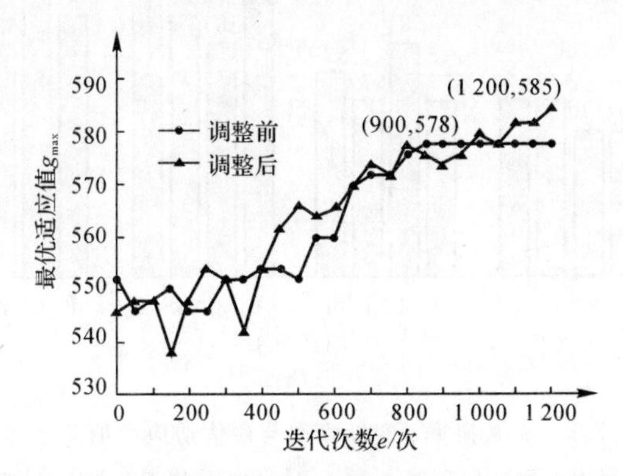

图 7.4 调整前后算法最优适应度值的寻优路线图

从图 7.4 可以看出，当交叉概率和变异概率增大时，虽然算法收敛速度变慢，但能够搜索到更加广阔的可行域，能避免陷入局部最优并有机会搜索到较优值。选择算法取得的最佳加工链，通过对交叉概率和变异概率进行调整并且运行若干次后，得到两者变化与平均最优适应度值关系如图 7.5 所示，其中，a～p 所表达的含义见表 7.7。

表 7.7 a～p 的含义

	(P_c,P_m)		(P_c,P_m)		(P_c,P_m)		(P_c,P_m)
a	(0.2,0.2)	e	(0.4,0.2)	i	(0.6,0.2)	m	(0.8,0.2)
b	(0.2,0.4)	f	(0.4,0.4)	j	(0.6,0.4)	n	(0.8,0.4)
c	(0.2,0.6)	g	(0.4,0.6)	k	(0.6,0.6)	o	(0.8,0.6)
d	(0.2,0.8)	h	(0.4,0.7)	l	(0.6,0.8)	p	(0.8,0.8)

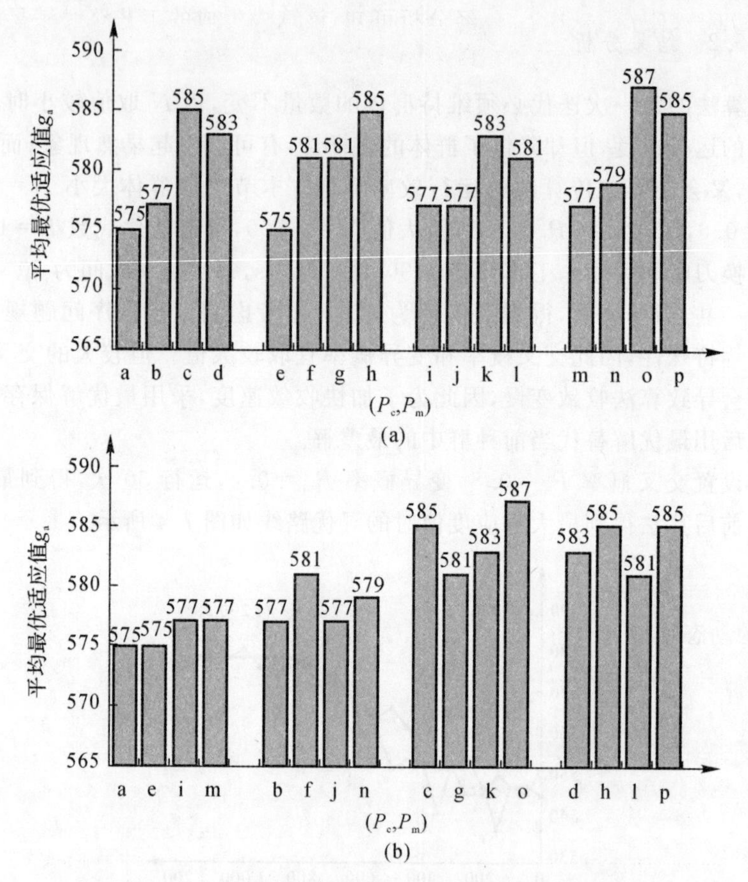

图 7.5　交叉概率、变异概率与最优适应度值关系图

(a)依次固定 P_c、变化 P_m 时的 g_a 值；　(b)依次固定 P_m、变化 P_c 时的 g_a 值

依次固定交叉概率为 0.2,0.4,0.6,0.8,通过调节变异概率观察所得平均最优适应度值的变化如图 7.5(a)所示;依次固定变异概率为 0.2,0.4,0.6,0.8,通过调节交叉概率观察所得平均最优适应度值的变化如图 7.5(b)所示。可以发现,由于工艺排序问题的特殊性,算法中变异概率的改变对最优适应度值比交叉概率有着更显著的影响,增大变异概率往往会获得更优解。但在实验中发现,当变异概率大于 0.6 时,算法在 5 000 代以内很难收敛。综合上述因素并结合算法实际运行情况,建议交叉概率取 0.5,变异概率在 0.4～0.6 取值。

优化后的算法得到零件的最短加工时间为 913 s,最优工艺路线为 aM f_{14}, f_{16}, f_1, f_4, f_7, f_{10}—cM f_{11}, f_7, f_1, f_4, f_{16}, f_{14}—D f_{15}, f_{17}, f_3, f_6, f_{13}, f_9—aE f_9, f_8, f_{10}, f_{12}, f_{13}, f_{15}, f_2, f_3, f_5, f_6—C f_{17}—cE f_5, f_6, f_8, f_9, f_{10}, f_2, f_3, f_{12}, f_{13}, f_{15}—cB f_2, f_5, f_8, f_{10}, f_{12}—R f_{13}, f_{15}, f_9, f_3, f_6—aM f_{18}—cM f_{18}—aB f_{20}—aE

f_{19}—bB f_{20}—cE f_{20}—cB f_{19}。经分析可知，该算法生成的工艺路线满足工艺约束条件并且较大程度地实现了刀具集中和方位集中。

7.3 基于遗传算法的Job-shop调度

7.3.1 问题描述

车间作业调度(Job-shop Scheduling)是车间调度中最常见的调度类型，是最难的组合优化问题之一[21]，对其研究具有重大的现实意义。科学有效的生产调度不但可以提高生产加工过程中操作工人、设备资源的高效利用，而且还可以缩短生产周期，降低生产成本。随着遗传算法在组合优化问题中的广泛应用，许多人开始对遗传算法进行深度研究，并应用它求解车间调度问题。

目前，对车间作业调度问题的研究大都集中在静态调度上，对动态调度的研究很少，因为动态调度要比静态调度复杂得多。另外，在研究动态调度问题时，由于在实际的生产加工过程中不确定以及随机因素太多，任何单一的规则都较难适用于所有的动态环境。

在最近几年，对动态调度问题的研究方法主要有人工智能方法、仿真方法等[22]。这些方法不但开发成本高，而且开发周期也很长，不适应于企业的应用。相比之下，遗传算法作为一种新型仿生算法为求解生产调度问题提供了新的解决思路。

因此，本节提出了一种应用遗传算法求解车间作业动态调度的方法，为了评价这种方法的有效性，以最优完工时间为目标[23]模拟加工车间，通过模拟结果可以观察出应用遗传算法求解此类问题是有效的。

7.3.2 Job-shop调度问题的数学描述

车间作业调度是一个经典的调度问题，如今在国内外受到研究人员的高度重视，它是对一个可用的加工机器集在时间上进行加工任务集分配，以满足一个性能指标集，问题可以描述为有 M 台机器、N 个工件，每个工件由一系列的操作组成。用 $MC=\{m_k\}$ 表示加工机器集，其中 $k=1,2,\cdots,M$；用 $JC=\{j_k\}$ 表示加工工件集，其中 $k=1,2,\cdots,N$；$OP=\{op_{ik}\}$ 表示加工工序集，$i=1,2,\cdots,N$；$h=1,2,\cdots,M$。每个操作 op_{ik} 必须满足预先给定的加工约束条件以及加工时间，从而使各工件的工序合理地安排到各加工机器上进行操作，并且能够使所有工件的最终完工时间达到较优值。

7.3.3 Job-shop调度问题的数学模型

由于车间作业调度问题是考虑 N 个工件在 M 台机器上加工排序问题，各工件

的各工序由 Q 个操作组成，并且每个操作要求在不同的机器上加工，每个工件的所有操作特点在于加工机器和加工时间是固定的，具体描述如下[25]：

(1) 对于工件的加工优先约束条件：在这里让 C_{ik} 表示工件 i 在机器 k 上的完工时间，t_{ik} 表示工件 i 在机器 k 上的加工时间，假设机器 h 先于机器 k 加工工件 i，则约束条件可描述如下：

$$C_{ik} - t_{ik} \geqslant C_{ih} \tag{7.13}$$

(2) 对于机器的操作优先约束条件：假设工件 i 和工件 j 在某一时刻都要在机器 k 上加工，如果工件 i 先于工件 j 到来，则约束条件可描述如下：

$$C_{jk} - C_{ik} \geqslant t_{jk} \tag{7.14}$$

由于本节的JSP是以工件的最短完工时间为目标，故目标函数为

$$\min_{1 \leqslant k \leqslant M} \{ \max_{1 \leqslant i \leqslant N} \{C_{ik}\} \} \tag{7.15}$$

约束条件为

$$C_{ik} - t_{ik} \geqslant C_{ih}, \quad i = 1,2,\cdots,N, \quad h,k = 1,2,\cdots,M$$

$$C_{jk} - C_{ik} \geqslant t_{jk}, \quad i,j = 1,2,\cdots,N, \quad h,k = 1,2,\cdots,M$$

式中，C_{ik} 表示工件 i 在机器 k 上的完工时间；t_{ik} 表示工件 i 在机器 k 上的加工时间；C_{ih} 表示工件 i 在机器 h 上的完工时间；C_{jk} 表示工件 j 在机器 k 上的完工时间；t_{jk} 表示工件 j 在机器 k 上的加工时间；M 为机器的数量；N 为工件数。

7.3.4 遗传算法

遗传算法是以种群为基础的搜索算法，种群中每个个体代表所求问题的一个解，把要解决的问题编码成字符串染色体，然后从任意的初始群体进行搜索，通过种群中染色体基因的选择、交叉、变异等遗传操作可使种群进化到越来越好的搜索空间，最终收敛“最适应环境的个体”，从而求得问题的最优解或满意解[24]。该算法在解决一些特殊问题上效率不是特别理想，但是应用到一般的优化问题上效率还是优于一些传统随机算法，本节提出的遗传算法流程见图7.6。

7.3.5 Job-shop 调度的遗传算法实现

7.3.5.1 编码

根据车间作业实际情况，采用基于工序的编码方式[26]，这种编码方法是把调度编码为工序的序列，个体中的每个基因代表一道工序，对于 $\{m_1, m_2, \cdots, m_M\}$ 台机器和 $\{j_1, j_2, \cdots, j_N\}$ 个工件的车间作业调度问题的染色体编码为

$$[g_1, g_2, g_3, \cdots, g_{M \times N}]$$

式中，g_i 表示工件的编号，工件编号在染色体出现的次数表示执行工件在该次数的加工工序，例如，g_2 在染色体中第二次出现表示执行第二类型工件的第一道工

序，这样很容易看出染色体的任意排列总能产生可行调度，而且这些可行调度之中一定含有最优调度。以 3×3 调度问题为例，介绍编码实现过程，根据上述编码策略，该调度问题的编码方案见表 7.8。

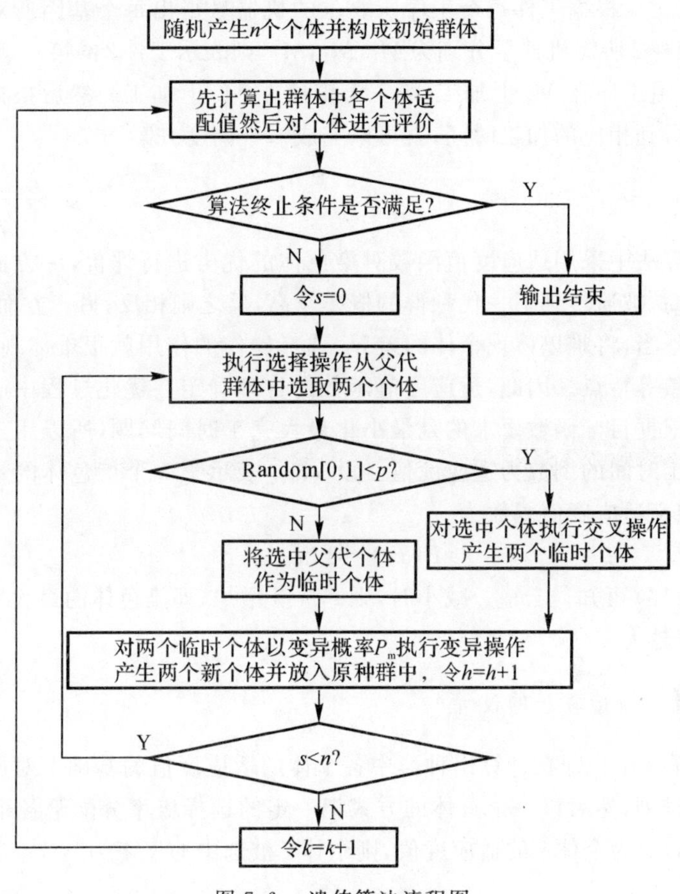

图 7.6 遗传算法流程图

表 7.8 编码方案

工序	g_{21}	g_{22}	g_{11}	g_{31}	g_{32}	g_{12}	g_{13}	g_{33}	g_{23}
编码	2	2	1	3	3	1	1	3	2

7.3.5.2 解码

解码过程是将染色体$[g_1, g_2, g_3, \cdots, g_{M\times N}]$中的每一个基因（工件号）根据其在染色体中出现的次序解码成各工件的工序。例如，对上述 3 个工件 3 台机器

(3×3)的调度问题的编码进行解码，根据表 7.8 编码方案可知其染色体的随机初始化为[2 1 3 3 1 1 3 2]，故可以解码为，首先加工工件 2 的第一道工序，接下来加工工件 2 的第二道工序，然后是工件 1 的第一道工序，接着是工件 3 的第一道工序……根据工件每个工序所要求的机器号得出每个基因所对应的机器顺序，比如工件 2 所需机器号分别为 M_1，M_2，M_3，则表示工件 2 的第一道工序在 M_1 上加工，第二道工序在 M_2 上加工，第三道工序在 M_3 上加工。然后根据各个工件的加工时间得到相应的加工时间，就可以完成一个调度方案。

7.3.5.3 适应度值函数

在遗传算法中采用适应度值函数对染色体的优劣进行评价，一方面染色体的适应度值越高，被遗传到下一代种群的概率越高，反之则相反；另一方面，若适应度值函数设计不当，将难以体现个体的差异，选择操作的作用就很难体现出来，从而造成早熟收敛等特点。因此，适应度值函数的合理确定在优化过程中起着至关重要的作用。根据目标函数要求的是最小化最大完工时间问题，所以用染色体解码后的最大完工时间的倒数为适应度值。设 $x_{k\max}$ 表示第 k 个染色体的最大完工时间，则可以定义适应度值函数为

$$F(x_k)=1/x_{k\max} \tag{7.16}$$

由式(7.16)可知，当 $x_{k\max}$ 减小时，则 $F(x_k)$ 增加，即染色体的最大完工时间越小，适应度值越大。

7.3.5.4 遗传算子的设计

(1) 选择操作。即在计算出种群中各个体的适应度值的基础上对所有个体由优到劣进行排列，然后以一个具体的方式把一定的选择概率分配给各个体。设 M 为种群大小，F_{it} 为个体 i 的适应度值，则个体 i 被选中的概率为

$$P_{it}=F_{it}/\sum_{i=1}^{M}F_{it},\quad i=1,2,\cdots,M \tag{7.17}$$

(2) 交叉操作。在选择操作执行完以后，交叉操作将两个配对的染色体部分基因交换从而形成两个新的染色体，该操作不能过多破坏个体中表现优良的编码串。例如，父代 1:$\alpha[p_1]=a,b,c,d,e$；父代 2:$\beta[p_2]=c,d,e,b,a$，从两父代染色体中随机选取基因 a,b,e，然后将这两个基因从中选取出来，并且使它们与原父代中的位置一致，得到的子串基因分别为 $f[p_3]=a,b,e$，$h[p_4]=e,a,b$，此时两父代种群出现三个空缺位置，随之将子串 $f[p_3]\rightarrow\alpha[p_1]$，$h[p_4]\rightarrow\beta[p_2]$，即可得出子代 $\alpha_1[p_5]=e,b,c,d,a$，$\beta[p_6]=c,d,a,b,e$。

(3) 变异操作。为了增强遗传算法的局部搜索能力并且能够提高种群的多样性，变异操作将染色体编码串中的某些基因进行改变，从而使遗传算法以良好的搜

索性能来完成最优化的过程。所以采用如下变异方法：

变异前

父代(A,B,C,D,E,F)

变异后

子代(A,B,F,E,D,C)

具体的执行步骤是，首先从父代中随机选择第3位到第6位的所有基因即得到基因串C,D,E,F，然后按逆序排列就可得到子代。

7.3.6 算例仿真

7.3.6.1 静态算例仿真

该次测试中以静态调度为例，以工件生产周期最短为目标。采用Delphi 7.0软件编程实现上述算法，采用面向对象的编程策略。在工件加工顺序、加工时间确定以后，在加工过程中不考虑任何紧急事件的发生，待加工工件依次进入加工系统，工件的加工顺序以及各项加工参数不变，即加工环境为一个静态过程。在仿真实例中，以6×6调度问题为例，算例相关参数为：工件种类$JC=\{j_0,j_1,j_2,j_3,j_4,j_5\}$，机器种类$MC=\{m_0,m_1,m_2,m_3,m_4,m_5\}$，每个工件在相应的机器上的加工顺序与加工时间见表7.9。

表7.9 工件在机器上的加工顺序及加工时间

工件	m_0	m_1	m_2	m_3	m_4	m_5
j_0	(4,0)	(3,0)	(1,0)	(2,0)	(5,0)	(6,0)
j_1	(6,1)	(5,1)	(2,1)	(1,1)	(4,1)	(3,1)
j_2	(5,2)	(2,2)	(1,2)	(6,2)	(3,2)	(4,2)
j_3	(6,3)	(4,3)	(5,2)	(5,3)	(1,3)	(3,3)
j_4	(5,4)	(4,4)	(1,4)	(2,4)	(6,4)	(3,4)
j_5	(3,5)	(1,5)	(2,5)	(4,5)	(6,5)	(5,5)

在仿真过程中设置各个机器的加工开始时刻为0，为了验证算法的有效性，取仿真次数为1,2,3,4,5,6,7,8，种群数目为100，交叉概率$P_c=0.8$，变异概率$P_m=0.1$，由于篇幅有限，所以只给出Delphi 7.0软件一部分操作界面，如图7.7所示。

调度
调度参数设置
动态调度次数: 50
交叉所占比率: 80 %
循环计算次数: 30
变异所占比率: 1 %
退温指数: 0.95
调度结果存储于: C:\Users\Administrator\Desktop\静态调度
处理紧急工件
紧急工件优化处理
启用第二资源信息(人员信息)
确定
取消

图 7.7 软件界面

Delphi 7.0 软件仿真次数与相应的结果见表 7.10。

表 7.10 仿真次数与结果

	次数							
	1	2	3	4	5	6	7	8
结果	55	58	54	57	56	57	53	53

通过仿真结果可以清楚地看出，每次运行的结果略有差别，但是上下浮动不大，稳定性相对平稳。安晶等人提出的算法[27]研究结果是 55 个单位时间(生产周期)，本节提出的算法得到的最佳调度结果为 53 个单位时间，很明显得到的结果优于前者 2 个单位时间。算法得到最优调度 Gantt 图如图 7.8 所示。

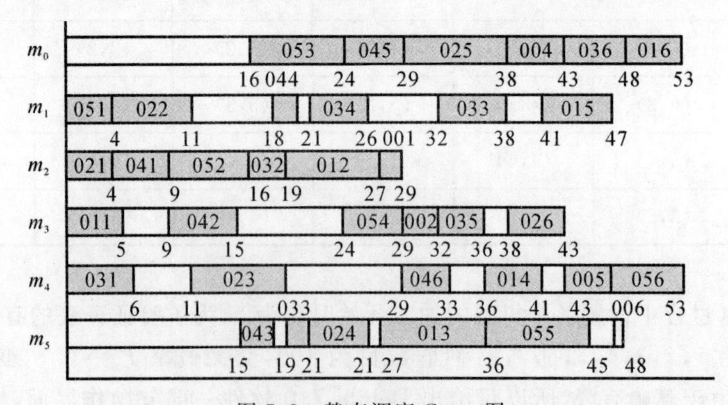

图 7.8 静态调度 Gantt 图

由以上分析及图 7.8 可以得出每台机器上各工件的加工优先次序，为了表达更加直观，采用 $\boldsymbol{M}_1^*$ 矩阵表示各工件的排列。

$$\boldsymbol{M}_1^* = \begin{bmatrix} 5 & 4 & 2 & 0 & 3 & 1 \\ 5 & 2 & 4 & 3 & 0 & 1 \\ 2 & 4 & 5 & 3 & 1 & 0 \\ 1 & 4 & 5 & 0 & 3 & 2 \\ 3 & 2 & 4 & 1 & 0 & 5 \\ 4 & 3 & 2 & 1 & 5 & 0 \end{bmatrix}$$

7.3.6.2　动态算例仿真

在实际生产加工车间中，加工环境是一个动态的过程，有许多不确定因素[28]，例如，紧急订单、操作工人离岗等都会扰动原调度计划，因此，生产调度人员必须考虑重新安排调度。假设在生产加工进行 4 h，紧急订单即工件 6 需要进行加工，这里要考虑两个要求：已经加工完工的工件工序不予考虑、正在进行加工的工件不予考虑，工件 6 加工时间矩阵 $\boldsymbol{T}=[3\quad 6\quad 7]$，加工机器矩阵 $\boldsymbol{M}=[2\quad 5\quad 1]$。由图 7.8 可知，当紧急订单到来时，已完工工件和正在加工工件信息见表 7.11。

表 7.11　已完工工件及正在加工工件

	机器			
	m_1	m_2	m_3	m_4
工件	(5,1)	(2,1)	(1,1)	(3,1)

表 7.11 中 $m_k(i,j)$ 表示第 i 个工件的第 j 道工序在机器 k 上进行加工或已完成加工。通过仿真得到的动态系统的 Gantt 图如图 7.9 所示。由图 7.9 可以看出动态调度系统的最优完工时间(56)和紧急工件到来之后各工件在各机器上的分配关系，同时图 7.9 也明显地反映出动态调度系统要比静态调度系统复杂得多[29]。由仿真结果不难看出，应用遗传算法求解车间作业动态调度问题是有效和可行的。

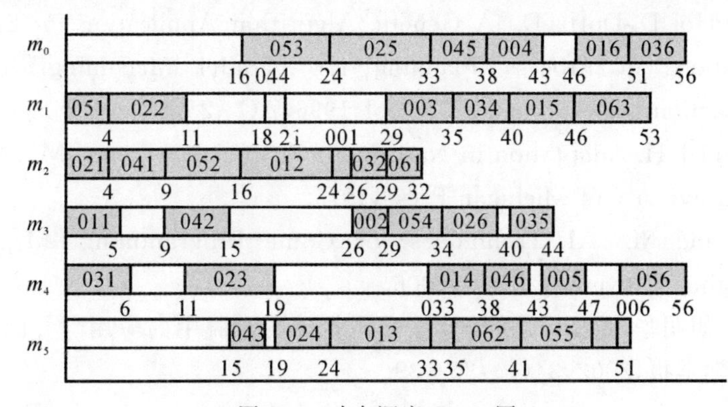

图 7.9　动态调度 Gantt 图

由图7.9以及上述的分析可以得出加工工件的排列矩阵即M_2^*，其中矩阵中的×表示工件在机器上的加工时间为0。

$$M_2^* = \begin{bmatrix} 5 & 2 & 4 & 0 & 1 & 3 & \times \\ 5 & 2 & 4 & 0 & 3 & 1 & 6 \\ 2 & 5 & 5 & 1 & 0 & 3 & 6 \\ 1 & 5 & 0 & 5 & 2 & 3 & \times \\ 3 & 2 & 1 & 4 & 0 & 5 & \times \\ 4 & 2 & 1 & 3 & 6 & 5 & 0 \end{bmatrix}$$

参考文献

[1] 张兆宁，王莉莉. 空中交通流量管理理论与方法[M]. 北京：科学出版社，2009.

[2] Jiang Weiwei，Cui Deguang，Shu Xuezhi. Multi - airport Ground Holding Policy in Air Traffic Flow Management[J]. Tsinghua Univ (Sci&Tech)，2006，46(1)：35 - 39.

[3] 黄政，白存儒，张伟. 到达航班排序与调度优化算法的遗传算法研究[J]. 航空工程进展，2011，2(2)：236 - 240.

[4] 陈勇，曹义华，周勇. 北京首都国际机场容量评估研究[J]. 飞行力学，2005，23(4)：86 - 89.

[5] Neurman F，Erzberger H. Analysis of Sequencing and Scheduling Methods for Arrival Traffic[R]. [s. l.]：NASA，1990.

[6] Dear R G，Sherif Y S. The Dynamic Scheduling of Aircraft in High Density Terminal Areas[J]. Microelectron reliab，1989，29(5)：734 - 749.

[7] 陶冶，白存儒. 基于遗传算法的航班动态排序模型的研究[J]. 中国民航飞行学院学报，2005，16(5)：3 - 7.

[8] Yip - Hoi D，Dutta D. A Genetic Algorithm Application for Sequencing Operations in Process Planning for Parallel Machining [J]. IEEE Transactions on Automatic Control，1996，AC - 25：55 - 68.

[9] Holland J H. Adaptation in Nature and Artificial Systems[M]. Michigan：The University of Michigan Press，1975.

[10] Buckland M. AI Techniques for Game Programming [M]. Beijing：Tsinghua University Press，2006.

[11] 刘星，胡明华，董襄宁. 遗传算法在飞行冲突解脱中的应用[J]. 南京航空航天大学学报，2002，34(1)：35 - 39.

[12] 徐肖豪,姚源. 遗传算法在终端区飞机排序中的应用[J]. 交通运输工程学报,2004,4(3):121-126.
[13] 郝建波,李宗斌,赵丽萍. 工步排序问题的约束模型及其遗传算法的求解[J]. 西安交通大学学报,2008,42(7):860-864.
[14] 花广如 ,王会凤,张震寰,等. 基于遗传算法的加工方案选择与操作排序综合优化方法[J]. 上海交通大学学报,2006,40(2):195-200.
[15] 曹振,李鑫. 基于遗传算法的零件工步优化研究[J]. 机械设计与制造,2009,12(12):6-8.
[16] 秦宝荣,王宁生. 基于遗传算法的加工中心工步排序优化方法[J]. 中国机械工程,2002,13(18):1531-1535.
[17] 刘伟,王太勇,周明,等. 基于蚁群算法的工艺路线生成及优化[J]. 计算机集成制造系统,2010,16(7):1378-1382.
[18] Krishna A G, Rao K M. Optimaization of Operations Sequence in CAPP Using an Ant Colony Algorithm [J]. The International Journal of Advanced Manufacturing Technology,2006,29(1/2):159-164.
[19] 蒲建,王先逵,吴丹. 工艺规划中的组合优化问题[J]. 清华大学学报,1997,37(8):69-71.
[20] 刘敏,潘晓弘,程耀东. 加工中心上基于模拟退火和遗传算法的工步优化问题研究[J]. 中国机械工程,1999,10(11):1223-1227.
[21] 王凌. 车间调度及其遗传算法[M]. 北京:清华大学出版社,2002.
[22] 吴云高,王万良. 基于遗传算法的混合 Flowshop 调度[J]. 计算机工程与应用,2002,38(12):82-84.
[23] 陈振同. 基于改进遗传算法的车间调度问题研究与应用[D]. 大连:大连理工大学,2007.
[24] 刘晓霞,谢里阳,陶泽,等. 柔性作业车间多目标调度优化研究[J]. 东北大学学报(自然科学版),2008,29(3):362-365.
[25] Liu T, Tsai J Chou J. Improved Genetic Algorithm for the Job-shop Scheduling Problem [J]. The International Journal of Advanced Manufacturing Technology,2006,27(9-10):1021-1029.
[26] 蒋丽雯. 基于遗传算法车间作业调度问题研究[D]. 上海:上海交通大学,2007.
[27] 安晶. 一种基于遗传算法的车间调度算法求解[D]. 盐城:盐城工学院,2007.
[28] 陈勇,胡婷婷,鲁建厦. 基于遗传算法改进的动态车间调度[J]. 浙江工业大学学报,2012,40(5):537-543.

[29] 徐雯雯.基于遗传算法的车间动态粗调度研究[D].济南:山东大学,2010.

[30] 焦潇冰,费向东,谢泽辉.基于改进的遗传算法航班进港排序模型研究[J].计算机技术与发展,2014,24(2):246-249.

[31] 郑永前,王阳.基于遗传算法的加工工艺决策与排序优化[J].中国机械工程,2012,23(1):59-64.

[32] 陶泽,张海涛.基于遗传算法的Job-Shop调度问题研究[J].沈阳理工大学学报,2016,35(2):60-64.

第8章 遗传算法在选址问题中的应用

8.1 基于遗传算法求解城市物流中心选址问题

8.1.1 问题描述

物流中心选址是物流系统规划的一项重要内容，物流中心是物流网络的节点，是物流系统中的基础设施。它的规划、筹建、运行与完善，涉及交通、物资、商业、外贸、工业、建筑、农业、金融等多个部门、多个行业的企业。同时，物流中心在整个物流网络中起到枢纽点的作用。因此学术界对选址问题做了大量研究：张升平和刘卫国(1993)讨论了遗传算法的基本理论，包括简单遗传算法、有序问题及其解、遗传算法的控制参数以及遗传算法的基本定理——模式定理等[1]。乔金友、朱胜杰、王春瑞(2015)提炼出 22 种选址方法并描述出其基本模型[2]。胡莹(2010)将 MATLAB 结合到遗传算法中，使得遗传算法在求解过程中更加强大[3]。J. Zak 和 Weglinskis(2014)还有国内学者刘鸿和张晓华等人(2011)把选址问题抽象成多个目标排序问题[4-5]，将权重大的因子优先考虑，他们都认为选址直接影响相关的经济和商业发展。李蕾(2015)考虑绿色物流中绿色运输、绿色流通加工等约束，用混合遗传算法来求得最小费用和最大物流[6]。于轶颉和刘伟华(2015)深入分析物流选址过程中要考虑的因素，提出了包含自然环境因素、经济因素、投资环境等因素的选址指标体系[7]。本节将遗传算法结合计算机软件应用到物流中心的选址问题中，从而为解决大型城市物流中心选址问题提供理论支持，并对物流中心和遗传算法进行详细描述，通过分析建立 0－1 数学模型并利用 MATLAB 进行求解，最后通过算例论证了模型的有效性。

8.1.2 城市物流中心选址模型

8.1.2.1 城市物流中心选址问题描述

m 个供货点通过 n 个物流中心向 l 个用户配送物品，要求在选出点建立的物流中心在满足配送要求的前提下，总成本最低。

8.1.2.2 符号说明

m—— 供货点数量；

n—— 备选物流中心数量；
l—— 客户数量；
i— 供货点编号；
j—— 物流中心编号；
k—— 客户编号；
a_k—— 供货点 k 的总供量；
m_i—— 配送中心 i 的最大容量；
p—— 最终备选物流中心数量上限；
d_j—— 用户 j 的需求量；
v_i—— 物流中心 i 的可变成本系数；
g_i—— 物流中心 i 的固定费用；
z_i——0－1 变量，0 表示不选该物流中心，1 表示选中该物流中心；
w_i—— 物流中心 i 的流量；
a_{ki}—— 供货点 k 到物流中心 i 的单位运输成本；
c_{ij}—— 物流中心 i 到用户 j 的单位运输成本；
x_{ki}—— 供货点 k 到物流中心 i 的运量；
y_{ij}—— 物流中心 i 到用户 j 的运量。

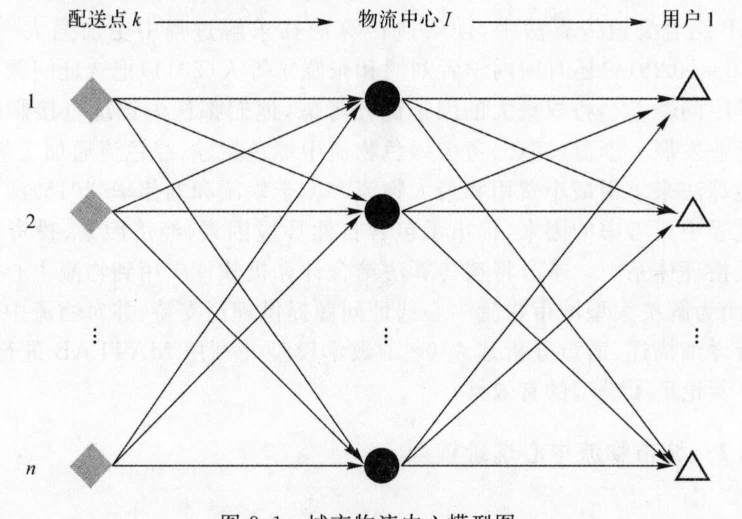

图 8.1　城市物流中心模型图

8.1.2.3　建立模型

$$\min f(x_{ki}, y_{ij}, z_i) = \sum_{k=1}^{m}\sum_{i=1}^{n} a_{ki}x_{ki} + \sum_{i=1}^{n}\sum_{j=1}^{l} c_{ij}y_{ij} + \sum_{i=1}^{n} z_i v_i w_i + \sum_{i=1}^{n} z_i g_i \tag{8.1}$$

$$\text{s.t.}\left.\begin{array}{l}\sum_{i=1}^{n} x_{ki} \leqslant a_k,\ k=1,2,\cdots,m \\ \sum_{i=1}^{n} y_{ij} \geqslant d_j,\ j=1,2,\cdots,l \\ \sum_{k=1}^{m} x_{ki}=\sum_{j=1}^{l} y_{ij},\ i=1,2,\cdots,n \\ \sum_{k=1}^{m} x_{ki} \leqslant z_i M_i,\ i=1,2,\cdots,n \\ \sum_{i=1}^{n} z_i \leqslant p \\ x_{ki}, y_{ij} \geqslant 0,\ k=1,2,\cdots,m,\ j=1,2,\cdots,l,\ i=1,2,\cdots,n\end{array}\right\} \tag{8.2}$$

模型含有 3 种类型变量，随着供货点、备选点、用户数目的增多，求解过程复杂程度呈指数增长，用常规的算法难以求解。由于遗传算法依靠计算机强大的计算能力，能够很好地解决这类问题。

遗传算法较常规算法有其明显的优点：遗传算法对所求解的优化问题没有太多的数学要求，由于它具有进化特性，搜索过程中不需要问题的内在性质，对于任意形式的目标函数和约束，无论是线性的还是非线性的，离散的还是连续的都可处理。进化算子的各态历经性使得遗传算法能够非常有效地进行概率意义的全局搜索。遗传算法对于各种特殊问题可以提供极大的灵活性来混合构造领域独立的启发式，从而保证算法的有效性。

8.1.3　基于遗传算法的模型求解

Step 1　确定编码方案

配送规模 z_i 划分为 $0\sim7$ 八个档次，用排序好的档次 $A_0\sim A_7$ 来设定配送规模，染色体由 n 个 3 位二进制数串构成为 $b(b_1,b_2,\cdots,b_n)$，其中 $b_i(i=1,2,\cdots,n)$ 是一个 3 位的二进制数。

例如：

$b_i=001$，表示档次为 1；

$b_i=100$，表示档次为 4；

Step 2　初始化种群

随机产生 l 个个体，构成初始群体 $H_0=\{h_1,h_2,\cdots,h_l\}$，对于每个个体满足

$$\sum_{k=1}^{m} x_{ki} \leqslant z_i M_i,\ i=1,2,\cdots,n \tag{8.3}$$

Step 3　计算适应度值

适应度值是群体中个体生存机会选择的唯一确定性指标，因此适应函数的形

式直接决定着群体的进化行为。而在遗传算法中适应度值规定为非负,并且在任何情况下总是越大越好。因此根据建立的配送中心的选址模型可以把适应度值函数取为

$$g(x,z)=\begin{cases}C_{\max}-f(x,z), & f(x,z)<C_{\max}\\0, & f(x,z)\geqslant C_{\max}\end{cases}\tag{8.4}$$

其中,$C_{\max}$ 是到当前所有代中见到的 $f(x,z)$ 的最大值,此时 $C_{\max}$ 随着代数会有所变化。将由 $h_k(k=1,2,\cdots,l)$ 决定的 $z_i(i=1,2,\cdots,n)$ 代入目标函数求解线性规划问题,求解出 x_{ki} 和 y_{ij},然后代入式(8.4)算出相应的适应度值 $g_i(i=1,2,\cdots,n)$。

Step 4　判断适应度值

判断适应度值是否满足终止条件,满足则直接跳转到Step8,否则到Step5。

Step 5　选择与复制

根据个体适应度值从大到小排列,根据排序决定每个个体复制到下一代的概率:

$$P_k=\frac{g_k}{\sum_{k=1}^{l}g_k}\tag{8.5}$$

然后用赌轮方式复制 l 个个体进入下一代,代数增1。

Step 6　交叉

交叉也称基因重组,这是在选中用于繁殖下一代的个体中,对两个不同的个体的相同位置的基因进行交换,从而产生新的个体。对于选中用于繁殖下一代的个体,随机地选择两个个体的相同位置,按交叉概率 P_c 在选中的位置实行交换,产生新的个体,对子染色体判断是否满足式(8.4),满足则进入新群体,否则就选择适应度值较高的父染色体进入新的群体。交叉示意图如图8.2所示。

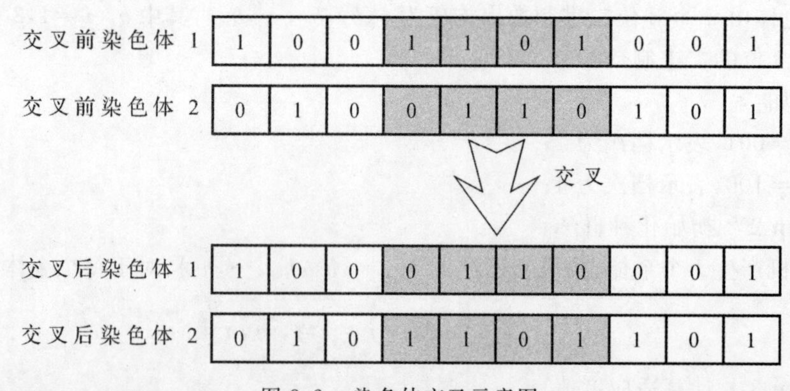

图8.2　染色体交叉示意图

Step 7 变异

完成 Step7 后跳转至 Step3，重新判断适应度值，继续循环。

细胞在进行复制时可能以很小的概率产生复制差错，从而使DNA发生某种变异，产生出新的染色体。以变异概率 P_m 对某些个体的某些位执行变异。在变异时，对执行变异的串的对应位求反，即把 1 变为 0，把 0 变为 1，如图 8.3 所示。

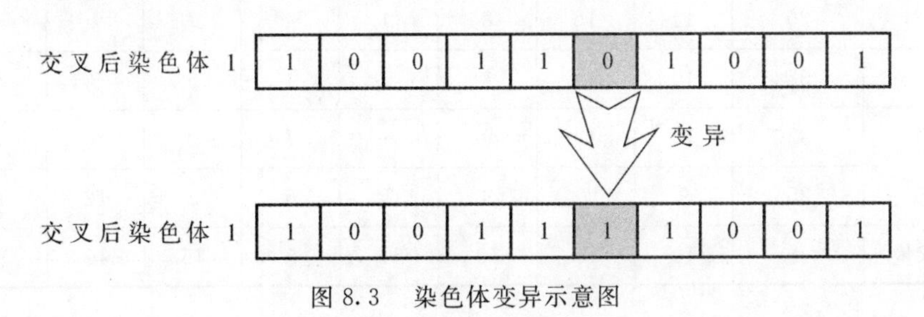

图 8.3 染色体变异示意图

设 $P_t=(u_1,u_2,\cdots,u_k,\cdots)$ 是第 t 代种群中的个体，选择浮点数 u_k 进行变异，则变异结果为 $P_t=(u_1,u_2,\cdots,u_k,\cdots)$：

$$u_k=\begin{cases}u_k+\Delta(t,UB-u_k)r>0\\u_k-\Delta(t,u_k-LB)r<0\end{cases}\tag{8.6}$$

$$\Delta(t,y)=y(1-\delta^{\left(1-\frac{t}{T}\right)^b})\tag{8.7}$$

式中，δ 为[0,1]区间上的随机数；r 为一随机数；b 为常数；UB，LB 分别为 u_k 的最大值和最小值；T 是算法的最大代数。

8.1.4 算例分析

已知有 2 个供应基地，用户分布在 8 块区域，现在计划设立 3 处配送中心（$P=3$），现有 5 处配送中心候选地 D1，D2，D3，D4 和 D5。已知配送中心的单位可变成本依次为 8，12，11，10，10，固定成本投资均为 120；各供货基地的供货能力和用户的需求量、供应基地到配送中心和配送中心到用户的单位运费的具体数据见表 8.1 和表 8.2。

表 8.1 各供货基地到配送中心的单位运费及供货能力

供应基地	供应能力	到配送中心的单位运费				
		D1	D2	D3	D4	D5
S1	40	7	7	8	12	11
S2	50	14	12	9	6	8

表 8.2　各配送中心到用户的单位运费及用户需求量

配送中心	最大容量	到需求点的单位运费							
		U1	U2	U3	U4	U5	U6	U7	U8
D1	30	5	11	3	8	5	10	11	11
D2	20	14	16	8	9	4	7	4	4
D3	35	10	11	3	5	1	5	9	5
D4	35	15	13	9	6	7	2	10	2
D5	25	9	7	3	2	6	5	12	8
需求量	—	10	10	10	15	5	15	10	15

以 MATLAB 2014a 为平台，在其遗传算法工具箱(gatool)基础之上，设计了相关基于基因位的遗传算子和适值函数，各项参数设置如下：最大迭代数 maxgen＝300；种群规模 popsize＝50；杂交概率 $P_c＝0.8$；变异概率 $P_c＝0.005$(工具箱参数设置如图 8.4 所示)。经过计算并整理知：D1，D4 和 D5 被选择，由供应基地到配送中心的最优调运方案见表 8.3，由配送中心到用户的最优调运方案见表 8.4，总成本为 2 218。

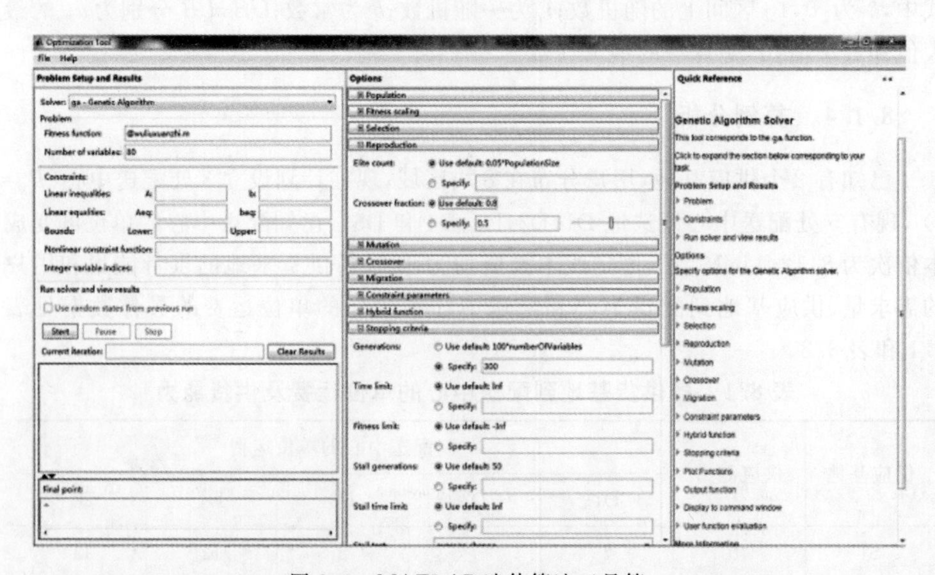

图 8.4　MATLAB 遗传算法工具箱

表 8.3　由供应基地到配送中心的调运方案

供应基地	供应能力	配送中心		
		D1	D4	D5
S1	40	30	—	10
S2	50	—	35	15
最大容量	—	30	35	25

表 8.4　由配送中心到用户的调运方案

配送中心	最大容量	用　户							
		U1	U2	U3	U4	U5	U6	U7	U8
D1	30	10	—	10	—	5	—	5	—
D4	35	—	—	—	—	—	15	5	15
D5	25	—	10	—	15	—	—	—	—
需求量	—	10	10	10	15	5	15	10	15

8.2　基于遗传算法求解电力设施选址问题

8.2.1　问题描述

在电力系统的规划和设计中，确定服务设施点比如变电站的位置是非常基础性的工作，这对于后期设备的维护、工作人员的调度都有很大影响。在实际的情形中，由于服务点数量庞大，地理位置信息相对复杂，以及人员容量等限制条件较多等原因导致该问题求解困难。

设施选址问题[8-9]是一个经典的组合优化问题，这个问题可以描述为在一片区域内有一些服务点，这些服务点都有一定的需求服务量，要从中选择 p 个设施点来服务这些服务点，并且要求满足一定的限制。文中所考虑的是约束型 p -中位问题(Capacitated p - Median Problem，CPMP)，这个问题是设施选址问题的一种常见形式，在实际生产生活中应用广泛，并且在运筹学、组合调度等领域都有研究。约束型 p -中位问题已经被证明是一个 NP - hard 问题，因此精确解无法在多项式时间内得到，所以人们都倾向于使用现代启发式算法或者一些近似算法以得到问题的近似最优解。

近些年来，许多学者提出的一些解决方法都是基于启发式算法思想的。文献[10－12]提出了一种基于禁忌搜索的方法，主要是通过禁忌表的方法来改善局部搜索陷入局部最优解的问题；文献[13－14]提出用模拟退火的方法解决 p -中位问题，同样也是用一种退火机制来跳出局部最优解；文献[15]采用双层模拟退火算法，外层对设施选址决策进行优化，内层则在上层确定的设施选址决策基础上，进行用户需求分配的优化；文献[16－17]使用了蚁群算法来求解；文献[18]使用了局部搜索的方法；文献[19－21]使用了遗传算法来求解。随着研究的深入，越来越多的学者倾向于改进传统的启发式算法并且混合使用多种方法来提高算法的性能或者减少时间复杂度。例如，文献[22－23]使用禁忌搜索和遗传算法混合求解这一类问题，并得到了较好的结果。禁忌搜索、模拟退火、遗传算法等启发式算法可能受到待求解问题不同条件的影响，在时间、效率、精确度等方面表现出一些差异。在问题规模比较大时，以遗传算法为代表的进化类算法以其优良的自适应性和学习性表现出比较好的性能。

本节针对约束型 p -中位问题，在经典遗传算法的基础上，提出了一种改进的遗传算法，并混合使用局部搜索算法进行问题的求解。

8.2.2 问题建模

本节所讨论的电力系统设施选址问题将优化目标抽象为距离的花费，目标是使得服务点到设施点的距离总和最小(当然，这个目标根据不同的问题情境是可以进行修改的)。将该电力设施选址问题从现实世界中抽象出来，并用数学语言建模成约束型 p -中位问题，具体描述如下。

假设有一个无向图 $G=\{V,E\}$，V 为顶点，E 为无向边。假设无向图是全连通的，即每两个点之间都有一条边。那么这个问题可以描述为从无向图的顶点集合 V 中寻找数量为 p 的子集，并且满足以下约束：

$$D(p)=\min\sum_{i=1}^{n}\sum_{j=1}^{n}d_{ij}x_{ij} \tag{8.8}$$

$$\text{s.t.} \quad \sum_{j=1}^{n}x_{ij}=1,\ \forall i=1,2,\cdots,n \tag{8.9}$$

$$\sum_{j=1}^{n}x_{jj}=p \tag{8.10}$$

$$\sum_{i=0}^{n}q_i x_{ij}\leqslant Q_j,\ \forall j=1,2,\cdots,n \tag{8.11}$$

上面的模型中出现的数学符号的含义为：

$V=\{1,2,\cdots,n\}$ 是所有服务点集合，同时也是候选的设施点(medians)集合；

d_{ij} 是服务点 i 到服务点 j 的距离；

x_{ij} 表示分配与否，$x_{ij}=1$ 表示服务点 i 分配到设施点 j，反之，$x_{ij}=0$ 表示没有分配；

x_{jj} 表示是否被选为设施点，$x_{jj}=1$ 表示点 j 被选为设施点，反之，$x_{jj}=0$ 表示没被选；

q_j 表示点 j 的需求量；

Q_j 表示设施点 j 的容量。

式(8.8)是该选址问题的目标函数，即目标为最小化所有服务点(也称客户点，下同)到它所分配的设施点(medians)的距离总和；式(8.9)要求每一个服务点都分配了唯一一个设施点；式(8.10)表示一共选取了 p 个设施点；式(8.11)表示每一个设施点都不能超过它的容量限制。

8.2.3 遗传算法设计

遗传算法是模拟达尔文生物进化论的自然选择和遗传学机理的生物进化过程的计算模型，是一种通过模拟自然进化过程搜索最优解的方法，它最初由美国 J. H.Holland 教授于 1975 年首先提出。利用遗传算法求解优化问题的基本思想是，把需要求解的问题模拟成一个生物进化的过程，通过复制、交叉、突变等操作产生下一代的解，并逐步淘汰掉适应度值函数值低的解，增加适应度值函数值高的解。这样进化 N 代后就很有可能会进化出适应度函数值很高的个体，算法能够保证求解时的收敛性。

运用遗传算法求解组合优化问题的主要步骤为染色体编码、适应度值计算、种群选择、交叉、变异等。以下结合电力设施选址问题对遗传算法进行具体设计。

8.2.3.1 染色体编码

染色体编码，就是要将待求解问题的解表示成基因串的形式，这样才能使用遗传算法进行求解。在电力设施选址的问题中，由于可供选址的设施点是空间离散分布的，所以采用 p 个设施点的索引(编号)来进行染色体的编码。首先给所有可选择的设施点编号$(1,2,\cdots,n)$，在遗传算法中每一条染色体有 p 个基因，每一个基因就是一个设施点的编号。因此，如果 $p=5$，那么染色体 gene 可能表示成 gene $=\{\text{index}_1,\text{index}_2,\cdots,\text{index}_5\}$，其中 index 表示可供选择的设施点的编号 $1,2,\cdots,n$。需要特别注意的是，这里的基因是没有顺序的，即染色体$\{1,3,2\}$和$\{1,2,3\}$是一样的，这对于后面交叉操作时防止同一条染色体出现重复基因有很大作用。

8.2.3.2 适应度值计算

遗传算法中使用适应度值来表示解的优劣，并作为后续选择操作的依据。在大多数情况下，人们通常将目标函数映射成函数值非负的适应度值函数。得到一条染色体之后，定义染色体的适应度值为所有服务点到该点所分配的设施点的距离总和。首先，忽略地理环境的复杂信息，考虑两点之间的欧氏距离。目标是最小化距离总和 D，如何给所有的服务点分配一个设施点分配以达到该目标，这是一个广义分配问题(General Assignment Problem，GAP)，也是一个 NP-hard 问题。长期以来，有许多方法被用来解决这一问题，例如经典的贪心算法、基于“优先级”的分配算法、拉格朗日松弛等等。

考虑到计算的复杂性和时间性能，本章中采用基于优先级的贪心分配策略，它的时间复杂度不高而且效果较理想，能够较好地解决这一问题。该算法的具体流程描述如下：

对于一个服务点 c，计算它到所选取的每一个设施点的距离，然后对得到的距离值进行排序。记服务点到最近的设施点的距离为 d_1，到次近的设施点的距离为 d_2，那么服务点 c 的优先级为

$$\text{Priority}(c) = d_2 - d_1$$

首先算出所有服务点的优先级，然后按照优先级从高到低进行分配，优先级越高的优先分配设施点给它。对此，可以这样理解，优先级越高的服务点，说明离它最近的设施点和次近的服务点相差越大，如果到后面给它分配，一旦离它最近的设施点的容量已经满了，那么就会增加很大的花费，这是不符合需求的。因此基于这种优先级的贪心方法，可以较好地解决这个分配问题。

8.2.3.3　选择

选择是遗传算法中非常重要的一步，选择的目的是把优化的个体(或解)直接遗传到下一代或通过配对交叉产生新的个体再遗传到下一代。选择操作是建立在群体中个体的适应度值评估基础上的。计算出每条染色体的适应度值之后，就可以采取一定的选择策略来对种群进行选择。

常用的选择策略有赌轮选择、锦标赛选择等等，这些选择方法都有一定的优缺点。为了防止种群过早陷入局部收敛，同时避免种群的退化，没有采用赌轮的选择方法，因为赌轮选择很快就会出现大量相同的染色体，从而陷入局部解。

本节采取了一种根据适应度值排序的混合选择策略：首先，计算每一条染色体的适应度值，并且按照适应度值从高到低进行排序；然后，按照适应度值进行选择，适应度值高的选择保留到后代，在这个过程中需要保证不出现重复的染色体。同时，保留很小比例的最差解，有利于防止局部收敛。

8.2.3.4　交叉

类似于自然界生物进化过程，基因的交叉互换和重组能够产生新的个体，在遗

传算法中，通过交叉操作，将大大提高遗传算法的搜索能力，加速求解过程，并期望优秀的基因结合在一起，从而得到更优解。

例如，$c=\{1,2,3,4,5,6\}$ 是最优解，而已经得到 $c_1=\{8,9,3,4,5,6\}$ 和 $c_2=\{1,2,6,7,10,11\}$，那么按照如下的交叉方式进行基因重组：

$c_1=\{8\ 9\mid 3\ 4\ 5\ 6\}$；$=>$ $c'_1=\{1\ 2\mid 3\ 4\ 5\ 6\}$

$c_2=\{1\ 3\mid 6\ 7\ 1\ 0\ 1\ 1\}$；$=>$ $c'_2=\{8\ 9\mid 6\ 7\ 1\ 0\ 1\ 1\}$

重组之后，就能得到 c'_1 这个最优解。具体来说，根据前面所述的染色体编码方法，将采用如下的交叉算法：

(1) 预处理。因为每个设施点只能出现一次，所以要保证在经过交叉之后一条染色体中不会出现两个相同的基因。预处理的方法是，对于参与交叉的两条染色体，计算出染色体相同的部分移到染色体的右边，并将不同的部分移到左边。

(2) 当两条染色体不完全相同的时候，进行交叉运算，可以采用经典的单点交叉。

例如，两条染色体 c_1 和 c_2，如果不经处理直接进行单点交叉，在经过操作之后得到了另外两条染色体 c'_1 和 c'_2。c'_2 为$\{5\ 8\mid 3\ 6\ 5\ 4\}$，在这里基因5出现了两次，这显然不符合要求(编号为5的设施点只有一个)；同理，交叉之后 c'_1 中出现了两个7也不符合要求。

$c_1=\{5\ 8\mid 1\ 4\ 2\ 7\}$；$=>$ $c'_1=\{7\ 9\mid 1\ 4\ 2\ 7\}$

$c_2=\{7\ 9\mid 3\ 6\ 5\ 4\}$；$=>$ $c'_2=\{5\ 8\mid 3\ 6\ 5\ 4\}$

而经过预处理，两条染色体变为

$c_1=\{2\ 8\mid 1\ 4\ 5\ 7\}$；$=>$ $c'_1=\{6\ 9\mid 1\ 4\ 5\ 7\}$

$c_2=\{6\ 9\mid 3\ 4\ 5\ 7\}$；$=>$ $c'_2=\{2\ 8\mid 3\ 4\ 5\ 7\}$

经过交叉互换得到的新的染色体符合要求。

(3) 如果两条染色体完全相同，为了防止陷入局部最优解，采用的方法是引入新的染色体，即随机生成一条新的染色体，并与另一条进行交换。

8.2.3.5 变异

变异操作是模拟自然界遗传过程中的基因突变，需要注意的是，基于突变是随机发生的，而且概率较低。

遗传算法引入变异操作的主要作用有两个：一是使遗传算法具有局部的随机搜索能力。当遗传算法通过交叉算子已接近最优解邻域时，利用变异操作的这种局部随机搜索能力可以加速向最优解收敛。显然，此种情况下的变异概率应取很小的值，否则接近最优解的状态会因变异而遭到破坏。二是使遗传算法可维持群体多样性，以防止程序出现早熟收敛现象，得不到理想的近似解。在变异操作中，随机地对染色体的某一个基因进行变异，把这个基因随机替换成另外一个没有出现在染色体中的基因，即服务点的编号。在这个过程中，可以保证一条染色体中不会出现两个相同的基因。比如将 $c_1=\{2\ 8\ 1\ 4\ 5\ 7\}$ 进行变异操作，可能得到的结果为 $c_1=\{2\ 8\ 1\ 4\ 5\ 7\}$；=> $c'_1=\{2\ 8\ 1\ 4\ 3\ 7\}$，其中，$c_1$ 染色体的第5个基因从5变异为3。

8.2.3.6　局部搜索

朴素的遗传算法在求解时，需要非常多的迭代次数，才能得到比较好的近似解。为了提高遗传算法的搜索能力，加快收敛速度，减少程序的运行时间复杂度，引入了局部搜索策略。在完成交叉和变异之后，以一定的比例选取部分染色体进行局部搜索，寻找在这个解的邻域中的更优解。具体的算法流程如下：

首先，对于所选中的染色体的每一个基因 c，搜索距离它最近的 k 个服务点。其中 k 是一个经验值，k 越大，时间复杂度越高，但是 k 越小，搜索的范围小，优化效果可能也比较小。因为这里是需要做一些局部的优化，所以 k 尽量选择较小一些，在实验过程中需要调节 k 值。

然后，把 c 替换成它邻近的服务点，如果能够得到更优的适应度值，则替换它。同样的，这里也需要保证染色体中不出现相同的基因。经过局部搜索，可以让部分解加速向最优解靠拢，从而加快算法的收敛速度。

8.2.4　实验分析

在此利用C++实现前面描述的算法并进行实验分析。实验机器的配置为，CPU Inteli5 主频 2.3 GHz，内存 8 G。

为了验证算法的正确性和有效性，采用了两个数据集进行测试和验证。第一个数据集是来自网络上著名的优化问题公开测试数据集——OR - Library (http://people.brunel.ac.uk/～mastjjb/jeb/info.html)。选取了 OR - Library 中的 p - median - capacitated 问题的测试数据，测试程序选取其中的 10 个测试用例，其中 5 组服务点数量 n 为 50，设施点数目 p 为 5，另外 5 组服务点数量 n 为 100，设施点数目 p 为 10。测试结果见表 8.5。

表 8.5　第一个数据集上的测试结果

服务点数	设施点数	最佳结果	实验结果	运行时间/s	误差/(%)
50	5	740	758.2	5.539	2.4
50	5	751	782.0	5.255	4.1
50	5	651	673.1	5.306	3.4
50	5	787	828.7	5.275	5.3

续 表

服务点数	设施点数	最佳结果	实验结果	运行时间/s	误差/(%)
50	5	715	733.8	5.215	2.6
100	10	996	1 001.6	22.893	3.7
100	10	1 026	1 061.3	22.746	3.4
100	10	1 091	1 151.4	23.467	5.5
100	10	954	1 004.4	23.262	5.3
100	10	1 031	1 085.7	24.202	5.0

分析测试结果发现,使用本节改进的遗传算法可以有效解决约束型 p -中位问题。随着服务点和设施点数量的增加,运行的时间也在增加。在运行时间不超过 30 s 的情况下,算法最好的结果误差为 2.6%,最坏的结果误差为 5.5%。为了更直观地显示程序运行的结果,将其中一组数据的服务点和经过本节算法求解出的设施点画在图上,如图 8.5 所示。

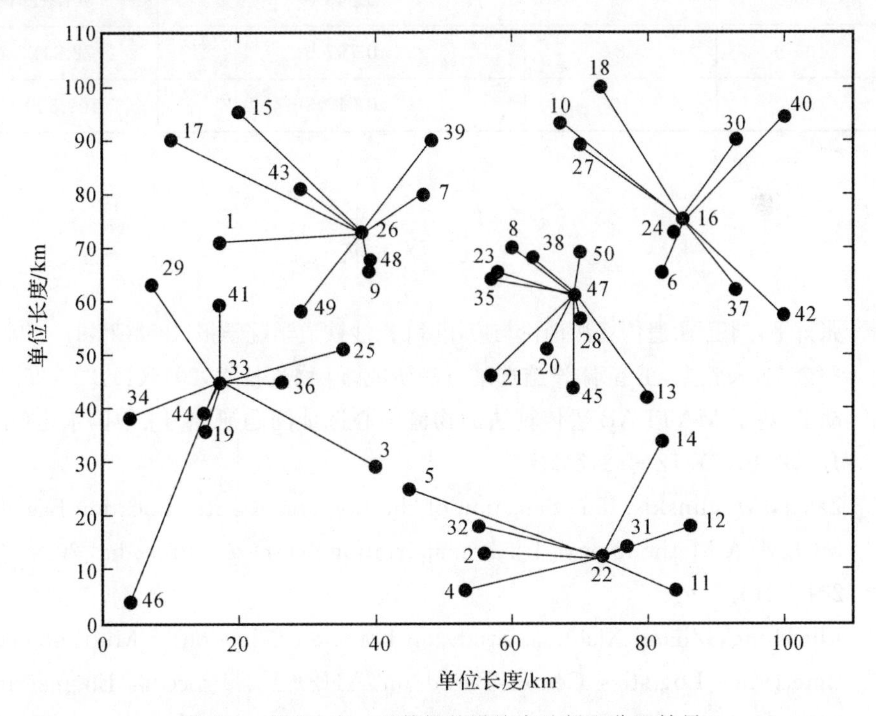

图 8.5　表 8.5 中一组数据的设施点选择和分配结果

第二个数据集来源于 GIS 平台收集的数据。该平台是基于高德地图针对某供电局的装置设备坐标定位而开发的。通过该平台,获得了这些客户点的地理信息数据。针对这些数据,对电力设施进行选址,对不同的设施点数量 p 进行实验,结果见表8.6。

表8.6 利用某供电局装置数据测算结果

服务点数 n	设施点数 p	最短(经纬度)欧氏距离和	运行时间/s
50	2	0.764 0	5.589
50	4	0.472 8	10.922
50	6	0.371 8	18.231
50	8	0.289 7	24.910
50	10	0.236 2	35.813
100	2	1.689 3	12.703
100	4	1.055 8	27.937
100	6	0.843 0	50.751
100	8	0.707 0	72.331
100	10	0.619 8	109.329

参考文献

[1] 张升平,刘卫国.遗传算法理论与应用[J].长沙铁道学院学报,1993(2):41-49.

[2] 乔金友,朱胜杰,王春瑞.设施选址方法研究[J].物流技术,2015(1):22-25.

[3] 胡莹.基于MATLAB遗传算法的物流中心选址问题研究[J].中国水运(下半月),2010(7):72-73,75.

[4] Zak J, Weglinskis. The Selection of the Logistics Center Location Based on MCDM/A Methodology[J]. Transportation Research Procedia, 2014(3): 201-215.

[5] Liu Hong, Zhang Xiaohua. Study on Location Selection of Multi-objective Emergency Logistics Center Based on AHP[J]. Procedia Engineering, 2011,15:2128-2132.

[6] 李蕾.绿色物流条件下物流节点动态布局优化问题研究[J].物流科技,2015(2):96-100,104.

[7] 于铁颉,刘伟华.配送中心选址评价指标体系研究[J].价值工程,2015(2):23-24.

[8] 王非,徐渝,李毅学.离散设施选址问题研究综述[J].运筹与管理,2006,15(5):64-69.

[9] 杨丰梅,华国伟,邓猛,等.选址问题研究的若干进展[J].运筹与管理,2005,14(6):1-7.

[10] Rolland E, Schilling D A, Current J R. An Efficient Tabu Search Procedure for the p-median Problem[J].European Journal of Operational Research,1997,96(2): 329-342.

[11] Glover F. Tabu Search-part I[J].ORSA Journal on Computing,1989,1(3):190-206.

[12] 郭崇慧,覃华勤.一种改进的禁忌搜索算法及其在选址问题中的应用[J].运筹与管理,2008,17(1):18-23.

[13] Murray A T, Church R L. Applying Simulated Annealing to Location-planning Models[J].Journal of Heuristics,1996,2(1):31-53.

[14] Chiyoshi F, Galvao R D. A Statistical Analysis of Simulated Annealing Applied to the p-median Problem[J]. Annals of Operations Research,2000,96(1-4):61-74.

[15] 秦进,史峰.物流设施选址问题的双层模拟退火算法[J].系统工程,2007,25(2):36-40.

[16] 许婷,盛明,娄彩荣.基于 GIS 和蚁群算法的物流配送中心选址研究[J].测绘科学,2010,35(6):206-208.

[17] 李有梅,陈晔.一种新的求解约束 p-中位问题的启发式算法[J].计算机工程,2005,31(19):162-164.

[18] Lorena L A N, Senne E L F. Local Search Heuristics for Capacitated p-median Problems[J]. Networks and Spatial Economics, 2003, 3(4): 407-419.

[19] Estivill-Castro V, Torres-Velázquez R. Hybrid Genetic Algorithm for Solving the p-median Problem[M] //Simulated Evolution and Learning. Berlin: Springer,1999:18-25.

[20] Alp O, Erkut E, Drezner Z. An Efficient Genetic Algorithm for the p-median Problem[J]. Annals of Operations Research, 2003, 122(1-4): 21-42.

[21] Ghoseiri K, Ghannadpour S F. Solving Capacitated p - median Problem using Genetic Algorithm[C] //Proc. of IEEE International Conference on Industrial Engineering and Engineering Management.[s.l.]: IEEE,2007: 885 - 889.

[22] Glover F, Kelly J P, Laguna M. Genetic algorithms and tabu search: hybrids for optimization[J].Computers & Operations Research, 1995,22(93):111 - 134.

[23] 李大卫,王莉,王梦光.遗传算法与禁忌搜索算法的混合策略[J].系统工程学报,1998,13(3):28 - 34.

[24] 李蕾.基于遗传算法的城市物流中心选址问题研究[J].青海师范大学学报(自然科学版),2015(4):73 - 78.

[25] 莫汉培,陈秋良,张子臻.遗传算法求解电力设施选址问题[J].计算机技术与发展,2016,26(3):197 - 201.

第 9 章　遗传算法在指派问题中的应用

9.1　改进的遗传算法求解火力分配优化问题

9.1.1　问题描述

火力分配(Weapon－Target Assignment,WTA)是指根据作战目的、战场态势和武器性能等因素,将一定类型和数量的火力单元以某种准则进行分配,攻击一定数量敌方目标的过程。WTA 是战场指挥当中的重要环节,是决定作战效果的关键因素[1]。

WTA 问题属于一类 NP－hard 问题。当前国内外研究成果多以对目标的毁伤概率最大为目的,通过智能优化算法,如启发式遗传算法[2]、蚁群遗传算法[3]、模拟退火遗传算法[4]、混合变邻域搜索算法[5]、粒子群算法[6]等对模型进行求解,其中以遗传算法为基础设计搜索算法居多。遗传算法是应用最为广泛的智能优化算法之一,具有很强的全局搜索能力,但其在实际应用中也存在着进化慢、易早熟收敛等问题。实际研究表明,适应度值函数的选取和遗传算子调节机制的设置是影响遗传算法性能的关键。适应度值函数选取不当将会严重影响算法的计算效率,而传统的遗传算法存在交叉变异概率在种群进化过程中固定不变的不足。针对具体的工程优化问题,许多学者对算法适应度值函数的构建和遗传算子的改进方案进行了研究。文献[7]设计了相对适应度值函数和离散重组交叉算子,解决了一类高层结构黏滞阻尼器优化布置问题。文献[8]提出了一种新的适应度值函数以解决一类最小属性约简问题。文献[9]将 Petri 网分析应用于遗传算法的适应度值函数设计,用以解决城市交通流优化问题。文献[10]研究了遗传算法的交叉操作,设计了顺序构造交叉算子,提高了生成解的质量。文献[11]设计了一种启发式交叉算子以改善种群质量,加快算法的寻优速度。文献[12]在研究遗传算法求解虚拟机资源调度问题时,设计了新的变异算子,取得了更好的求解结果。本节针对一类以对目标的毁伤概率最大为目的的 WTA 问题,采用改进的遗传算法进行求解。通过设计合适的适应度值函数以及自适应的变异概率调节机制,提高了算法的寻优能力,避免算法过早地陷入局部极值。

9.1.2 WTA问题的数学描述

假设有 b 种火力单元,分别用 $M_i(i=1,2,\cdots,b)$ 表示,每种火力单元的数量为 m_i,且 $\sum_{i=1}^{b} m_i = m$;预打击目标共有 n 个,分别用 $T_j(j=1,2,\cdots,n)$ 表示;ω_j 表示第 j 个预打击目标的威胁度系数;p_{ij} 表示第 i 种作战单位对 T_j 的毁伤概率;令 $x_{kj}(k=1,2,\cdots,m)$ 为决策变量,表示是否分配第 k 个火力单元打击第 j 个目标,若分配,则 $x_{kj}=1$,否则 $x_{kj}=0$。所有火力单元必须分配给预打击目标,且每个火力单元只能分配给单个目标。

WTA的目的为根据作战要求,通过攻击最大化地对目标造成毁伤,可描述为

$$V = \max \sum_{j=1}^{n} \omega_j \left[1 - \prod_{i=1}^{b} \prod_{k=1}^{m} (1 - p_{ij})^{x_{kj}}\right] \tag{9.1}$$

式中,V 表示目标函数。此外,模型还应满足毁伤下界约束:

$$1 - \prod_{k=1}^{m} (1 - p_{ij})^{x_{kj}} \geqslant \beta_j \tag{9.2}$$

式中,β_j 表示第 j 个目标的毁伤下界。

9.1.3 基于模拟退火遗传算法的WTA实现

9.1.3.1 编码

用智能算法求解WTA问题时,首先要考虑的是所采用的编码方式能不能恰当地表示问题的求解空间以及能否使得算法具有较高的搜索效率。由于火力单元的数目或类型以及目标数均为整数,用整数序列编码表示火力单元与目标的对应状态是自然、合理的方式;而对于不同的WTA问题,根据火力单元总数 m 与预打击目标总数 n 的不同,可划分为 $m>n$, $m<n$ 以及 $m=n$ 三类情况。因此,所选择的编码方式应在能够描述以上所有三类情况的基础上,尽可能地不产生或较少产生"不合法"的染色体。

$$y = [y_1, y_2, \cdots, y_k, \cdots, y_m]$$

式中,y_k 为 $0 \sim n$ 之间的整数,称为元素。$y_k = j$ 表示将第 k 个火力单元分配给第 j 个目标;$y_k = 0$ 表示第 k 个火力单元没有分配给任一目标。这种编码方式能够描述以上3类情况WTA问题的同时不会产生"不合法"的染色体。

9.1.3.2 适应度值函数

赌轮是最常见的从种群中选择父代染色体的策略,它能够定量地表示染色体之间适应度值的差异[13]。在赌轮选择方式下,染色体被选中的概率与其适应度值

大小紧密相关。在此采用界限构造法[7]设计适应度值函数,可表示为

$$F_{it}(y_s)=V(y_s)-C_{\min} \tag{9.3}$$

式中,$C_{\min}$ 为 $V(y_s)$ 的最小估计值,需取一个较小的数以保证适应度值非负,例如,对于式(9.3)表示的WTA问题来说可选择 $C_{\min}=0$。同时,$C_{\min}$ 的取值还应尽量使优良染色体能够以较大的概率被选中,从而提高算法优化的计算效率。采用式(9.3)计算染色体适应度值大小时,一个染色体被选中的概率 P_{y_s} 计算方法如下:

$$P_{y_s}(C_{\min})=\frac{V(y_s)-C_{\min}}{\sum_{s=1}^{N}V(y_s)-NC_{\min}} \tag{9.4}$$

式中,N 表示种群大小。P_{y_s} 对 $C_{\min}$ 求导,可得

$$P'_{y_s}(C_{\min})=\frac{N\left(V(y_s)-\frac{1}{N}\sum_{s=1}^{N}V(y_s)\right)}{\left(\sum_{s=1}^{N}V(y_s)-NC_{\min}\right)^2} \tag{9.5}$$

由式(9.5)可知,当 y_s 为群体中在平均水平之上的优良染色体时,$C_{\min}$ 取值越大,$P'_{y_s}(C_{\min})$ 越大,即 y_s 被选择的概率就越大。为保证优良染色体在赌轮策略下具有最大的选择概率,本节中取 $C_{\min}=\min\limits_{s=1,2,\cdots,N}\{V(y_s)\}$,适应度值函数可表示为

$$F_{it}(y)=V(y_s)-\min_{s=1,2,\cdots,N}\{V(y_s)\} \tag{9.6}$$

9.1.3.3　遗传算子

交叉算子采用多点交叉的方式。对于两个选定的父代染色体 y_1 和 y_2:

y_1:3 5 6 ⋮ 8 11 ⋮ 10 ⋮ 1 3 9 1

y_2:7 3 12 ⋮ 5 6 ⋮ 11 ⋮ 3 8 4 2

随机选取3个切点,交换切点间的子串,得到新的子代个体 y'_1 和 y'_2:

y'_1:3 5 6 ⋮ 5 6 ⋮ 10 ⋮ 3 8 4 2

y'_2:7 3 12 ⋮ 8 11 ⋮ 11 ⋮ 1 3 9 1

变异采用简单的替换方式实现。当一个染色体进行变异操作时,随机选取染色体编码中的3个元素,在合理的范围内进行替换:

y_3:3 5 6 $\underline{8}$ 11 $\underline{10}$ 1 3 $\underline{9}$ 1

y'_3:3 5 6 $\underline{1}$ 11 $\underline{12}$ 1 3 $\underline{4}$ 1

交叉概率 P_c 和变异概率 P_m 的大小是影响算法性能的关键。P_c 的大小决定种群个体的更新速率,较大的 P_c 能够提高解空间的探索能力,但 P_c 过大时容易导致早熟收敛;P_c 取值保守会导致算法搜索过程缓慢,不利于种群的进化。P_m 取值过大会使算法近似于随机搜索,失去遗传算法本身的一些优良特性;P_m 取值过小

容易使种群丢失一些优良的基因。针对这一问题，许多学者研究了自适应调整参数的方法[10-12]，取得了一定的成果；但设计的调节机制大都比较复杂，从而耗费大量的计算时间。

本节根据父代染色体之间的相似度来决定是否进行交叉和变异操作。从算法进行交叉和变异操作的目的来看，交叉是为了产生和父代染色体不同的子代染色体，通过比较保留适应度值好的个体从而使种群不断进化。但是，当父代染色体之间编码差异很小或没有差异，属于“近亲”时，进行交叉操作产生的子代染色体与父代染色体之间的差异也会很小甚至没有差异；此时，应通过变异操作使得子代染色体与父代染色体之间产生差异，从而增加种群的多样性，扩大对解空间的搜索范围，这也是算法中变异操作行为的目的。总的来说，当父代染色体之间差异度较小时，算法应进行交叉操作；当父代染色体之间差异度较大时，算法应进行变异操作。用 $D(y_1,y_2)$ 表示 y_1,y_2 之间的相似度，其值为向量 (y_1-y_2) 中 0 元素的个数。$D(y_1,y_2)$ 越小表示 y_1,y_2 之间差异越大，进行交叉操作后得到新的子代染色体概率越高；$D(y_1,y_2)$ 越大表示 y_1,y_2 之间差异越小，进行交叉操作越不容易得到新的子代染色体，应进行变异操作增加种群的多样性。基于上述原因，用变异操作阈值 ϕ 代替传统的变异概率 P_m，判断是否进行变异操作；当 $D(y_1,y_2)\geqslant\phi$ 时，认为选取的父代染色体的相似度足够高，算法进行变异操作。

9.1.3.4 最优个体保持策略

采用最优个体保持策略对每一代种群中的最优个体进行保护，避免其在之后进行的选择、交叉或变异过程中被破坏。具体方式为，用前一代种群中适应度值最大的染色体代替新一代种群中目标函数值最小的染色体。

9.1.3.5 算法描述

采用改进的遗传算法求解 WTA 问题的具体步骤如下：

步骤 1：参数设置。需要设置的参数包括种群数量 N，交叉概率 P_c，毁伤下界 β_j，变异操作阈值 ϕ，最大迭代次数 T_{max}。

步骤 2　种群编码及初始化。种群编码采用式(9.3)表述的方式。通过函数 $y=$ceil(n・rand(m,1))产生初始解，其中 ceil 和 rand 分别是 MATLAB 中的取整数和随机数生成命令。

步骤 3　计算种群中染色体的适应度值，采用赌轮方式选择待交叉的父代染色体。

步骤 4　更新种群。从父代染色体中随机选择两个个体 y_1,y_2，计算它们的相似度;若 $D(y_1,y_2) \geqslant \phi$,则进行变异操作;否则,依交叉概率 P_c 进行 3 切点交叉操作。

步骤 5　保留最优个体。计算子代种群的适应度值,用父代种群中的最优个体替换子代种群中适应度值最差的个体。

步骤 6　迭代次数加 1,判断算法终止条件。若迭代次数达到最大迭代次数 T_{max},则输出最优解,结束算法;否则转步骤 3。

9.1.4　算例仿真和结果分析

为验证改进的遗传算法在求解式(9.1)类型 WTA 问题时的优点,采用文献[4]给出的航空兵编队对地攻击 WTA 模型进行仿真验证,并与该文献中采用的模拟退火遗传算法进行比较。设有 3 种类型的战机,共 $m=10$ 架:M_1,M_2 类型战机各有 4 架,即 $m_1=m_2=4$;M_3 类型战机有 2 架,即 $m_3=2$。预打击目标数 $n=12$,目标威胁度以及每种类型战机对各个目标的毁伤概率见表 9.1。

表 9.1　毁伤概率及目标威胁度参数

目标	威胁度	M_1	M_2	M_3
T_1	0.23	0.786 2	0.908 5	0.779 1
T_2	0.05	0.959 0	0.988 1	0.937 5
T_3	0.12	0.878 8	0.937 5	0.863 1
T_4	0.04	0.968 9	0.985 0	0.932 4
T_5	0.11	0.908 5	0.951 2	0.877 5
T_6	0.08	0.937 5	0.979 1	0.910 0
T_7	0.01	0.981 3	0.995 4	0.980 4
T_8	0.18	0.842 5	0.926 9	0.840 0
T_9	0.03	0.968 9	0.990 8	0.951 6
T_{10}	0.07	0.951 2	0.983 2	0.915 9
T_{11}	0.02	0.974 4	0.991 9	0.963 9
T_{12}	0.06	0.955 2	0.985 0	0.927 1

仿真过程中,遗传算法参数参考文献[4]中给出的数据,设置为:种群数量 $N=100$,交叉概率 $P_c=0.8$,毁伤下界 $\beta_j=0.8$,变异操作阈值 $\phi=7$。

9.1.4.1　不同适应度值函数比较

对算法选择不同适应度值函数时的仿真效果进行对比。用仿真实验 1 表示本文所设计算法，即以式(9.6)计算适应度值；用仿真实验2表示对比算法，以式(9.3)计算适应度值。取$C_{min}=0$，最大迭代次数$T_{max}=30$，其他参数设置不变，进行100次仿真计算，结果如图9.1和表9.2所示。图9.1中为直观表现两种算法仿真结果间的差异，分别按从小到大的顺序将适应度值结果重新进行了排列。

表9.2　不同适应度值计算方式下的优化结果

种群代数	对比算法		本节算法	
	平均值	最优值	平均值	最优值
10	0.866 8	0.897 1	0.878 8	0.903 5
20	0.884 9	0.903 4	0.891 2	0.905 4
30	0.890 4	0.904 4	0.893 7	0.906 0

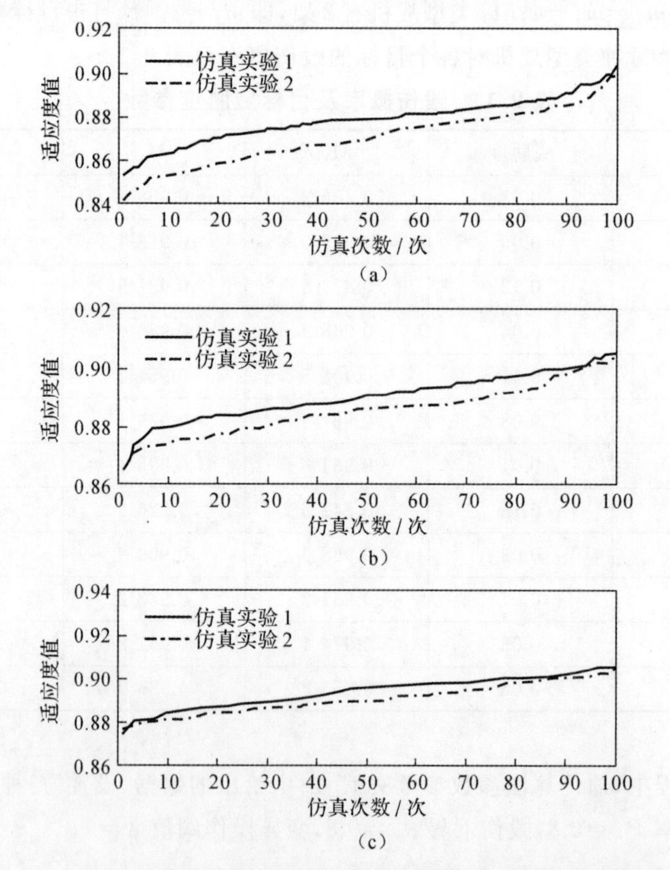

图9.1　第一组仿真算例结果对比

(a)第10代种群适应度值；(b)第20代种群适应度值；(c)第30代种群适应度值

由表 9.2 可以看出，本节所提算法的种群适应度值较对比算法具有优势，其中算法初期优势较大，而随着进化次数的增加，优势变得越来越小。这是由于在赌轮选择阶段，与对比算法采用的适应度值函数相比，式(9.6)表示的适应度值函数能够以更大的概率将种群中的优良染色体选进交配池中，即交配池中父代染色体整体质量较高；在算法初期，种群适应度值增长空间较大，本节算法能够更高效地改善种群质量；而随着进化过程的进行，本节算法逐渐趋于稳定，种群适应度值增长空间逐渐减小，而对比算法种群适应度值仍有一定的增长空间，因此本节算法优势较搜索初期有所缩小。

9.1.4.2　不同变异算子比较

采用参考文献[4]中设计的模拟退火遗传算法作为对比算法，用仿真实验 3 表示，取恒定的变异概率 $P_m=0.1$，且采用模拟退火策略避免算法陷入局部极值，退火参数设置为初始温度 $T_0=100$，降温系数 $\alpha=0.99$。取最大迭代次数 $T_{max}=50$，进行 100 次仿真计算，结果如图 9.2～图 9.5 及表 9.3、表 9.4 所示。

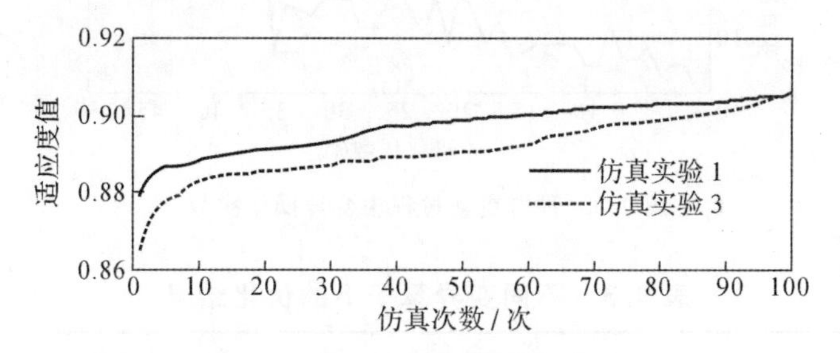

图 9.2　第二组仿真算例结果对比

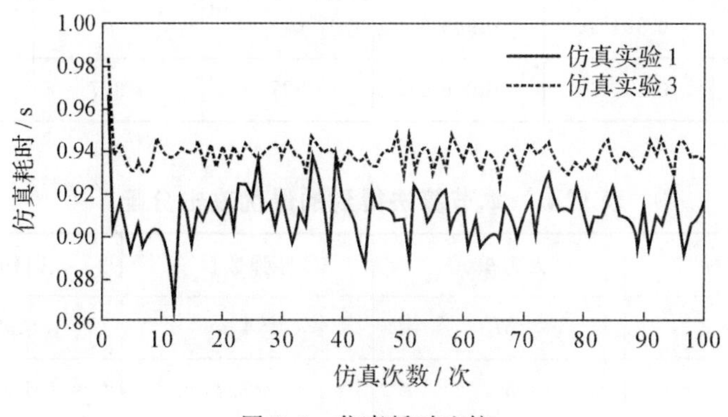

图 9.3　仿真耗时比较

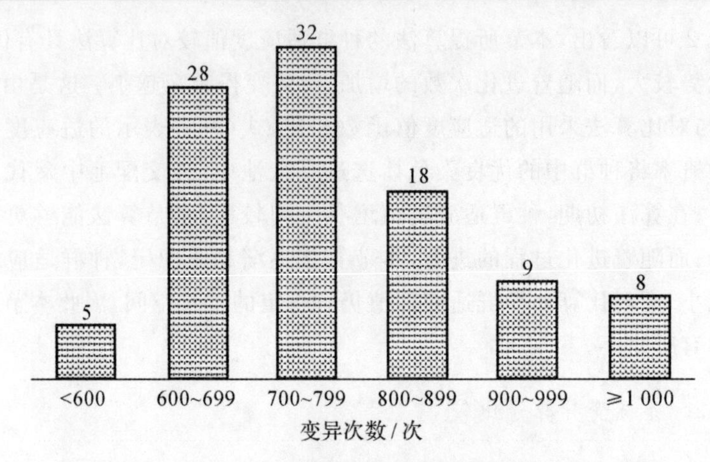

图 9.4　本节算法总变异次数统计

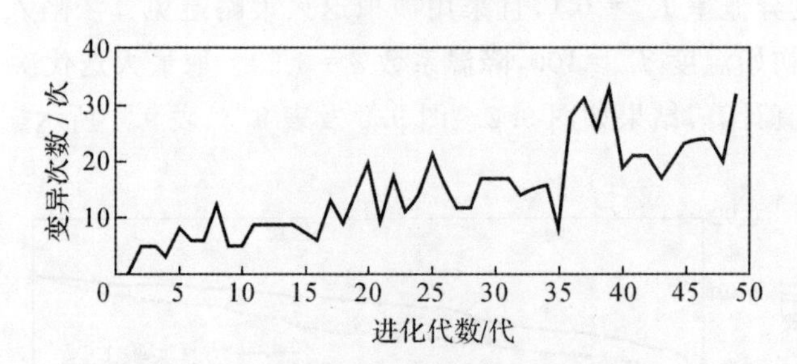

图 9.5　种群更新过程中变异操作次数

表 9.3　不同变异算子下的优化结果

优化算法	适应度值		变异次数		
	平均值	最优值	最小值	最大值	平均值
对比算法	0.891 3	0.905 6			
本文算法	0.897 2	0.906 0	527	1 377	777.54

表 9.4　本节算法得到的最优攻击分配

毁伤目标	火力单元	导弹数目	毁伤概率
T_1	M_2	4	0.908 5
T_2	M_3	2	0.937 5
T_3	M_2	4	0.937 5

续表

毁伤目标	火力单元	导弹数目	毁伤概率
T_4	M_1	4	0.968 9
T_5	M_2	4	0.951 2
T_6	M_1	4	0.937 5
T_7			
T_8	M_2	4	0.926 9
T_9	M_3	2	0.951 6
T_{10}	M_1	4	0.951 2
T_{11}			
T_{12}	M_1	4	0.955 2

由图 9.2 和表 9.3 可以看出，本节算法的搜索结果更为精确。对比算法中采用固定变异概率和模拟退火策略保证种群的多样性，防止算法陷入局部极值，但这两种措施并没有与种群多样性的变化和父代染色体的相似度联系起来。本节算法不需事先确定固定变异概率，而是根据具体寻优过程中种群多样性变化和选择的父代染色体之间的相似度决定是否进行变异操作。图 9.3 给出了本节算法和对比算法仿真耗时的比较结果，与传统算法相比，本节算法所设计的遗传算子调节机制并不会耗费更多的计算时间。图 9.4 给出了每个采用本节算法的仿真实验中总变异次数的统计结果，表 9.3 给出了其中的最大值、最小值以及平均值。本节算法中，每次仿真实验会进行 2 450 次进化操作，由此可知本节算法的变异概率大致在 0.215～0.562之间，平均为 0.317，这与寻优过程中种群收敛至最优值的速度有关：种群越快地接近最优值，每代更新时变异次数就越多。图 9.5 给出了采用本节算法的一次仿真实验种群更新过程中进化代数与变异次数的关系曲线。可以看出，开始阶段变异次数较少，这是由于此时种群多样性较高，选择的父代染色体之间相似度较小；随着种群的不断更新，种群中的个体越来越接近最优解，种群多样性变得较差，选择相似度较高的父代染色体进行交配的概率越来越大，因此变异操作次数也越来越多。表 9.4 给出了本节算法得到的最优攻击分配方案，最优值为 0.906 0。通过以上实验数据可知，本节所设计的变异算子能够在不影响计算耗时的情况下，取得更好的优化结果。

9.2 基于多目标优化遗传算法的武器-目标分配

9.2.1 问题描述

目前大多学者对于多平台多武器-多目标火力分配(Weapon - Target Assignment,WTA)问题采用单目标规划方案,将多平台多武器火力分配的单目标规划多是以作战效能最大,即对敌目标毁伤效能最大为优化的目标函数,然后采用线性规划类方法以及遗传算法、蚁群算法、禁忌搜索算法、粒子群优化方法等智能算法进行优化求解[14-18]。采用单目标优化分配的结果在实际作战应用中表现为对敌火力增大到一定程度后,作战效能改善不明显,容易造成火力资源的浪费。在作战效能最大的目标函数基础上增加了用弹量最少这一目标函数,从而形成了多目标优化问题,这样可以解决单目标优化带来的矛盾[19],这类方法均采用基于Pareto集理论的多目标优化方法来解决,其特点是在多个目标函数值形成的多维空间内进行非劣分层,形成非劣解集,然后根据决策者的意图找出最终解[20-22]。

遗传算法是一种基于自然界生物进化的智能随机搜索算法,它是由美国密歇根大学的J.H.Holland与其同事提出的方法。由于其简单易用,鲁棒性好,具有强有力的全局搜索能力,且算法简单、易于编程,目前已经成为一种解决许多实际优化问题的有效工具[23]。根据遗传算法和Pareto集多目标优化原理,本节研究非劣分层的多目标优化遗传算法,采用Pareto集非劣分层原理,根据种群中个体的多个目标函数值进行非劣分层,得到非劣解集,从而为决策者提供多种决策方案。本节首先介绍WTA问题多目标优化数学模型,接着研究非劣分层的多目标优化遗传算法(NSGA-Ⅱ)及其在武器-目标分配中的应用,最后进行了武器-目标分配仿真试验,从而实现了NSGA-Ⅱ求解WTA问题。

9.2.2 WTA数学模型

9.2.2.1 WTA问题

假设编队防空系统中具有n组不同类型的武器,编队预警系统发现有m个敌方威胁目标,每类武器数量矩阵为$\boldsymbol{C}=[c_1 \quad c_1 \quad \cdots \quad c_n]$,第$i$类武器系统的导弹数目为$c_i$,原则上导弹的总量不少于来袭的敌方目标总量,即$\sum_{i=1}^{n} c_i \geqslant m$;武器-目标分配方案可以表示为$\boldsymbol{X}=[x_{ij}]_{n\times m}$,即

$$\boldsymbol{X}=\begin{bmatrix} x_{11} & x_{12} & \cdots & x_{1m} \\ x_{21} & x_{22} & \cdots & x_{2m} \\ \vdots & \vdots & & \vdots \\ x_{n1} & x_{n2} & \cdots & x_{nm} \end{bmatrix} \tag{9.7}$$

其中，x_{ij} 表示第 i 类武器系统对第 j 个目标分配的火力单元个数；第 j 个敌方目标的威胁系数为 $w_j(j=1,2,\cdots,m)$，且满足 $\sum_{j=1}^{m} w_j=1, w_j \geqslant 0$；第 i 类武器系统的每枚导弹对第 j 个目标的杀伤概率为 e_{ij}，且 $0 \leqslant e_{ij} \leqslant 1(i=1,2,\cdots,n;\ j=1,2,\cdots,m)$，则杀伤概率矩阵为

$$\boldsymbol{E}=\begin{bmatrix} e_{11} & e_{12} & \cdots & e_{1m} \\ e_{21} & e_{22} & \cdots & e_{2m} \\ \vdots & \vdots & & \vdots \\ e_{n1} & e_{n2} & \cdots & e_{nm} \end{bmatrix} \tag{9.8}$$

9.2.2.2 多目标优化模型

传统的 WTA 单目标优化问题是要求分配方案满足对敌方来袭目标的毁伤效能指标达到最大，增加用弹量最少的目标函数，从而构成了两个目标函数的多目标优化模型。

用一定数量的第 i 类武器攻击第 j 个目标的杀伤概率可表示为

$$P_{ij}=1-(1-e_{ij})^{x_{ij}} \tag{9.9}$$

则所有 n 类武器对目标 j 的毁伤概率 P_j 为

$$P_j=1-\prod_{i=1}^{n}(1-e_{ij})^{x_{ij}} \tag{9.10}$$

毁伤效能为

$$f=\sum_{j=1}^{m} w_j\left[1-\prod_{i=1}^{n}(1-e_{ij})^{x_{ij}}\right] \tag{9.11}$$

决策方案中，使用的导弹数目为

$$g=\sum_{i=1}^{n}\sum_{j=1}^{m} x_{ij} \tag{9.12}$$

根据目标函数 f,g 和由 WTA 三条基本原则构成的约束条件，建立的标准化约束优化问题为

$$\left.\begin{aligned}&\min f_1=1-f=1-\sum_{j=1}^{m}w_j\left[1-\prod_{i=1}^{n}(1-e_{ij})^{x_{ij}}\right]\\&\min f_2=\sum_{i=1}^{n}\sum_{j=1}^{m}x_{ij}\\&\text{s.t.}\quad\sum_{j=1}^{m}x_{ij}\leqslant c_i\\&\text{s.t.}\quad\sum_{i=1}^{n}x_{ij}\geqslant 1\\&\text{s.t.}\quad x_{ij}\geqslant 0,\text{且为整数}\end{aligned}\right\}\tag{9.13}$$

其中，$i=1,2,\cdots,n$；$j=1,2,\cdots,m$ 。

9.2.3 改进的 NSGA-Ⅱ算法及应用

9.2.3.1 多目标优化与 Pareto 集

多目标优化问题可以用函数 f 来定义，该函数把决策向量 $\boldsymbol{X}$ 映射到目标向量 $\boldsymbol{Y}$，其数学描述为

$$\left.\begin{aligned}&\min\boldsymbol{Y}=f(\boldsymbol{X})=(f_1(\boldsymbol{X}),f_2(\boldsymbol{X}),\cdots,f_k(\boldsymbol{X}))^{\mathrm{T}}\\&g(\boldsymbol{X})=(g_1(\boldsymbol{X}),g_2(\boldsymbol{X}),\cdots,g_r(\boldsymbol{X}))^{\mathrm{T}}\end{aligned}\right\}\tag{9.14}$$

式中，$\boldsymbol{X}=[x_1\quad x_2\quad\cdots\quad x_m]$ 由 m 个决策变量 x_i 构成；$\boldsymbol{Y}$ 由 k 个需同时优化的目标 $f_i(\boldsymbol{X})$ 构成；约束条件 $g(\boldsymbol{X})$ 由 r 个等式、不等式 $g(\boldsymbol{X})\leqslant 0$ 构成(为方便讨论起见，本文的优化问题皆为最小化问题)。

多目标优化问题式(9.8)中的各目标往往处于冲突状态，因而不存在使所有目标同时达到最优的绝对最优解，只能获得满意解，即 Pareto 解。

在多目标优化问题中，Pareto 优化解是最常用的优化概念。它最早由 Francis Ysidro Edgeworth 在 1881 年提出而后经 Vilfredo Pareto 推广，其定义如下：

定义 9.1(Pareto 支配)：设 $f:\mathbf{R}^m\to\mathbf{R}^k$，$x_1,x_2\in\Omega\subseteq\mathbf{R}^m$。称解 x_1 支配解 x_2 当且仅当 $f(x_1)$ 部分地优于 $f(x_2)$，即 $\forall i\in\{1,\cdots,k\}$，$f_i(x_1)\leqslant f_i(x_i)\wedge\exists i\in\{1,\cdots,k\}$，$f_i(x_1)<f_i(x_2)$，记作 $x_1\preceq x_2$。

定义 9.2(Pareto 最优解)：解 $x^*\in\Omega$ 称为解集合 Ω 的 Pareto 最优解当且仅当集合 $\{x\mid x\preceq x^*,x\in\Omega\}=\varnothing$。

定义 9.3(Pareto 最优解集)：对于给定的多目标优化问题，设其定义域为 Ω，则其 Pareto 最优集 X^*，定义为：$X^*=\{x\in\Omega\mid\rightarrow\exists x'\in\Omega,f(x')\preceq f(x)\}$。

对于极小值多目标优化问题 $\min f(\boldsymbol{X})$，Pareto 最优解定义为：在设计变量的可行域内，对于变量 $\boldsymbol{X}^*$，当且仅当不存在其他变量 $\boldsymbol{X}$，在不违背约束的条件下满足 $f_i(\boldsymbol{X})\leqslant f_i(\boldsymbol{X}^*)$，且至少存在一个 i 使得 $f_i(\boldsymbol{X})<f_i(\boldsymbol{X}^*)$ 成立，则称变量 $\boldsymbol{X}^*$

为非支配解，即 Pareto 最优解。Pareto 最优解不是唯一的，多个 Pareto 最优解构成 Pareto 最优解集。

9.2.3.2　改进的 NSGA－Ⅱ算法

NSGA－Ⅱ算法是将标准遗传算法应用于多目标优化问题时进行改进的，其思想是 Pareto 集非劣分层的方法与遗传算法相结合，通过对多目标解群体进行逐层分类，得到具有优劣关系的不同非劣层，而最优的解构成 Pareto 前端，即第一非劣层。首先在可行解空间初始化种群，种群中每个个体代表了多目标优化问题的一个潜在解，其适应度值由 Pareto 集非劣分层后每个个体在解空间中的秩来决定；接着进行解种群的 Pareto 集非劣分层，完成解个体秩的计算和每个非劣层中个体拥挤距离的计算；再执行遗传算法的基本进化操作，主要包括变异、交叉和选择；然后进行父代种群和子代种群的合并和新一代种群的筛选；筛选出新一代种群后可再进行非劣分层，如此循环迭代，满足迭代终止条件后，最优的解集就存在于 Pareto 前端中。

用于多目标优化求解的改进 NSGA－Ⅱ算法的要点是：

(1)种群个体秩的计算：个体的秩的定义是种群中 Pareto 占优个体的数目 rank$=R+1$。

(2)Pareto 集非劣分层：种群中相同秩的个体分为一层，称为非劣层；秩越小则该非劣层优势越大，最优非劣层为秩为 1 的非劣层，即 Pareto 前端。

(3)拥挤距离计算：拥挤距离是进行同一非劣层中个体的优选的基本原则，认为在同等情况下，拥挤距离越大，解的多样性越大，因此优先选择拥挤距离大的个体。种群中某个个体 i 的拥挤距离 d_i 是一个在个体 i 周围不被种群中任何其他的个体所占有的搜索空间的度量。为了估计种群中某个个体 i 周围个体的密度，取个体 i 沿着每个目标 f_m 的两边的两个个体 $(i-1)$、$(i+1)$ 的水平距离，数量 d_i 作为 M 个距离之和的估计值，称之为拥挤距离。如图 9.6 所示，同一个非劣层相邻的三个个体分别为 i，$(i-1)$，$(i+1)$，则第 i 个个体的拥挤距离为 $d_i=d_x+d_y$。

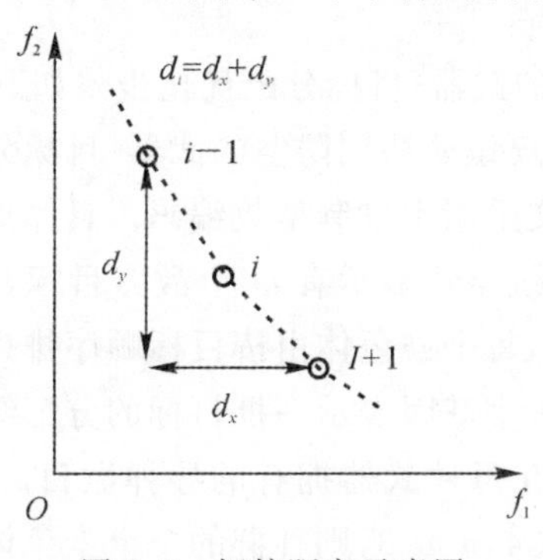

图 9.6　拥挤距离示意图

(4)进化操作:进化操作与标准遗传算法一样,交叉过程中采用基因重组的形式产生两个子个体,选择过程采用 Pareto 占优的概念,在所产生的两个个体和父代个体中选择最优的个体,如果两个个体无差别,则在两个子个体中随机选择一个个体。

(5)种群合并与筛选:子代和父代种群合并后,利用 Pareto 占优的概念选取与父代种群规模相等的种群,其选择根据为 Pareto 非劣分层层次和个体拥挤距离。

9.2.3.3 算法的目标分配应用

采用 NSGA-Ⅱ算法进行水面舰艇协同防空武器-目标分配优化,其流程图如图 9.7 所示。

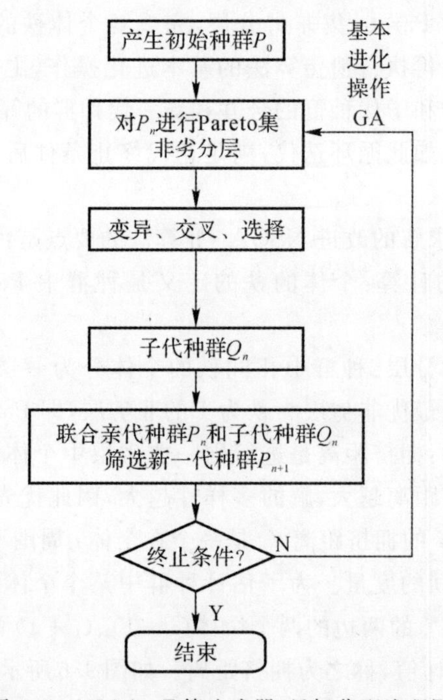

图 9.7 NSGA-Ⅱ算法武器-目标分配流程图

基于 NSGA-Ⅱ算法的武器-目标分配优化步骤如下:

(1)编码:对于水面舰艇编队协同防空的武器-目标分配问题,由于每个平台武器的弹药数量为整数,本文采用十进制整数编码。具体编码实施方法是,假定海上舰艇编队防空预警探测系统空情显示有 m 个敌方目标,协同防空多平台武器有 n 组武器。采用十进制编码,每个染色体由按目标顺序排列的武器编号组成,表示一种可能的分配方案,其中每个基因表示一批目标的分配结果,染色体的长度为 $m\times n$。编码基因的取值范围在每种武器拥有的导弹数目总量以内,不同的基因可取相同的编码值。例如 m 取 4,n 取 3,则种群的 1 个染色体 216973480531 表示一个火力分配方案，即第一种武器分配给4个目标的导弹数目分别是2,1,6,9,第二种武器分配给4个目标的导弹数目分别是7,3,4,8,第三种武器分配给4个目标的导弹数目分别是0,5,3,1。

(2)初始种群的产生。结合约束条件生成一个比所需群体规模要大很多的初始群体，从该群体中再随机选取适合所要的群体规模的个体，选择以后对所选的初始群体进行评价，如果它的最好个体的适应度值达到了理论适应度值的0.8左右，则选择，否则重新生成大规模的初始群体进行选择。

(3)Pareto集非劣分层：种群中每个解与该种群中所有的其他解进行比较，看是否劣于种群中的其他任意一个解，并记录个数，根据个数进行分层。

(4)进化操作：进化操作即9.2.3.2中介绍的标准遗传算法的变异、交叉和选择操作。

(5)种群合并与筛选。对整个亲代和子代种群执行非劣分层，然后再进行种群筛选，选出初始种群规模大小的种群。具体筛选策略是，从最优非劣解开始，接收每层的个体直到填满所有的种群位置。

(6)迭代次数加1,返回步骤(3),直至达到最大迭代次数为止，种群中的所有第一非劣层解即构成Pareto最优解集。

9.2.4 仿真分析

为了验证本节算法的有效性，设计仿真试验进行多平台多武器-目标分配优化。假设水面舰艇编队中具有三种不同平台的导弹武器，攻击探测区内4个敌方威胁目标，第一种武器至多具有8枚导弹，第二种武器至多具有12枚导弹，第三种武器至多具有15枚导弹，则武器导弹数量矩阵为$\boldsymbol{C}=[8\quad 12\quad 15]$。敌方目标的重要(危险)程度系数和每种导弹毁伤各个目标的概率见威胁系数矩阵和杀伤概率矩阵，威胁系数矩阵$\boldsymbol{W}=[0.1\quad 0.2\quad 0.3\quad 0.4]$，杀伤概率矩阵为$\boldsymbol{E}=\begin{bmatrix}0.3 & 0.2 & 0.4 & 0.1\\0.5 & 0.1 & 0.2 & 0.2\\0.1 & 0.4 & 0.3 & 0.2\end{bmatrix}$。

对于优化模型采用罚函数法处理其中的约束条件，然后进行求解。

图9.8为200次迭代后的种群，曲线串联的为Pareto前端，即最优非劣解集，其中的每一个解代表一种分配方案，例如，$g=33,1-f=0.04$的方案，其对应的染色体为[0 4 0 0 0 7 7 0 2 0 11 2]，即第一种武器分给四个目标的导弹数目分别为0,4,0,0;第二种武器分给四个目标的导弹数目分别为0,7,7,0;第三种武器分给四个目标的导弹数目分别为2,0,11,2。图9.8中所示的用改进的NSGA-Ⅱ算法求解的WTA多目标优化模型得到的非劣解集构成的Pareto前端，较好地维护了Pareto解的分布性与收敛性，体现了增加导弹数量对射击效能的影响，便于决策

者进行决策。例如,如果决策者要求对敌毁伤概率 $0.85<f<0.9$ 的方案,在图 9.8 中四个方案的 f 值依次为 0.89,0.88,0.86,0.85;对应的 g 值分别为 22,21,20,19。通常思维下指挥员只需根据毁伤效能来直接选择即可,例如要达到 0.85 的效能,火力单元数量 g 最小的方案为($g=19$,$f=0.85$)。

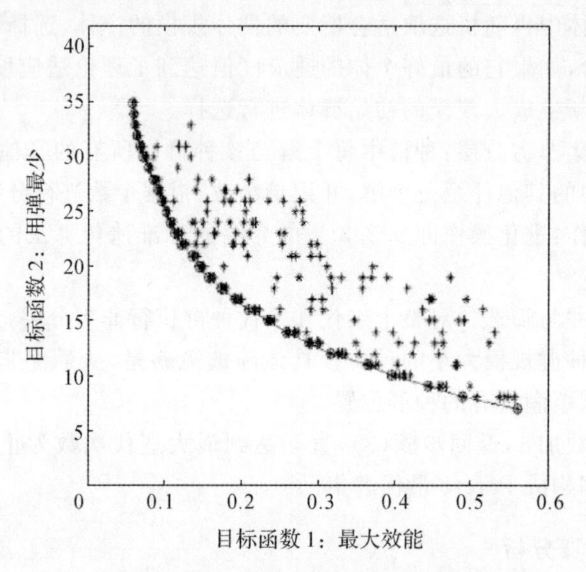

图 9.8 NSGA-Ⅱ 200 次迭代后的种群及 Pareto 前端

9.3 基于改进遗传算法的飞机排班优化

9.3.1 问题描述

飞机排班优化问题是指为每一个航班安排一架飞机去执行飞行任务。由于该问题规模较大,约束较多,是著名的 NP-hard 问题。通常的飞机排班问题,考虑的是同型号飞机之中的指派问题,其型号是在市场部根据具体情况综合考虑而确定的,但是对于同等载客量的飞机之间统一排班问题并没有做太多的研究,其关键问题是不同机型的不同飞机飞相同的航段都会产生不同的利润。本节将飞机机型指派与飞机指派问题结合在一起考虑,可为航空公司的飞机排班计划工作带来更大的方便。

针对飞机排班问题,国内外有关学者进行了相应研究。文献[24]考虑了飞机与航班之间在机型、飞行区域等条件上的匹配要求,给出了飞机指派模型,并且构造了自适应单亲遗传算法,通过动态调整遗传算子来加快优化速度,实现问题的快速求解,同时给出了进一步的研究方向。文献[25]将飞机路线和机型指派综合考虑,建立多机型的一体化排班多商品流模型,用约束编程快速求解航班串并计算简约成本,动态选择列集并与限制诸问题进行迭代,但是对于较大规模的问题实现起来较为困难。文献[26]建立了基于多基地航空公司飞机一体化排班模型,以成本最小化为目标,加入了旅客溢出量,考虑排班的网络效益,且综合考虑了机型指派、尾号指派等约束,其飞机指派主要考虑了维修机会最大化,但没有考虑飞机的成本。文献[27]以运筹学整数规划为基础,采用列生成算法求解飞机尾号分配问题,并利用约束满足技术改善算法性能。综合以上情况,本节建立了飞机排班优化的数学模型,并且对传统的遗传算法的染色体进行改进,通过对以自然数编码为主的染色体,变为以 0－1 自然数为主的染色体组进行求解,为了加快逼近最优解,在算法中还采取了自适应调整变异概率及交叉概率的方式,最终得到利润最大的近似最优解,且将普通遗传算法和自适应遗传算法作对比,并用 DELPHI 软件实现,最终验证结果。

9.3.2　飞机排班优化模型建立

9.3.2.1　研究问题

研究该问题的主要目的是将不同型号的不同飞机结合在一起考虑并安排给指定航班,实现其总利润最大,同时要满足航班串覆盖唯一性约束(即每个航班串只能由一架飞机执飞)、飞机使用唯一性约束(即每架飞机只能使用一次)、飞机机型总数约束(即安排飞机的数量不能超过该机型飞机总数)[28]。为航空公司降低成本,提高企业效益。

9.3.2.2　飞机排班优化模型

飞机排班优化问题是一个 NP－hard 问题,是一个大规模的组合优化问题,为解决此问题,本文将机型与指定飞机绑定,其执飞航段的收益和成本都作为已知量考虑进来,最终将合适的飞机指派给每个事先生成好的航班串,实现利润的最大化,具体模型如下。

I:表示已生成的航班串集合;K:表示可以执飞的飞机机型的集合;Z:表示所有航段的集合;$P_{m,k,i}$:表示第 i 个航班串由第 k 种机型的第 m 架飞机执飞产生的总收益,这里主要由票价产生;$P'_{m,k,i,z}$:表示第 i 个航班串由第 k 种机型的第 m 架飞机执飞航班 z,在预计旅客量大于第 k 种机型的座位数时,所产生的收益;$P''_{m,k,i,z}$:表示第 i 个航班串由第 k 种机型的第 m 架飞机执飞航班 z,在预计旅客量小于第 k 种机型的座位数时,所产生的收益;$C_{m,k,i}$:表示第 i 个航班串由第 k 种机型的第 m 架飞机执飞产生的总成本,其中主要包括运营成本以及旅客溢出成本;$C'_{m,k,i,z}$:表示第 i 个航班串由第 k 种机型的第 m 架飞机执飞航班 z,在预计旅客量大于第 k 种机型的座位数时,所产生的成本;$C''_{m,k,i,z}$:表示第 i 个航班串由第 k 种机型的第 m

架飞机执飞航班 z，在预计旅客量小于第 k 种机型的座位数时，所产生的成本；$M_{m,k,i,z}$：表示第 i 个航班串中由第 k 种机型的第 m 架飞机执飞航班 z 所产生的票价；$S_{k,i}$：表示第 i 个航班串由第 k 种机型执飞，其座位数的多少；$W_{z,i}$：表示第 i 个航班串中航班 z 的预计旅客量；n_k：表示第 k 种机型的飞机架次；$x_{m,k,i}$：决策变量，若第 k 种机型的第 m 架飞机被选择执飞第 i 个航班串，则 $x_{m,k,i}=1$，否则，$x_{m,k,i}=0$。

模型如下：

$$\text{pro}=\max\sum_{k\in K}\sum_{i\in I}(P_{m,k,i}\,x_{m,k,i}-C_{m,k,i}\,x_{m,k,i}) \tag{9.15}$$

$$\text{s.t}\quad P'_{m,k,i,z}=M_{m,k,i,z}\,S_{k,j},\ \forall i\in I,\ \forall k\in K,\ \forall z\in Z \tag{9.16}$$

$$P''_{m,k,i,z}=M_{m,k,i,z}\,W_{z,j},\ \forall i\in I,\ \forall k\in K,\ \forall z\in Z \tag{9.17}$$

$$P_{m,k,i}=\sum_{z=1}^{n}(P'_{m,k,i,z}+P''_{m,k,i,z}),\ \forall i\in I,\ \forall k\in K \tag{9.18}$$

$$C'_{m,k,i,z}=C,\ \forall i\in I,\ \forall k\in K,\ \forall z\in Z \tag{9.19}$$

$$C''_{m,k,i,z}=M_{m,k,i,z}(S_{k,i}-W_{z,i})+C'_{m,k,i,z},\ \forall i\in I,\ \forall k\in K,\ \forall z\in Z \tag{9.20}$$

$$C_{m,k,i}=\sum_{z=1}^{n}(C'_{m,k,i,z}+C''_{m,k,i,z}),\ \forall i\in I,\ \forall k\in K \tag{9.21}$$

$$\sum_{k\in K}x_{m,k,i}=1,\ \forall i\in I \tag{9.22}$$

$$\sum_{i\in I}x_{m,k,i}\leqslant n_k,\ \forall k\in K \tag{9.23}$$

式(9.15)为利润最大化目标函数；式(9.16)为在预计旅客量大于机型座位数时，该航段的收益；式(9.17)为在预计旅客量小于机型座位数时，该航段的收益；式(9.18)为某个航班串的总收益；式(9.19)为在预计旅客量大于机型座位数时，该航段所产生的运营成本，主要由燃油费及人员费用构成；式(9.20)为在预计旅客量小于机型座位数时，该航段所产生的成本，此时成本由运营成本和旅客溢出成本两部分构成[29]；式(9.21)为某个航班串的总成本；式(9.22)为飞机使用唯一性约束；式(9.23)为飞机机型架次约束。

9.3.3 自适应染色体组遗传算法求解模型

飞机排班优化问题是一个NP-hard问题，采用数学方法求取精确解有很大难度，而遗传算法是智能优化方法中应用最为广泛也最为成功的算法，在求解复杂优化问题方面具有很大的潜力。本节在遗传算法的基础上，对染色体编码进行改进，算法主要采用自然数编码，在传统遗传算法单染色体编码基础上加以改进，以染色体组内部的多染色体换位为主，辅以多染色体变异，并动态调整交叉-变异概率，使其能够更快地得到问题的近似最优解，并用计算机编程实现。

9.3.3.1　染色体组编码方式

在该问题的数学模型中，每个飞机执飞每个航班的收益和成本均是已知的，于是问题可以演化为如下数学模型：

$$\boldsymbol{AX}=\boldsymbol{B} \tag{9.24}$$

式(9.24)中的 $\boldsymbol{A}$ 表示系数矩阵，其系数为每个飞机执飞每个航班串所产生的利润，$\boldsymbol{X}$ 为解矩阵，也就是编码对象，乘积以后得到的 $\boldsymbol{B}$ 矩阵的对角线之和为最终指派结束后得到的总利润。下面以 4 个航班串 2 种机型下 6 架飞机为例说明该编码方式。

$$\begin{bmatrix} & \text{A型飞机1} & \text{A型飞机2} & \text{A型飞机3} & \text{B型飞机1} & \text{B型飞机2} & \text{B型飞机3} \\ \text{航班串1} & a & b & c & d & e & f \\ \text{航班串2} & g & h & i & j & k & l \\ \text{航班串3} & m & n & o & p & q & r \\ \text{航班串4} & s & t & u & v & w & x \end{bmatrix} \times$$

$$\begin{bmatrix} & \text{航班串1} & \text{航班串2} & \text{航班串3} & \text{航班串4} \\ \text{A型飞机1} & 1 & 0 & 0 & 0 \\ \text{A型飞机2} & 0 & 1 & 0 & 0 \\ \text{A型飞机3} & 0 & 0 & 1 & 0 \\ \text{B型飞机1} & 0 & 0 & 0 & 0 \\ \text{B型飞机2} & 0 & 0 & 0 & 1 \\ \text{B型飞机3} & 0 & 0 & 0 & 0 \end{bmatrix} = \begin{bmatrix} a & b & c & e \\ g & h & i & k \\ m & n & o & q \\ s & t & u & w \end{bmatrix} \tag{9.25}$$

式(9.25)中第 1 个矩阵 $\boldsymbol{A}$ 的横向代表 A 型飞机 1、A 型飞机 2、A 型飞机 3、B 型飞机 1、B 型飞机 2、B 型飞机 3，纵向代表航班串 1、航班串 2、航班串 3、航班串 4。则其中元素 a 代表 A 型飞机 1 执飞航班串 1 所产生的利润，元素 b 代表 A 型飞机 2 执飞航班串 1 所产生的利润，元素 g 代表 A 型飞机 1 执飞航班串 2 所产生的利润，以此类推，即为系数矩阵，在此作为已知参数。

式(9.25)中第 2 个矩阵 $\boldsymbol{X}$ 为要编码的矩阵，即解矩阵，横向代表航班串 1、航班串 2、航班串 3、航班串 4，纵向代表 A 型飞机 1、A 型飞机 2、A 型飞机 3、B 型飞机 1、B 型飞机 2、B 型飞机 3(编码本身满足约束式(9.23)，无论怎样变换都不会使得飞机架次超过限制)。若其中某一个元素为 1，则代表相应行的飞机执飞相应列的航班串，反之亦成立。例如，航班串 1 由 A 型飞机 1 执飞，但航班串 1 不由 A 型飞机 2 执飞。现将该矩阵赋初始值，使得每一行每一列有且仅有一个 1，目的是为了满足航班串覆盖约束和飞机使用唯一性约束，由于每个航班串只安排一架飞机执飞，4 个航班串只能安排 4 架飞机执飞，所以 2 行全为 0 的列，是假定那 2 架飞机没有被安排执飞。由此看出，只需将该矩阵的行做初等行交替变换，就能使全部的解覆盖。例如，如果将第 1 行与第 2 行互换，就由原来的 A 型飞机 1 执飞航班串1和A型飞机2执飞航班串2变为A型飞机1执飞航班串2,A型飞机2执飞航班串1。

式(9.25)中第3个矩阵 $\boldsymbol{B}$ 为结果矩阵,根据矩阵的乘法计算法则,如果A型飞机1执飞第1个航班串即会产生利润 a,如果B型飞机2执飞第4个航班串即会产生利润 w,以此类推,就会得到结果矩阵主对角线的和即为目标函数所要求的结果。

9.3.3.2 自适应新染色体组的生成方法

为了能够减少迭代次数,提升优化结果的效率,在1994年Srinivas M[30]提出了一种自适应遗传算法,该算法旨在当群体适应度值较为集中时,使交叉概率 P_c 和变异概率 P_m 减小;当群体适应度值较为分散时,使交叉概率 P_c 和变异概率 P_m 增大。在此引入这种方法,并将其做了一定的改进。由于本文的矩阵编码即为最后的解空间,所以其适应度值函数就为本模型的目标函数式(9.15),其利润值即为适应度值,每次迭代都会记录下其对应的适应度值大小,在每次迭代前都会有当前代的最大适应度值 $\mathrm{pro}_{\max}$,最小适应度值 $\mathrm{pro}_{\min}$,以及平均适应度值 $\mathrm{pro}_{\mathrm{avg}}$,并根据它们来判断适应度值的集中程度。在本节的算法中,当 $\mathrm{pro}_{\mathrm{avg}}/\mathrm{pro}_{\max}>a$ 且 $\mathrm{pro}_{\min}/\mathrm{pro}_{\max}>b$($a$ 和 b 介于0到1之间)时,需要调整下一次的交叉概率 P_c 及变异概率 P_m。调整公式如下:

$$P_c=\begin{cases}\dfrac{P_{c0}\ \mathrm{pro}_{\max}}{\mathrm{pro}_{\max}-\mathrm{pro}_{\min}}, & \dfrac{\mathrm{pro}_{\mathrm{avg}}}{\mathrm{pro}_{\max}}>a,\ \dfrac{\mathrm{pro}_{\min}}{\mathrm{pro}_{\max}}>b\\ P_{c0}, & \text{否则}\end{cases}\tag{9.26}$$

$$P_m=\begin{cases}\dfrac{P_{m0}\ \mathrm{pro}_{\max}}{\mathrm{pro}_{\max}-\mathrm{pro}_{\min}}, & \dfrac{\mathrm{pro}_{\mathrm{avg}}}{\mathrm{pro}_{\max}}>a,\ \dfrac{\mathrm{pro}_{\min}}{\mathrm{pro}_{\max}}>b\\ P_{m0}, & \text{否则}\end{cases}\tag{9.27}$$

式(9.26)中的 P_{c0} 初始交叉概率和式(9.27)中的 P_{m0} 初始变异概率,是在迭代之前人工给定的。新染色体组生成过程具体如下:

Step1:生成初始参数。确定初始交叉概率 P_{c0} 和初始变异概率 P_{m0}。

Step2:生成初始可行解。通过随机赋值,赋值满足每列与每行有且仅有一个1。

Step3:做交叉。依据概率 P_c 在染色体组内部做交叉,使行与行之间以一定概率做交换(交叉)。

Step4:做变异。为了使结果尽快收敛,以一定概率 P_m 将元素全为0的某一行(某几行)的其中一位变异为1,并将对应列的其他元素1变异为0,以满足约束条件。

例如:

$$\begin{bmatrix}1&0&0&0\\0&1&0&0\\0&0&1&0\\0&0&0&0\\0&0&0&1\\0&0&0&0\end{bmatrix}\rightarrow 交叉\ P_c \rightarrow \begin{bmatrix}0&1&0&0\\1&0&0&0\\0&0&1&0\\0&0&0&0\\0&0&0&1\\0&0&0&0\end{bmatrix}$$

$$\rightarrow 变异\ P_m \rightarrow \begin{bmatrix}0&1&0&0\\1&0&0&0\\0&0&1&0\\0&0&0&1\\0&0&0&0\\0&0&0&0\end{bmatrix}$$

在改进的遗传算法中，上述过程表现为通过一次迭代得出的适应度值(利润)与之前迭代的最优适应度值和平均适应度值采用式(9.26)与式(9.27)做比较，依据 P_{c0} 或者计算出的 P_c，在染色体组中选择多对染色体(行)之间做交叉，依据 P_{m0} 或者计算出的 P_m 在染色体组中选择多个染色体(行)做变异，从而形成新一代染色体组，继续参与遗传。

9.3.3.3 遗传算法的求解步骤

Step1：输入求解模型所需数据。主要包括每架飞机执飞每个航班串的利润，即输入系数矩阵 **A**。

Step2：算法参数的初始化：确定结束最大循环代数(结束准则)、染色体组内部初始交叉概率 P_{c0} 及初始变异概率 P_{m0}，并且随机生成初始可行解(初始化染色体组)。

Step3：计算当前代的染色体组的适应度值(利润)，记录最优的染色体组作为当前最优解，并判断是否满足结束准则，如是，则停止转 Step7，否则转下一步 Step4。

Step4：按公式(9.26)和式(9.27)计算交叉概率 P_c 及变异概率 P_m。

Step5：以设定的交叉概率 P_c 及变异概率 P_m 对当前代染色体组做自适应调整，最后进行选择操作，选择出一代最优的染色体组。

Step6：将选出的一代染色体组作为当前代染色体，转 Step3。

Step7：输出当前最优一代染色体组的适应度值(利润)。

9.3.4 仿真研究

为了验证飞机优化模型及算法，在此采用某航空公司 2 种规模的航班进行仿真。第1种是:1天61个航班信息并事先生成了22个航班串,3种机型飞机,共34架次(其中ERJ 8架次,CRJ 8架次,MA60 18架次)作为数据实例进行计算;第2种是,1天21个航班信息并事先生成了7个航班串,2种机型飞机,共10架次(其中MA60 5架次,CRJ 5架次),原始数据分别见表9.5和表9.6。在算法求解中,采用基本遗传算法与改进的自适应遗传算法作比较进行研究。在比较研究中,改进的遗传算法与基本遗传算法选取的参数如下:

第1种:改进的遗传算子的基因初始变异概率 P_{m0} 为0.1,改进的遗传算子的基因初始交叉概率 P_{c0} 为0.8,基本遗传算子的基因变异概率为0.1,基本遗传算子的基因交叉概率为0.8,算法的结束准则为连续迭代4 000代。

第2种:改进的遗传算子的基因初始变异概率 P_{m0} 为0.1,改进的遗传算子的基因初始交叉概率 P_{c0} 为0.8,基本遗传算子的基因变异概率为0.1,基本遗传算子的基因交叉概率为0.8,算法的结束准则为连续迭代2 000代。

表9.5 排班结果表(1)

航班串编号	排班结果	事先生成的航班串
1	MA60(5)	25-34-40-35
2	ERJ(8)	6-29-45
3	MA60(2)	19-36-23-26-39-27
4	CRJ(7)	48-46-43
5	ERJ(5)	56
6	ERJ(1)	58-8-57-9-30
7	MA60(3)	14-54-16
8	MA60(4)	21-32-38-33
9	CRJ(1)	44-52-15
10	ERJ(2)	59-2-5
11	MA30(13)	7-3-1-60-4
12	CRJ(4)	28
13	CRJ(6)	41-17-42
14	ERJ(7)	50-12-53
15	MA60(9)	10-51-13
16	CRJ(8)	20

续表

航班串编号	排班结果	事先生成的航班串
17	CRJ(3)	22-25
18	ERJ(3)	31-24-37
19	ERJ(6)	47
20	MA60(11)	49-11
21	MA60(12)	18
22	MA60(6)	61

表 9.6 排班结果表(2)

航班串编号	排班结果	事先生成的航班串
1	MA60(2)	10-15-12-17-13-19-14
2	MA60(4)	1-18-8
3	MA60(5)	3-20
4	CRJ(5)	7-5
5	CRJ(1)	9-21-1
6	MA60(1)	11-16
7	CRJ(3)	6-4

不同的就是基本遗传算法没有种群集中度的判断,仿真结果如图 9.9 和图 9.10所示。

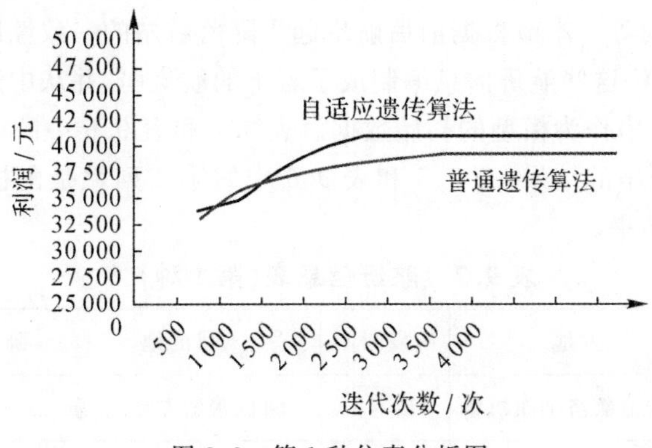

图 9.9 第 1 种仿真分析图

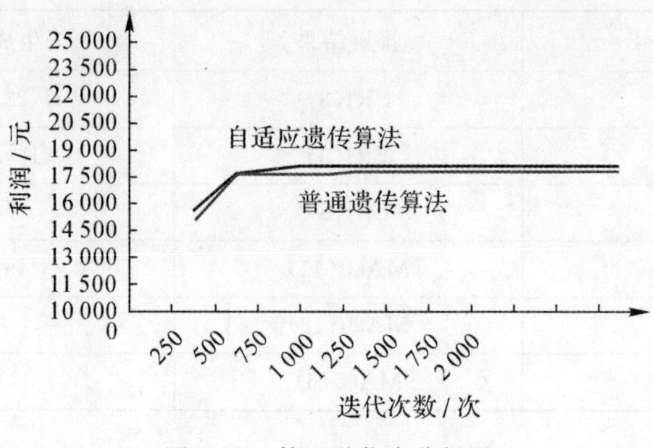

图 9.10 第 2 种仿真分析图

结果分析如下：

第 1 种：改进的遗传算法最优目标函数值为 41 125。基本遗传算法的最优目标函数值为 38 526。其最优解相差 2 599，改进的遗传算法在迭代 2 500 次左右就得到了近似最优解，基本遗传算法要在迭代 3 500 次左右得到相对稳定的结果。

第 2 种：改进的遗传算法最优目标函数值为 18 126。基本遗传算法的最优目标函数值为 17 828。其最优解相差 298，改进的遗传算法在迭代 1 000 次左右得到了近似最优解，基本遗传算法在迭代 1 200 次左右得到相对稳定的结果。

由上面的仿真结果可以看出，在解决小规模排班问题时(见图 9.10)，改进的遗传算法与基本遗传算法，无论是迭代次数还是最优值上相差都不大，在解决一般规模问题时(见图 9.9)，基于染色体组的改进遗传算法显现出一定的优势，最优值要高于基本遗传算法，迭代次数要明显少于基本遗传算法，在现有的计算机水平上，这显得更加重要，同时也为解决更大规模的排班问题奠定了基础。

表 9.7 和表 9.8 为第 1～2 种仿真实例的航班信息，包括飞机的起飞降落航站以及起飞降落时间等。本节根据前后航班起飞降落航站的一致性以及航班起飞降落时间的衔接性，将这些航班信息编制成了若干的航班串，并从中选取了满足要求的 22～(7)个航班串作为模型的初始数据。表 9.5 和表 9.6 中的第 3 列就是选出的 22～(7)个航班串的结果，表 9.5 和表 9.6 中的第 2 列就是由模型以及改进的遗传算法得出的结果。

表 9.7 航班信息表(第 1 种)

序号	航班	出发地	出发时间	目的地	降落时间	班期
1	F1	阿拉善盟额济纳旗机场	11:40	阿拉善盟左旗机场	13:30	1234567
2	F2	阿拉善盟额济纳旗机场	14:30	阿拉善盟右旗机场	10:00	12345

续表

序号	航班	出发地	出发时间	目的地	降落时间	班期
3	F3	阿拉善盟右旗机场	9:40	阿拉善盟额济纳旗机场	11:10	1234567
4	F4	阿拉善盟右旗机场	15:35	阿拉善盟左旗机场	16:40	1234567
5	F5	阿拉善盟右旗机场	16:25	阿拉善盟左旗机场	17:30	12357
……	……	……	……	……	……	……
59	F59	阿拉善盟左旗机场	12:10	阿拉善盟额济纳旗机场	14:00	12357
60	F60	阿拉善盟左旗机场	14:00	阿拉善盟右旗机场	15:05	1234567
61	F61	长沙黄花机场	8:35	张家界荷花机场	9:50	1234567

表 9.8 航班信息表(第 2 种)

序号	航班	出发地	出发时间	目的地	降落时间	班期
1	F1	上海虹桥	14:05	常德	16:30	1234567
2	F2	上海虹桥	14:20	常德	16:40	1234567
3	F3	上海虹桥	07:05	长沙	08:50	1234567
4	F4	上海浦东	07:15	澳门	09:45	1234567
5	F5	上海浦东	19:05	北京	21:40	1234567
……		……	……	……		……
19	F19	淮安	10:00	哈尔滨	12:10	1234567
20	F20	淮安	10:00	哈尔滨	12:10	1234567
21	F21	昆明	20:05	常德	21:35	1234567

目前,许多航空公司还主要依靠人工决策方法来进行计划编制,飞机排班也是人工或半人工方式进行,相关人员排班上述规模的飞机需要很久时间,并且不能同时考虑各种约束,随着飞机以及机型数目的增加,航班串数目的增大,人工方式变得越来越困难,而本节建立的模型及算法在几分钟内就能完成所有工作,并且考虑到成本的优化,能够提高航空公司的管理自动化水平,满足航空公司的迫切需求。

9.4 基于改进遗传算法的机组指派优化

9.4.1 问题描述

飞机排班工作是民用航空公司日常工作运营中的一项重要工作，对于公司的生产经营、成本控制等都有很重要的作用。机组人员排班计划是其中一个主要内容，合理有效对机组人员进行飞机计划编排，可有效利用航空企业的机组人力资源，同时也有利于调动机组人员的积极性，提高效率，降低成本。航班执行的成本中机组成本占有很重要的比例，包括人员薪酬、空载费用以及机组在外过夜休息成本等。国内航空公司以前机队规模不大，机组人员不是很多，排班计划工作相对较为简单，所以对机组排班工作重视不够，对于生产计划管理方面的研究也非常有限。随着国内民航的快速发展，航空公司规模也有很大的扩展，国内民航业及各大航空公司越来越认识到排班计划对公司成本有很大的影响，但是从理论方法研究来说，我国对于机组人员排班方面的研究还处于初始阶段[31-36]。

文献[34]以机组成员满意度为基础考虑机组指派问题，不完全符合我国航空公司的排班情况。文献[35]分析了一个经典的机组配对模型，给出了机组延误概率这一概念，给出机组的延误概率相关计算方法、计算公式，同时给出一种以机组的延误概率达到最小化为基础的鲁棒性机组配对问题的模型。

本节在文献[36]的基础上，借鉴文献[37]的优化算子，分析空勤机组的执飞任务计划编制问题，研究建立综合考虑机组满意度的机组指派计划编制优化模型，并构造一种自适应遗传算法对此模型求解。

9.4.2 机组指派计划编制优化模型研究

9.4.2.1 分析研究问题说明

机组任务排班是指根据管理当局及航空公司相关规定，根据公司航班计划所要执行的每个航班的飞机要求为航班安排飞行员和乘务员的过程。在能够正常完成公司的航班计划的基础上，合理、公平的人员排班能够极大地调动人员对于工作的积极性，提高工作完成效率，从而有效降低民航企业运行成本。但是，机组人员排班是一个大型的组合优化难题，变量数据很大，约束条件也很多，模型和算法建立较为困难。在此研究机组指派优化问题主要考虑的约束包括：

(1)机组成员资格与执行航班机型相匹配；

(2)机组成员飞行资格与执行航班所飞行区域相匹配；

(3)每个机组成员在执行相接的两次航班之间的休息时间满足规章要求；

(4)机组成员的总体满意度尽量高；

(5)机组每个成员的日飞行小时满足规章要求。

9.4.2.2　机组指派计划编制优化模型建立

机组指派就是在满足规章、公司规定、具体飞机要求等约束条件的基础上，为每一个航班的具体执行飞机安排一组空勤人员来完成航班任务，以总的机组执行航班成本最低为目标，此问题是一个组合优化问题。

综合考虑约束因素以及人员满意度，建立如下的机组指派计划编制优化模型：

$$F_1 = \min \sum_{i=1}^{m} \sum_{j=1}^{n} X_{ij} C_{ij} \tag{9.28}$$

$$F_2 = \max \sum_{i=1}^{m} \sum_{j=1}^{n} X_{ij} W_{ij} \tag{9.29}$$

$$\text{s.t.} \quad \sum_{j=1}^{n} x_{ij} = 1,\ i = 1,2,\cdots,m \tag{9.30}$$

$$\sum_{i=1}^{m} t_i X_{ij} < T \tag{9.31}$$

$$d_i \geqslant D,\ \text{当}\ X_{ij} = 1\ \text{时} \tag{9.32}$$

$$r_j \geqslant R_i,\ \text{当}\ X_{ij} = 1\ \text{时} \tag{9.33}$$

$$\mathrm{DT}_{i+1,j} - \mathrm{LT}_{i,j} > S,\ \text{当}\ X_{ij} = 1,\ X_{i+1,j} = 1\ \text{时} \tag{9.34}$$

式中，$i=1,2,3,\cdots,m$，m 为编制计划周期内的航班数目；$j=1,2,3,\cdots,n$，n 为计划期内可用的机组数目；W_{ij} 为机组 i 对勤务 j 的满意程度，是每个机组成员根据自己喜好对每项工作任务打分分值，取值为 1 ～ 5，1 为最不满意，5 为最满意；$C_{ij} = p_{ij}^m + p_{ij}^r$ 为航班 i 和空勤机组 j 之间的匹配差异惩罚值，p_{ij}^m，p_{ij}^r 为空勤机组 j 和航班 i 具体执行飞机的机型编码、飞行地域编码间的差别惩罚值。

目标函数式(9.28) 保证在指派后模型总的差异惩罚值最小；目标函数式(9.29) 力求排班结果机组人员满意度最高，都是针对计划期内所有航班和机组的整体优化；约束条件式(9.30) 限制一个机组同时只能执行一个航班任务；约束条件式(9.31) 限制每个机组成员日飞行时间不超出规章规定的飞行时间最高值；约束条件式(9.32) 限制机组指派后机型代码要满足要求；约束条件式(9.33) 保证机组指派飞行地域代码满足匹配规定；约束条件式(9.34) 确保同一机组在两次任务衔接之间的休息时间满足要求。

为方便模型求解及编码的便捷，采用自然数对机型和飞行地域进行编码。选取文献[36] 中的数据，机型编码和飞行地域编码的惩罚值见表 9.9 和表 9.10。

表 9.9　机型差异惩罚值

$D = d_j - d_i$	$\lvert D \rvert = 0$	$\lvert D \rvert = 1$	$\lvert D \rvert = 2$	$\lvert D \rvert = 3$	$\lvert D \rvert = 4$	$\lvert D \rvert = 5$
惩罚值	0	10	50	100	200	500

表 9.10　飞行地域差异惩罚值

$R=R_i-R_j$	$\vert R\vert=0$	$\vert R\vert=1$	$\vert R\vert=2$	$\vert R\vert=3$	$\vert R\vert=4$
惩罚值	0	10	100	500	1 000

其中,规定空勤机组 j 完成航班任务 i 的飞行,d_i 为航班 i 要求的机型编码,d_j 为空勤机组 j 的机型资格编码,机型资格编码按照具体飞机型号的差异采用 1 ～ 6 的自然数来编码;R_i 为要执行航班 i 的飞行地域编码,R_j 为空勤机组 j 可飞行地域编码,飞行地域代码按等级用 1 ～ 5 来编码。

9.4.3　改进遗传算法求解机组指派优化模型

本节所建立的模型是一个大规模组合优化模型,采用传统的数学规划等方法很难求解。遗传算法(GA)作为一种智能求解算法,在组合优化问题的求解方面已有很好的应用[38-40]。在文献[36]的算法基础上构造下面的自适应启发式遗传算法求解所建立的模型,主要使用自然数对染色体进行编码,交叉和变异概率动态自适应调整。

9.4.3.1　适应度值评价方法

在优化问题中,通常将多个目标函数的优化转化为单个目标的优化问题来进行求解,这样可以减少问题计算复杂性,也增加问题求解的便利性。在此将目标函数式(9.28)和式(9.29)进行综合,采取以下的目标函数作为个体适应度值评价函数:

$$\min F = a_1 F_1 - a_2 F_2 \tag{9.35}$$

式中,a_1,a_2 分别为 2 个目标函数的权重系数,可以根据优化目标进行调整。根据目前国内各航空公司实际情况,选取 $a_1=0.8$,$a_2=0.2$。

同时为了避免不可行解和加快求解速度,采用智能启发式调整方法。根据实际的一些规则和约束条件编制启发式规则,在算法每次迭代后,针对每一代个体中的不可行解依据专家规则进行调整,一方面可以避免不可行解的存在,另一方面也可保证优化搜索迭代的方向。

9.4.3.2　遗传算子自适应动态调整

文献[37]基于 M.Srinivas 对遗传算法[3]的研究采取动态调整交叉和变异概率的方式,取得了较好的效果,在此采取其算法,适当调整其中的参数。其方法主要是依据适应度值集中程度,自适应动态调整个体的交叉概率 P_c、变异概率 P_m,

采取每代群体中适应度值的最大值 f_{max}、最小值 f_{min} 和平均值 f_{avg} 来对适应度值集中程度进行判断。

概率调整公式如下：

$$P_c = \begin{cases} P_{c0} + (1 - P_{c0}) \dfrac{f_{min}}{f_{max}}, & \dfrac{f_{min}}{f_{max}} > \alpha, \dfrac{f_{min}}{f_{avg}} > \beta \\ P_{c0}, & \text{否则} \end{cases} \tag{9.36}$$

$$P_m = \begin{cases} P_{m0} + (1 - P_{m0}) \dfrac{f_{min}}{f_{max}}, & \dfrac{f_{min}}{f_{max}} > \alpha, \dfrac{f_{min}}{f_{avg}} > \beta \\ P_{m0}, & \text{否则} \end{cases} \tag{9.37}$$

式中，P_{c0} 为交叉概率初值；P_{m0} 为变异概率初值。

9.4.3.3　机组指派优化编制模型求解算法流程

(1) 算法数据的初始化。求解模型中所需数据的格式化，同时所需要的相关数据信息的设定。

(2) 参数设定初始化。算法中每一代种群中个体数的确定，最大的迭代代数设定，确定 P_{c0}，P_{m0}，初始代种群采用随机方法给定，并作为迭代的当前代个体。

(3) 修正当前代种群中个体。检查种群个体是否存在不可行解，利用启发式专家规则修正不可行解，并将当前代种群用修正后种群替代。

(4) 函数适应度值计算。对当前代种群个体按照评价函数计算适应度值进行比较，同时记录适应度值最好个体作为最优解。

(5) 结束迭代条件判定。判断算法是否结束，如是，转(10)。

(6) 交叉和变异概率调整。以当前代种群为操作对象，计算其适应度值集中程度，按公式调整计算 P_c，P_m。

(7) 遗传操作。利用调整后的 P_c，P_m 对当前代种群个体进行选择，采取交叉和变异操作产生新的个体。

(8)选择操作。从遗传操作前的种群和当前代遗传操作后的种群中择优选出新一代种群。

(9)把选出的新一代种群作为当前种群，转至(3)。

(10)当前最优个体作为最终解输出。

9.4.4　应用仿真

为检验本节研究的模型和算法，从某航空公司的实际数据中选择 50 个确定机型执行的航班和 15 个机组的数据进行仿真研究。航班信息见表 9.11。

表 9.11 实际航班信息

序号	航班号	星期	出发地	起飞时间	目的地	到达时间	执行机型代码	飞行区域代码	机组指派
1	nx109	七	PVG	16:45	MFM	19:20	3	2	5
2	nx115	一	PVG	15:05	MFM	17:55	1	2	6
3	nx115	二	PVG	15:05	MFM	17:55	1	2	4
4	nx001	四	PEK	16:10	MFM	19:35	1	1	5
5	nx001	五	PEK	16:10	MFM	19:35	1	1	4
⋮	⋮	⋮	⋮	⋮	⋮	⋮	⋮	⋮	⋮
46	nx109	五	PVG	16:45	MFM	19:20	3	2	10
47	nx109	六	PVG	16:45	MFM	19:20	3	2	10
48	nx001	一	PEK	16:10	MFM	19:35	1	1	11
49	nx001	二	PEK	16:10	MFM	19:35	1	1	6
50	nx001	三	PEK	16:10	MFM	19:35	1	1	4

表 9.11 中的数据是仿真研究中使用的航班的相关信息，由于篇幅原因仅列出部分数据，最后一列是利用本节模型及算法的运算结果，即为航班执行飞机指派的机组编号。

空勤机组的相关信息及按照算法要求所编制的有关信息的编码见表 9.12。

表 9.12 机组信息表

机组序号	机组人数	可飞机型代码	可飞行区域代码
1	8	4	3
2	8	4	3
3	8	4	3
4	6	2	2
5	6	2	2
6	6	2	2
7	10	6	5
8	10	6	5
9	10	6	5

续表

机组序号	机组人数	可飞机型代码	可飞行区域代码
10	6	3	3
11	6	3	3
12	6	3	3
13	10	5	4
14	10	5	4
15	10	5	4

同时为了验证本节改进算法的有效性,采用设定类似参数基本的GA与本节IGA(改进的遗传算法)进行求解模型的比较研究。

在应用实际数据进行算法的求解运算中,改进的遗传算法有关参数设定为:种群数目为20,$P_{c0}=0.95$,$P_{m0}=0.15$,结束准则是连续循环迭代次数为400次,基本的遗传算法参数设定为类似的参数。2种算法求解适应度值跟踪变化趋势图如图9.10所示。

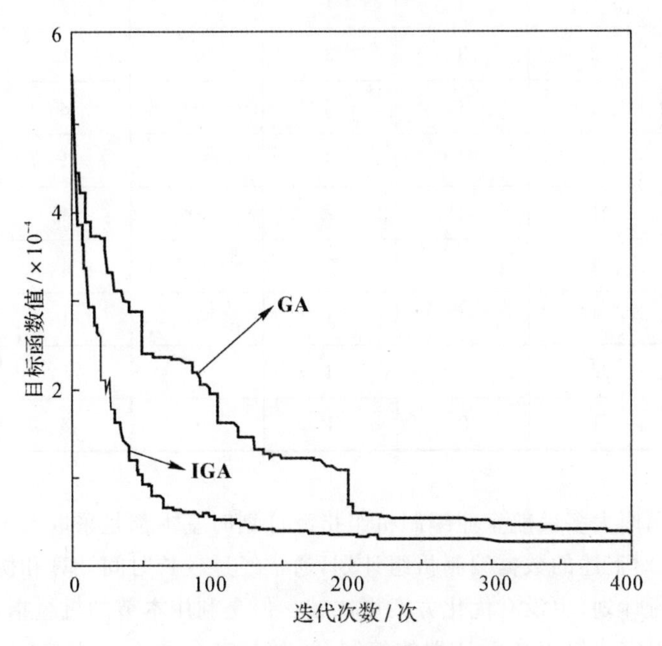

图9.10　算法求解适应函数值跟踪曲线

从图9.10看出，2种算法计算的评价函数最优值分别为2 708和3 700。从两种算法的运算结果可知，采用本节的模型及算法可快速为航班执行飞机选定空勤机组，满足各种规章和约束条件，且机组指派优化效果明显。同时，和基本遗传算法相比，改进遗传算法运算收敛更为快速，结果更优。此外，迭代代数越多，优化效果会更加明显，不利的是运算时间随之也会延长，具体的最大循环迭代次数的数据可根据实际情况对优化效果和时间的要求进行选择。实际采集的15个机组对50个航班的满意度评价值(只列出部分数据)见表9.13。

表9.13　机组对航班的满意度评价值

机组序号	航班1	航班2	航班3	…	航班49	航班50
1	3	2	3	…	1	1
2	2	2	2	…	5	5
3	4	5	4	…	3	2
4	2	2	2	…	2	4
5	4	3	3	…	2	4
6	2	3	1	…	2	3
7	2	4	1	…	4	3
8	2	3	3	…	2	4
9	4	3	3	…	3	3
10	3	2	3	…	1	5
11	4	3	2	…	4	4
12	4	2	3	…	4	2
13	4	3	3	…	1	4
14	2	5	4	…	3	4
15	1	2	1	…	3	2

现如今国内大多民航企业编制机组指派计划时基本都是采取人工或半人工方式排班决策，对上述的数据编制机组计划，通常经过较长时间计算和协调后能编制一个基本可行计划，也没有优化方案可比较。但是利用本节的机组指派优化方法，十几秒就可以完成机组指派计划的编制，同时是在多种方案比较后的最优方案。随着国内飞机数量的快速增加，航空公司规模的迅速扩大，基于模型和算法理论支

持的飞机排班优化方法对于提高航空公司生产调度自动化水平方面将会起到重要作用。

参考文献

[1] 张蛟,王中许,陈黎,等.具有多次拦截时机的防空火力分配建模及其优化方法研究[J].兵工学报,2014,35(10):1644-1650.

[2] Bayrak A E, Polat F. Employment of an Evolutionary Heuristic to Solve the Target Allocation Problem Efficiently[J]. Information Sciences, 2013, 222:675-695.

[3] Zhang J, Wang X, Xu C, et al. ACGA Algorithm of Solving Weapon-target Assignment Problem[J]. Open Journal of Applied Sciences, 2013, 2(4):74-77.

[4] 贺小亮,毕义明.基于模拟退火遗传算法的编队对地攻击 WTA 建模与优化[J].系统工程与电子技术,2014,36(5):900-904.

[5] Tokgoz A, Bulkan S. Weapon Target Assignment with Combinatorial Optimization Techniques[J]. International Journal of Advanced Research in Artificial Intelligence, 2013, 2(7):39-50.

[6] Leboucher C, Shin H S, Le Ménec S, et al. Novel Evolutionary Game Based Multi-objective Optimisation for Dynamic Weapon Target Assignment[C]//Preprints of the 19th World Congress: The International Federation of Automatic Control. Cape Town, South Africa: IFAC, 2014:3936-3941.

[7] 燕乐纬,陈洋洋,周云.基于数字序列编码遗传算法的高层结构黏滞阻尼器优化布置[J].振动与冲击,2015,34(3):101-107.

[8] Ye D Y, Chen Z J, Ma S L. A Novel and Better Fitness Evaluation for Rough set Based Minimum Attribute Reduction Problem[J]. Information Sciences, 2013, 222:413-423.

[9] Henrique D, Regiane D S B, Norian M, et al. Optimizing Urban Traffic Flow Using Genetic Algorithm with Petri net Analysis as Fitness Function[J]. Neurocomputing, 2014, 124:162-167.

[10] Zakir H Ahmed. Genetic Algorithm for the Traveling Salesman Problem Using Sequential Constructive Crossover Operator[J]. International Journal of Biometrics and Bioinformatics, 2010, 3(6):96-105.

[11] 于莹莹,陈燕,李桃迎.改进的遗传算法求解旅行商问题[J].控制与决策,

2014,29(8):1483-1488.

[12] Gu J H, Hu J H, Zhao T H, et al. A New Resource Scheduling Strategy Based on Genetic Algorithm in Cloud Computing Environment [J]. Journal of Computers, 2012, 7(1): 42-52.

[13] 汪定伟,王俊伟,王洪峰,等.智能优化算法[M].北京:高等教育出版社,2007.

[14] Lee Z J, Lee C Y, Su S F. An Immunity-bascd ant Colony Optimization Algorithm for Solving Wcapon-target Assignment Problem [J]. Applied Soft Computing,2002,2(1):39-47.

[15] Lcc Z J,Su S F, Lec C Y. Efficicntlv Solving Gcneral Weapon-targct Assignmcnt Problcm by Gcnctic Algorithms with Grccdy Cugcnics[J]. Systcms, Man, and CVbcrnctics, Part B: Cybernetics, IEEE Transactions on, 2003, 33(1): 113-121.

[16] Wacho]dcr E.A Neura] Nctwork-bascd Optimization Algorithm for the Static Wcaporrtargct Assignmcnt Problem [J]. ORSA Journal on Computing,1989,1(4): 232-246.

[17] Ahuja R K, Kumar A, Jha K C, et al. Fxact and Hcuristic Algorithms for the Wcapon-targct Assignment Problem[J]. Operations Research. 2007, 55(6):1136-146.

[18] 馀克虎,黄大山,王天召.改进的人工免疫算法求解武器-目标分配问题[J].系统工程与电子技术,2013,35 (10):2121-2127.

[19] 刘晓,刘忠,侯文姝,等.NRIWO算法求解火力分配多目标规划模型[J].华中科技大学学报(自然科学版),2013,5:13.

[20] Kalyanmoy D. Muilti-objcctive Optimization Using Evolutionary Algorithms[M]. New York: John Wiley&Sons,2001:245-253.

[21] Kundu D, Surcsh K, Ghosh S,et al. Muilti-objective Optimization with Artificial Weed Colonics[J]. Information Scicnce, 2011 (181): 2441-2454.

[22] Srinivas N,Dcb K. Muilti-objcctive Optimization Using Nondominated Sorting in Genctic Algorithms[J]. Evolutionary Computation, 1994, 2 (3):221-248.

[23] Dcb K, Pratap A, Agarwal S,et al.A fast and Elitist Multi-objective Genctic Algorirhm: NSGA-II[J]. Evolutionary Computation, IEEE Transactions on, 2002,6(2):182-197.

[24] 李耀华,谭娜.飞机指派问题优化模型及算法研究[J].控制工程,2010,17 (2):209-215.

[25] 朱星辉,朱金福,巩在武.我国航空公司机型指派模型及算法研究[J].工业技术经济,2007,26(4):75-77.

[26] 魏星.飞机排班一体化优化模型与算法研究[D].南京:南京航空航天大学,2012.

[27] Gabteni S, Gronkvist M. Combining Column Generation and Constrain Programming to Solve the Tail Assignment Problem [J]. Annals of Operations Research (S0254-5330),2009,171(1):61-76.

[28] 李耀华,秦如如.基于混合遗传算法的航班串优化模型研究[J].中国民航大学学报,2010,28(6):31-34.

[29] 魏阳.航班计划中机型指派问题研究[D].成都:西南交通大学,2014.

[30] Srinivas M, Patnaik L M. Adaptive Probabilities of Crossover and Mutation in Genetic Algorithms [J]. IEEE Transactions on System, Man and Cybernetics (S0018-9472),1994,24(4):656-667.

[31] 周琨,夏洪山.基于协同多任务分配的飞机排班模型与算法[J].航空学报,2011,32(11):2293-2302.

[32] Guay E L, Desaulniers G, Soumis F. Aircraft Routing under Different Business Process[J]. Journal of Air Transport Management, 2010,16(5):258-263.

[33] Srinivas M, Patnaik L M. Adaptive Probabilities of Crossover and Mutation in Genetic Algorithms[J]. IEEE Transactions on System, Man and Cybernetics, 1994, 24 (4): 656-667.

[34] 宋静波.基于单亲遗传算法的飞行机组指派技术[J].哈尔滨商业大学学报(自然科学版),2009,25(3):311-313.

[35] 牟德一,王志新,夏群.基于机组延误概率的鲁棒性机组配对问题[J].系统管理学报,2011,20(2):207-212.

[36] 李耀华,谭娜.飞机排班调度中机组指派优化模型及算法研究[J].计算机工程与应用,2008,44(34):243-245.

[37] Deng G F, Lin W T. Ant Colony Optimization - based Algorithm for Airline Crew Scheduling Problem[J]. Expert Systems with Applications, 2011, 38(5): 5787-5793

[38] Baromand S, Nekouie M A, Navaie K. Optimal Distributed Fuzzy Control Strategy for Aircraft Routing and Traffic Flow Management [C]. IV International Congress on Ultra Modern Telecommunications and Control Systems, 2012: 123-131.

[39] 高强,朱星辉,李云,等.飞机排班一体化模型与算法研究[J].武汉理工大学

学报(交通科学与工程版),2012,36(1):153-157.

[40] 董朝阳,路遥,王青.改进的遗传算法求解火力分配优化问题[J].兵工学报,2016,37(1):97-102.

[41] 陈思,胡涛.基于多目标优化遗传算法的武器-目标分配[J].舰船电子工程,2015,35(7):54-100.

[42] 李耀华,王磊.基于改进遗传算法的飞机排班优化方法研究[J].系统仿真学报,2016,28(3):620-626.

[43] 谭娜,李耀华.基于改进遗传算法的机组指派优化方法研究[J].控制工程,2015,22(4):674-678.

第10章　遗传算法在路径规划中的应用

10.1　基于自适应遗传算法的连续时空最优搜索路径规划

10.1.1　问题描述

最优搜索者路径问题(OSPP)是搜索论中搜索者运动受到约束的一类复杂优化问题,要求搜索者在有限资源约束下,构造一个搜索路径使得搜索效益最大,目前在海上救援、无人机侦查、反潜搜索[1-3]等诸多领域有广泛的应用。

根据是否对时间和空间进行了离散化处理,OSPP可大致分为离散时空OSPP和连续时空OSPP两类[4]。1986年Trummel和Weisinger已经证明了在离散时间和空间下,对于静止目标OSPP的复杂度至少是NP-hard[5]。目前无论对于哪类问题,许多学者都将算法的设计与优化作为问题研究的一个重要方向。在离散时空OSPP方面,已有较多的方法被采用,例如动态规划技术[6]、分支定界法[7-9]、割平面法[10]、启发式算法[3,11-12]等。但由于离散化处理的需要,模型在目标和搜索者运动过程的表达上与实际情况相差较大。

为了使模型更贴近实际,部分文献对更为复杂的连续时空OSPP展开了讨论。Ohsumi[13]和朱清新[14]等利用最优控制理论研究了此类问题,但是目标和搜索者的运动需要满足严格的微分方程,这一要求限制了模型的应用范围。在宽泛的问题描述下,Kierstead等人[15]首次将遗传算法(GA)应用于连续时空OSPP,针对一些探测环境复杂的搜索问题,提出了一种基于路径几何关系进行遗传操作的GA,得到了令人满意的搜索方案。Cho等人[16-17]设计了一种基于搜索者方向编码的高变异概率GA,讨论了静止目标和简单定向运动目标的搜索问题,相比Kierstead的算法优化效果有所提高,体现出GA在求解此类搜索问题方面的优势。然而这两种模型的不足之处是均假定目标为静止或做简单的匀速运动,搜索者的速度也为固定的,不利于实际应用,并且所给算法的优化效果受初始种群的影响较大。

本节研究更为一般的连续时空Markov运动目标的搜索问题。首先利用随机微分方程表达目标运动模型,同时考虑搜索速度对探测能力的影响,建立了搜索者模型,对搜索者方向和速度同时进行优化。然后针对OSPP的特点,设计一种自适应变异遗传算法(AMGA)。该算法采用较高的变异概率作用于父代精英个体组,丰富了种群的多样性；通过引入 3 种控制因子，对变异方向和幅度进行自适应控制，动态调节局部搜索和全局搜索的平衡，增强算法的寻优能力和稳定性。最后通过仿真分析、实例应用及算法对比验证了 AMGA 的有效性。

10.1.2 目标模型

文献[15 - 17]在连续时空下讨论了静止目标和简单定向运动目标的 OSPP。为使模型更一般化，考虑一个 $\mathbf{R}^2$ 空间中的连续时间 Markov 运动目标 $\{X(t),t\geqslant 0\}$。利用随机微分方程理论对目标的运动过程进行描述：

$$\left.\begin{aligned} &\mathrm{d}X(t)=b(t,X(t))\mathrm{d}t+\alpha(t,X(t))\mathrm{d}B(t)\\ &X(0)=X_0\end{aligned}\right\}\tag{10.1}$$

式中，$X(t)\in\mathbf{R}^2$；$b(t,X)$：$0,[+\infty)\times\mathbf{R}^2\rightarrow\mathbf{R}^2$，$b(t,X)$ 为漂移系数；$\alpha(t,X)$：$0,[+\infty)\times\mathbf{R}^2\rightarrow\mathbf{R}^{2\times2}$，$\alpha(t,X)$ 为扩散系数；$B(t)$ 是二维布朗运动；X_0 为初始位置。对式(10.1)的详细表达为

$$\begin{bmatrix}\mathrm{d}X_1(t)\\ \mathrm{d}X_2(t)\end{bmatrix}=\begin{bmatrix}b_1(t,X(t))\\ b_2(t,X(t))\end{bmatrix}\mathrm{d}t+\begin{bmatrix}\alpha_{11}\alpha_{12}\\ \alpha_{21}\alpha_{22}\end{bmatrix}\begin{bmatrix}\mathrm{d}B_1(t)\\ \mathrm{d}B_2(t)\end{bmatrix}$$

在搜索问题中，$X(t)$ 表示目标的运动位置，$b(t,X(t))$ 表示目标的速度矢量，$B(t)$ 代表环境等因素的干扰，$\alpha(t,X(t))$ 则表示干扰的幅度大小。这种随机微分方程描述方法同时考虑了目标的运动参数以及环境等因素的影响，能够较好地描述目标的运动状态。

本节假定目标的运动不受搜索者策略的影响，即目标不会对搜索者的行为做出反应，所讨论的问题属于单向搜索范畴。

10.1.3 搜索者模型

10.1.3.1 搜索者运动模型

在实际中，搜索双方通常在一定时间段内保持稳定的运动方向和速度，每隔一段时间根据情况进行调整。现将方向、速度稳定不变的运动过程视为一个阶段 Step。搜索路径的表达包括以下几个要素：搜索者起始坐标 S_{S}、搜索时间 T_{s}、阶段时长 Step t_{s}、方向 θ_{s} 和速度 v_{s}（下标 s 表示搜索者），其中 $\theta_{\mathrm{s}}\in[0,2\pi]$，$v_{\mathrm{s}}\in[v_{\min},v_{\max}]$。需要指出的是，本节模型忽略各阶段在方向调整上所消耗的时间以及由此引起的路径偏差。

在搜索路径的优化过程中，文献[15 - 17] 都将 v_{s} 固定考虑，只将 θ_{s} 视为变量。为了更准确地描述实际问题，本节在阶段时长 Stept_{s} 视为常数的前提下，将方向 θ_{s} 和速度 v_{s} 同时作为问题的决策变量进行优化（见图 10.1）。

图 10.1 展示了一条简单的搜索路径：搜索者的搜索时间 $T_{\mathrm{s}}=4$ h，各阶段时长

$Stept_s = 1$ h，各阶段的速度及方向如图 10.1 所示。由于考虑了搜索速度的变化，这里所讨论的“搜索路径”不只表示搜索者的运动轨迹，而且还包含了路径上的速度信息，实际上是一种搜索方案。为了便于叙述，本节仍使用“搜索路径”一词。

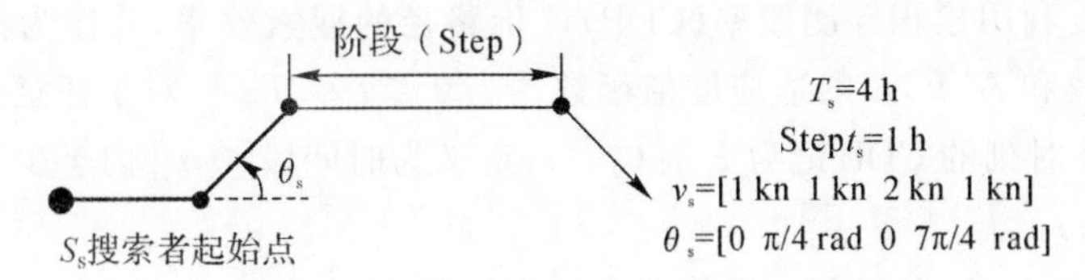

图 10.1　搜索路径的表达

10.1.3.2　探测模型

探测过程中，搜索者一般利用传感器采集目标信息。声呐是舰艇搜索水下目标常用的设备之一，其探测概率是一个受物理环境、信号功率等多种因素影响的复杂函数。本文选用理想的探测模型，即当目标与搜索者的距离小于等于声呐作用距离 L 时，探测到目标的概率为 1，否则为 0。

实际问题中，搜索者速度往往会对探测能力产生影响，例如 L 会受到舰船自身噪声的影响：通常当舰船速度低于某临界值时，自身噪声保持不变；当速度高于临界值时，自身噪声会随速度的加快而增强。因此 L 与搜索速度有着一定关系，然而这种关系在实际中往往十分复杂。式(10.2) 给出了一个简单函数，表征路径各阶段的声呐作用距离与搜索速度间的关系，关系曲线如图 10.2 所示。

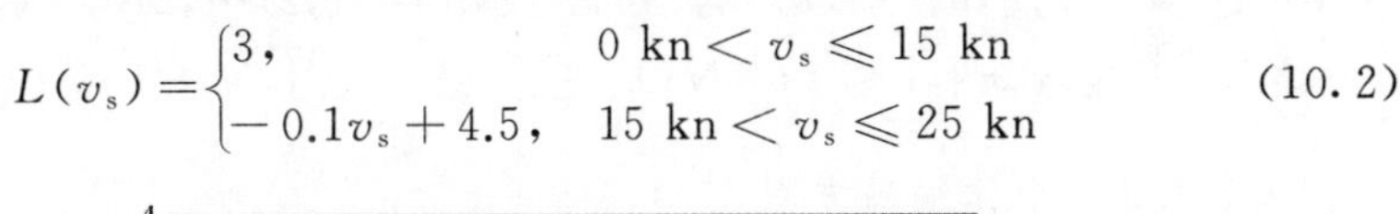

$$L(v_s) = \begin{cases} 3, & 0\ \text{kn} < v_s \leqslant 15\ \text{kn} \\ -0.1v_s + 4.5, & 15\ \text{kn} < v_s \leqslant 25\ \text{kn} \end{cases} \tag{10.2}$$

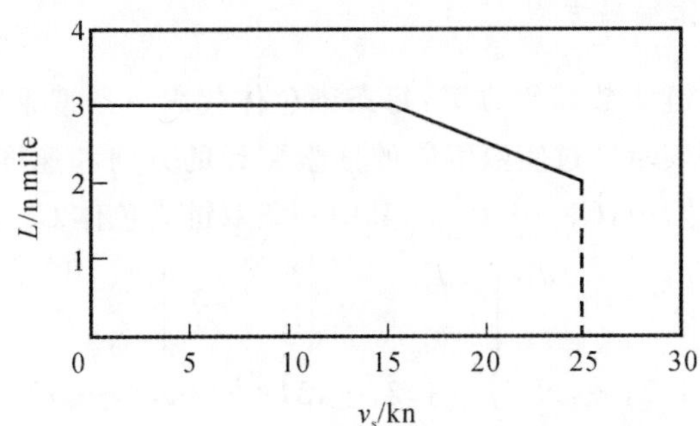

图 10.2　声呐作用距离与搜索速度的关系曲线

10.1.4　自适应变异遗传算法

针对连续时空 OSPP，设计一种 AMGA。

10.1.4.1　基本概念

OSPP 要求搜索者按照构造的物理路径实施搜索，通过合理配置资源使得搜索效益最大。利用累积探测概率(CDP)评价路径的搜索效率，并作为搜索路径规划的目标函数和 AMGA 的适应度值函数。当 $0 \leqslant t \leqslant T$ 时，对于任意一个可行的搜索方案 ξ，t 时刻的 CDP 记为 $F_{\mathrm{CDP}}(\xi,t)$，定义为时间段$[0,t]$内至少一次探测到目标的概率。

$F_{\mathrm{CDP}}(\xi,t)=P\{$在时刻 t 以前至少一次探测到目标$\}=P\{$初次探测到目标的时间 $\leqslant t\}$。

对于一般的搜索路径，精确地求得 F_{CDP} 的解析表达式是很困难的，可采用 Monte Carlo 方法近似计算[15-17]。

针对问题的特点，建立对搜索者方向和速度同时优化的搜索路径规划模型如下：

$$\max F_{\mathrm{CDP}}(\boldsymbol{X},t) \quad \text{s.t.} \begin{cases} \boldsymbol{X} \in \psi \\ t \in [0, T_{\mathrm{s}}] \end{cases} \tag{10.3}$$

式中，决策变量 $\boldsymbol{X}=[x_1 \quad x_2 \quad \cdots \quad x_{2N}]^{\mathrm{T}}$ 表示一种搜索路径规划方案；N 表示搜索路径阶段总数，$[x_1 \quad x_2 \quad \cdots \quad x_N]^{\mathrm{T}}$ 和 $\boldsymbol{X}=[x_{N+1} \quad x_{N+2} \quad \cdots \quad x_{2N}]^{\mathrm{T}}$ 分别表示搜索路径各阶段的方向 θ_{s} 和速度 v_{s}；$F_{\mathrm{CDP}}(\boldsymbol{X},t)$ 表示 t 时刻沿搜索路径 $\boldsymbol{X}$ 的累积探测概率，由于 F_{CDP} 是 t 的单调递增函数，一般 t 取 T_{s}；变量的约束条件 $\psi=\{\boldsymbol{X} \mid x_i \in [a_i,b_i]\}$，$a_i < b_i$ 为实常数，$i=1,2,\cdots,2N$，具体到问题中 $\psi=\{\boldsymbol{X} \mid x_i \in [0,2\pi], 1 \leqslant i \leqslant N; x_i \in [v_{\min},v_{\max}], N+1 \leqslant i \leqslant 2N\}$。

10.1.4.2　个体编码方案

AMGA 采用双链实数编码方案：每条染色体代表一条搜索路径，由两条并列的基因链组成，分别表示经过实数编码的搜索路径的方向和速度。将遗传种群记为 $\mathrm{Pop}(k)=\{C_1^k,C_2^k,\cdots,C_j^k,\cdots,C_m^k\}$，其中一条双链染色体 C_j^k 表示为

$$C_j^k=\left[\begin{vmatrix}\theta_{j1}^k \\ v_{j1}^k\end{vmatrix} \begin{vmatrix}\theta_{j2}^k \\ v_{j2}^k\end{vmatrix} \cdots \begin{vmatrix}\theta_{ji}^k \\ v_{ji}^k\end{vmatrix} \cdots \begin{vmatrix}\theta_{jN}^k \\ v_{jN}^k\end{vmatrix}\right]$$

$$i=1,2,\cdots,N;\ j=1,2,\cdots,M;\ k=1,2,\cdots,G_{\max}$$

式中，k 表示进化代数；C_j^k 表示染色体，即一条搜索路径；θ，v 分别表示方向和速度的编码基因；$G_{\max}$ 表示最大进化代数；j 表示种群的第 j 个个体；i 表示基因位，即搜索路径的第 i 个阶段；M 表示种群规模；N 表示染色体长度，即路径的阶段总数。

需要指出的是，在进化过程中双链染色体上同基因位的基因 θ_i，v_i 同进行遗传运算。

10.1.4.3　遗传操作

在遗传操作方面，AMGA采用改进的交叉和变异算子引导种群进化。在详细讨论之前，需要强调一些重要参数的定义。

变异算子针对父代精英个体组实施变异操作，其中精英个体组为种群中适应度值最高的一部分个体，将精英个体占种群的比例称为精英个体比率，记为P_E。在每代进化过程中，两种遗传算子是独立运算的，得到的两组新个体组成子代种群。分别将这两组新个体占子代种群的比例称为交叉概率和变异概率，记为P_c和$P_m(P_c+P_m=1)$。需要指出的是，这里对交叉概率和变异概率的定义与其他GA中的定义不完全相同。通过大量的实验和参数对比，选取$P_E=0.15$，$P_c=0.25$，$P_m=0.75$。

1. 交叉操作

交叉操作采用赌轮法从父代中选取一组个体，通过两两单点交叉得到新个体，起到丰富种群多样性的作用。其中交叉点在染色体长度的1/4～3/4处随机选择，选取交叉操作的个体数为$P_c \times M$。

2. 变异操作的改进思路

变异的方向和幅度直接影响算法的效率和收敛速度，但在一般GA的变异操作中，基因的变更常常只通过简单地产生随机数替换父代基因，显然这种变异方式过于盲目。下面针对OSPP特点，从3个角度分析改进变异操作的措施。

(1) 利用父代最优个体自适应控制变异方向。由于进化过程中父代最优个体具有最高的适应度值，在种群中往往最接近全局最优解，因此可以利用其信息控制变异方向，使被操作的个体向接近父代最优个体的方向变异，引导种群进化。类似的思想在量子进化算法的旋转门操作和粒子群算法的速度更新方程中都有所体现，但这些算法大都选取当前最优个体来引导种群演化，而本节选取的是父代最优个体，这样可增强算法的全局搜索能力。

(2) 在搜索路径的不同阶段自适应控制变异幅度。在图10.3中，将路径1分别对不同阶段的方向作幅度相同的变异操作得到路径2和路径3。从图10.3中可以看出，阶段越靠前，方向的变化对搜索路径的改变越剧烈，即影响程度越大。将路径3第一阶段的速度作幅度相同的变异操作得到路径4。从中可以看出速度对路径的影响较小。变量类别与其变异时所处的阶段对路径的影响差异较大是OSPP与其他数值优化问题的一个关键区别。因此，变异幅度应根据变量的类别与其所处的阶段自适应调整。

(3) 根据不同进化阶段自适应控制变异幅度。在进化前期，变异有助于增加种群的多样性，而在进化后期，优秀个体逐渐接近最优解，应避免剧烈变异(例如方向的180°旋转)。因此，变异幅度应随进化代数的增加自适应减小。

文献[16-17]给出了5种选取变异位置和变异基因个数的方法,并将其作用于父代最优解。AMGA则从父代精英个体组中随机选取$P_m \times M$个个体进行变异操作,进一步丰富种群的多样性。

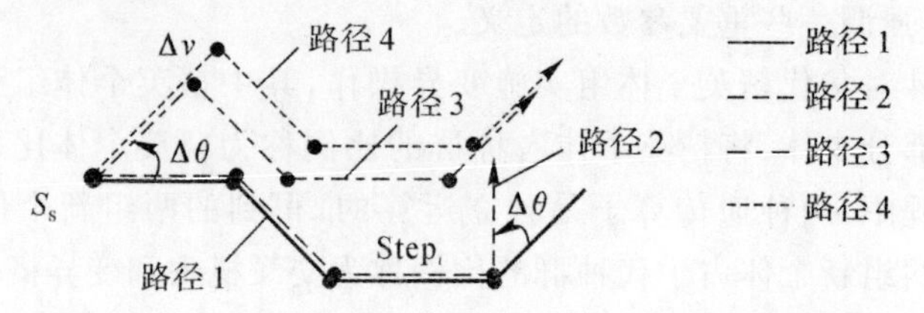

图10.3　不同搜索阶段方向和速度对搜索路径的影响

3. 自适应变异策略

基于上述思路,对变异操作进行改进,提出下面的自适应变异策略:

$$\left.\begin{aligned} &\theta_{ji}^{k}=\theta_{ji}^{k-1}+D_1\ \mathrm{Sgn}_1(\theta_{ji}^{k-1})\ \beta(i)\ \gamma_1(k)\ R_1 \\ &v_{ji}^{k}=v_{ji}^{k-1}+D_2\ \mathrm{Sgn}_2(v_{ji}^{k-1})\ \gamma_2(k)\ R_2 \\ &i=1,2,\cdots,N;\ j=1,2,\cdots,M;\ k=2,3,\cdots,G_{\max} \end{aligned}\right\} \tag{10.4}$$

式中,θ_{ji}^{k},v_{ji}^{k}为第五代基因;$\mathrm{Sgn}(\cdot)$为变异方向控制因子;$\beta(i)$为基因位控制因子;$\gamma(k)$为进化代数控制因子;R为区间$[0,1]$上服从均匀分布的随机数;D为常数,一般在$[0,b_i-a_i]$之间选取。若经式(10.4)变异后得到的基因值超出可行解空间ψ,则通过式(10.5)进行调整:

$$\theta'=\begin{cases}\theta-2\pi, & \theta>2\pi \\ \theta+2\pi, & \theta<0 \\ \theta, & \text{其他}\end{cases},\quad v'=\begin{cases}v_{\max}, & v>v_{\max} \\ v_{\min}, & v<v_{\min} \\ v, & \text{其他}\end{cases} \tag{10.5}$$

通过大量的实验和参数对比,本文选取的常数值和控制因子由式(10.6)~式(10.8)给出。在这些参数选择下,算法能够发挥出最佳的优化性能,得到稳定的运算结果。

$$\left.\begin{aligned} D_1&=\frac{1}{2}\ (2\pi-0)=\pi \\ D_2&=\frac{1}{2}\ (v_{\max}-v_{\min}) \\ \beta(i)&=i/N \\ \gamma_1(k)&=\exp[-2.7(k/G_{\max})] \\ \gamma_2(k)&=\exp[-2.5(k/G_{\max})] \end{aligned}\right\} \tag{10.6}$$

在变异方向控制因子$\mathrm{Sgn}(\cdot)$的设计上,利用父代最优个体的引导作用,将被操作个体向逼近父代最优个体的方向实施变异。首先将父代最优个体标记为$C_{\mathrm{Best}}^{k-1}=\begin{bmatrix}\theta_{B1}^{k-1} & \theta_{B2}^{k-1} & \cdots & \theta_{Bi}^{k-1} & \cdots & \theta_{BN}^{k-1} \\ v_{B1}^{k-1} & v_{B2}^{k-1} & & v_{Bi}^{k-1} & & v_{BN}^{k-1}\end{bmatrix}$,式(10.4)中两类方向控制因子$\mathrm{Sgn}(\cdot)$分

别由式(10.7)、式(10.8)确定：

$$\mathrm{Sgn}_1(\theta_{ji}^{k-1})=\begin{cases}\dfrac{\sin(\theta_{Bi}^{k-1}-\theta_{ji}^{k-1})}{|\sin(\theta_{Bi}^{k-1}-\theta_{ji}^{k-1})|}, & \theta_{ji}^{k-1}\neq\theta_{Bi}^{k-1}\text{ 且 }R_3\leqslant R_0\\ \pm 1(\text{均可}), & \text{其他}\end{cases} \tag{10.7}$$

$$\mathrm{Sgn}_2(v_{ji}^{k-l})=\begin{cases}\dfrac{v_{Bi}^{k-1}-v_{ji}^{k-1}}{|v_{Bi}^{k-l}-v_{ji}^{k-1}|}, & v_{ji}^{k-1}\neq v_{Bi}^{k-1}\text{ 且 }R_4\leqslant R_0\\ \pm 1(\text{均可}), & \text{其他}\end{cases} \tag{10.8}$$

式中，R_3 和 R_4 为区间[0,1]上的随机数；R_0 为一个算法参数($0\leqslant R_0\leqslant 1$)，用于调节算法在局部搜索和全局搜索间的平衡，在此选取 $R_0=0.8$。

通过 Sgn(•) 得到的基因自适应变异方向，可以使被操作的搜索路径不断向父代最优路径靠近。式(10.7) 的原理为：当 $\theta_{Bi}^{k-l}-\theta_{ji}^{k-l}\in(-2\pi,-\pi)\cup(0,\pi)$ 且 $R_3\leqslant R_0$ 时，变异方向取+1；当 $\theta_{Bi}^{k-l}-\theta_{ji}^{k-l}\in(-\pi,0)\cup(\pi,2\pi)$ 且 $R_3\leqslant R_0$ 时，变异方向取 −1；当 $R_3>R_0$ 或 $\theta_{Bi}^{k-l}-\theta_{ji}^{k-l}\in\{(-2\pi,0,2\pi)\}$ 时，变异方向取 ±1 均可。因此基因 θ 的方向控制因子 $\mathrm{Sgn}_1(\cdot)$ 可简化为式(10.7)。式(10.8)的原理更为简单，在此不作赘述。

4. 自适应控制因子的分析

依据本小节(2)的 3 点改进思路，AMGA 引入了 3 个控制因子 Sgn，β 和 γ，设计了自适应变异策略。由式(10.4) 可知，变异操作的方向由 Sgn(•) 控制，幅度由 D，R，β 和 γ 共同控制。

引入变异方向控制因子 Sgn(•) 后，算法利用父代最优个体的信息自适应控制变异方向，加快了收敛速度。引入基因位控制因子后，变异幅度随着基因位的次序线性递增，即在路径中，阶段越靠前，变异幅度越小，保证变异的高效性。引入进化代数控制因子 γ 后，在进化前期变异幅度大，可以广泛搜索解空间，避免陷入局部最优；在进化后期变异幅度自适应减小，通过对精英个体的微调，提高了变异效率。

总的来说，AMGA 的主要优点有：①通过对变异方向和幅度的自适应控制，提高了变异效率，增强了寻优能力；②针对父代精英个体组实施变异操作，充分保留了父代有用的遗传信息；③采用较高的变异概率保证了种群的多样性，有效避免了早熟收敛。因此，AMGA 在优化过程中由“求泛”到“求精”自适应搜索，兼顾了多样性和高效性，动态调节局部搜索和全局搜索的平衡，使算法收敛速度快、优化结果稳定。

10.1.4.4 AMGA 流程

步骤 1 采用双链实数编码方案对染色体进行编码，并初始化种群得到 Pop(1)，此时进化代数 $k=1$。

步骤 2 评价种群 Pop (k) 中个体 C_j^k 的适应度值，即路径的 F_{CDP}，同时更新父

代最优个体 C_{Best}。

步骤 3　对算法终止条件的判断。若进化代数 k 达到最大限制 G_{max}，终止运算，否则继续进行。

步骤 4　按照上一小节的方法对种群 Pop(k) 进行交叉和变异操作。

步骤 5　遗传操作得到的两组新个体组成子代，同时进化代数 $k \longleftarrow k+1$。转至步骤 2。

10.1.5　仿真验证

10.1.5.1　算例描述

假设 $T=0$ h时刻，在某海域探测到敌潜艇目标在 T_s 点出水，随后潜入水下，并迅速逃离出水点。我方舰艇获悉情报后，赶往敌情区域展开反潜搜索。依据此背景，分别对目标和搜索者进行具体描述。

首先，讨论目标的运动规则。根据式(10.1) 利用目标起始坐标 T_s、速度 v_T、方向 θ_T 和阶段时长 Stept_T（下标 T 表示目标）对目标加以表达，并利用 Monte Carlo 方法对目标运动路径进行仿真，其运动规则如图 10.4 所示。式(10.1) 中，速度矢量 $b(t,X(t))$ 的方向为 θ_T，其模值为 v_T。对于表征干扰因素的 $\alpha(t,X(t))\mathrm{d}B(t)$ 仿真中利用一种二维正态噪声 Φ 代替并作用于目标运动的各个阶段。图 10.4 中，目标在第二阶段按照初始航向航速应运动到位置 $X'(t)$，由于受到干扰，实际运动到位置 $X(t)$。

接下来，对目标运动路径进行仿真。已知目标在进化前期变异幅度大，可以广泛搜索解空间，避免陷入局部最优；在进化后期变异幅度自适应减小，通过对精英个体的微调，提高了变异效率。

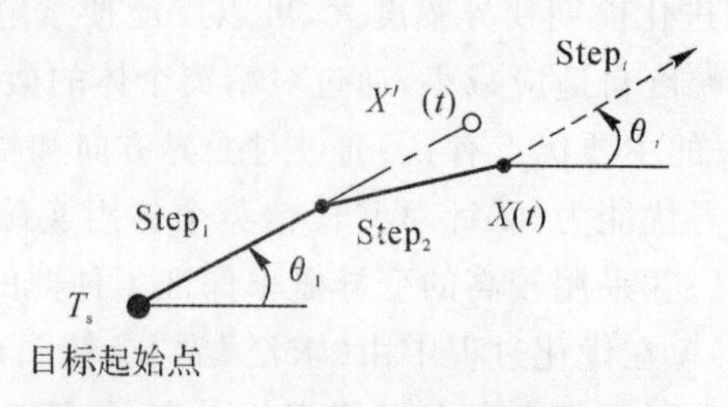

图 10.4　Markovian 目标的运动规则

起始坐标为 $T_s=$(120 n mile, 120 n mile)，假定目标的速度 v_T 服从 $\mu_{v_T}=10$ kn，$\sigma_{v_T}=1$ kn 的正态分布；阶段时长 Stept_T 服从$[\frac{1}{3}$ h,1 h] 的均匀分布；目标第一阶段方向 θ_1 服从[0 rad,2π rad] 的均匀分布，其余阶段方向 $\theta_i=\theta_1(i>1)$。二维正态噪声 Φ 的均值 $\mu_{\Phi_1}=\mu_{\Phi_2}=0$ n mile，标准差 $\sigma_{\Phi_1}=\sigma_{\Phi_2}=0.2$ n mile，相关系

数 $\rho_{\Phi_1,\Phi_2}=0$。目标路径的仿真次数 $N_T=10\ 000$ 次，目标分布如图 10.5 所示。

最后，给出搜索者的相关参数。搜索者在 $T=0$ h 时刻展开搜索，起始位置坐标 $S_s=(100$ n mile，100 n mile)，给定搜索时间 $T_s=10$ h，取各阶段时长 $\mathrm{Step}t_s=0.5$ h，则阶段总数 $N_{\mathrm{Step}}=20$。各阶段方向 $\theta_s\in[0$ rad，2π rad)，速度 $v_s\in[10$ kn，25 kn]，则变量总数为 40。在探测方面，声呐作用距离随速度变化的函数 $L(v_s)$ 见式(10.2)，探测时间间隔 $\Delta t_D=0.1$ h。每条搜索路径 CDP 的计算公式为

$$F_{\mathrm{CDP}}(t)=\frac{N_D(t)}{N_T}\times 100\ \mathrm{var}0,t\in[0,T_s]$$

式中，N_T 为目标仿真的总数；$N_D(t)$ 为已探测到的目标个数。

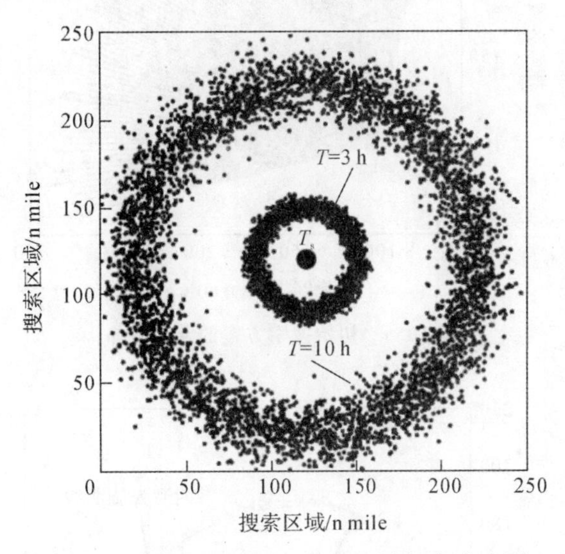

图 10.5　$T=3$ h 和 $T=10$ h 时刻目标分布图

10.1.5.2　算法实现与结果分析

首先，针对仿真算例，给出一个简单的种群初始化方法：初始搜索方案为匀速直线运动，路径方向在 S_s 与 T_s 连线左右各 60° 的扇面内等间隔选取，初始搜索路径的速度在[10 kn，25 kn] 内随机选取，路径分布如图 10.6 所示。

然后，利用 AMGA 求解本算例。设定算法参数为：种群规模 $M=100$，染色体长度 $N=20$，最大遗传代数 $G_{\max}=100$，精英个体比率 $P_E=0.15$，交叉概率 $P_c=0.25$，变异概率 $P_m=0.75$。在 100 次独立的仿真实验中，AMGA 按照上述初始搜索方案进行运算，最终得到的最优搜索路径如图 10.7 所示，其累积探测概率 $F_{\mathrm{CDP}}(10)=48.53$，平均速度 $\bar{v}_s=20.3$ kn，各阶段速度由式(10.9)给出(为便于分析已将速度取整)：

$$v_s = [25\ \text{kn}, 14\ \text{kn}, 24\ \text{kn}, 20\ \text{kn}, 22\ \text{kn}, 21\ \text{kn}, 20\ \text{kn}, 17\ \text{kn}, 23\ \text{kn}, 18\ \text{kn}, 21\ \text{kn}, 22\ \text{kn}, 21\ \text{kn}, 23\ \text{kn}, 18\ \text{kn}, 19\ \text{kn}, 21\ \text{kn}, 21\ \text{kn}, 18\ \text{kn}, 16\ \text{kn}] \tag{10.9}$$

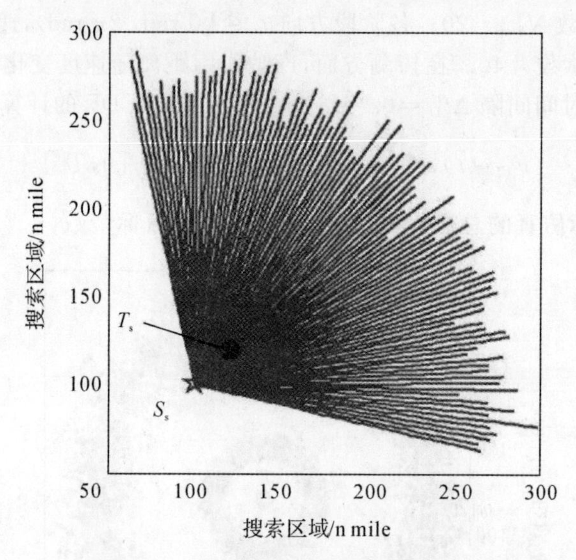

图 10.6 初始搜索方案的路径分布

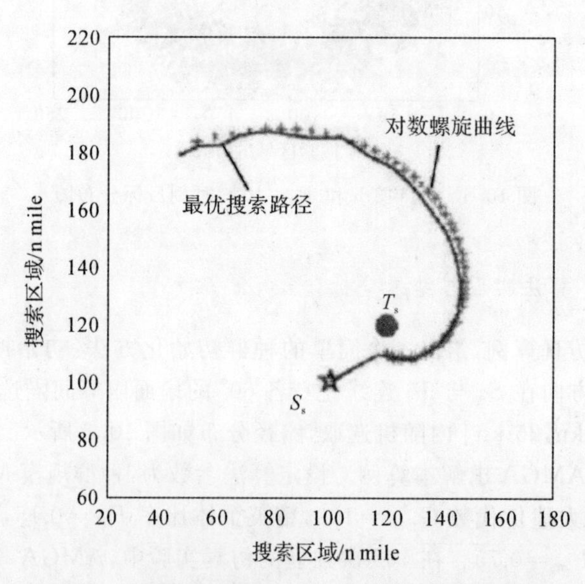

图 10.7 所得最优搜索路径与对数螺旋曲线搜索路径

下面对仿真结果进行分析。从 AMGA 的运算结果可以看出最优搜索路径有如下两个特点：

(1)搜索速度自动优化调节。算例中,搜索者各阶段速度 v_s 的取值范围为[10 kn,25 kn],速度与探测能力的函数关系由式(10.2)给出。经 AMGA 逐步优化,求得的最优搜索路径具有一定的"智能"性:路径各阶段大都没有选择速度最快时的 25 kn,也没有选择声呐作用距离 L 最大时的 0~15 kn,而是基本选取了 20 kn 左右的速度,兼顾了探测能力与速度的大小,反映出 AMGA 对求解 OSPP 有较强的优化能力。

(2)搜索路径接近于对数螺旋曲线。在搜索速度固定不变的条件下,对向四周做匀速直线运动的逃离目标这一简单搜索问题,理论上证明了搜索者应采用螺旋搜索方法,即搜索路径是一条光滑的对数螺旋曲线。

$$r(\varphi)=r_0\exp[k(\varphi-\varphi_0)] \tag{10.10}$$

式中,r 为螺旋半径;φ 为极角;(r_0,φ_0) 为螺旋线开始点;系数 $k=\tan[\arcsin(v_{T0}/v_{s0})$,$v_{T0}$ 为目标固定的速度,v_{s0} 为搜索者固定的速度。本文讨论的是向四周做 Markov 运动的逃离目标搜索问题,且搜索速度对探测能力有一定的影响,相比上述问题更为复杂,但有相似之处。由 AMGA 得到的最优搜索路径与对数螺旋曲线比较吻合(见图 10.7),一定程度上表明该算法在求解 OSPP 上具有较高的有效性。在本例中,式(10.10) 的参数为 $v_{T0}=\bar{v}_T=10$ kn,$v_{s0}=\bar{v}_s=20.3$ kn,$(r_0,\varphi_0)=(10\ \text{nmile},-\pi/2\text{rad})$,即方程 $r(\varphi)=10\exp[0.566(\varphi+\pi/2)]$。

在实际的搜索问题中,目标的运动复杂多变,搜索者需要根据环境的变化实施灵活的机动。解析方法通常需要利用严格的方程描述问题,应用范围受限。相比而言,AMGA 对问题的约束更为宽松,特别是在对搜索双方运动的表达上。因此,AMGA 在求解连续时空 OSPP 方面有较大的应用范围和潜力。

10.1.5.3 算法对比与性能验证

利用 AMGA、Cho 等人[16]提出的 GA^* 和 Kierstead 等人[15]提出的$GA^\#$ 分别求解仿真算例,为使对比效果的可信度更高,3 种算法采用相同的种群初始化方法(见 10.1.5.2 节),最大遗传代数 G_{max} 均为 100。GA^* 的参数设置[16]:$M=120$,$P_s=0.25$,$P_c=0.125$,$P_m=0.625$。$GA^\#$ 的参数设置[15]:$M=120$,$P_s=0.05$,$P_c=0.95\times0.9$,$P_{clone}=0.95\times0.1$,$P_m=0.05$。运算结果见表 10.1。

表 10.1 不同算法的结果对比(100 次运算)

算法	种群规模	最劣值/(%)	最优值/(%)	方差值/$\times10^{-4}$	平均值/(%)	相对增幅/(%)
GA^*	128	33.70	44.42	4.43	39.81	18.8
$GA^\#$	120	35.17	46.95	7.24	42.88	10.3
AMGA	100	44.02	48.53	0.69	47.30	

表 10.1 中的种群规模表示算法种群中的个体总数，其值越大，算法往往越易获得更优的结果；最劣值表示算法 100 次运算结果中最差的累积探测概率 F_{CDP}；最优值表示算法 100 次运算结果中最佳的 F_{CDP}；方差值表示算法 100 次运算结果的方差，其往往能反映出算法的稳定性；平均值表示算法 100 次运算结果的均值，其可以反映出算法的全局优化能力；相对增幅是指 AMGA 的平均值指标对于其他算法平均值指标的相对增长幅度。

由表 10.1 不难看出，在相同的种群初始化方法下，AMGA 种群的数量最少但 F_{CDP} 的平均值最高，最优值和最劣值相差最小，且 F_{CDP} 的方差值最小，体现出 AMGA 较强的全局优化能力和稳定性。在平均值指标上，AMGA 相比 GA*、GA# 的相对增长幅度为 18.8％和 10.3％，体现出 AMGA 显著的性能优势。

图 10.8、图 10.9 分别展示了 AMGA、GA* 和GA# 100 次运算结果中最优的 10 条搜索路径。由于目标时空分布的对称性，最优的搜索者路径存在两种情况，即搜索方向为顺时针和逆时针。从图 10.8 中可以直观地看出，作为一种随机优化算法，AMGA 求得了这两种最优路径。同时 AMGA 的稳定性好，所得路径相似度高，可视为收敛。而图 10.9 中，GA* 和GA# 所得的路径差异相对较大，体现出算法都不够稳定，容易早熟。

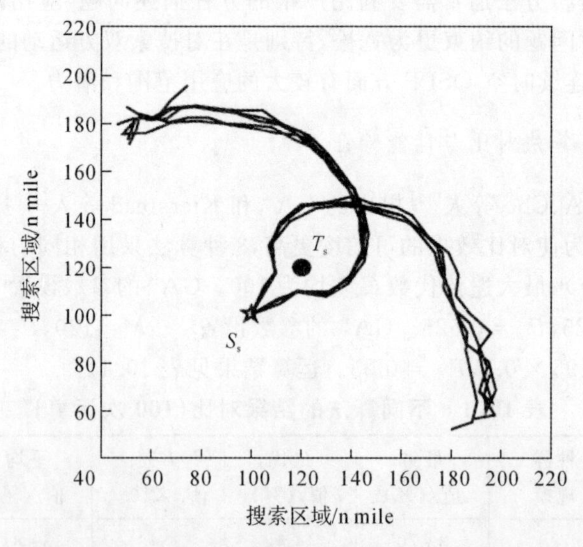

图 10.8　AMGA 求得的 10 条最优搜索者路径

因而，AMGA 相比 GA* 和GA# 在求解复杂 OSPP 上，优化效果明显提高。

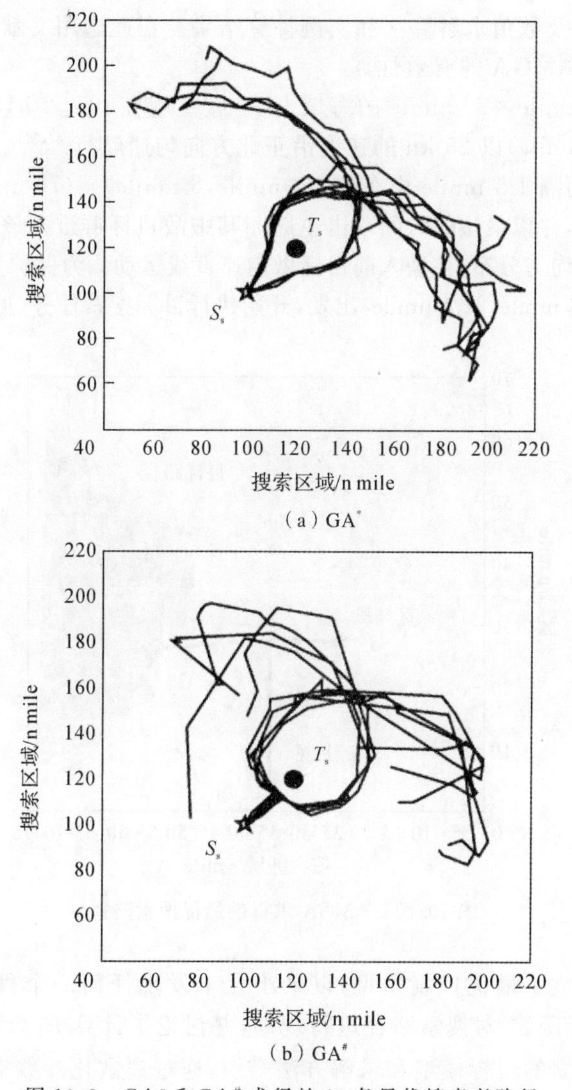

图 10.9　GA* 和GA# 求得的 10 条最优搜索者路径

10.1.6　实例应用

2000 年,美国科尔号驱逐舰在也门亚丁港遭遇了“基地”组织的小艇袭击,损失惨重。随后不久,美国海军开始组织多艘小艇攻击舰艇的演习科目。2008 年,我国海军开始在亚丁湾索马里海域执行护航任务,护航编队常常需要搜索海盗的快速小艇。从上述事件中不难看出,有效地保护一个高价值单元,例如航母、主舰或商船,免受小艇的袭击,是各国海军所面临的一个重要问题。针对这一类问题,Foraker 等人利用最优控制模型讨论了连续时空多目标搜索问题[25-26],给出了问题的离散化形式及数值求解算法和实例计算结果。在此选用文献[26]中的部分实例,进一步验证 AMGA 的有效性。

已知在 70 nmile×70 nmile 的海域上,一艘主舰在 $t\in[0\ \text{h},1\ \text{h}]$ 内由初始位置(35 nmile,0 nmile)以 25 kn 的速度沿正北方向匀速航行[22,26]。在此期间,敌方 10 艘快速小艇间隔 1.5 nmile 由东侧(70 nmile,6 nmile)~(70 nmile,51.5 nmile)区域进入该海域,并以最短的时间攻击主舰。其中敌目标群进入该海域的初始时间和初始位置服从均匀分布,在驶入前目标做匀速直线运动。为保护主舰安全,直升机由初始位置(23.8 nmile,27.4 nmile)出发,开始执行目标搜索任务(见图 10.10)。

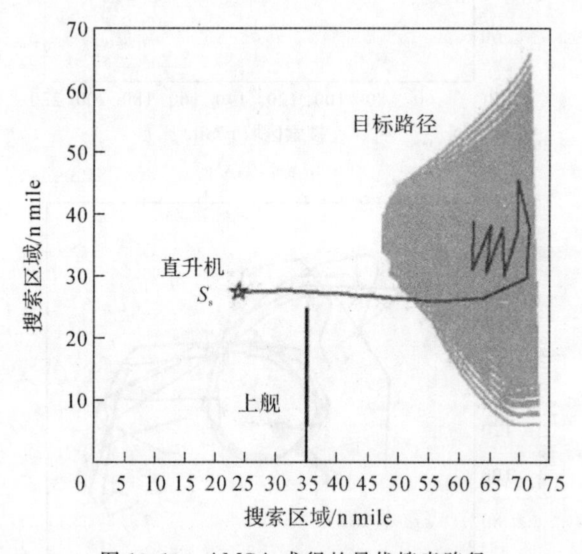

图 10.10 AMGA 求得的最优搜索路径

文献[25]建立了最优控制模型,以最小化未发现任何一个目标的概率(记作 $F_P(t)$)作为目标函数,对搜索路径进行规划,并讨论了计算 $F_P(t)$ 的离散化形式。按照文献[26]建立的目标模型和求解方法[27-28],通过离散化参数空间,实现了不同初始条件的目标仿真(图 10.10 展示了部分目标路径),其中目标群进入此海域的初始时间和初始位置的离散化规模均为 25,记作$\partial=(25,25)$。

下面利用 AMGA 算法,对搜索路径进行规划。其中搜索时间 $T_s=1$ h,搜索路径的阶段总数 $N_{\text{Step}}=15$,各阶段时间 $\text{Step}t_s=1/15$ h,搜索速度为 120 kn,探测时间间隔为 0.01 h,算法的最大遗传代数 $G_{\max}=120$,其余参数设置与第 10.1.5 节的相同。经 50 次独立运算,AMGA 求得的目标函数均值 $\bar{F}_P(t)=0.023\ 9$,方差为 2.8×10^{-8},其中最佳路径的 $F_P(t)=0.023\ 6$,即 10 艘小艇均未被探测到的概率为 0.023 6,最优的搜索路径如图 10.10 所示。

由图 10.10 可以看出,按照最优搜索策略,直升机先沿直线迅速驶向敌情区域的偏南部分，然后向北搜索，最后在目标可能出现区域的中央反复巡逻，执行搜索和警戒任务，兼顾了不同区域目标的探测。

Foraker 等人在文献[26]中给出了不同离散化规模 δ 对应的最优结果 $F_P(t)$ 。利用 AMGA 经 10 次独立运算求得最优结果，对比见表 10.2。

表 10.2 算法对比

算法	目标初始参数的离散化规模 δ					
	(7,7)	(9,9)	(11,11)	(13,13)	(15,15)	(25,25)
文献[26]	0.033 0	0.024 6	0.026 5	0.024 9	0.023 7	0.021 6
AMGA	0.020 8	0.021 5	0.022 5	0.022 9	0.023 3	0.023 6

需要指出的是，目标路径受初始参数的影响较大，离散化规模的不同会使仿真计算发生变化。通过表 10.2 的纵向对比不难看出，在 6 种不同规模下，本节算法有 5 种结果优于 Foraker 等人[26]求得的最优值，说明了 AMGA 拥有更好的寻优能力，也适用于求解直升机搜索水面目标的搜索路径规划问题。同时 AMGA 所得结果方差较小，表明算法优化能力稳定。

10.2 基于改进遗传算法的移动机器人路径规划

10.2.1 问题描述

机器人路径规划是指在给定具有障碍物环境中，指定具体的起点和终点，在一定的评价条件下，依照已给的任务避开障碍物，规划出机器人从起点到终点的最优路径，并且要求机器人在此路径上花费时间最少、跨过路径最短、消耗能量最少。目前，许多学者对机器人路径规划已做了大量研究，其中包括模拟退火算法、神经网络法、人工势场法[29]、粒子群优化算法、蚁群算法[30-31]等。但这些算法存在搜索空间大、算法复杂、效率较低、局部最优等问题[32-33]。遗传算法具有较强的全局搜索能力和较高的搜索效率，因此成为复杂环境下全局优化的最佳搜索算法之一。它具有鲁棒性强、灵活等优点，适合于移动机器人复杂环境下的路径规划，但标准遗传算法也存在算法复杂、选择最优路径所需时间较长、容易陷入局部最优解等缺陷。本节将改进遗传算法引入移动机器人路径规划方案中，并通过仿真实验验证该方案的有效性和可行性[34-35]。

10.2.2 基于改进遗传算法的路径规划方案

10.2.2.1 个体编码

采用栅格法对移动机器人的工作空间进行建模，假设机器人在存有障碍物的静态二维结构空间进行运动，用同等大小的栅格对机器人运动的二维空间进行划分，若栅格内含有障碍物，则称为障碍栅格，否则称为自由栅格。如图 10.11 所示，图中黑色栅格为障碍栅格，其余栅格为自由栅格。

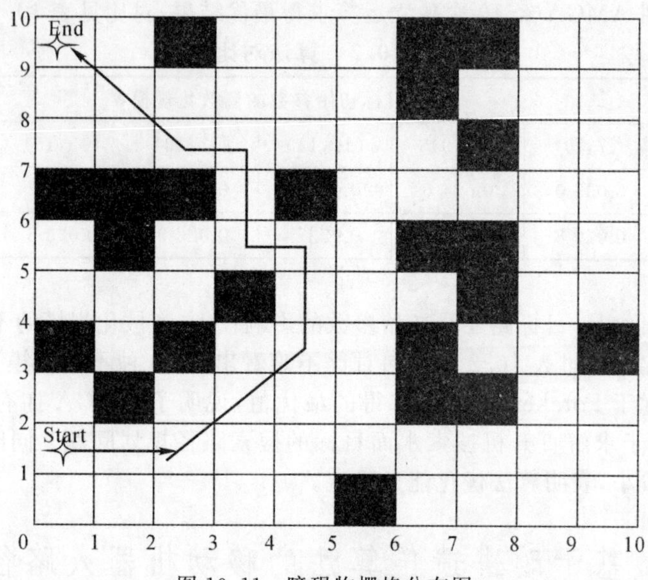

图 10.11　障碍物栅格分布图

个体从始点到终点的一条路径，可以用经过的栅格的直角坐标来表示，如图 10.11 所示的一条路径，用坐标表示为{(0,1),(1,1),(2,1),…,(0,9)}，每一维坐标用 4 位二进制进行表示，则此个体可表示为{0000,0001,0001,0001,…,0000,1001}，因此，可以通过坐标法来跟踪机器人走过的栅格路径，经过二进制编码后的个体表示比较简洁，便于计算机处理，能更好地发挥遗传算法的优点。

10.2.2.2　种群初始化

机器人初始路径产生过程为从始点出发，利用环境信息和局部搜索技术，随机选取与始点相邻的一个自由栅格作为下一路径点，如此循环，一直找到终点为止。为了防止环路产生，机器人只能经过同一栅格一次[36]。如图 10.11 所示，机器人从始点 Start 到终点 End 的路径用经过栅格的序号来表示，初始种群表示为

$$P=\{p_1,p_2,\cdots,p_{n-1},p_n\} \tag{10.11}$$

式中，$p_i(i=1,2,\cdots,n)$ 是路径个体。

10.2.2.3　适应度值函数的改进

遗传算法通过适应度值函数进行下一代的选择进化，从而去寻找问题的最优解，因此适应度值函数的选取至关重要，直接关系到算法的收敛速度与最优解的查

找。机器人在路径选择时，根据适应度值函数，来判断每条路径的优劣。在选择最佳路径前进时，标准遗传算法仅根据路径长度来选取最佳路径，改进后的适应度值函数以路径长度和障碍物相交程度作为评价指标，并使求解向这些指标减小的方向进化，这更能反映出路径的实际优劣程度，该函数为

$$f(T_i)=\gamma_1\sum_{i=1}^{N-1}p_i+\gamma_2\sum_{j=1}^{N-1}p_j \tag{10.12}$$

式中，γ_1 为路径长度所占的权重因子；γ_2 为障碍物所占权重因子，分别代表不同优化指标的重要性；$\sum_{j=1}^{N-1}p_j$ 为路径 T_i 的总长度；p_j 表示路径 T_i 中第 j 段直线的长度。该算法试图使代价函数最小化并设定使得该函数取得较小值的解为最优解。

10.2.2.4　遗传操作的改进

1. 选择算子

选择操作是模拟自然界“适者生存”的选择原则，对群体中的个体进行优胜劣汰的选择，目的是使群体中的优良个体基因遗传到下一代，个体被选中遗传到下一代的概率跟自身的适应度值有关，个体适应度值越大，被选中遗传到下一代的概率就越大，反之则越小。改进遗传算法中采用赌轮法来选择个体，首先根据适应度值函数求解出每个个体的适应度值和种群的适应度值总和，然后计算个体的适应度值在总和中所占的比例，以此作为该个体选择概率 $P_s(a_i)$，再计算第 k 个个体的累计选择概率 $P_s(a_k)=\sum_{i=1}^{k}P_s(a_i)$。随后产生一个 0 至 1 之间的随机数 α，若 $P_s(a_{k-1})<\alpha<P_s(a_k)$，则选择第 k 个个体。这种选择算法随机性较强，并能保证适应度值高的个体能有较高的概率遗传到下一代种群中，其中 $P_s(a_i)=f(T_i)/\sum_{i=1}^{N}f(T_i)$，$N$ 为种群规模，个体适应度值 $f(T_i)$ 越大，被选择的概率越大。

2. 交叉

交叉是指把两个个体的部分结构替换重组生成下一代个体的操作，交叉在遗传进化过程中起到全局搜索的重要作用，如果每次迭代中选择最优的基因进行交叉，则容易使算法陷入局部最优，出现早熟现象，为此采用单点和重合点混合的交叉方式，重合点交叉是指随机选取 2 个个体，选择栅格序号完全相同的点进行交叉操作。当重合点多于一个时，随机选择其一进行交叉，若没有重合点，则随机选择交叉点进行单点交叉，以交叉概率在路径重合点处交换它们之间的部分染色体，避免中间产生不连贯路径，在保持路径个体有效性的基础上，提高算法的搜索能力[37-38]。

3. 变异

变异算子使个体以小概率进行转变，使个体更加接近最优解。变异可以拓展新的搜索空间，保持种群的多样性，在种群局部收敛时，通过变异来防止出现早熟现象。同时为了保证局部的搜索能力，变异概率不能过大，如果变异概率大于0.5%，遗传算法就退化成随机搜索，在此设置改进后变异概率函数为

$$P_m = \begin{cases} k_1(f_{max} - f)/(f_{max} - f_{avg}), & f \geqslant f_{avg} \\ k_2, & f \leqslant f_{avg} \end{cases} \tag{10.13}$$

式中，f_{max} 为群体中最大适应度值；f_{avg} 为每代群体的平均适应度值；f 为要变异个体的适应度值。通过引入自适应变异概率函数，可以根据种群适应度值的情况调整变异概率，既可以提高最优解的收敛速度，又可以避免算法陷入早熟。

10.2.2.5 改进遗传算法流程

基于改进遗传算法的移动机器人路径规划流程如图10.12所示。

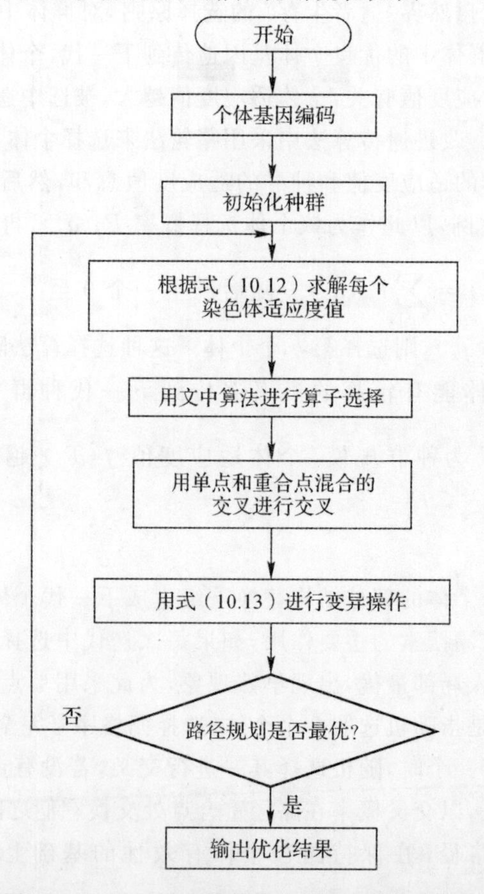

图10.12 基于改进遗传算法的路径规划流程图

10.2.3 仿真实验与分析

10.2.3.1 仿真环境

为验证引入改进遗传算法后移动机器人路径规划方案的可行性，利用MATLAB对其在给定的环境下进行仿真实验。仿真环境如图10.13所示，设定障碍物分布在已知的全局静态10×10的栅格矩阵中，机器人起点为图10.13中Start，终点为图10.13中End。图10.13中Start位置标志物表示移动机器人，障碍物为黑色填充单元格，实验中所用参数值见表10.3。

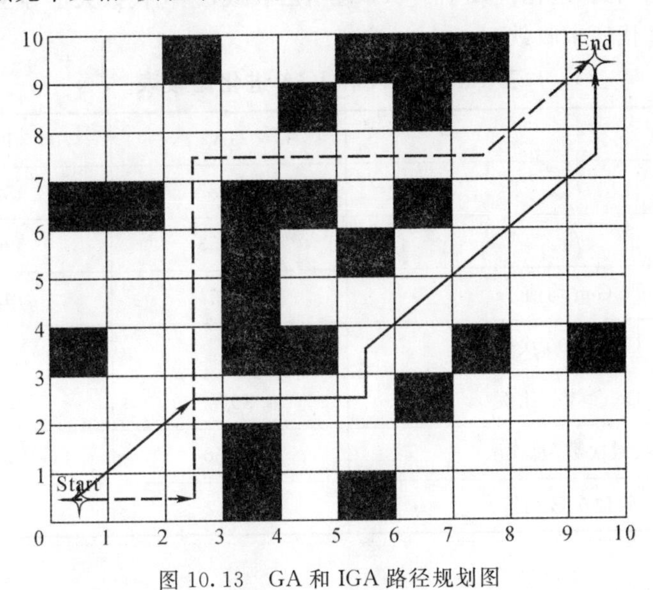

图10.13 GA和IGA路径规划图

表10.3 实验参数

γ_1	γ_2	k_1	k_2	循环次数
0.8	0.1	0.004	0.005	100

10.2.3.2 实验分析

初始种群80，运行遗传算法100次，每次产生300代，图10.13中虚线表示由标准遗传算法找到的从(0,0)初始点到(9,9)目标点的路径，实线表示由改进后遗传算法找到的从(0,0)初始点到(9,9)目标点的路径。实验结果表明，在相同的环境下，改进遗传算法在适应度值计算时以路径长度和障碍物相交程度作为权重因子，采用赌轮法来选择个体，采用单点和重合点混合进行交叉，通过引入自适应变异概率函数，根据种群适应度值的情况调整变异概率，从而避免了算法陷入局部最优，提高了找到最优路径的效率，并且所找到的最优路径明显优于标准遗传算法，验证了所提出的改进遗传算法的鲁棒性和有效性。

由于遗传算法在初始种群的形成大多是随机的，因此仅根据一次实验结果并不能准确判断两种算法的好坏。对图10.13的环境中，设置最大进化数为300，终止条件是最大适应度值大于等于472，分别应用GA和IGA各进行50次实验，实验结果见表10.4。f_{max}为群体中最大适应度值，f_{avg}为每代群体的平均适应度值，Gen表示进化代数，进化代数小于300说明已收敛，进化代数大于等于300表示群体进化到300代还未收敛。

表10.4 GA和IGA进化比较表

	GA	IGA
f_{max}	463.87	482.13
f_{avg}	391.53	390.46
Gen均值	148.54	97.8
Gen≥300次数	15	6
Gen≥300比例	30%	12%
收敛次数/总次数	36/50	45/50
收敛次数均值	89.42	80.14

由表10.4可以看出，两种算法的群体最大适应度值和平均适应度值基本相同，由于IGA根据路径长度和障碍物相交程度作为评价指标来选择下一代进行进化，并且改进的算子选择函数能保证适应度值高的个体有较高的概率遗传到下一代种群中，因此提高了找到较优解的效率。由表10.4还可以看出，IGA进化大于300次的比例比GA减少了60%左右。由于IGA变异时引入自适应变异概率函数，能根据种群适应度值的情况调整变异概率，所以IGA的群体的收敛性明显大于GA。因此，改进的遗传算法的效率明显高于标准的遗传算法。

参考文献

[1] Lavis B, Furukawa T, Durrant - Whyte H F. Dynamic Space Reconflguration for Bayesian Search and Tracking with Moving Targets[J]. Autonomous

Robots,2008,24(4):387 - 399.

[2] 吴文超,黄长强,宋磊,等.不确定环境下的多无人机协同搜索航路规划[J].兵工学报,2011,32(11):1337 - 1342.

[3] Hong S P, Cho S J, Park M J. A Pseudo - polynomial Heuristic for Path - constrained Discrete - time Markovian - target Search[J]. European Journal of Operational Research,2009,193(2):351 - 364.

[4] Stone L D. What's Happened in Search Theory Since the 1975 Lanchester Prize? [J].Operations Research,1989,37(3):501 - 506.

[5] Trummel K E, Weisinger J R. The Complexity of the Optimal Searcher Path Problem[J].Operations Research,1986,34(2):324 - 327.

[6] Eagle J N. The Optimal Search for a Moving Target when the Search Path is Constrained[J].Operations Research, 1984,32(5):1107 - 1115.

[7] Eagle J N, Yee J R. An Optimal Branch - and - Bound Procedure for the Constrained Path, Moving Target Search Problem [J] . Operations Research,1990,38(1):110 - 114.

[8] Lau H, Huang S, Dissanayake G. Discounted MEAN Bound for the Optimal Searcher Path Problem with Non - uniform Travel Times[J] . European Journal of Operational Research,2008,190(2):383 - 397.

[9] Sato H, Royset J O. Path Optimization for the Resource - constrained Searcher[J] .Naval Research Logistics,2010,57(5):422 - 440.

[10] Royset J O, Sato H. Route Optimization for Multiple Searchers [J].Naval Research Logistics,2010,57(8):701 - 717.

[11] Hong S P, Cho S J, Park M J, et al. Optimal Search - relocation Trade - off in Markovian - target Searching [J]. Computers & Operations Research,2009,36(6):2097 - 2104.

[12] 杨日杰,吴芳,徐俊艳,等.基于马尔可夫过程的水下运动目标启发式搜索[J].兵工学报,2010,31(5):586 - 591.

[13] Ohsumi A. Optimal Searching for a Markovian - target[J].Naval Research Logistics,1991,38(4):531 - 554.

[14] 朱清新,卿利,彭博.随机运动目标搜索问题的最优控制模型[J].控制理论与应用,2007,24(5):841 - 845.

[15] Kierstead D P, Delbalzo D R. A Genetic Algorithm Applied to Planning Search Paths in Complicated Environments [J]. Military Operations Research,2003,8(2):45 - 59.

[16] Cho J H, Kim J S, Lim J S, et al. Optimal Acoustic Search Path Planning

for Sonar System Based on Genetic Algorithm[J].International Journal of Offshore and Polar Engineering,2007,17(3):218 - 224.

[17] Cho J H, Kim J S. Benchmarking of Optimal Acoustic Search Path Planning[C] / /Proceedings of the 19th International Offshore and Polar Engineering Conference. Osaka, Japan: International Society of Offshore and Polar Engineers,2009:620 - 626.

[18] 厄克森达尔.随机微分方程导论与应用[M].6 版.刘金山,吴付科,译.北京:科学出版社,2012.

[19] 瓦格纳,迈兰德,森德.海军运筹分析[M].3 版.姜青山,郑保华,译.北京:国防工业出版社,2008.

[20] 李敏强,寇纪淞,林丹,等.遗传算法的基本理论与应用[M].北京:科学出版社,2002.

[21] 李乃奎,崔同生.军事运筹学基础理论教程[M].北京:国防大学出版社,2005.

[22] Foraker J. Optimal Search for Moving Targets in Continuous Time and Space using Consistent Approximations[D]. Monterey, California: Naval Postgraduate School,2011.

[23] 肖洋,柳思思.索马里海盗的“恐怖主义化”及对策[J].当代世界,2010(1):57 - 59.

[24] 邵哲平,潘家财.亚丁湾水域交通特征分析及防海盗策略研究[J].中国航海,2011,34(4):119 - 122.

[25] Foraker J, Royset J O, Kaminer I. Search - trajectory Optimization: Part I, Formulation and Theory [J /OL].Journal of Optimization Theoryand Applications,2015.doi:10.1007/s10957 - 015 - 0768 - y.

[26] Foraker J, Royset J O, Kaminer I. Search - trajectory Optimization: Part Ⅱ, Algorithms and Computations[J/OL].Journal of Optimization Theory and Applications,2015.doi:10.1007/s10957 - 015 - 0770 - 4.

[27] Yakimenko O. Direct Method for Rapid Prototyping of Near - optimal Aircraft Trajectories[J] . Journal of Guidance, Control, and Dynamics, 2000,23(5):865 - 875.

[28] Ghabcheloo R, Kaminer I, Aguiar A, et al. A General Framework for Multiple Vehicle Time - coordinated Path Following Control [C] // American Control Conference. St Louis, Missouri, US: the American Automatic Control Council,2009:3071 - 3076.

[29] 赵开新,王东署.未知环境中自主机器人的路径规划研究[J].郑州大学学报

(工学版),2013,34(5):74－79.

[30] 杨建勋.一种改进的蚁群算法在机器人路径规划中的应用[J].科技通报,2013,28(12):208－211.

[31] 马占春,宁小美.云进化机器人路径规划算法[J].科技通报,2012,28(10):155－157.

[32] 张琦,马家辰,谢玮,等.基于改进蚁群算法的移动机器人路径规划[J].东北大学学报,2013,34(11):1521－1524.

[33] Zeng C, Zhang Q, Wei XP. Robotic Global Path－planning Based Modified Genetic Algorithm and A Glgorithm[C]//Proceedings of the 3rd International Conference on Measuring Technology and Mechatronics Automation.Piscataway:IEEE Inc.Press, 2011:167－170.

[34] Deeoaj B L, Parhi D R, Kundu S. Innate Immune Based Path Planner of an Autonomous Mobile Robot [J]. Procedia Engineering, 2012, 38: 2663－2671.

[35] 石铁峰.改进遗传算法在移动机器人路径规划中的应用[J].计算机仿真,2011,28(4):193－195.

[36] 刘传领.基于量子遗传算法的移动机器人的一种路径规划方法[J].计算机科学,2011,38(8):208－211.

[37] 李琳.基于免疫遗传算法的移动机器人轨迹跟踪[J].华南理工大学学报,2013,47(7):13－18.

[38] 吴晓.基于遗传算法的机器人自定位[J].华中科技大学学报,2011,39(5):23－28.

[39] 张献,任耀峰,王润芃.基于自适应遗传算法的连续时空最优搜索路径规划研究[J].兵工学报,2015,36(12):2386－2395.

[40] 赵开新,魏勇,徐立新,等. 改进遗传算法在移动机器人路径规划中的研究[J].科技通报,2015,31(9):233－236.

第 11 章　遗传算法在结构优化中的应用

11.1　改进遗传算法在框架结构优化设计中的应用

11.1.1　问题描述

遗传算法是一种全局优化自适应概率搜索算法，通过使用选择、交叉和变异的遗传操作，采用优胜劣汰的原则，经过种群的不断进化来寻求最优解[1]。近年来，遗传算法发展十分迅速，有大量关于遗传算法的专著及研究文献出现。遗传算法具有很多优点，例如鲁棒性、并行性、通用性、全局优化性与稳健性且操作简单，同时它对目标函数及约束条件没有苛刻的要求并且不依赖问题模型，因此它的应用范围很广[2]。但遗传算法并非尽善尽美。本节对遗传算法进行改进，并采用改进的遗传算法进行框架结构的优化设计。

11.1.2　改进遗传算法

遗传算法有局部寻优能力差、迭代过程缓慢、随机性大且易出现震荡和早熟收敛等缺点[3]，对于一些特殊的问题，遗传算法还无法快速有效的解决，需要采用相应的改进措施，形成优化效率更高的改进遗传算法。本节的改进策略包括以下 3 个方面。

11.1.2.1　自适应交叉和变异算子

针对遗传算法的特点，选用改进的自适应交叉算子和自适应变异算子。对于适应度值大于群体平均适应度值的个体，给予较小的交叉和变异概率值，使它们进入下一代的概率更大；反之，当个体适应度值小于群体平均适应度值时，增大交叉和变异概率，以期通过交叉和变异产生更多新的个体，增加出现更优个体的可能性。自适应交叉和变异算子改变了传统遗传算法交叉概率 P_c、变异概率 P_m 一成不变的情况，使得优化过程能够随着种群的进化而进行自适应调整，更加接近生物遗传特性[4]。

11.1.2.2　改进的最优个体保留策略

选择本代的最优个体，放入独立种群中，同时将父代与子代一起在原有的交配池中排序，按照种群规模 M 选取前 M 个个体进入匹配池，进行下一步的操作。改进后的最优个体保留操作能够实现优胜劣汰，优良个体得到保留而不良个体被淘汰。

11.1.2.3 精英竞争

精英竞争策略指的是在每一代的全部个体按照适应度值的大小从高到低排列，将排名靠前的"精英"放入外部交配池进行交叉，能够得到更优良的个体，即形成精英之间的竞争。同理，把排名在后的"负精英"个体取出来放入另外的一个交配池中，以较大的交叉概率和变异概率对它们进行操作，以产生新的个体来替换这部分个体。进行这样两个"外部竞争操作"，充分地利用遗传算法的并行性操作的特点，既保留优良个体的优秀基因，也加快了寻优速度。

11.1.3 钢筋混凝土框架结构优化设计的数学模型

11.1.3.1 一般优化问题的数学模型

对于一个求解函数最小化问题，数学模型如下：

$$\left.\begin{array}{l}\min f(\boldsymbol{X}) \\ \text{s.t.}\quad X \in \mathbf{R} \\ \mathbf{R} \subseteq U\end{array}\right\} \tag{11.1}$$

式中，$\boldsymbol{X}=[x_1 \quad x_2 \quad \cdots \quad x_n]^{\mathrm{T}}$ 为可行解；$\mathbf{R}$ 为可行解集合；U 为基本空间；$f(\boldsymbol{X})$ 为目标函数；约束条件为 $\boldsymbol{X} \in \mathbf{R}, \mathbf{R} \subseteq U$[5]。

11.1.3.2 钢筋混凝土框架结构目标函数的建立

在此对钢筋混凝土框架结构进行优化设计。在构造目标函数的时候考虑了对整体造价影响最大的混凝土部分、纵筋部分和箍筋部分，以总造价最小为目标函数。约束条件设置时依据最新《混凝土结构设计规范》(GB50010 — 2010)，考虑正截面约束、斜截面抗剪强度约束、变形约束(裂缝约束和挠度约束)、截面尺寸约束以及相关构造约束[6-9]。钢筋混凝土框架结构优化设计总的目标函数可表示为

$$\begin{aligned}\min C_{总} &= C_{梁} + C_{柱} = \sum_{i=1}^{m} C_i(X) + \sum_{j=1}^{n} C_j(X)' \\ &= \sum_{i=1}^{m}(C_1 + C_2 + C_3) + \sum_{j=1}^{n}(C_1{}' + C_2{}' + C_3{}')\end{aligned} \tag{11.2}$$

$$C_1 = m_{\mathrm{c}} h_{\mathrm{b}} b_{\mathrm{b}} l_{\mathrm{b}} \times 10^{-9} \tag{11.3}$$

$$C_2 = P m_{\mathrm{j}}\left[A_{\mathrm{sb}} + \frac{1}{3}(A_{\mathrm{sbz}} + A_{\mathrm{sby}})\right] l_{\mathrm{b}} \times 10^{-9} \tag{11.4}$$

$$C_3 = P m_{\mathrm{g}} \frac{A_{\mathrm{sbz}}}{S}(l_{\mathrm{b}} + 2 \times 1.5 h_{\mathrm{b}}) \times (h_{\mathrm{b}} + b_{\mathrm{b}} - 4c_{\mathrm{b}} + e_{\mathrm{b}}) \times 10^{-9} \tag{11.5}$$

$$C_1{}' = m_{\mathrm{c}} h_{\mathrm{z}} b_{\mathrm{z}} H_{\mathrm{z}} \times 10^{-9} \tag{11.6}$$

$$C_2{}' = P m_{\mathrm{j}} A_{\mathrm{sz}} H_{\mathrm{z}} \times 10^{-9} \tag{11.7}$$

$$C_3{}' = Pm_g \frac{A_{sbz}}{S} H_z (h_z + b_z - 4c_z + e_z) \times 10^{-9} \tag{11.8}$$

式中，m_c 为单方混凝土造价，元 /m^3；m_j 为纵筋价格，元 /t；m_g 为箍筋价格，元 /t；h_b，h_z 为梁、柱截面高度，mm；b_b，b_z 为梁、柱截面宽度，mm；P 为钢密度，一般取 7.85 g/cm^3；A_{sb} 为梁跨中截面面积，mm^2；A_{sbz} 为梁左端截面面积，mm^2；A_{sby} 为梁右端截面面积，mm^2；A_{sbz}/S 为同一截面所有箍筋面积与箍筋间距的比值；l_b 为梁计算长度，mm；H_z 为柱计算高度，mm；c_b，c_z 为梁、柱钢筋保护层厚度，mm；e_b，e_z 为梁、柱箍筋弯钩长度，就本节而言，一般配置的纵筋的直径＜25 mm，箍筋的直径≤10 mm，一个弯钩的长度均近似取为 75 mm。

11.1.4 算例

11.1.4.1 基本信息

如图 11.1 所示为三跨三层框架结构，三跨跨度均为 6.0 m，层高：底层为 4.5 m，二层、三层均为 3.9 m；混凝土等级为 C30，钢筋采用 HRB400，箍筋采用 HPB300；混凝土价格为 373 元/m^3，钢筋的单价为 3 650 元/t；受力情况：每层均布恒载 q_1＝30 kN/m，均布活载 q_2＝12 kN/m，2，3，4 节点所受风载为 w＝20 kN。

梁宽取值为{200，220，250，300，350，400，450，500，550，600}mm；

梁高取值为{400，440，500，550，600，650，700，750，800，850}mm；

柱宽取值为{350，400，450，500，550，600，650，700，750，800}mm；

柱高取值为{350，400，450，500，550，600，650，700，750，800}mm。

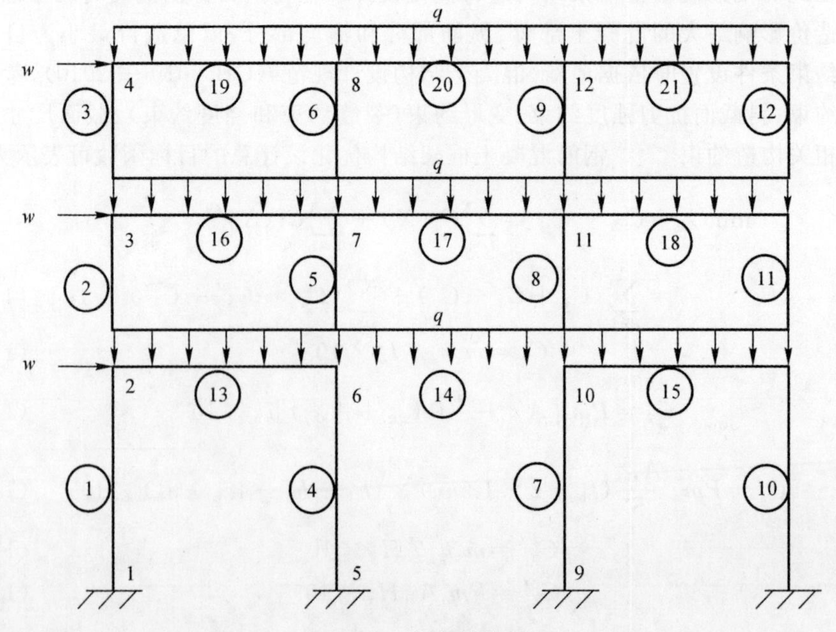

图 11.1 框架结构图

11.1.4.2　优化结果对比

常规设计法的设计结果及基本遗传算法和改进遗传算法的优化结果见表11.1，改进遗传算法中各分项造价变化曲线如图11.2所示。

表11.1　优化结果

杆件编号	常规设计法		基本遗传算法		改进遗传算法	
	截面尺寸/(mm×mm)	造价/元	截面尺寸/(mm×mm)	造价/元	截面尺寸/(mm×mm)	造价/元
1	450×450	553.53	350×350	344.34	350×350	344.34
2	450×450	479.72	350×350	298.42	350×350	298.42
3	450×450	479.72	350×350	298.42	350×350	298.42
4	450×450	553.53	350×350	344.34	350×350	344.34
5	450×450	479.72	350×350	298.42	350×350	298.42
6	450×450	479.72	350×350	298.42	350×350	298.42
7	450×450	553.53	350×350	344.34	350×350	344.34
8	450×450	479.72	350×350	298.42	350×350	298.42
9	450×450	479.72	350×350	298.42	350×350	298.42
10	450×450	553.53	350×350	344.34	350×350	344.34
11	450×450	479.72	350×350	298.42	350×350	298.42
12	450×450	479.72	350×350	298.42	350×350	298.42
13	450×450	641.56	200×500	579.92	200×550	551.99
14	300×600	634.36	200×450	582.68	200×500	560.73
15	300×600	641.98	200×500	566.38	200×550	551.32
16	300×600	634.25	200×500	560.04	200×500	548.34
17	300×600	636.55	200×450	582.93	200×500	541.11
18	300×600	634.98	200×500	554.15	200×500	551.55
19	300×600	636.02	220×550	566.03	200×600	539.29
20	300×600	631.99	200×450	574.77	200×500	555.51
21	300×600	636.43	220×550	563.61	200×600	541.63
总造价/元	11 778.51		8 895.24		8 706.20	

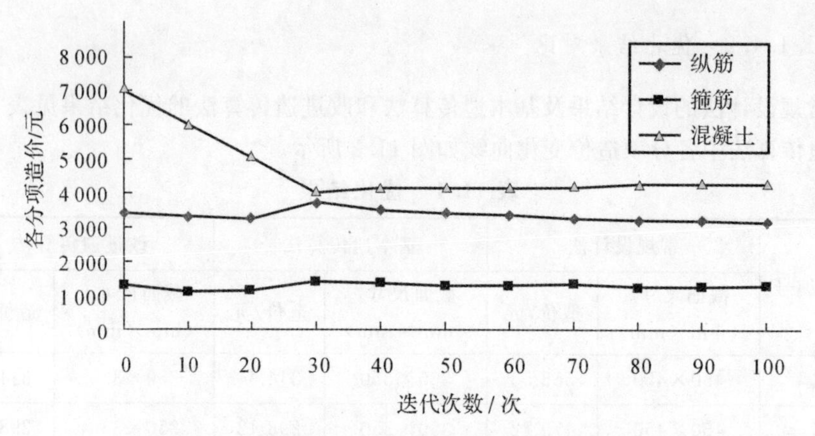

图 11.2　改进遗传算法中各分项造价变化曲线图

从以上算例可以看出，对于框架柱来说，框架柱的造价随其截面尺寸的减小而减小，这是由于柱承受的约束主要是承载力约束和最小截面尺寸约束，本算例中结构受力较小，柱截面按构造要求的最小配筋率配筋即可满足承载要求，所以降低柱截面尺寸对工程造价影响较大。从优化计算结果和优化过程分析，柱截面尺寸的变化有比较明显的规律，受柱截面最小尺寸约束，优化后收敛于其截面最小尺寸，配筋基本为构造配筋；而梁截面尺寸随着优化的进行，梁的高宽比逐渐增大，总体造价随之显著降低，说明梁的造价与梁的高宽比有很大关系。

对比常规设计法的设计结果及基本遗传算法和改进遗传算法的优化结果，发现基本遗传算法比常规设计法的造价降低了 24.48%，改进遗传算法的优化结果好于基本遗传算法，比常规设计法的造价降低了 26.08%，比基本遗传算法的造价降低了 2.13%。

11.2　基于神经网络和遗传算法的火炮结构动力学优化

11.2.1　问题描述

射击精度是考核火炮性能的主要技术指标，而炮口扰动对射击精度具有重要的影响。研究表明，炮口扰动与后坐质量偏心、炮口制退器质量、制退机布置、部件间的间隙等火炮总体结构参数是紧密相关的[10-14]。为了减小炮口扰动，科研人员做了大量的工作。贾长治等人[15]建立了火炮多体系统动力学模型，对影响炮口扰动的参数进行了灵敏度分析，并结合序列二次规划算法与虚拟样机对火炮进行了动力学优化，优化后火炮的动态特性得到了显著的改善。文献[14,16]则结合多体动力学及遗传算法对火炮总体参数进行了动力学优化,优化后炮口扰动明显减小。崔凯波等人[7]利用多体系统动力学计算炮口扰动,通过均匀试验设计和神经网络建立炮口扰动和结构参数之间的非线性映射关系,建立了优化目标函数,但未开展优化研究。上述文献均是以多体动力学理论为基础的,这主要是考虑到多体动力学模型所需计算时间短,具有较高的计算效率。但由于火炮多体动力学模型难以充分考虑各部件的柔性效应,制约了计算精度和优化水平的提高,需要开展进一步的改进研究。

有限元法考虑了火炮构件的弹性变形,能够反映火炮的模态特性、应力、应变的分布情况及各种响应,并能考虑接触碰撞等非线性因素,具有相对较高的计算精度,在火炮动力学研究中得到广泛应用[18-20]。然而,由于基于有限元的结构动力学方程数目庞大,所需计算时间长,而且结构动力学优化中对目标函数的求解常常需要成千上万遍的计算,从而导致以有限元为基础的结构动力学优化难以实现,成为制约复杂结构动力学优化研究的技术瓶颈。为了解决上述问题,研究人员提出了采用神经网络响应面近似模型代替有限元模型,以运用到机械结构的优化过程中,这大大提高了优化效率,工程中大量的成功算例证明了该方法的有效性和可行性[21-23],但目前有关以非线性有限元模型为基础进行火炮总体结构动力学优化的文献报道较少。本节以某大口径火炮上装部分为研究对象,建立基于非线性有限元的结构动力学模型,结合最优拉丁超立方设计和数值计算获得了不同结构参数下的炮口振动响应数据。以该数据为神经网络输出,建立反向传播(BP)神经网络来模拟火炮总体结构参数与炮口扰动之间的非线性映射关系。以神经网络近似模型代替有限元模型,结合遗传算法实现了火炮总体结构动力学优化,利用有限元软件对优化后的火炮总体结构进行了非线性动力学数值计算,通过对比分析说明所提方法的可行性。

11.2.2 火炮结构动力学建模

11.2.2.1 非线性有限元建模

本节所研究的火炮是上装部分直接安装在刚性很大的台架上的试验样炮,由于台架刚性很大,且弹丸膛内运动时间仅为十几毫秒,台架对炮口扰动的影响可以忽略不计,故仅建立火炮上装部分的有限元模型。对摇架护筒、复进机筒、制退机筒、上架两侧的薄钢板和加强筋等主要采用减缩积分壳单元进行网格划分;摇架本体、炮口制退器、身管、炮尾炮闩、衬套、座圈、高低机齿轮齿弧等结构考虑到造型复杂、存在接触/碰撞关系等特性,主要采用六面体减缩积分单元进行网格划分;平衡机以弹簧单元进行模拟;对一些非结构件如瞄具、液量调节器等通过集中质量单元来模拟;为了便于输出炮口处的角位移和角速度,在炮口中心点处设置参考点,并用耦合约束连接该参考点与炮口处的单元节点。

火炮各部件间的连接非常复杂,具有高度的非线性,对计算结果有着重要的影响,必须对这些连接关系进行妥善处理。对摇架耳轴与上架耳轴座之间的连接用自由度耦合来模拟,只释放绕耳轴轴线方向的旋转自由度,同样的方法可用来模拟高低机齿轮轴与上架轴承座之间的连接;在高低机齿轮齿弧之间可能发生接触的表面区域定义面对面的接触对来模拟齿轮与齿弧间的接触碰撞关系,同样的方法可用来模拟身管与衬套之间以及定向栓与定向槽之间的接触碰撞关系。所建火炮上装部分有限元模型共有 736 826 个单元、802 112 个节点,如图 11.3 所示。

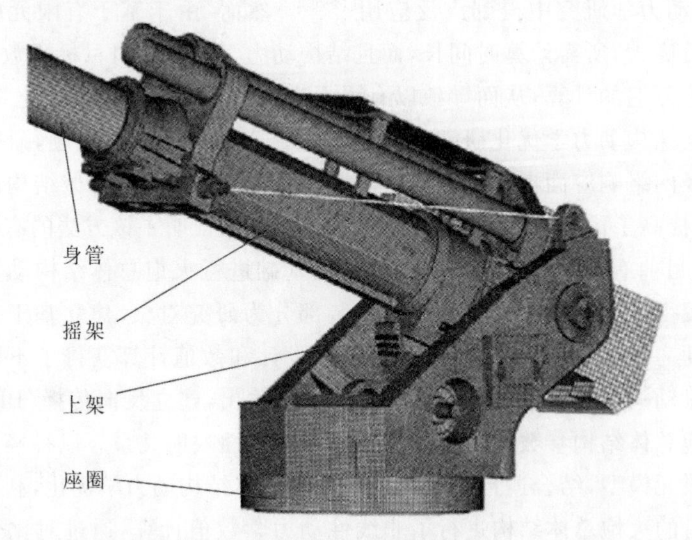

图 11.3　某火炮上装有限元模型

建立坐标系方向如下:与身管轴线重合的坐标轴定为 x 轴,其正方向由炮尾指向炮口,与身管轴线垂直且指向上方的方向为 y 轴正方向,z 轴由右手定则确定。

11.2.2.2　载荷与边界条件

火炮发射过程中受到的主动力有重力和火药气体作用力,而所受到的内力主要有复进机力和制退机力。在本节的研究中,重力载荷作为常力直接加载在模型中,火药气体作用力则通过在炮尾上施加随时间变化的等效压力来模拟,而复进机力则通过在复进机与炮尾和摇架的连接点上施加一对共线且反向的随时间变化的集中力来模拟,制退机力的模拟与复进机力的模拟相似。等效压力、复进机力和制退机力随时间变化曲线分别如图 11.4 和图 11.5 所示。在座圈底面施加全约束边界条件。

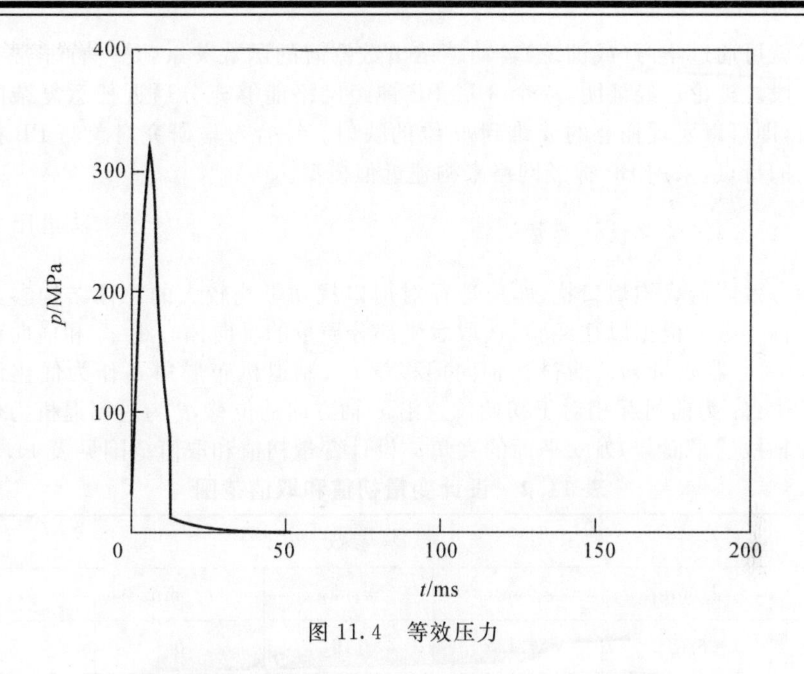

图 11.4　等效压力

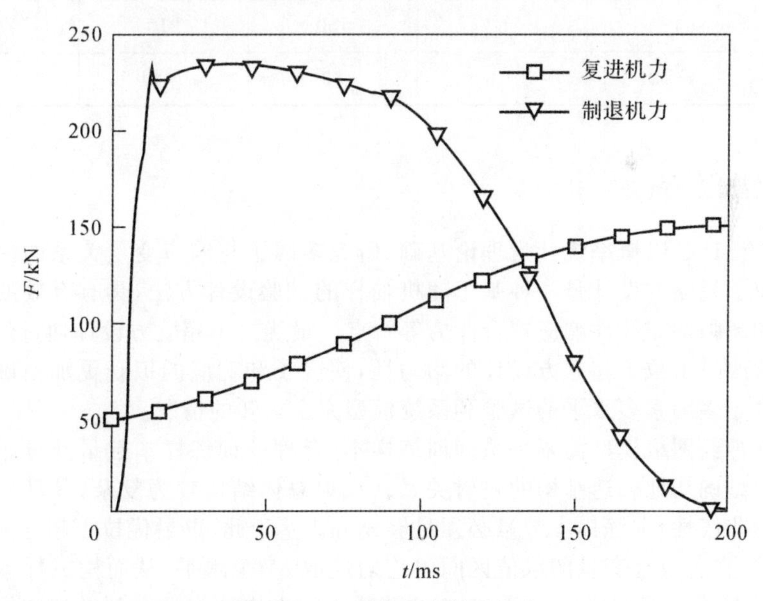

图 11.5　复进机力和制退机力

11.2.3　神经网络建模

火炮总体结构参数与炮口扰动之间是一种复杂的非线性映射关系,并没有确定的函数关系。而人工神经网络具有非常强的非线性映射能力,它不需要任何先验公式就可通过学习(或训练)自动总结出数据间的函数关系，是一种非常有效的建模手段。理论已经证明，一个3层BP神经网络能够充分逼近任意复杂的非线性函数，即可以实现任意的 n 维到 m 维的映射。综合考虑研究对象与BP神经网络结构的特点，采用BP神经网络来构建近似模型。

11.2.3.1　优化设计变量选择

为有效降低火炮炮口扰动，应选择对炮口扰动影响较大的总体结构参数作为优化结构参数。根据以往经验，选取后坐部分质量的垂向偏心距 e_y 和横向偏心距 e_z、炮口制退器质量 m_z、前衬瓦轴向偏移量 l_x、制退机布局角 θ 作为优化设计变量。其中：l_x 为前衬瓦相对于初始位置沿 x 轴方向的位移，θ 为过制退机力作用点和身管轴线的平面与 Oxy 平面的夹角。设计变量初值和取值范围见表11.2。

表11.2　设计变量初值和取值范围

取值	参数				
	e_y/mm	e_z/mm	m_z/kg	l_x/mm	θ/(°)
初值	6.15	4.92	116	0	15.3
上限	12	6	150	210	36.0
下限	−12	−6	60	−40	0

11.2.3.2　试验设计

试验设计是以概率统计为理论基础，研究多因子与响应变量关系的一种科学方法。拉丁超立方设计是一种基于随机抽样的试验设计方法，具有有效的空间填充能力和超强的非线性响应拟合能力等特点。最优拉丁超立方设计通过外加一个准则大大改进了拉丁超立方设计的均匀性，使因子和响应的拟合更加精确、真实，特别适合于多因素多水平的试验和系统模型完全未知的情况。

建立神经网络模型需要一系列训练样本，合理的训练样本数量及分布能使神经网络模型确切地表达结构的映射关系。火炮总体结构较为复杂，其动态响应具有很强的非线性，训练样本数量必须足够充分。鉴于此，以最优拉丁超立方设计来安排试验，在各设计变量的取值区间内均匀地取81个水平，从而构成样本总数为81的输入样本。根据样本对第11.2.2节建立的火炮动力学模型做相应修改并采用隐式直接积分算法进行动力学分析，从而获得高低射角和方向射角均为0°时的火炮动态响应。此处优化设计是以降低炮口扰动为主要目的的，而弹丸出炮口时刻的炮口角位移和角速度是衡量炮口初始扰动的主要指标，故提取弹丸出炮口时的炮口回转角位移 θ_y、高低角位移 θ_z、回转角速度 ω_y 和高低角速度 ω_z 作为炮口扰动的输出样本，至此获得了由输入和输出样本共同建立的试验样本库，以供人工神经网络进行学习和训练。

11.2.3.3　神经网络模型的构建

研究表明,在 BP 神经网络中引入贝叶斯正则化算法有利于优化网络结构、提高多变量大样本输入情况下网络的泛化能力和逼近精度[14]。通过大量的实际训练和检测比较发现:采用多输入、单输出及单隐含层的 3 层网络结构建立的神经网络模型,其训练、检测精度均远远优于多个输出的情况。因此,利用 MATLAB 神经网络工具箱构建了 4 个 BP 神经网络模型来分别模拟设计变量与弹丸出炮口时的炮口回转角位移 θ_y、高低角位移 θ_z、回转角速度 ω_y 和高低角速度 ω_z 之间的非线性映射关系,并选用 trainbr 训练函数来实现贝叶斯正则化算法。各 BP 神经网络均由输入层、隐层和输出层 3 层神经元组成。输入层节点数均为 5;隐层节点数通过反复试算分别加以确定,其传递函数均采用 tansig 函数;输出层节点数均为 1,其传递函数均采用 purelin 函数。BP 网络的拓扑结构如图 11.6 所示。

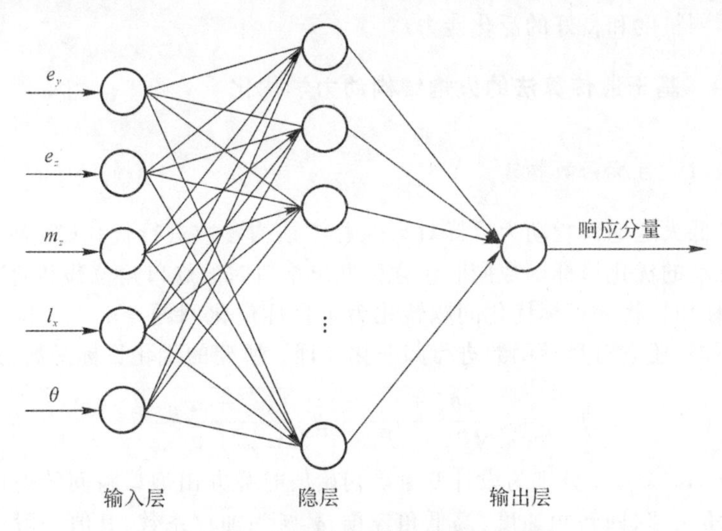

图 11.6　BP 神经网络拓扑结构示意图

以 11.2.3.2 节获得的 81 组试验样本作为训练集,利用 MATLAB 神经网络工具箱对构建的 BP 神经网络进行训练,从而获得经过训练的 BP 神经网络。为了获得较好的训练效果,应在训练前对样本数据进行归一化处理,使所有数据在[0.1,0.9]之间。

11.2.3.4　神经网络模型质量检验

训练后的神经网络模型还应检验其泛化能力和预测精度。利用最优拉丁超立方设计在设计变量的取值范围内均匀而随机地选取 15 组数据,并进行相应的动力学分析来获得炮口响应量,从而可得到 15 组检测样本。神经网络模型对检测样本的数据拟合度可用复相关系数 R^2 检验。R^2 的表达式为

$$R^2 = \frac{\sum_{i=1}^{k}(y_i - \hat{y}_i)^2}{\sum_{i=1}^{k}(y_i - \overline{y_i})^2} \tag{11.9}$$

式中，k 为检测样本点个数；$\hat{y}_i$ 为神经网络计算值；y_i 为有限元计算值；$\overline{y}_i$ 为有限元计算结果的平均值。R^2 位于[0,1]区间，R^2 越趋近于1，采用BP神经网络逼近的近似模型越可信。各BP神经网络对检测样本相应的检验结果见表11.3。

表 11.3　检验结果

变量	θ_y	θ_z	ω_y	ω_z
R^2	0.99	0.99	0.92	0.97

由表11.3可知，神经网络预测的复相关系数均接近1，表明构建的BP网络具有较高的预测精度和良好的泛化能力。

11.2.4　基于遗传算法的火炮结构动力学优化

11.2.4.1　目标函数构建

在以降低火炮炮口扰动为目标对火炮总体结构参数进行优化时，为了使表征炮口初始扰动的优化目标函数同时包含弹丸出炮口时的炮口角位移和角速度的影响，采用线性加权将多目标优化问题转化为单目标优化问题。由于角位移和角速度的量纲不同，还应对目标函数进行归一化处理。所建的优化目标函数为

$$F_{\mathrm{obj}} = \alpha\sqrt{\frac{\theta_y^2 + \theta_z^2}{\theta_{y0}^2 + \theta_{z0}^2}} + \beta\sqrt{\frac{w_y^2 + w_z^2}{w_{y0}^2 + w_{z0}^2}} \tag{11.10}$$

式中，θ_{y0}，θ_{z0}，ω_{y0}，ω_{z0} 分别为设计变量取初始值时弹丸出炮口瞬间的炮口回转角位移、高低角位移、回转角速度、高低角速度；α，β 为加权系数，其值一般由经验获取，在此分别取为0.3，0.7。结合式(11.10)和第11.2.3.3节建立的BP神经网络模型即可建立起设计变量与目标函数之间的函数关系。

11.2.4.2　基于遗传算法的优化和结果分析

基于神经网络模型建立的函数关系是通过神经元间的连接权值与阈值来实现的，难以用传统优化方法对此类问题寻优。而遗传算法是一种不需要具体函数形式的非数值进化优化算法，可以寻得全局最优解，适合于离散变量的优化问题，因此采用遗传算法进行火炮结构动力学优化。

以目标函数 F_{obj} 最小化为目标，在设计变量的取值范围内采用遗传算法进行优化计算，经圆整后的结构参数优化结果见表11.4。基于表11.4的优化参数对

火炮进行有限元分析，并将结果（弹丸出炮口时刻的炮口响应量）与神经网络计算结果进行对比分析，见表 11.5。优化前后炮口角位移和角速度随时间变化曲线如图 11.7 和图 11.8 所示。

表 11.4　结构参数优化结果

变量	初值	优化值
e_y/mm	6.15	0.70
e_z/mm	4.92	−0.70
m_z/kg	116.0	130.5
l_x/mm	0	132.8
θ/(°)	15.3	0.2

表 11.5　优化结果对比

变量	优化前	优化后	
		神经网络	有限元
θ_y/μrad	−271.05	−2.09	−3.52
θ_z/μrad	268.52	−0.85	1.97
ω_y/(mrad · s^{-1})	35.51	31.27	31.53
ω_z/(mrad · s^{-1})	64.37	29.93	31.63
F_{obj}	1.000 0	0.412 4	0.428 4

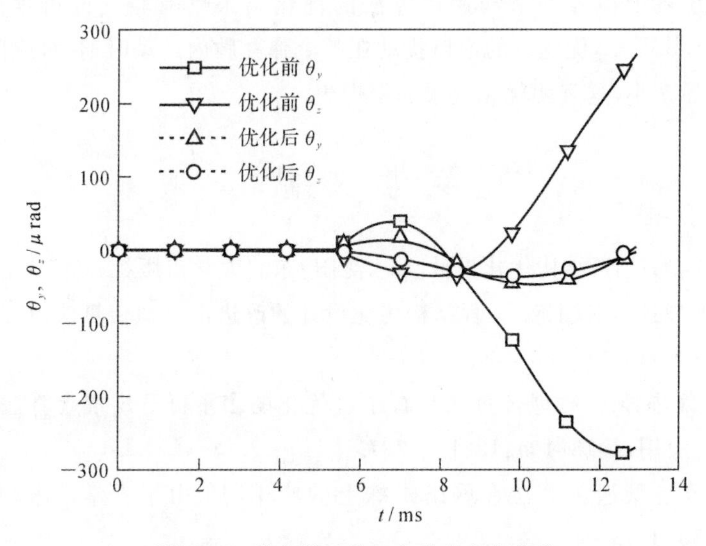

图 11.7　优化前后炮口角位移变化曲线

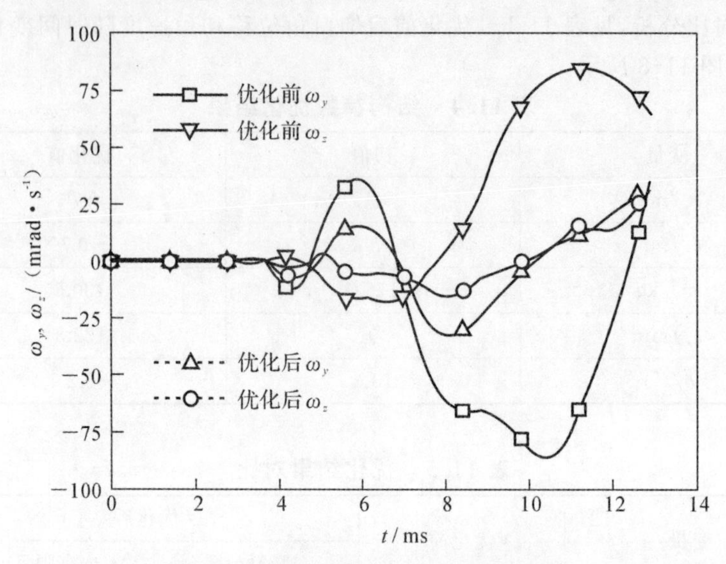

图 11.8　优化前后炮口角速移变化曲线

由表 11.5 可以看出，采用神经网络和遗传算法优化后目标函数 F_{obj} 减小了 57.16%，弹丸出炮口时刻的角位移和角速度的绝对值均显著减小，达到了炮口扰动优化的目的。此外，由表 11.5 还可以看出，神经网络计算结果与有限元计算结果吻合得非常好，这进一步说明了建立的神经网络模型具有很好的预测性和精度，同时也说明了基于神经网络和遗传算法的优化结果具有较高的可信度。由图 11.7 和图 11.8 可知，优化后的炮口扰动在整个弹丸膛内运动时期（对应前 13 ms）比优化前明显减小，这表明优化效果非常理想。

参 考 文 献

[1]　郭鹏飞，韩英仕.结构优化设计[M].沈阳：东北大学出版社，2005.

[2]　张延年，刘斌，朱朝艳.工程结构优化设计的改进混合遗传算法[J].吉林大学学报，2005，35(1)：65－69.

[3]　金敏，鲁华祥.一种遗传算法与粒子群优化的多子群分层混合算法[J].控制理论与应用，2013(10)：1231－1237.

[4]　张晶.改进型遗传算法在网络蜘蛛上的应用[J].山东大学学报（理学版），2015，50(3)：5－11.

[5]　周明，孙树栋.遗传算法及应用[M].北京：国防工业出版社，1998.

[6] 周金鹤,王修信.钢筋混凝土偏压柱控制内力组合分析[J].山西建筑,2005,31(19):7-8.

[7] 田慧,张海,姚民立,等.框架柱正截面设计时最不利内力组合的选择[J].广东土木与建筑,2013(7):19-20.

[8] 蔡新,郭兴文,张旭明.工程结构优化设计[M].北京:中国水利水电出版社,2003.

[9] GB50010—2010.混凝土结构设计规范[S].北京:中国建筑工业出版社,2011.

[10] Cox P A, Hokanson J C. The Influence of Tube Support Condition on Muzzle Motions, ADA119726[R].NewYork: Army Armament Research, Development and Engineering Center, 1982.

[11] 蔡文勇,陈运生,杨国来.车载火炮炮口扰动影响因素分析[J].南京理工大学学报,2005,29(6):658-661.

[12] 梁传建,杨国来,王晓锋,等.反后坐装置结构布置对炮口振动影响的研究[J].兵工学报,2013,34(10):1209-1214.

[13] 陈世业.自行火炮弹炮多体发射系统动力学仿真研究[D].南京:南京理工大学,2013.

[14] 贾长治,郑坚.结构设计参数对火炮炮口振动影响的仿真及基于SQP方法的优化[J].机械工程学报,2006,42(9):130-134.

[15] 蔡文勇,马福球,杨国来.基于遗传算法的火炮总体参数动力学优化[J].兵工学报,2006,27(6):974-977.

[16] 崔凯波,秦俊奇,狄长春,等.基于均匀设计与RBF网络的火炮优化目标函数构建方法研究[J].机械设计,2013,30(2):45-48.

[17] 王虎,顾克秋.牵引火炮非线性有限元隐式动力学分析[J].南京理工大学学报,2006,30(4):462-466.

[18] 葛建立,杨国来,陈运生.基于弹塑性接触/碰撞模型的弹炮耦合问题研究[J].弹道学报,2008,20(3):103-106.

[19] 张永存,吴雪云,刘书田.典型火炮结构振动分析与前支架设计改进[J].工程力学,2013,30(6):308-312.

[20] 孟广伟,沙丽荣,李锋.基于神经网络的结构疲劳可靠性优化设计[J].兵工学报,2010,31(6):765-769.

[21] 张本军,王瑞林,李永建.基于BP网络和遗传算法的枪架结构优化[J].振动与冲击,2011,30(1):142-144.

[22] 谢延敏,王新宝,王智.基于灰色理论和GA-BP的拉延筋参数反求[J].机

械工程学报,2013,49(4):44－50.

[23] MacKay D J C. A Practical Bayesian Framework for Back Propagation Networks[J].Neural Computation,1992,4(3):448－472.

[24] 朱朝艳,刘露旭,唐永鑫. 改进遗传算法在框架结构优化设计中的应用[J]. 辽宁工业大学学报(自然科学版),2016,36(3):168－174.

[25] 梁传建,杨国来,王晓锋.基于神经网络和遗传算法的火炮结构动力学优化[J].兵工学报,2015,35(5):789－794.

第12章 遗传算法在自动控制中的应用

12.1 基于遗传算法的汽车主动悬架控制器优化设计

12.1.1 问题描述

汽车悬架系统与汽车行驶安全性、操纵稳定性、舒适性有直接的关系。汽车主动悬架的设计问题由 Federpid - Labrosse 于1955年首次提出，其后对于如何将各种控制理论及方法应用到主动悬架的控制中，人们已做了大量的研究。汽车主动悬架系统及其控制技术也成为研究的热点[1]，研究结果在汽车上得到广泛的应用。近年来，电子技术和计算机技术的进步使得主动悬架的性能得到了较大的提高。但主动悬架系统的控制方法始终是其核心技术之一，许多学者提出了各种不同的控制理论，如最优控制[2-3]、自适应控制[4]、模糊控制和神经网络控制[5-6]、遗传算法结合模糊控制[7]、PID控制[6,8-9]等。

自适应控制需在线识别大量参数，因此，对系统的状态测量、控制器实时辨识与计算能力要求很高。而且自适应控制系统仍以线性模型为基础，对系统的动态非线性考虑较少，特别是当悬架参数由于突然的冲击而在较大的范围变化时，自适应控制的鲁棒性将变差。

随机线性二次最优理论广泛应用于主动悬架设计中，不过随机线性二次最优理论得到的只是局部最优解而不是全局最优解。而且由于该控制方法采用的状态反馈控制，要求系统反应灵敏，采用高频的伺服元件，同时可能会由于随机干扰而产生振荡和误操作。因此，系统成本较高，可靠性较差[10]。为了改善上述不足，采用线性二次整定控制与其他优化算法(遗传算法、模糊控制、神经网络控制)结合的复合控制模式。

本节的主动悬架控制器采用LQR最优设计策略设计，在MATLAB中进行仿真计算，利用其仿真结果，采用遗传算法对LQR设计参数进行优化设计，寻找全局最优解。

12.1.2 悬架系统数学模型

现代汽车悬架系统是一个复杂的多输入多输出系统，其动力学数学模型是进行悬架控制系统设计和性能分析的基础。常用的悬架数学模型有:2 自由度 1/4 车辆纵向模型,用以研究汽车悬架刚度和阻尼、轮胎刚度和阻尼对悬架性能的影响,没有考虑前后悬架、左右悬架的互相影响和汽车重心位置对悬架性能的影响,是最简单的主动悬架动力学模型;4 自由度半车模型(纵向),用以研究前后悬架的参数匹配关系和车身垂直方向与纵向的运动耦合,考虑了汽车重心前后位置对悬架的影响以及前后悬架参数耦合对悬架性能的影响,但半车纵向模型没有考虑侧倾对悬架的影响以及重心高度对悬架性能的影响,研究的问题仍不全面;7 自由度整车模型,该模型涉及的关系较多,它较完整地体现了垂直跳振动、俯仰变化以及侧倾的问题。本节以车辆半车纵向模型作为研究对象,它是一个 4 自由度(z_{bA}, z_{bB}, z_{wA}, z_{wB} 或者 z_b, θ, z_{wA}, z_{wB})的线性系统,其模型如图 12.1 所示。

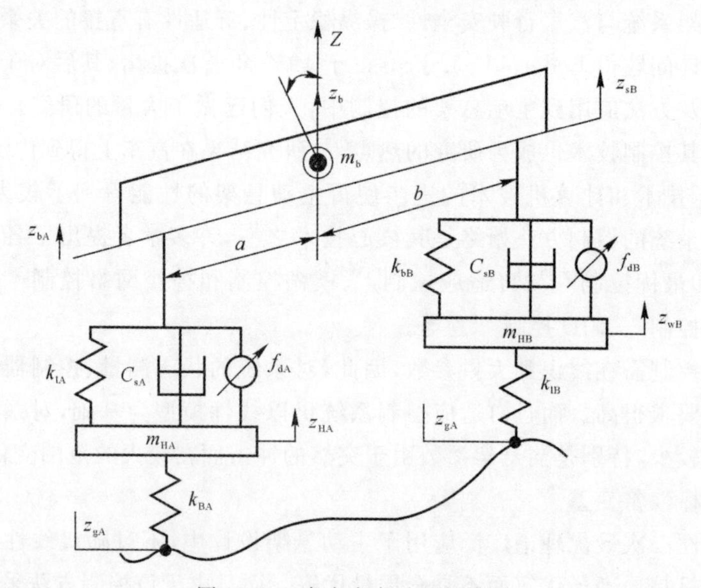

图 12.1 自由度主动悬架模型

图 12.1 所示模型的主动悬架系统的动力学方程:

$$\left.\begin{aligned}
m_{wA}\ddot{z}_{wA} &= C_{sA}(\dot{z}_{bA}-\dot{z}_{wA})+k_{sA}(z_{bA}-z_{wA})+k_{tA}(z_{gA}-z_{wA})+f_{dA}\\
m_{wB}\ddot{z}_{wB} &= C_{sB}(\dot{z}_{bB}-\dot{z}_{wB})+k_{sB}(z_{bB}-z_{wB})+k_{tB}(z_{gB}-z_{wB})+f_{dB}\\
\ddot{z}_{bA} &= \alpha_1 C_{sA}(\dot{z}_{wA}-\dot{z}_{bA})+\alpha_3 C_{sB}(\dot{z}_{wB}-\dot{z}_{bB})+\alpha_1 k_{sA}(z_{wA}-z_{bA})+\\
&\quad \alpha_3 k_{sB}(z_{wB}-z_{bB})-\alpha_1 f_{dA}-\alpha_3 f_{dB}\\
\ddot{z}_{bB} &= \alpha_3 C_{sA}(\dot{z}_{wA}-\dot{z}_{bA})+\alpha_2 C_{sB}(\dot{z}_{wB}-\dot{z}_{bB})+\alpha_3 k_{sA}(z_{wA}-z_{bA})+\\
&\quad \alpha_2 k_{sB}(z_{wB}-z_{bB})-\alpha_3 f_{dA}-\alpha_2 f_{dB}
\end{aligned}\right\}\tag{12.1}$$

式中,$\alpha_1=\dfrac{1}{m_b}+\dfrac{a^2}{I_b}$;$\alpha_2=\dfrac{1}{m_b}+\dfrac{b^2}{I_b}$;$\alpha_3=\dfrac{1}{m_b}-\dfrac{ab}{I_b}$;$z_{bA}$, z_{bB} 为车身位移;z_{wA}, z_{wB} 为

车轮位移；z_{gA}，z_{gB} 为地面位移；θ 为车身俯仰角位移；f_{dA}，f_{dB} 为悬架主动力；m_{wA}，m_{wB} 为车轮质量；m_b 为汽车簧载质量；k_{sA}，k_{sB} 为悬架刚度；k_{tA}，k_{tB} 为轮胎刚度；C_{sA}，C_{sB} 为悬架阻尼。

选取状态变量

$$\boldsymbol{X}=[\dot{z}_{bA}\quad \dot{z}_{bB}\quad \dot{z}_{wA}\quad \dot{z}_{wB}\quad z_{bA}\quad z_{bB}\quad z_{wA}\quad z_{wB}\quad z_{gA}\quad z_{gB}]^{T} \tag{12.2}$$

根据方程式(12.1)可得状态方程如下：

$$\dot{\boldsymbol{X}}=\boldsymbol{AX}+\boldsymbol{BU}+\boldsymbol{FW}$$

式中，$\boldsymbol{U}=[f_{dA}\quad f_{dB}]^{T}$，$\boldsymbol{W}=[w_A\quad w_B]^{T}$。系数矩阵 $\boldsymbol{A}$，$\boldsymbol{B}$，$\boldsymbol{F}$ 可根据式(12.1)、式(12.2)得到。w_A、w_B 是均值为零的高斯白噪声。车辆模型仿真参数见表12.1。

表 12.1 车辆模型仿真输入参数

车辆模型参数	符号	数值
车身质量	m_b	625 kg
车身俯仰转动惯量	I_b	1 200 kg·m^2
前轮非簧载质量	m_{wA}	40 kg
后轮非簧载质量	m_{wB}	50 kg
前悬架刚度	k_{sA}	30 000 N/m
后悬架刚度	k_{sB}	32 500 N/m
前悬架阻尼	C_{sA}	1 400 N/(m·s^{-2})
后悬架阻尼	C_{sB}	1 400 N/(m·s^{-2})
前轮胎刚度	k_{tA}	181 000 N/m
后轮胎刚度	k_{tB}	181 000 N/m
前轴到质心的距离	a	1.116 m
后轴到质心的距离	b	1.232 m

这里采用滤波白噪声的时域表达式为路面输入模型，则前、后轮处路面输入方程分别为

$$\left.\begin{aligned}\dot{z}_{gA}(t)&=-2\pi f_0 z_{gA}(t)+2\pi\sqrt{G_0U_0}\,w_A(t)\\ \dot{z}_{gB}(t)&=-2\pi f_0 z_{gB}(t)+2\pi\sqrt{G_0U_0}\,w_B(t)\end{aligned}\right\} \tag{12.3}$$

路面不平度系数 $G_0=5.0\times10^{-6}$ m^3/车轮周，车速 $U_0=\dfrac{20}{30}$ m/s，下截止频率 $f_0=0.1$ Hz。

12.1.3　LQR 控制器设计

在主动悬架控制器的设计中，选取与汽车行驶安全性、操纵稳定性以及乘坐舒适性有关的车身加速度、悬架动行程和轮胎动载荷作为性能指标进行控制。在 LQR 控制器设计中的目标性能函数，即为悬架动行程、轮胎动位移和车身加速度的加权平方和的积分值，可表示为

$$J=\lim_{T\to\infty}\frac{1}{T}\int_0^T[q_1(z_{bA}-z_{wA})^2+q_2(z_{wA}-z_{gA})^2+q_3\ddot{z}_{bA}^2+q_4(z_{bB}-z_{wB})^2+q_5(z_{wB}-z_{gB})^2+q_6z_{bB}^2]\mathrm{d}t=\lim_{T\to\infty}\frac{1}{T}\int_0^T(\boldsymbol{X}^{\mathrm{T}}\boldsymbol{QX}+\boldsymbol{U}^{\mathrm{T}}\boldsymbol{RU}+2\boldsymbol{X}^{\mathrm{T}}\boldsymbol{NU})\mathrm{d}t \tag{12.4}$$

式中，$\boldsymbol{X}$，$\boldsymbol{U}$ 分别为前述状态变量及主动力向量；q_1，q_4 为悬架动行程加权系数；q_2，q_5 为轮胎动位移加权系数；q_3，q_6 为车身加速度加权系数。加权系数的选择决定设计者对悬架性能的倾向，如选择较大的 q_1，q_4 则倾向于乘坐舒适性；如选择较大的 q_2，q_5 则倾向于操纵稳定性。由式(12.1)、式(12.2)、式(12.4)可得式(12.4)中的系数矩阵 $\boldsymbol{Q}$，$\boldsymbol{R}$，$\boldsymbol{N}$。

确定上述车辆模型参数和加权系数后，最优控制反馈增益矩阵 $\boldsymbol{K}$ 可由 Riccati 方程式(12.5)求出：

$$\boldsymbol{AK}+\boldsymbol{KA}^{\mathrm{T}}+\boldsymbol{Q}-\boldsymbol{KBR}^{-1}\boldsymbol{B}^{\mathrm{T}}\boldsymbol{K}+\boldsymbol{FWF}^{\mathrm{T}}=\boldsymbol{0} \tag{12.5}$$

利用 MATLAB 软件中的最优线性二次控制器设计函数$[\boldsymbol{K},\boldsymbol{S},\boldsymbol{E}]=\mathrm{LQR}(\boldsymbol{A},\boldsymbol{B},\boldsymbol{Q},\boldsymbol{R},\boldsymbol{N})$求出反馈增益矩阵 $\boldsymbol{K}$，根据任意时刻的反馈状态变量 $\boldsymbol{X}$ 就得出 t 时刻的最优控制力 $\boldsymbol{U}$，即 $\boldsymbol{U}=-\boldsymbol{KX}$，则完成最优控制器设计。

12.1.4　控制器优化及 MATLAB 仿真

12.1.4.1　控制器优化设计

对于性能函数 J 的任意一组权系数 q_1，q_2，q_3，q_4，q_5，q_6，由式(12.5)均可求得一个最优控制反馈增益矩阵 $\boldsymbol{K}$，由此可设计最优线性二次控制器，但此时得到的是局部最优，而不是全局最优。遗传算法在计算时不依赖于梯度信息或其他辅助知识，而只需要影响搜索方向的目标函数和相应的适应度值函数，它不依赖于问题的具体领域，对问题的种类有很强的鲁棒性。本节用 MATLAB 语言编程实现遗传算法对加权系数 q_1，q_2，q_3，q_4，q_5，q_6 进行优化组合，找到全局最优解。图 12.2 为遗传算法的流程图。

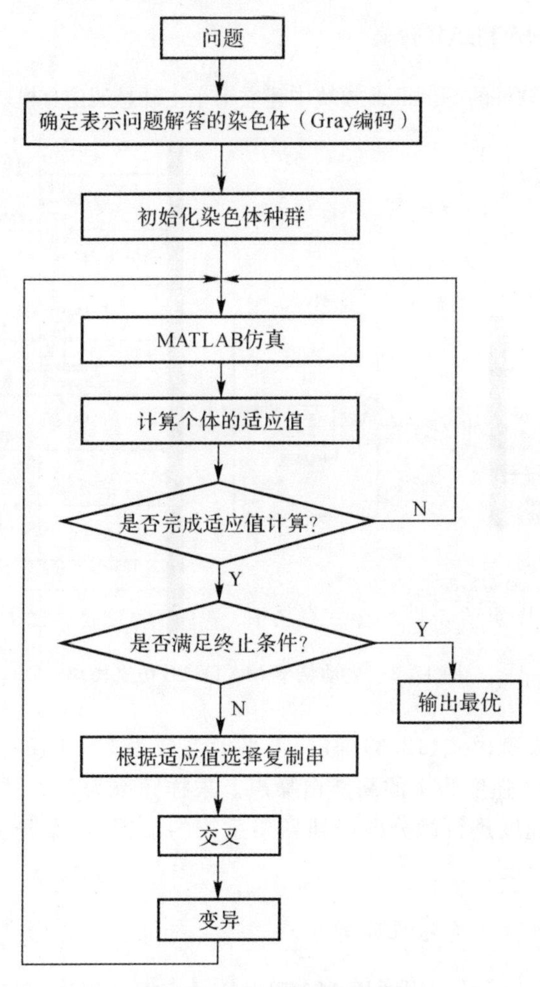

图 12.2　遗传算法流程图

遗传算法中适应度值函数采用车身加权加速度均方根值的倒数，$F_{it}=1/\ddot{z}_b$，$\ddot{z}_b$ 为车身加权加速度均方根值，$\ddot{z}_b=(a\,\ddot{z}_{bB}+b\,\ddot{z}_{bA})/(a+b)$。对于每一组加权系数 q_1,q_2,q_3,q_4,q_5,q_6，求得最优控制反馈增益矩阵 K 后，在 MATLAB/Simulink 环境中仿真得到加速度时间历程数据 $\ddot{z}_{bA}(t)$，$\ddot{z}_{bB}(t)$，对其进行频谱分析得到功率谱密度函数 $G_A(f)$，$G_B(f)$，根据 ISO2631.1 — 1997 可按式(12.6) 计算加权加速度均方根值：

$$\ddot{z}_{bA}=\left[\int_{0.5}^{80}W^2(f)G_A(f)\mathrm{d}f\right]^{1/2} \tag{12.6}$$

式中，$W(f)$ 为频率加权函数。

12.1.4.2 MATLAB 仿真

在 MATLAB 软件的 Simulink 模块中建立半车主动悬架仿真模块,如图 12.3 所示。

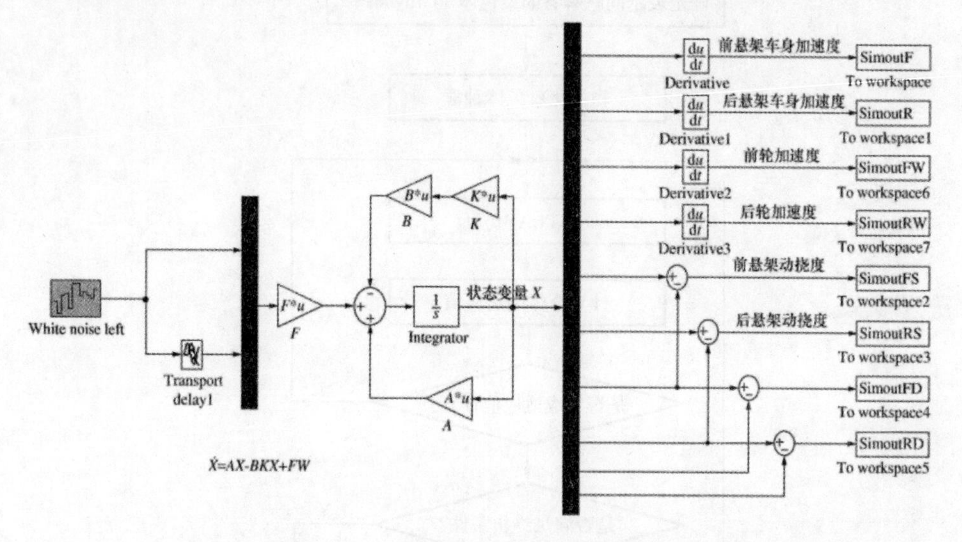

图 12.3 主动悬架 MATLAB 仿真模块

仿真的路面模型由式(12.3)确定,不平度系数为 5.0×10^{-6} m^3/车轮周,路面扰动选用均值为 0、强度为 1 的高斯白噪声。采样频率为 200 Hz,仿真时间为 5 s。对状态变量中的速度进行微分即得到悬架系统的加速度,车身位移与轮胎位移之差即得到悬架动挠度。

12.1.4.3 优化仿真结果分析

按照如图 12.2 所示流程图用 MATLAB 语言编写程序,程序调用 MATLAB/Simulink 仿真模块,根据仿真结果计算适应度值函数,同时考虑悬架动挠度和车轮动载荷。图 12.4 和图 12.5 分别为车速为 20 m/s 和 30 m/s 时的程序运行结果,在进化迭代 100 代左右时适应度值收敛,分别是 1.588 3 和 1.232 9。

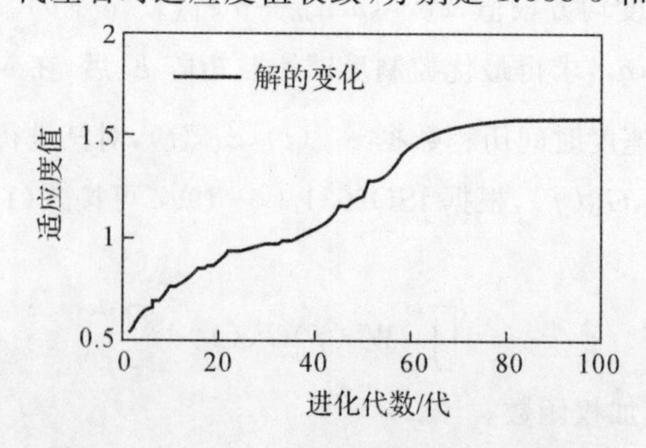

图 12.4 车速为 20 m/s 时的进化迭代曲线

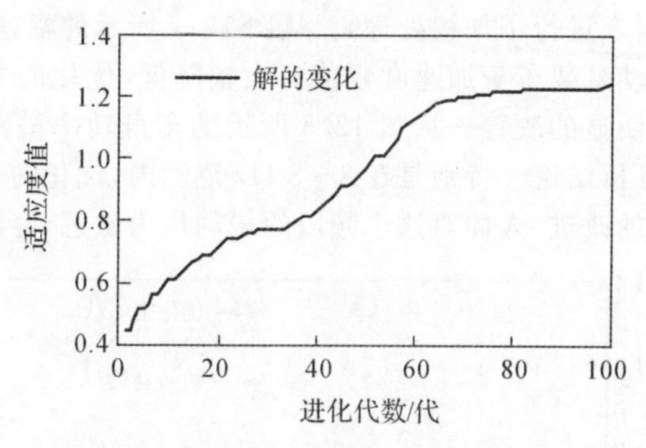

图 12.5 车速为 30 m/s 时的进化迭代曲线

优化后,20 m/s 对应的车身加速度加权均方根值为 0.629 6 m/s^2,30 m/s 对应的车身加速度加权均方根值为 0.811 1 m/s^2;一般经验参数取值对应的值分别为 0.828 9 m/s^2 和 1.043 9 m/s^2,优化结果相对于经验取值分别下降 24%和 22%,优化效果明显。图 12.6 为优化主动悬架、未优化主动悬架以及被动悬架的车身加速度时域曲线图进行加权处理。从图上可以看出,优化后的车身加速度有明显的改善,特别是车身振动加速度的幅值有大幅度的降低。由于人体对不同频率的振动敏感程度不一样,因此,时域结果反映的问题不全面,还需从频域进行分析。

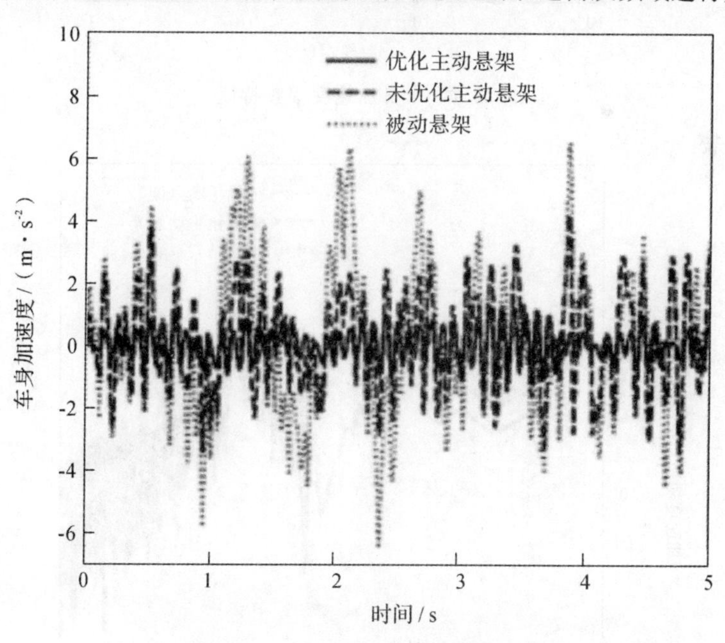

图 12.6 车身加速度时域曲线图

图 12.7、图 12.8 所示是被动悬架、未优化主动悬架、优化主动悬架系统频域

分析结果(按文献要求进行了加权处理)。从图 12.7 所示的幅频特性图可以看出,主动悬架相对于被动悬架车身加速度幅值有大幅降低,优化的主动悬架系统相对于未优化系统已有明显的改善。从图 12.8 所示的车身功率谱密度分析亦可得出和图 12.7 相同的分析结论。特别是在 2~8 Hz 范围内,优化的主动悬架系统车身加速度性能有明显的改进,人体对这个频段的振动最为敏感,容易产生疲劳。

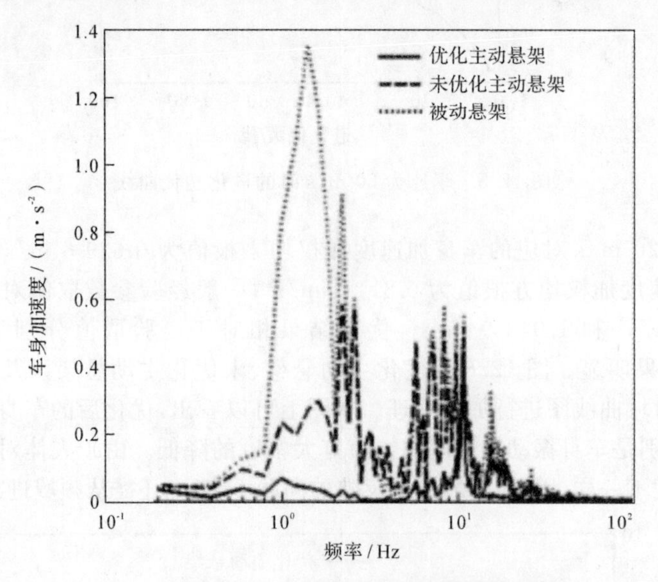

图 12.7　车身加速度幅频特性

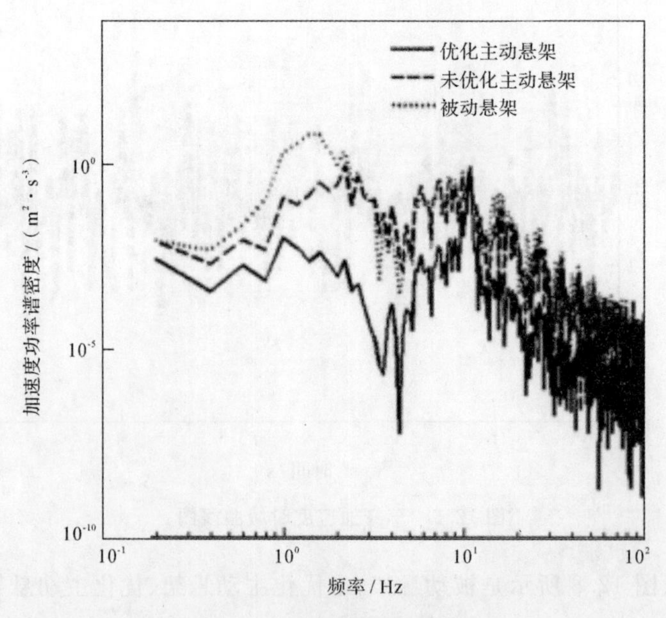

图 12.8　车身加速度功率谱密度

12.2 基于遗传算法的无人机模糊-积分控制器设计

12.2.1 问题描述

与大型飞行器不同，小型固定翼无人机飞行状态极易受到扰动因素的影响。其空气动力特性具有非线性、时变性的特点，不易建立起精确的数学模型。采用经典PID等线性理论进行小型无人机控制器设计时很难实现其控制要求，而非线性动态逆方法要求建立精确的非线性模型，不易进行鲁棒性分析的局限性也使该理论很难完成无人机在复杂环境下的控制任务。因此，针对上述问题，需寻求更加智能的控制方法来解决小型无人机控制器的设计问题。

与传统控制器依赖于系统行为参数的设计方法不同，模糊控制用于控制器设计时依赖于操纵者的经验，其无须知道被控对象的数学模型，构造容易，鲁棒性强[13]。但由于稳态精度低且待定参数较多，模糊控制在应用于控制器设计时往往与其他控制方法相结合，并通过优化算法对控制器参数进行优化设计。文献[14]中针对一类具有非最小相位系统的小型无人机应用模糊控制设计了高度保持器，并分析了控制器的鲁棒性，由于只采用模糊控制方法设计控制器，其稳态误差较大。文献[15]中结合模糊控制与PID控制的优点，提出了一种小型无人机纵向姿态的模糊自适应PID控制器，但没有对控制器参数进行优化设计。文献[16]中提出了一种基于粒子群优化的模糊飞行控制器设计方法，以达到提高控制效果与简化模糊控制器设计的目的，但没有对系统稳态颤振现象进行深入的研究。考虑上述问题，本节设计了一种模糊-积分混合控制器，并基于遗传算法优化设计了模糊控制器的隶属度函数位置与形状，给出了比例因子的整定规则。以某小型无人机的纵向姿态保持和高度保持控制为例进行了仿真研究，对系统鲁棒性进行了验证。

12.2.2 无人机纵向质心运动模型

某小型固定翼无人机，采用常规布局，机翼无后掠，控制舵面为副翼、俯仰舵、方向舵和油门舵。假设无人机不倾斜、无侧滑，根据经典飞行力学，可以在航迹坐标系下得到解耦的无人机纵向运动方程。考虑此无人机无大机动飞行要求，在飞行包线内模型非线性不强，可以利用小扰动法对纵向运动方程线性化。假设不计扰动中高度变化引起的外力和力矩的影响，经整理后的无人机纵向小扰动运动模型的矩阵形式为[17]

$$[\Delta\dot{v}\quad \Delta\dot{\alpha}\quad \Delta\dot{q}\quad \Delta\dot{\theta}]^{\mathrm{T}}=\begin{bmatrix} X_v & X_\alpha+g & 0 & -g \\ -Z_v & -Z_\alpha & 1 & 0 \\ \overline{M}_v-\overline{M}_{\dot{\alpha}}Z_v & \overline{M}_\alpha-\overline{M}_{\dot{\alpha}}Z_\alpha & \overline{M}_q+\overline{M}_{\dot{\alpha}} & 0 \\ 0 & 0 & 1 & 0 \end{bmatrix}$$

$$\begin{bmatrix}\Delta v\\ \Delta\alpha\\ \Delta q\\ \Delta\theta\end{bmatrix}+\begin{bmatrix} X_{\delta_\mathrm{e}} & X_{\delta_\mathrm{p}} \\ -Z_{\delta_\mathrm{e}} & -Z_{\delta_\mathrm{p}} \\ \overline{M}_{\delta_\mathrm{e}}-\overline{M}_{\dot{\alpha}}Z_{\delta_\mathrm{e}} & \overline{M}_{\delta_\mathrm{p}}-\overline{M}_{\dot{\alpha}}Z_{\delta_\mathrm{p}} \\ 0 & 0 \end{bmatrix}\begin{bmatrix}\Delta\delta_\mathrm{e}\\ \Delta\delta_\mathrm{p}\end{bmatrix}\tag{12.7}$$

式中，X_v，X_α，Z_v，Z_α，$\overline{M}_v$，$\overline{M}_\alpha$，$\overline{M}_{\dot{\alpha}}$，$\overline{M}_q$，$X_{\delta_\mathrm{e}}$，$X_{\delta_\mathrm{p}}$，$Z_{\delta_\mathrm{e}}$，$Z_{\delta_\mathrm{p}}$，$\overline{M}_{\delta_\mathrm{e}}$ 和 $\overline{M}_{\delta_\mathrm{p}}$ 为纵向动力系数；Δv 为速度增量；$\Delta\alpha$ 为迎角增量；Δq 为俯仰角速度增量；$\Delta\theta$ 为俯仰角增量；$\Delta\delta_\mathrm{e}$ 和 $\Delta\delta_\mathrm{p}$ 分别为升降舵面偏角和油门杆位置。

本节中，小型无人机惯性矩的值由 CATIA 软件计算得到，飞行状态的纵向动力系数采用基于涡格法[18]（Vortex Lattice Model，VLM）的 AVL 气动软件进行计算。涡格法建模简单，在计算时不计及厚度与黏性效应，对低速飞行器气动力的计算准确，适合作为前期设计的分析工具。但涡格法无法计算零升阻力，故零升阻力以及部分气动导数由工程估算方法计算得到。

12.2.3　飞行控制结构

传统的二维模糊控制器以误差和误差变化率为输入，具有无须知道被控对象数学模型、鲁棒性好等特点。但此类模糊控制器从本质上来说只是比例-微分控制环节，这就导致其稳态控制精度差。模糊-积分混合控制器是将常规积分控制器和模糊控制器并联，将误差的精确量积分并乘以积分系数后与模糊控制器的控制输出叠加构成总的控制作用。由于误差连续变化，积分的控制作用也连续变化，因此可以消除稳态误差[19]。借鉴传统飞行控制器的设计方法，将模糊-积分混合控制器应用于小型无人机纵向控制，其基本结构如图 12.9 所示。

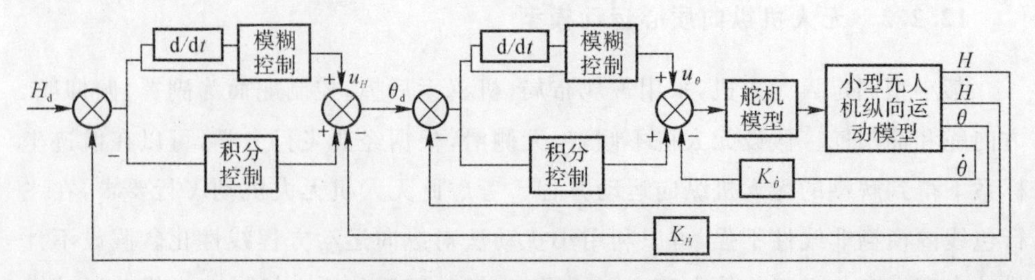

图 12.9　纵向控制方案框图

图中：H_d 为小型无人机高度控制的设定值；θ_d 为俯仰角跟踪值；u_H，u_θ 分别为高度控制器和俯仰角控制器输出。为了提高系统阻尼特性，在控制系统中引入高度变化率反馈和俯仰角速度反馈，K_H，K_θ 分别为相应的反馈增益系数。

12.2.4 模糊-积分控制器设计

控制器由模糊控制和积分控制组成，在设计时根据小型无人机飞行特性选定各部分参数。

12.2.4.1 模糊控制器参数设计

为了简化初期设计阶段与之后的优化工作，3 个语言变量均选用 7 个语言变量值，定义为(NB，NM，NS，ZO，PS，PM，PB)。各语言变量的模糊集合的论域均定义为[−3，3]。各语言变量对应的比例因子分别为 k_e，k_{ec}，k_u，其值应根据小型无人机被控变量的变化范围而定。选取高斯型函数作为各模糊子集的隶属度函数，通过调节均值与方差来设定相应的位置和形状。同时为了提高优化效率，假设各语言变量中的语言变量值对应的隶属度函数具有相同的分布。

模糊集合 $\widetilde{E}$，$\widetilde{E}_c$ 和 $\widetilde{U}$ 对应的模糊控制规则可以通过小型无人机纵向俯仰角控制和高度控制过程中俯仰舵偏的规律以及模糊输出的连续性原则进行设计。由于对每个输入选取了 7 个语言变量值，那么相应的模糊条件语句就有 49 条，具体形式见表 12.2。

表 12.2 模糊控制规则

$\widetilde{E}$	$\widetilde{E}_c$						
	NB	NM	NS	ZO	PS	PM	PB
NB	PB	PB	PB	PB	PM	PM	PS
NM	PB	PB	PM	PM	PS	PS	ZO
NS	PM	PM	PM	PS	ZO	ZO	NS
ZO	PM	PS	ZS	ZO	NS	NS	NM
PS	PS	ZO	ZO	NS	NM	NM	NM
PM	ZO	NS	NS	NM	NM	NB	NB
PB	NS	NM	NM	NB	NB	NB	NB

模糊规则确定后，由采样时刻的输入通过相应的推理方法就可以导出模糊控制器的控制量输出。假设某一采样时刻，误差和误差变化率的模糊集合分别为 $\widetilde{E}'$ 和 $\widetilde{E}'_c$，那么根据模糊规则得到的控制量输出为

$$\left.\begin{aligned}\widetilde{U}'_i &= (\widetilde{E}' \text{ and } \widetilde{E}'_c) \circ [(\widetilde{E}_i \text{ and } \widetilde{E}_{ci}) \to \widetilde{U}_i] \\ \widetilde{U}' &= \bigcup_{i=1}^{m} \mathrm{U}\widetilde{U}'_i,\ i=1,2,\cdots,m\end{aligned}\right\} \tag{12.8}$$

式中,m 为模糊条件语句的数量。推理方法采用 Mamdani 法,取“and”运算采用求“交”法(取小);蕴含运算“→”采用极小算子;合成运算“∘”采用极大-极小法;“U”运算采用求“并”法(取大)。

本节采用重心法进行去模糊化计算,具体计算为

$$z_0 = \frac{\int_V z\mu\widetilde{U}'(z)\mathrm{d}z}{\int_V \mu\widetilde{U}'(z)\mathrm{d}z} \tag{12.9}$$

12.4.4.2 积分控制器参数设计

积分控制器由积分环节和积分系数 k_i 组成,输入为误差 e。在控制过程中,误差连续变化,积分的控制作用也连续变化,可以消除系统稳态误差。在初期设计阶段,积分系数的值可参考传统 PID 方法设计控制器时的积分系数,待模糊控制各比例因子确定后,经仿真计算再对其进行微调,直至得到较为理想的控制效果,最终模糊-积分混合控制器总的控制输出为

$$\mu = k_u z_0 + k_\mathrm{I}\int e\,\mathrm{d}t \tag{12.10}$$

12.2.5 遗传算法优化隶属度函数

在给定隶属度函数参数初值的基础上,采用遗传算法对隶属度函数均值和方差进行寻优,完成对控制器的优化设计工作。

12.2.5.1 设计变量

假设小型无人机俯仰舵偏为正和为负时具有相等的控制效率,则隶属度函数的分布在论域上也具有对称性,那么在优化设计过程中优化变量就可以减少为 18 个,其他按对称变化处理,误差变化率和输出的隶属度函数按相同方法处理。设计变量的编码采用二进制编码形式。

12.2.5.2 遗传算法参数选择

采用 ITAE 性能指标作为适应度值函数,即

$$J_{\mathrm{ITAE}} = \int_0^{+\infty} t \mid e(t) \mid \mathrm{d}t \tag{12.11}$$

其中,J_{ITAE} 为误差函数加权时间上的积分面积大小。对于终止判别准则,采用相

邻两次迭代适应度值函数之差的绝对值小于某一常数作为优化的终止条件。

12.2.5.3　比例因子参数整定

当采用遗传算法单独对隶属度函数进行优化设计时，虽然可以取得较好的控制效果，但有可能造成之前所设计的比例因子 k_e，k_{ec}，k_u 与输入输出不匹配，导致系统输出上升速率过大，从而产生稳态颤振现象。经分析发现由于 k_{ec} 过小、k_u 过大均会使系统产生过大超调或振荡，所以需要在优化设计后对 k_u，k_{ec} 重新进行整定，相应的整定规则为，优化设计后，如果系统在仿真阶段的响应曲线产生颤振，则在保持 k_e 不变的情况下，以适当幅度不断减小 k_u，同时以较小幅度不断增大 k_{ec}，直至系统响应曲线消除颤振现象。

12.2.6　仿真实例

针对实验无人机纵向俯仰姿态和纵向高度控制系统进行仿真验证。仿真模型全部采用实际的小型无人机设计模型，基准运动选取无人机实际的飞行状态，气动数据由前述方法计算得到。其中，基准运动为高度 $H_0=2\ 000$ m的巡航飞行，选取遗传算法各参数分别为 $N=20$，$G=50$，$P_c=0.8$，$P_m=0.1$。为了方便比较，在此还采用传统 PID 方法对控制器进行了设计。

12.2.6.1　俯仰姿态保持／控制模态仿真

规定系统超调量，延迟时间，调节时间。未经优化的模糊-积分混合控制器参数设定为：$k_e=-0.6$，$k_{ec}=-0.167$，$k_u=8$，$k_I=3$。在优化设计后，根据整定规则将 k_u 调整为 3，k_{ec} 调整为 -0.171，整定前后系统阶跃响应如图 12.10 所示。图 12.11 所示为优化前后系统阶跃响应的比较以及相应的隶属度函数分布，其中虚线为优化前隶属度函数的分布情况。

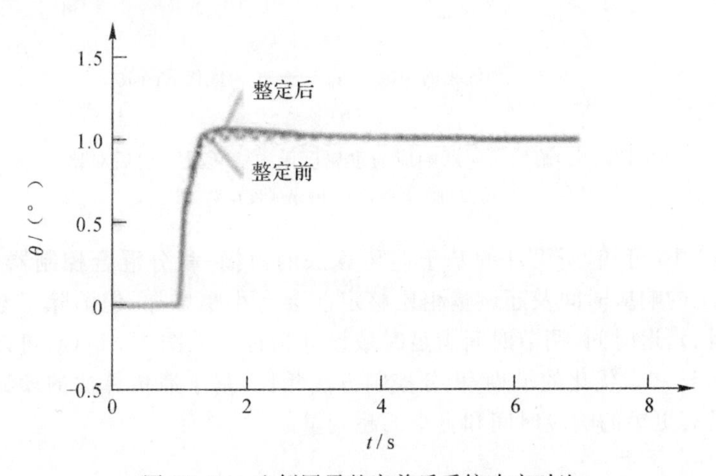

图 12.10　比例因子整定前后系统响应对比

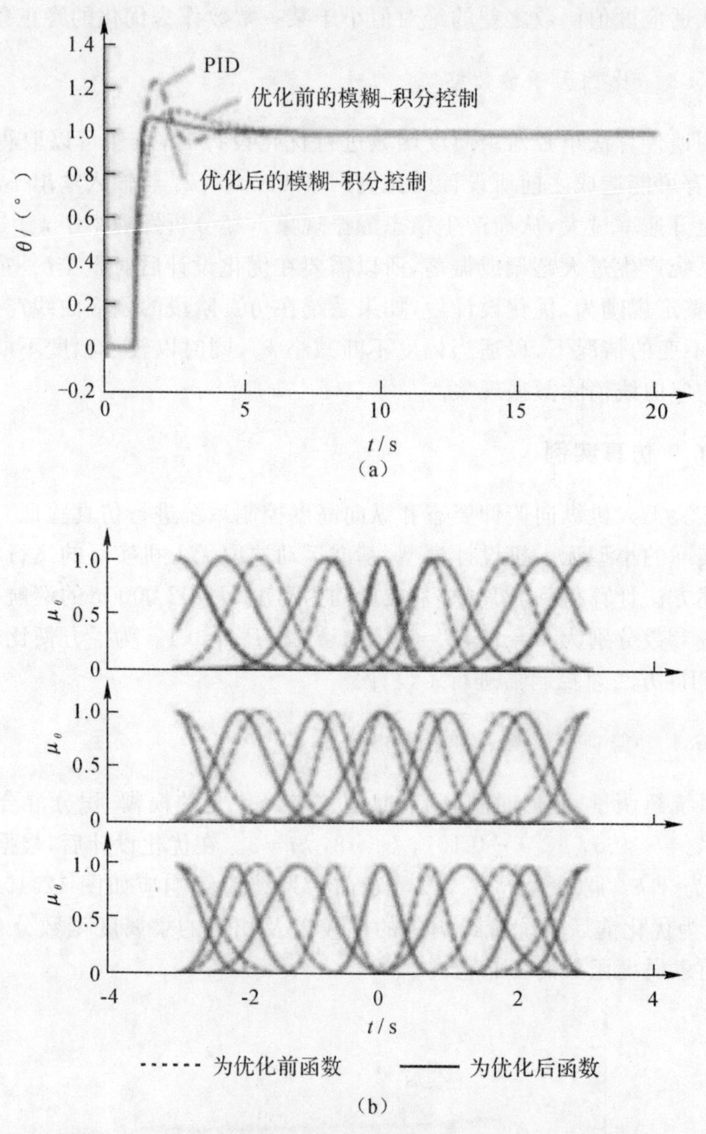

图 12.11 俯仰角阶跃响应与隶属度函数优化设计前后对比

(a)俯仰角阶跃响应；(b)隶属度函数

由图 12.10 可知，所设计的基于遗传算法的模糊-积分混合控制器经过整定后，虽然系统的响应时间及超调量相比整定前会有小幅增加，但消除了颤振现象。系统超调量、延迟时间、调节时间满足时域设计指标。从图 12.11(a)可以看出，与传统 PID 方法和未优化的模糊-积分控制方法相比，基于遗传算法的模糊-积分混合控制器具有更短的响应时间和更小的超调量。

一般情况下，在误差 e 较小时，应该加大 $\widetilde{E}_c$ 对输出的影响并减弱 $\widetilde{E}$ 对输出的影响，以提高系统稳定性；而在误差 e 较大时，应该减弱 $\widetilde{E}_c$ 对输出的影响，以提高系统的响应速度。从图 12.11(b)中可以看出，误差的 ZO 的隶属度函数方差减小，误差变化率的 ZO 的隶属度函数方差变大，而误差变化率的 NB 的隶属度函数方差变小，与理论分析相吻合。

12.2.6.2　俯仰高度保持/控制模态仿真

在不改变已设计完成的俯仰角保持/控制系统的基础上，应用所提出的方法对高度控制器进行设计，规定系统超调量、延迟时间、调节时间。模糊-积分混合控制器参数为 $k_e=-3$，$k_{ec}=-0.2$，$k_u=1$，$k_I=0.2$。仿真对比结果如图 12.12 所示。

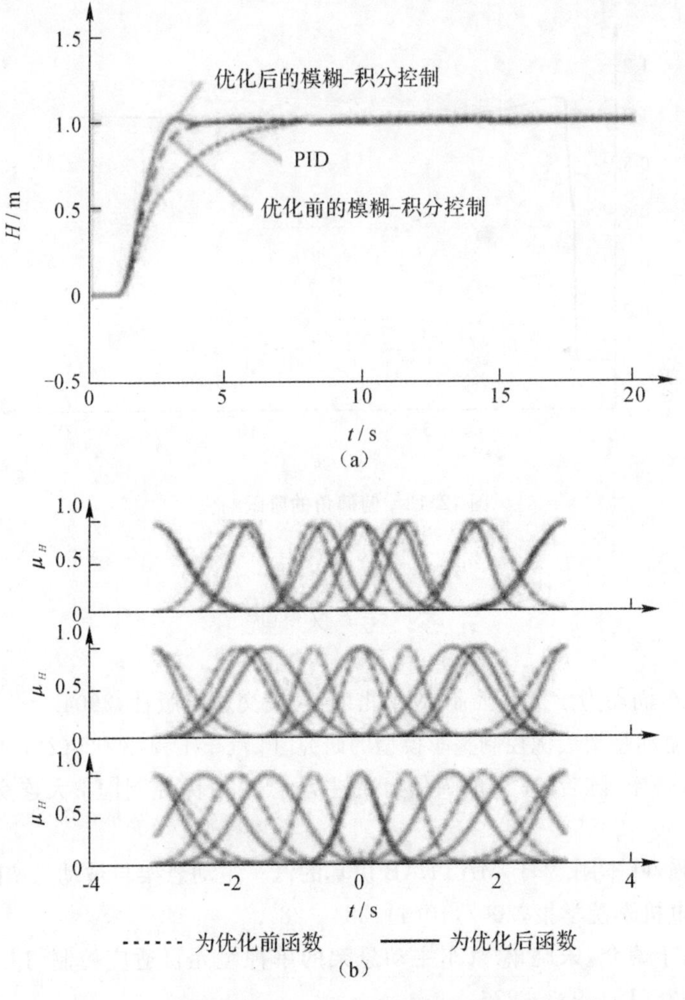

图 12.12　高度阶跃响应与隶属度函数优化设计前后对比

(a)高度阶跃响应；(b)隶属度函数

系统超调量$\sigma_P = 2.5\%$，延迟时间$t_d = 0.76$ s，调节时间$t_s = 2.07$ s，满足时域设计指标。比较图 12.12 的仿真结果可以发现，本节方法与传统 PID 方法和未优化的模糊-积分控制方法相比大大降低了系统的响应时间，进一步证明了此方法的优越性。

12.2.6.3 鲁棒性检验

为了检验所优化设计的控制系统的鲁棒性，选择高度$H_0 = 200$ m，速度$v_0 = 33$ m/s，$\alpha_0 = 0$ rad，$T_0 = 22$ N 的飞行状态作为基准运动，此时保持上述设计的模糊-积分混合控制器各项参数不变。针对俯仰姿态重新进行仿真，相应的响应曲线如图 12.13 所示。从图中可知，本节针对样例实验无人机所设计的控制器具有良好的鲁棒性。

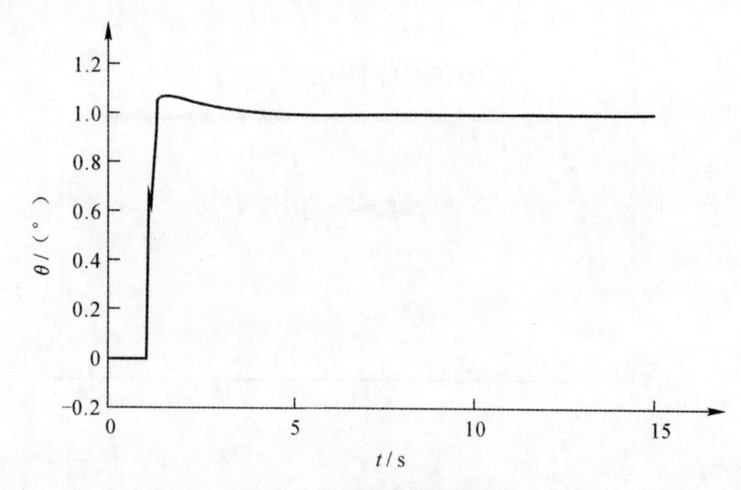

图 12.13 俯仰角的阶跃响应

参考文献

[1] 喻凡.车辆动力学及其控制[M].北京：人民交通出版社，2004.

[2] 董波.主动悬架最优控制整车模型的研究[J].汽车工程，2002，(24)：422-425.

[3] 王辉，高翔，陈吉.基于预瞄信息的主动悬架最优控制[J].大连交通大学学报，2009，(2)：54-57.

[4] 阮观强，叶本刚.基于 MATLAB 仿真的汽车主动悬架与被动悬架的研究[J].上海电机学院学报，2007，10(4)：284-287.

[5] 金耀，于德介，宋晓琳.汽车主动悬架的单神经元自适应控制[J].汽车工程，2006，28(10)：933-936.

[6] 王东,陆森林,陈士安,等.优化 PID 与神经 PID 控制主动悬架的性能对比研究[J].机械设计与制造,2010(10):96 - 98.

[7] 高瑞贞,张京军,赵子月,等.基于改进遗传算法的半主动悬架系统模糊控制优化研究[J].工程力学,2012(1):240 - 248.

[8] 王靖岳,王浩天,张勇.基于模糊 PID 控制的汽车主动悬架研究[J].机械科学与技术,2009,28(8):1047 - 1051.

[9] 刘红光,肖湘,陈士安,等.基于遗传整定的主动悬架模糊 PID 控制设计[J].机械设计与制造,2011(8):32 - 34.

[10] 冀杰,李以农,郑玲.汽车主动悬架几种控制策略的比较研究[J].机械科学与技术,2006,25(6):647 - 650.

[11] GB/T13441.1 — 2007 机械振动与冲击人体暴露于全身振动的评价-第 1 部分:一般要求.

[12] ISO2631. 1 — 1997 Mechanical Vibration and Shock - Evaluation of Human Exposure to Whole - body Vibration - Part 1 : General requirements.

[13] 韦巍,何渐.智能控制系统[M].北京:清华大学出版社,2008.

[14] Cohcn K, Bosscrt D. Fuzzy Logic Non - minimum Phase Autopilot Dcsign [C]//Procccdings of AIAA Guidancc, Navigation, and Control Confcrence and Exhibit. Aus tin, Tcxas, USA: AIAA, 2003: 11 - 14.

[15] 秦世引,陈锋,张永飞.小型无人机纵向姿态模糊自适应 PID 控制与仿真[J].智能系统学报,2008,3 (2):121 - 128.

[16] 孙逊,章卫国,尹伟,等.基于粒子群优化算法的模糊飞行控制器设计[J].弹箭与制导学报,2007,27 (2):132 - 133.

[17] 寿振平,陈万春,张曙光,航空飞行器飞行动力学[M].北京:北京航空航天大学出版社,2005.

[18] Halaas D J, Bicniawski S R. Guidance&control of Micro Air Vchiclcs: Rapid Prototyping&Flight Test[C]// Procccdings of AIAA Guidancc, Navigation, and Control Confcrencc. Toronto, Canada: AIAA, 2010: 2 - 5.

[19] 章卫国,杨向忠,模糊控制理论与应用[M].西安:西北工业大学出版社,2000.

[20] 桑楠,白玉,李玉芳.基于遗传算法的汽车主动悬架控制器优化设计[J].机械科学与技术,2013,32(9):1400 - 1404.

[21] 唐胜景,宋祥,郭杰,等.基于遗传算法的无人机模糊-积分控制器设计[J].北京理工大学学报,2013,33(12):1274 - 1278.

第13章　遗传算法在电力系统优化中的应用

13.1　基于多种群遗传算法的电力系统多目标优化

13.1.1　问题描述

经济负荷分配是在系统的机组功率范围内，满足系统运行约束的条件下，根据负荷需求调节合理分配系统功率使发电成本及其污染排放量达到最小[1-4]。经济负荷分配问题是一个非线性、高维的复杂优化问题，研究此问题有助于国家节能减排，带来巨大的经济效益。目前，在人工智能算法研究领域，国内外许多学者对此问题进行了较多研究[5-7]。单目标优化分配方法能满足稳定工况时发电成本最低，但未考虑负荷随机性的影响。电力市场的发展要求发电成本最低的同时要求考虑到环境问题，很多学者研究负荷分配多目标优化问题[7-9]。

传统多目标通过固定权重法、模糊隶属函数法等计算，将多目标问题转化为单目标问题并求解[8-10]。本节提出改进后的多种群遗传算法（Multi－Population Genetic Algorithm，MPGA）去解决负荷分配多目标优化问题。通过引入移民策略和精英策略的多种群遗传算法，提高全局搜索范围，克服遗传算法易早熟、不易捕捉全局最优解的缺陷，加快收敛速度，更快地找到全局最优解，提高寻优效率。同时，本节采用交互式多目标处理方法，设置综合评价函数，将多目标函数转化为单目标函数进行计算。最后通过对一个含有6台机组的电力系统算例进行仿真，验证本节所提出的多种群遗传算法结合交互式多目标处理方法在处理经济负荷分配问题上的有效性，其结果更能体现决策者的主观愿望。

13.1.2　电力系统经济负荷分配问题数学模型

13.1.2.1　目标函数

(1)经济负荷分配问题主要就是发电机耗量特性，即

$$\min F_1 = \sum_{i=1}^{N} f_i(P_i) \tag{13.1}$$

式中，F_1 为总耗量成本；P_i 为第 i 台机组的有功功率；N 为发电机的台数；f_i 为机组 i 的耗量成本特征系数。

汽轮机进气阀突然开启时出现的拔丝现象会在机组的耗量曲线上叠加1个脉动的效果，忽略它会影响求解精度[11]，考虑阈点效应后耗量特性为

$$F_1(P_i)=a_i+b_iP_i+c_iP_i^2+|e_i\sin[P_i^{\min}-P_i]| \tag{13.2}$$

式中，a_i，b_i，c_i，e_i 分别为机组 i 的耗量成本特征系数；$P_i^{\min}$ 为机组 i 的有功功率下限。

(2) 从电网运行的节能环保角度考虑，应使发电机组在生产过程中产生的各种污染气体如 SO_x，CO_2 等的排放量达到最小，即

$$\min F_2=\sum_{i=1}^{N}(\alpha_i+\beta_iP_i+\gamma_iP_i^2) \tag{13.3}$$

式中，α_i，β_i，γ_i 分别为第 i 台发电机的污染气体排放系数。

13.1.2.2　需满足的约束条件

(1) 发电机组功率上下限约束为

$$P_i^{\min}\leqslant P_i\leqslant P_i^{\max} \tag{13.4}$$

式中，$P_i^{\max}$ 为机组 i 的最大有功功率。

(2) 系统功率平衡约束为

$$P_{G,i}-P_{D,i}-V_i\sum_{j\in N_i}V_j(G_{ij}\cos\theta_{ij}+B_{ij}\sin\theta_{ij})=0 \tag{13.5}$$

$$Q_{G,i}-Q_{D,i}-V_i\sum_{j\in N_i}V_j(G_{ij}\sin\theta_{ij}+B_{ij}\cos\theta_{ij})=0 \tag{13.6}$$

式中，$P_{G,i}$ 和 $Q_{G,i}$、$P_{D,i}$ 和 $Q_{D,i}$ 分别为节点 i 注入的有功和无功功率、负荷的有功和无功功率；V_i 为节点 i 的电压幅值；G_{ij} 和 B_{ij} 分别为节点 i 和节点 j 的互电导和互电纳；V_j 为支路 j 的电压幅值；θ_{ij} 为节点 i 和节点 j 之间电压的相角差。

(3) 备用约束为

$$\sum_{i=1}^{N}P_i^{\max}-P_D-P_{loss}-S_R\geqslant 0 \tag{13.7}$$

式中，S_R 为调度时段系统总备用容量；P_D 为负荷的总有功功率；P_{loss} 为总的功率损失。

13.1.3　多种群遗传算法

遗传算法是模拟生命进化机制进行搜索的并行计算优化算法。对需要全局优化和函数难于进行解析处理的问题，GA 中的随机过程能在解空间中更广泛地搜索全局最优解，具有较好的鲁棒性，适合求解计算大规模离散性、非线性问题。

针对遗传算法容易早熟、在求解大规模非线性问题时易陷入局部最优解的问题，本节采用改进的多种群遗传算法对经济负荷分配问题进行求解。在多种群遗传算法中引入精英算子和移民算子，能实现对多个种群协同优化，并对每个种群赋予不同的参数实现不同的搜索。种群间通过移民算子实现进化过程中信息的交换，移民算子将进化过程源种群中最优个体替换到目标种群中的最劣个体。最后人工选择算子将进化过程中每一代种群中的最优个体保存至精华种群。算法通过人工选择算子将精华种群中保存的最优个体最少保持代数作为收敛依据。改进后的多种群遗传算法实现多个种群的协同进化，在更广阔的解空间寻求最优解。

13.1.4 多目标处理方法

13.1.4.1 多目标优化模型

多目标优化问题的数学模型为

$$\left.\begin{aligned}&\min F(x)=\min[f_1(x),\ f_2(x),\ f_3(x),\ \cdots]\\&\text{s.t. } g_j(\boldsymbol{x})\leqslant 0,\quad j=1,2,\cdots,p\\&h_k(\boldsymbol{x})=0,\quad k=1,2,\cdots,q\end{aligned}\right\}\tag{13.8}$$

式中，$\boldsymbol{x}$ 为决策变量，$\boldsymbol{x}=[x_1\quad x_2\quad \cdots\quad x_n]\in D$，$D$ 为决策变量的变化范围；$g_j(\boldsymbol{x})\leqslant 0$ 为不等式约束；$h_k(\boldsymbol{x})=0$ 为等式约束。

13.1.4.2 多目标处理方法

在处理多目标优化问题时，各目标之间存在冲突，较难以协调。基于交互式的多目标处理方法，能在满足各单目标的基础上协调好多目标之间的关系。因此，本文采用交互式的多目标处理方法。考虑多目标优化问题，其模型为

$$\left.\begin{aligned}&\max f(\boldsymbol{x})=(f_1(\boldsymbol{x}),f_2(\boldsymbol{x}),\cdots,f_m(\boldsymbol{x}))\\&\min g(\boldsymbol{x})=(g_1(\boldsymbol{x}),g_2(\boldsymbol{x}),\cdots,g_n(\boldsymbol{x}))\\&\text{s.t.}\quad \boldsymbol{x}\in X\end{aligned}\right\}\tag{13.9}$$

式中，X 为决策向量的约束集；$f_p(\boldsymbol{x})$ 为效益型目标函数，$p=1,2,\cdots,m$；$g_q(\boldsymbol{x})$ 为成本型目标函数，$q=1,2,\cdots,n$；m 和 n 分别为效益型和成本型目标函数的个数。

13.1.4.3 综合评价函数

1. 单目标满意度

采用满意度评价函数来体现决策者的满意度。为便于比较，对各个目标函数进行相应的处理。记 $\max f_p(\boldsymbol{x})$，$\min f_p(\boldsymbol{x})$ 分别为 $f_p(\boldsymbol{x})$ 在约束集 X 上的最优解和最劣解；$\max g_q(\boldsymbol{x})$，$\min g_q(\boldsymbol{x})$ 分别为 $g_q(\boldsymbol{x})$ 在约束集 X 上的最优解和最劣解。则称 $\rho(f_p(\boldsymbol{x}))$，$\rho(g_q(\boldsymbol{x}))$ 为各个单目标的满意度函数，即

$$\left.\begin{aligned}\rho(f_p(\boldsymbol{x}))&=\frac{f_p(\boldsymbol{x})-\min f_p(\boldsymbol{x})}{\max f_p(\boldsymbol{x})-\min f_p(\boldsymbol{x})}\\\rho(g_q(\boldsymbol{x}))&=\frac{\max g_q(\boldsymbol{x})-g_q(\boldsymbol{x})}{\max g_q(\boldsymbol{x})-\min g_q(\boldsymbol{x})}\end{aligned}\right\}\tag{13.10}$$

显然，$\max\rho(f_p(\boldsymbol{x}))=1$，$\min\rho(f_p(\boldsymbol{x}))=0$，$\max\rho(g_q(\boldsymbol{x}))=1$，$\min\rho(g_q(\boldsymbol{x}))=0$。则多目标优化问题可转化为规范化的多目标优化问题，即

$$\left.\begin{aligned}&\max\rho(\boldsymbol{x})\\&\text{s.t.}\quad \boldsymbol{x}\in X\end{aligned}\right\}\tag{13.11}$$

令 $\rho(\boldsymbol{x})$ 为综合目标评价函数，则

$$\rho(\boldsymbol{x})=\begin{bmatrix}\rho(f_1(\boldsymbol{x})) & \rho(f_2(\boldsymbol{x})) & \cdots & \rho(f_m(\boldsymbol{x}))\\ \rho(g_1(\boldsymbol{x})) & \rho(g_2(\boldsymbol{x})) & \cdots & \rho(g_n(\boldsymbol{x}))\end{bmatrix}^{\mathrm{T}} \tag{13.12}$$

2. 综合评价函数

构造一个协调各目标函数的综合评价函数，使多目标问题转化为单目标问题。记 $\rho^*(f_p(\boldsymbol{x}))$，$\rho^*(g_q(\boldsymbol{x}))$ 分别为各目标函数满意度理想值，其最理想值为 1。则 $\rho(\boldsymbol{x})$ 的理想目标点为

$$\rho^*(\boldsymbol{x})=\begin{bmatrix}\rho^*(f_1(\boldsymbol{x})) & \rho^*(f_2(\boldsymbol{x})) & \cdots & \rho^*(f_m(\boldsymbol{x}))\\ \rho^*(g_1(\boldsymbol{x})) & \rho^*(g_2(\boldsymbol{x})) & \cdots & \rho^*(g_n(\boldsymbol{x}))\end{bmatrix}^{\mathrm{T}} \tag{13.13}$$

设在约束集 X 上找到一个决策向量值 $\boldsymbol{x}^*$，其对应的综合目标函数值为 $\rho(\boldsymbol{x}^*)$，要使得它离理想目标点 $\rho(\boldsymbol{x}^*)$ 最近，则“欧氏距离”综合评价函数为

$$d(\boldsymbol{x})=\|\rho(\boldsymbol{x})-\rho^*(\boldsymbol{x})\| \tag{13.14}$$

式中，$\|\cdot\|$ 为向量空间中的某种距离。则 $d(\boldsymbol{x})$ 称为总体协调后的综合评价函数，即

$$d(\boldsymbol{x})=\left\{\sum_{i=1}^{m}[\rho(f_i(\boldsymbol{x}))-\rho^*(f_i(\boldsymbol{x}))]^2+\sum_{j=1}^{n}[\rho(g_j(\boldsymbol{x}))-\rho^*(g_j(\boldsymbol{x}))]^2\right\}^{1/2} \tag{13.15}$$

13.1.5　实例计算和分析

13.1.5.1　多种群遗传算法流程

对于电力系统经济负荷分配问题，在此提出改进后的多种群遗传算法流程，如图 13.1 所示。

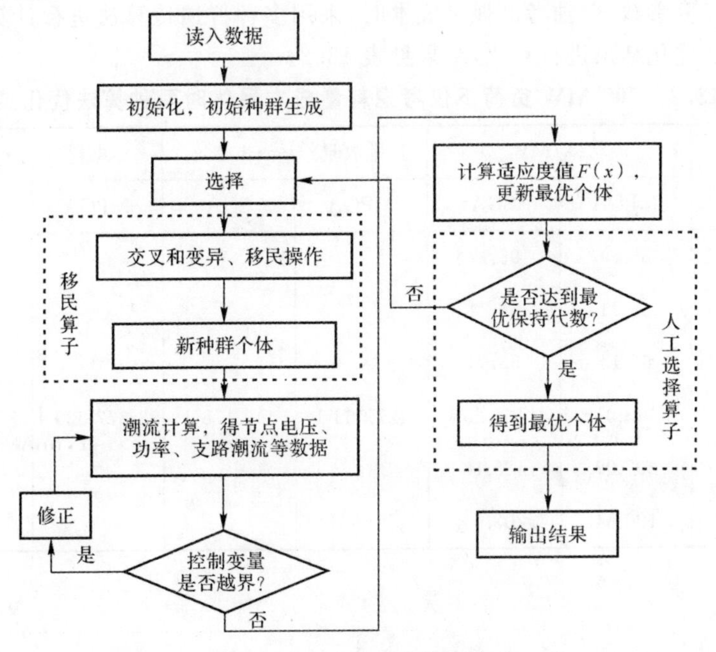

图 13.1　多种群遗传算法流程

13.1.5.2 算例仿真

本节采用交互式多种群遗传算法,以标准 IEEE30 节点系统为算例,并将其与标准遗传算法作对比。其含 6 个发电机组的电力系统[13],其系统总负荷为 700 MW,系统的线路和节点参数见文献[14]。该系统中各发电机组允许的有功功率极限、发电成本特性系数和排放特性系数见表 13.1。

表 13.1 发电机组参数

机组/MW	有功功率极限		排放特性系数					发电成本特性系数		
	$\frac{P_i^{\min}}{MW}$	$\frac{P_i^{\max}}{MW}$	$\frac{a_i}{kg \cdot MW}$	$\frac{b_i}{kg \cdot (MW \cdot h)^{-1}}$	$\frac{c_i}{kg \cdot (MW \cdot h)^{-2}}$	$\frac{e_i}{kg \cdot MW}$	$\frac{f_i}{kg \cdot (MW \cdot h)^{-1}}$	$\frac{\alpha_i}{元 \cdot h^{-1}}$	$\frac{\beta_i}{元 \cdot (MW \cdot h)^{-1}}$	$\frac{\gamma_i}{元 \cdot (MW \cdot h)^{-2}}$
G_1	10	125	756.8	38.54	0.152 0	15	6.283	13.86	0.328	0.004 2
G_2	10	150	451.3	46.16	0.106 0	10	8.976	13.86	0.328	0.004 2
G_3	35	225	1 050.0	40.40	0.028 0	10	14.784	40.27	−0.546	0.006 8
G_4	35	210	1 243.5	38.31	0.035 5	5	20.944	40.27	−0.546	0.006 8
G_5	130	325	1 658.6	36.33	0.021 1	5	25.133	42.90	−0.511	0.004 6
G_6	120	315	1 356.7	38.27	0.018 0	5	18.48	42.90	−0.511	0.004 6

根据以上参数,单独考虑耗量成本时,采用多种群遗传算法进行计算,并与标准遗传算法优化结果进行对比,结果见表 13.2。

表 13.2 700 MW 负荷下仅考虑耗量成本最优时两种算法优化结果

机组	功率/MW		排放量/(kg·h^{-1})		煤耗/(元·h^{-1})	
	MPGA	SGA	MPGA	SGA	MPGA	SGA
G_1	85.69	95.17				
G_2	39.94	36.24				
G_3	62.43	53.60				
G_4	143.01	162.25	427.963 1	440.178 1	38 377.320 1	38 477.680 8
G_5	207.09	185.18				
G_6	196.84	203.95				

单独考虑耗量成本时，采用上述两种算法进行优化，对比结果见表 13.3。

表 13.3　700 MW 负荷下仅考虑排放量最优时两种算法优化结果

机组	功率/MW		排放量/(kg·h^{-1})		煤耗/(元·h^{-1})	
	MPGA	SGA	MPGA	SGA	MPGA	SGA
G_1	83.47	76.83	419.528 8	430.409 6	38 460.298 8	38 776.431 8
G_2	66.45	96.36				
G_3	58.43	53.62				
G_4	138.60	154.63				
G_5	219.07	204.38				
G_6	168.99	150.57				

综合考虑耗量成本和污染物排放控制两个目标，采用交互式处理的改进多种群遗传算法进行计算，并与标准遗传算法计算优化结果进行对比，结果见表 13.4。

表 13.4　700 MW 负荷下综合考虑耗量成本和排放量的两种算法优化结果

机组	功率/MW		排放量/(kg·h^{-1})		煤耗/(元·h^{-1})	
	MPGA	SGA	MPGA	SGA	MPGA	SGA
G_1	85.54	53.79	420.486 5	431.096 8	38 411.493 6	38 596.700 5
G_2	55.59	57.84				
G_3	59.61	68.39				
G_4	140.71	154.97				
G_5	217.60	243.94				
G_6	175.95	157.47				

由表 13.2、表 13.3 可知，采用多种群遗传算法进行优化，其计算结果较为满意。由表 13.4 可知，采用交互式处理的多种群遗传算法进行多目标计算，并与标准遗传算法优化后的结果相比，在发电机组煤耗量、污染气体排放量两个指标上，改进后的多种群遗传算法协调优化的结果较为满意，更能贴近决策者的主观意愿。MPGA，SGA 两种算法优化后机组功率情况如图 13.2 和图 13.3 所示。

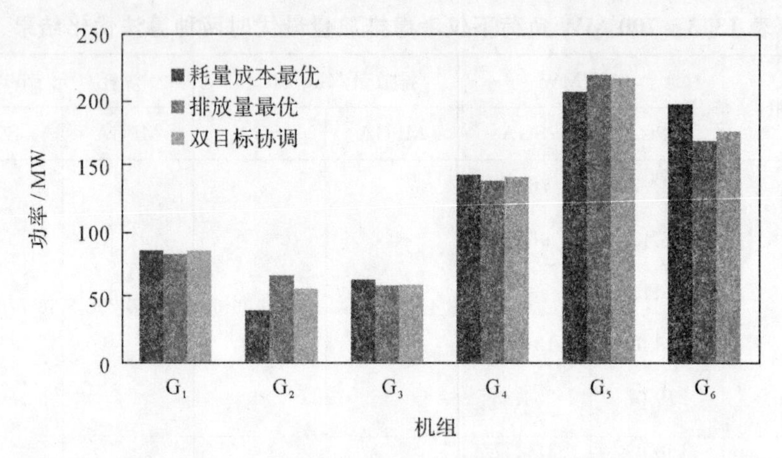

图 13.2 采用 MPGA 单独考虑耗量成本、排放量和综合考虑时机组功率情况

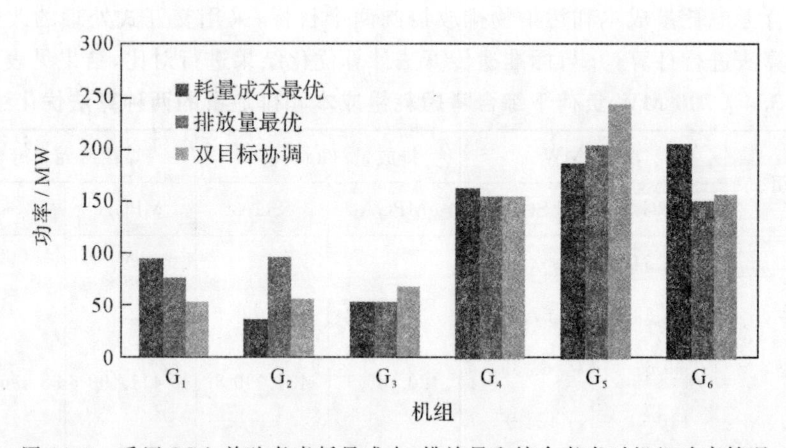

图 13.3 采用 SGA 单独考虑耗量成本、排放量和综合考虑时机组功率情况

在单独考虑排放量和煤耗成本及综合考虑两者这三种情况下，分别采用 MPGA 和 SGA 方法求解模型，其优化结果如图 13.4 所示。由图 13.4 可知，排放量和煤耗成本优化结果均达到最小。

MPGA 和 SGA 的进化过程如图 13.5 和图 13.6 所示。在算法迭代次数上，通过改进后的多种群遗传算法较标准遗传算法迭代次数大为减少。另外，标准遗传算法通过人为规定的迭代次数来终止迭代，可能会造成早熟收敛的问题，而多种群遗传算法利用人工选择算子保存最优个体并以最少保持代数作为算法收敛依据，能在广阔解空间更快、更好地寻求最优解。

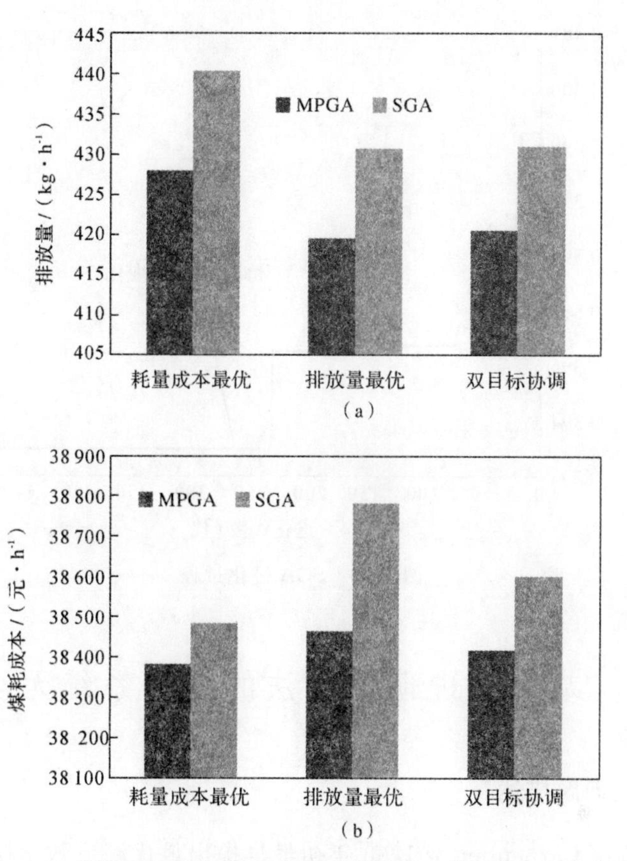

图 13.4　三种情况下 MPGA 和 SGA 对排放量和煤耗成本的优化结果

(a)排放量；(b)煤耗成本

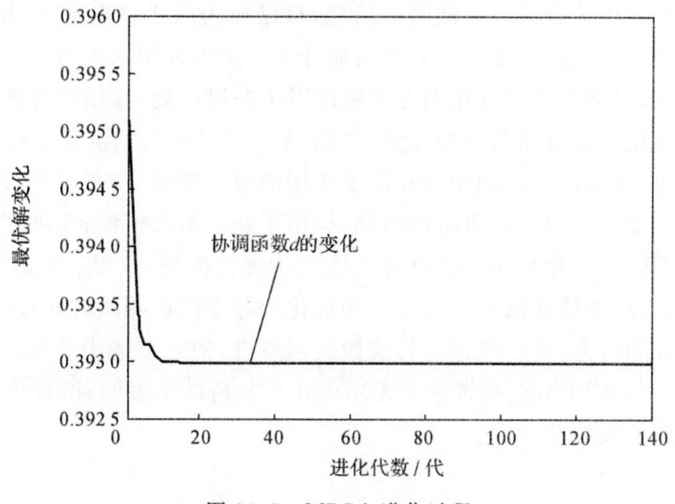

图 13.5　MPGA 进化过程

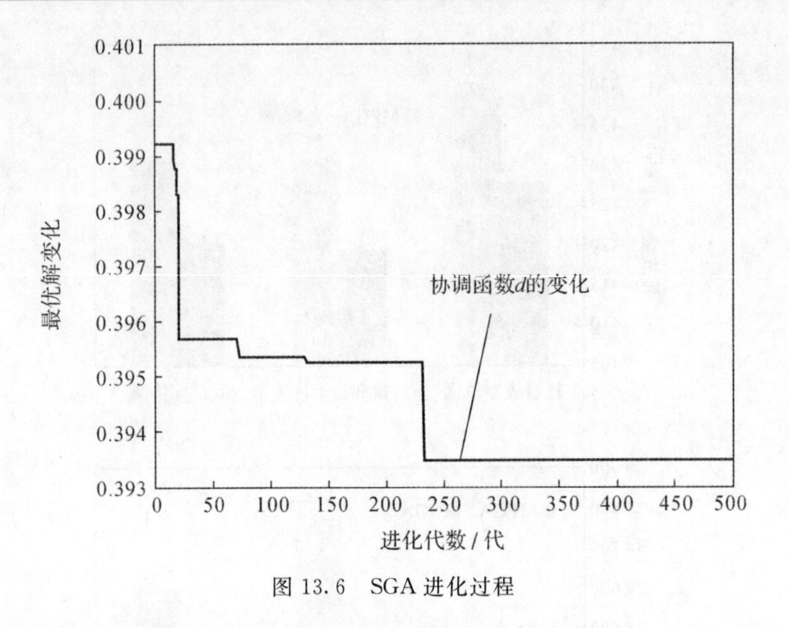

图 13.6　SGA 进化过程

13.2　基于改进遗传算法的电力系统无功优化

13.2.1　问题描述

法国工程师 Carpentier 于 1960 年初最早提出最优潮流数学模型[15]，最优潮流问题可被分解为无功优化问题和有功优化问题两个子问题，可以单独求解。作为最优潮流的重要分支，电力系统的无功优化问题正式得到广泛研究。

电力系统无功优化可以降低网络损耗，且已成为减小供电成本、增加供电量、提高经济效益的突破口。文献[16]全面地分析了国内外学术界对无功优化调度问题的研究现状，归纳了无功优化调度领域的五个关键问题，总结出智能算法和内点算法在无功优化计算方面的独特优势；文献[17－19]研究了包含分布式电源的配电网无功优化，分别从不同的角度提出了实用的解决策略；文献[20－21]阐述了配电网无功优化中含风力发电机组的问题，提出了新的解决模型；文献[22－25]分别使用了多种不同的优化算法解决电力系统无功优化问题；文献[26]选取典型的多目标进化算法，从整体角度对它们在无功优化问题中的应用展开比较研究。

基于现有的研究，对传统遗传算法做适当改进，使之更适用于电力系统无功优化求解，并对 IEEE14 节点系统进行无功优化。分析结果表明，所提模型的有效性和可行性得到了很好的验证。

13.2.2 电力系统无功优化数学模型

13.2.2.1 约束条件

模型以潮流方程、电力电量平衡、发电机端电压、无功补偿容量、可调变压器分接头挡位、发电机无功功率、负荷节点电压和其他安全运行条件为约束，约束条件如下：

$$P_{Gi}=P_{Li}+U_i\sum_{j\in N_i}(G_{ij}\cos\theta_{ij}+B_{ij}\sin\theta_{ij}) \tag{13.16}$$

$$Q_{Gi}+Q_{Ci}-Q_{Ri}=Q_{Li}+U_i\sum_{j\in N_i}U_j(G_{ij}\sin\theta_{ij}-B_{ij}\cos\theta_{ij}) \tag{13.17}$$

$$U_{Gi,\min}\leqslant U_{Gi}\leqslant U_{Gi,\max},\quad i=1,2,\cdots,N_G \tag{13.18}$$

$$Q_{Ri,\min}\leqslant Q_{Ri}\leqslant Q_{Ri,\max},\quad i=1,2,\cdots,N_R \tag{13.19}$$

$$Q_{Ci,\min}\leqslant Q_{Ci}\leqslant Q_{Ci,\max},\quad i=1,2,\cdots,N_C \tag{13.20}$$

$$T_{Ki,\min}\leqslant T_{Ki}\leqslant T_{Ki,\max},\quad i=1,2,\cdots,N_K \tag{13.21}$$

$$Q_{Gi,\min}\leqslant Q_{Gi}\leqslant Q_{Gi,\max},\quad i=1,2,\cdots,N_G \tag{13.22}$$

$$U_{Li,\min}\leqslant U_{Li}\leqslant U_{Li,\max},\quad i=1,2,\cdots,N_L \tag{13.23}$$

式中，下标 G,L,R,C 和 K 分别代表发电机、负荷、感性无功、容性无功和变压器分接头；N_G，N_L，N_R，N_C 和 N_K 分别代表发电机节点、负荷节点、感性无功补偿设备、容性无功补偿设备和可调变压器分接头的个数；P_G 和 Q_G 为发电机有功和无功功率；P_L 和 Q_L 为负荷有功和无功功率；U_G 和 U_L 为发电机和负荷节点电压幅值；Q_R 和 Q_C 为感性和容性无功补偿设备的容量；T_K 为可调变压器分接头挡位的位置。

式(13.16) 和式(13.17) 为潮流平衡方程；式(13.18) 和式(13.23) 为发电机和负荷节点电压约束；式(13.19) 和式(13.20) 为感性和容性无功补偿设备的容量约束；式(13.21) 为可调变压器分接头挡位的位置约束；式(13.22) 为发电机无功功率约束。

13.2.2.2 目标函数

考虑到发电机无功功率越限值最小、发电机有功功率最小、节点电压偏差最小、无功补偿设备容量和投资最小，可构造综合效益最优的目标函数如下：

$$\max F=F_{\text{econ}}-F_{\text{over}} \tag{13.24}$$

$$F_{\text{econ}}=\frac{Y\tau_{\max}C_1(P_{\text{ori}}-P_{\text{opt}})-C_2Q_R-C_3Q_C}{Y\tau_{\max}C_1P_{\text{ori}}} \tag{13.25}$$

式中，P_{ori} 为电力系统总有功功率；P_{opt} 为电力系统总有功功率损失。

$$F_{\text{over}} = \lambda_1 \sum_{i \in N_L} \left(\frac{\Delta U_{Li}}{U_{Li,\max} - U_{Li,\min}} \right)^2 + \lambda_2 \sum_{k \in N_G} \left(\frac{\Delta Q_{Gk}}{Q_{Gk,\max} - Q_{Gk,\min}} \right)^2 \tag{13.26}$$

$$\Delta U_{Li} = \begin{cases} U_{Li} - U_{Li,\max}, & U_{Li} > U_{Li,\max} \\ 0, & U_{Li,\min} < U_{Li} < U_{Li,\max} \\ U_{Li,\min} - U_{Li}, & U_{Li} < U_{Li,\min} \end{cases} \tag{13.27}$$

式中，F_{econ} 和 F_{over} 分别代表控制变量越限的罚函数和经济收益抵偿函数；λ_1 和 λ_2 分别代表负荷节点电压越限罚因子和发电机节点无功功率越限罚因子；Y 代表最大投资回收年限；$\tau_{\max}$ 代表年最大负荷利用小时数；C_1，C_2 和 C_3 分别代表电价、单位电抗器价格和单位电容器价格。

13.2.3　遗传算法的改进

针对某一具体问题的某项目标，采用适应度值函数作为评价依据，从初始种群开始，通过随机选择、交叉和变异等遗传操作，将优化趋势逐代持续，直至搜索到全局最优解。

13.2.3.1　十进制整数编码

现有遗传算法普遍采用二进制编码，遗传操作直观，与无功优化问题控制变量的离散性相适应。但是，二进制编码占用内存空间大，计算速度慢，编码和解码时间长，还会产生无效解。二进制编码的变异是简单的取反操作，但经常因为海明悬崖的问题使控制变量突变太大而影响算法的局部搜索能力和收敛稳定性。

采用十进制整数编码，将不同类型的控制变量进行相对独立的编码，从而使遗传算法的任何一个解都由包含不同信息的若干条子染色体构成。这种策略对于控制变量多而且类型复杂、取值范围差别大的无功优化问题非常适合，所有的遗传操作均在对应的子染色体上进行，避免解的不可行问题。

整数编码是指将原问题的解空间先映射到十进制整数串空间上，然后在整数串空间上进行交叉和变异，最后再通过解码过程还原成其表现型以进行适应度值评估。整数编码完全适用于控制变量的离散性问题，每个控制变量只需 1 位整数基因来表达，码串长度大大减小，所占内存空间小，进行遗传操作效率提高 4 倍左右，解码也比二进制编码简单。

由于发电机端电压在控制中心取离散值，所以无功补偿设备投入组数、变压器分接头挡位和发电机端电压都统一使用十进制整数编码，即

$$\boldsymbol{X} = [N_R \quad N_C \quad N_K \quad N_G] \tag{13.28}$$

不难推出对应的解码，即

$$\delta = N_{\text{now}}(\delta_{\max} - \delta_{\min})/N + \delta_{\min} \tag{13.29}$$

式中，δ，$\delta_{\max}$ 和 $\delta_{\min}$ 分别代表变量实际值、上限值和下限值；N_{now} 和 N 分别代表变量当前状态数和总状态数。

13.2.3.2　选择算子及适应度值函数设计

不同的选择方法对遗传算法的收敛有一定影响，收敛代数与选择强度成反比。较高选择强度虽然能明显提高适应度值，加速收敛，但太高会导致收敛太快，解的质量差。

在遗传算法前期采用赌轮法，既保留了赌轮法以较大概率选择高适应度值个体的优点，保证了种群在算法前期不断进化，又利用了其有一定随机性的特点，防止了优秀个体在种群中的迅速扩散，也避免了算法结果的严重震荡，有利于全局搜索。后期种群趋于收敛，适应度值相差不大，依据适应度值来分配的赌轮法已变为盲目搜索，因此采用锦标赛法。整个算法过程中，都采用精英保留策略，这在算法前期能在理论上保证全局收敛。

前期采用赌轮法时，适应度值函数采用线性变换，即

$$f' = \alpha f + \beta \tag{13.30}$$

其中：

$$\alpha = \frac{f_{avg}}{f_{max} - f_{min}},\ \beta = \frac{-f_{avg} f_{min}}{f_{max} - f_{min}} \tag{13.31}$$

式中，f_{avg}，f_{max} 和 f_{min} 分别代表种群的平均适应度值、最大适应度值和最小适应度值；f 和 f' 分别代表个体原始适应度值和变换适应度值。

后期采用锦标赛法时，适应度值函数即目标函数。

13.2.3.3　自适应调整交叉／变异概率

采用基于 Sigmoid 函数的自适应调整交叉／变异概率调节方法，即

$$P_c = \begin{cases} P_{cmin} + \dfrac{P_{cmax} - P_{cmin}}{1 + \exp\left(20 \times \dfrac{f' - (f_{avg} + f_{max})/2}{f_{max} - f_{avg}}\right)}, & f' \geqslant f_{avg} \\ P_{cmax}, & f' < f_{avg} \end{cases} \tag{13.32}$$

式中，P_{cmin} 和 P_{cmax} 分别代表交叉概率取值的下限值和上限值。

13.2.4　算例分析

13.2.4.1　收敛性统计分析

在 IEEE14 节点系统上进行 500 次的无功优化计算，验证所提模型的有效性。参数设置如下：最大世代数 100，精英遗传最大代数 10；交叉概率 0.9，变异概率 0.05，最小交叉概率 0.5，最大交叉概率 0.9，最小变异概率 0.01，最大变异概率 0.09；最大投资回收年限 10 年，电价 0.044 万元/(MW・h)，最大负荷利用小时数 3 200 h，单位电容/电抗价格 5 万元/MVar；电压越限罚因子 0.2，无功越限罚因子

0.1;发电机端电压上下限及挡位 1.1/0.9/21,无功补偿设备上下限及挡位 0.5/−0.1/21,变压器变比上下限及挡位 1.1/0.9/9,电压质量上下限 1.05/0.95。统计分析的网损下降率直方图如图 13.7 所示,收敛代数直方图如图 13.8 所示。

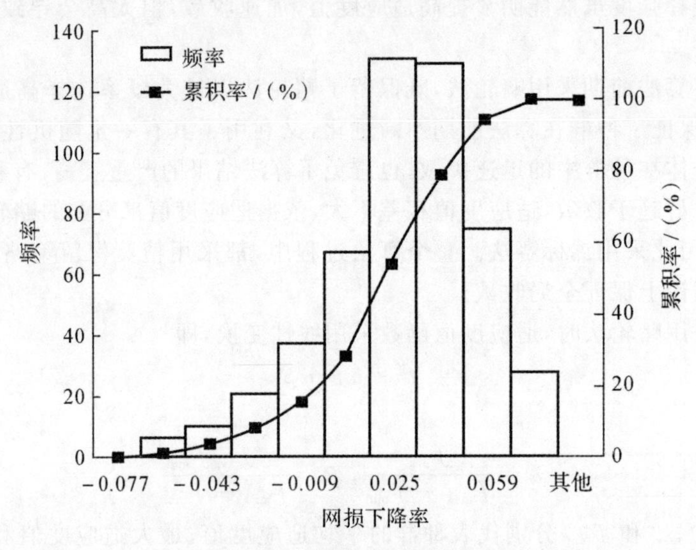

图 13.7 网损下降率直方图

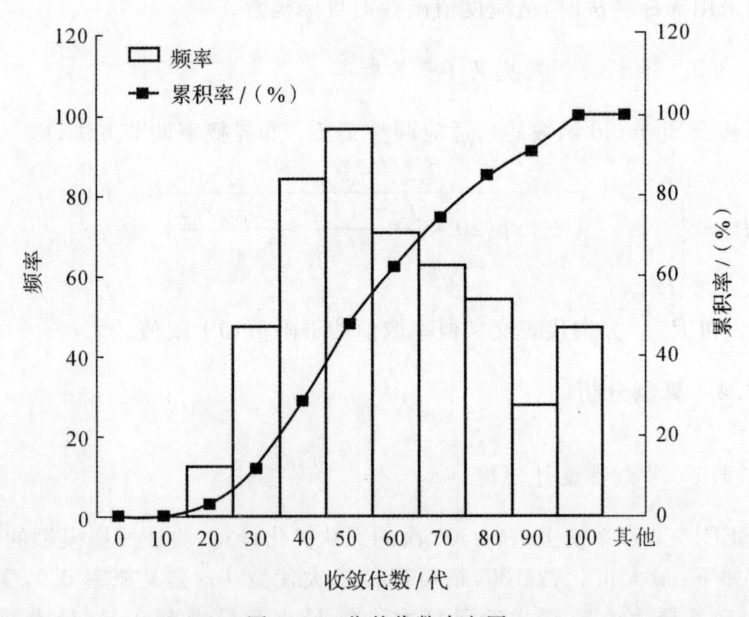

图 13.8 收敛代数直方图

由于统计的样本足够多,可近似将直方图中的频率视为概率。根据图 13.7 和

图 13.8 可知，算法收敛于 70 代以前的概率为 70%～80%，优化后的网损较初始的网损小的概率超过 80%，即算法能以超过 80%的概率改善系统的网损率；平均网损下降率为 2%，最大网损下降率为 7.53%，电压越限和无功越限都较少。优化结果统计见表 13.5。

表 13.5　优化结果统计

项目	平均值	最大值	最小值
最优适应度值	1.000	1.021	0.921
最优网损/MW	13.114	14.423	12.384
网损下降率/(%)	2.09	7.53	−7.69
电压越限母线数/条	1.9	6.0	0.0
电压越限总量/MVar	0.035	0.121	0.000
无功越限母线数/条	1.1	3.0	0.0
无功越限总量/MVar	15.225	51.475	0.000
收敛代数	55.4	100.0	14.0
最优个体出现代数	45.716	100	4
耗时/s	3.392	6.407	0.879

13.2.4.2　最佳优化结果分析

500 次的无功优化试验的最佳优化结果见表 13.6。从表 13.6 可以看出，优化潮流较初始潮流的有功网损显著下降，电压越限母线数减少了 5 条，电压越限量也有所下降，年支出下降 100 多万元，经济效益可观。遗传算法收敛图如图 13.9 所示。从图 13.9 可以看出，平均适应度值在不断改善，种群不断进化，这说明算法一直在朝着更优解的方向搜索。表 13.6 给出的优化结果就是全局最优解。

表 13.6　优化前后重要数据比较

潮流	网损/MW	电压越限母线数/条	电压越限量/MVar	无功越限母线数/条	无功越限量/MVar	补偿容量/MVar	支出/万元·年$^{-1}$
初始潮流	13.39	9	0.100 9	0	0	0	1 881
优化潮流	12.38	4	0.094 2	0	0	0.95	1 744

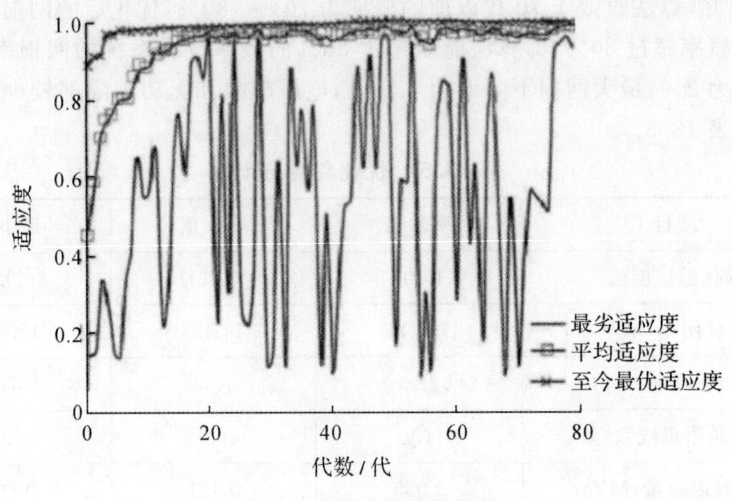

图 13.9 遗传算法收敛图

13.3 基于自适应量子遗传算法的电力系统机组组合优化

13.3.1 问题描述

节能减排发电调度[27]要求在电力系统安全稳定运行和连续供电的前提下，最大限度地减少能源和资源的消耗，以及污染物的排放。其中，机组组合优化是编制短期发电计划首先要解决的问题，是整个发电计划的基础。火电机组组合调度问题(Unit Commitment Problem，UCP)是指在满足大量运行约束下在某一特定时间内安排机组运行状态来满足预测的负荷需求，使其达到某些目标[28]。由于UCP是NP-hard问题及其经济重要性，一直以来都是电力生产企业重点关注的问题。传统的确定性算法有优先权(PL)方法、动态规划(DP)、混合整数规划、分支定界算法和拉格朗日松弛法，这些方法在求解过程中或多或少都存在一些缺点，得不到十分理想的结果[29]。

现代的智能优化方法如遗传算法、人工神经网络、粒子群算法、蚁群算法和量子进化算法[30-35]等，为解决UCP提供了较好的方法，因此得到了广泛应用。其中，量子遗传算法(Quantum Genetic Algorithm，QGA)结合了量子计算和遗传算法的优点，得到了较多学者的关注和研究。

但这些文献有很多相似之处，一是采用二进制编码方式，用0-1表示发电机组的运行状态，将所有机组的运行状态编码串接起来作为种群中的一个个体，编码规模大，影响算法效率；二是量子旋转角根据表格查询，根据问题不同有所区别，没有规则可循。

本节研究的火力发电机组组合问题以最小标准煤耗为优化目标，考虑机组自身约束和基本系统约束，提出了自适应量子遗传算法(Adaptive Quantum Genetic Algorithm，AQGA)求解该模型。对个体进行量子编码，缩短编码长度；采用量子旋转门作为遗传的进化操作，定义了针对个体适应度值和进化代数的自适应量子旋转角，使个体向更好的解靠近；采用改进的随机窗口变异操作。最后，在仿真实验中改变各参数，分析和总结了其对算法求解机组组合问题性能的影响，并验证了算法的有效性。

13.3.2　机组组合问题的数学模型

本节研究的机组组合优化问题就是在一定的约束条件下求得目标函数的极小值，这是一个有整数变量、连续变量及非线性函数的混合整数非线性规划问题。

13.3.2.1　目标函数

要求系统在 T 时段内各机组的总发电成本为最低。总发电成本包括发电机组运行耗能成本和启动耗能成本(煤耗成本)。目标函数可写为

$$\min F(U_{it},P_{it})=\sum_{t=1}^{T}\sum_{i=1}^{N}[U_{it}F_i(P_{it})+U_{it}(1-U_{i(t-1)})S_i] \tag{13.33}$$

式中，T 为机组调度总周期，将其分为 t 个时段；N 为机组或等效机组台数；U_{it} 为机组 i 在 t 时段运行状态变量，$U_{it}=0$ 表示运行；P_{it} 为机组 i 在 t 时段的功率变量，MW；$F_i(P_{it})$ 为机组 i 的运行耗能，t/h；S_i 为机组 i 的启动耗能，它与停机时间的长短有关，t/h。

式(13.33)中发电机组的燃料费用采用二次函数形式表示为

$$F_i=aP_{it}^2+bP_{it}+c \tag{13.34}$$

式中，a 为发电机组 i 成本函数中二次项，t/(MW^2·h)；b 为发电机组 i 成本函数中一次项，t/(MW·h)；c 为发电机组 i 成本函数中常数项系数，t/h。

13.3.2.2　约束条件

(1) 功率平衡约束条件为

$$\sum_{i=1}^{N}P_{it}=P_{Dt},\ t=1,2,3,\cdots,T \tag{13.35}$$

式中，P_{Dt} 为 t 时刻系统中的总负荷，MW。

式(13.35)表示任何时段电力负荷之和必须等于发电机发电功率之和。

(2) 机组容量约束条件为

$$P_{i\min} \leqslant P_{it} \leqslant P_{i\max}, i=1,2,3,\cdots,N \tag{13.36}$$

式中,$P_{i\min}$ 为机组 i 发电能力下限;$P_{i\max}$ 为机组 i 发电能力上限。

(3) 机组启停次数约束条件为

$$\sum_{t=1}^{T} |U_{it} - U_{i(t-1)}| \leqslant M, i=1,2,3,\cdots,N \tag{13.37}$$

式中,M 为机组启停的次数,机组不能频繁地启停。

(4) 机组最小连续停运和连续运行小时数约束条件为

$$(U_{it} - U_{i(t-1)}) \sum_{j=t-T_1}^{t-1} (1-U_{ij}) \geqslant T_1, i=1,2,3,\cdots,N \tag{13.38}$$

$$(U_{it} - U_{i(t-1)}) \sum_{j=t-T_2}^{t-1} (1-U_{ij}) \geqslant T_2, i=1,2,3,\cdots,N \tag{13.39}$$

式中,T_1,T_2 为每台机组的最小连续停运和连续运行小时数。

13.3.3 求解 UCP 的自适应量子遗传算法

量子遗传算法是一种概率进化算法,是量子计算与进化计算理论相结合的新兴交叉产物。它使用量子位编码染色体这一概率幅值表示,可以使一个量子染色体同时表达多个状态的信息,用量子门对叠加态的作用作为进化操作,能很好地保持种群的多样性,避免选择压力问题,使得种群以大概率向着优良模式进化,从而实现目标的优化求解。

13.3.3.1 UCP 的量子编码

本节提出了新的量子编码方式,在编码中考虑两个约束,即机组启停次数约束,机组最小连续停运和连续运行小时数约束。一个量子个体由 N 行 $5M+1$ 列的矩阵构成。矩阵中每一行代表一个机组在 24 h 内的启停状态。每一行的第一列为机组的初始状态(0 表示停止;1 表示启动),后面每 5 列代表一个启停位置的二进制码。矩阵中每一个二进制码都采用量子位表示:

$$|\psi> = \alpha|0> + \beta|1> \tag{13.40}$$

式中,α 和 β 代表相应状态出现概率幅值的两个复数,$|\alpha|^2$ 和 $|\beta|^2$ 分别表示 Q-bit 处于状态“0”和状态“1”的概率,满足 $|\alpha|^2+|\beta|^2=1$。此时 $|\alpha|^2$ 和 $|\beta|^2$ 使得量子位能分别表示“0”状态或“1”状态。每个长度为 m(m 个量子位)的 q 染色体可以表示如下:

$$\boldsymbol{q} = \begin{bmatrix} \alpha_1 & \alpha_2 & \cdots & \alpha_m \\ \beta_1 & \beta_2 & \cdots & \beta_m \end{bmatrix} \tag{13.41}$$

由此可以看出,一个具有 m 个量子位的个体可以表示 $2m$ 个状态。这样,种群的多样性得到了丰富，更加有利于算法在搜索空间中搜索。

13.3.3.2　种群初始化

在初始化过程中，即对生成的矩阵进行约束处理。约束处理的先后顺序为：机组启停次数；机组最小连续停运和连续运行小时数；机组容量约束；功率平衡约束。以某一台机组的启停位置生成为例，具体方法如图 13.10 所示。

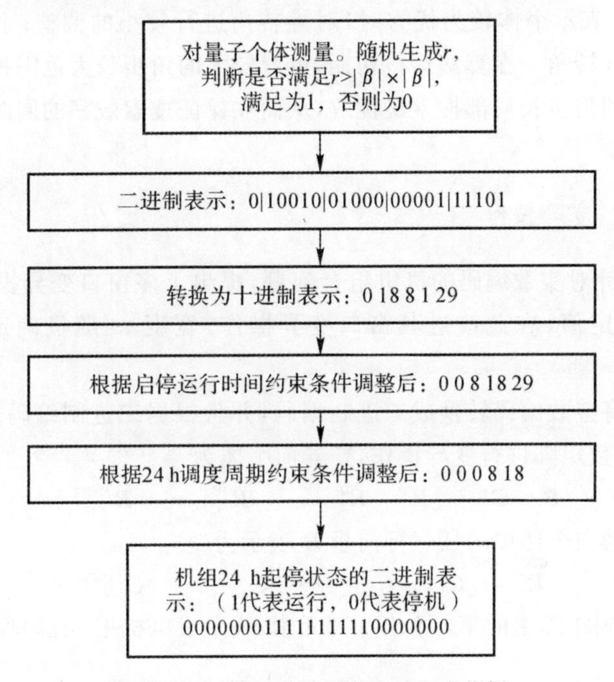

图 13.10　机组启停位置编码生成范例

13.3.3.3　自适应量子旋转操作

采用量子旋转门作为 AQGA 的主要进化操作，根据一般情况，量子门必须为可逆的酉矩阵。每个量子位都通过如下的量子旋转门来更新：

$$\boldsymbol{U}(\Delta\theta_i)=\begin{bmatrix}\cos(\Delta\theta_i) & -\sin(\Delta\theta_i)\\ \sin(\Delta\theta_i) & \cos(\Delta\theta_i)\end{bmatrix} \tag{13.42}$$

更新后的量子位如下：

$$\begin{bmatrix}\alpha'\\ \beta'\end{bmatrix}=\boldsymbol{U}(\Delta\theta_i)\begin{bmatrix}\alpha\\ \beta\end{bmatrix} \tag{13.43}$$

在量子旋转中，旋转角的选择对算法尤为重要，其幅度选择会影响算法的收敛速度。若幅度过大，会导致算法跨越的步长过大，从而会使算法陷入早熟；反之，又会使算法进行大量的冗余计算,导致算法的收敛速度变慢。针对本节的最小总成本的机组组合优化模型,定义自适应旋转角 θ_i:

$$\theta_i = \left[\theta_{\min} + (\theta_{\max} - \theta_{\min}) \frac{f_i - f_{\min}}{f_{\max} - f_{\min}}\right] e^{\left(\frac{-G}{G_{\max}}\right)} \tag{13.44}$$

式中,$\theta_{\min}$ 为最小旋转角;$\theta_{\max}$ 为最大旋转角;f_i 为第 i 个个体的适应度值;$f_{\min}$ 为最小适应度值;$f_{\max}$ 为最大适应度值;G 为当前代数;$G_{\max}$ 为最大代数。

式(13.44)表示个体较为优秀时,对旋转角进行较小的调整;个体较差时,使用相对较大的旋转角。在算法运行初期,设置较大的角步长大范围搜索最优解,后期则采用较小的角步长局部搜索最优解,从而在保证搜索效率的同时,兼顾了搜索精度。

13.3.3.4 变异操作

文献[36]针对实数编码的机组组合问题,提出了多窗口变异操作,但其窗口宽度 w 是一固定值,在此改进其窗口变异操作,宽度 w 随机确定。具体操作如下。

步骤1 将整数编码转换成二进制编码,并且根据二进制编码来确定机组功率矩阵,以此实数矩阵进行变异操作,变异前个体为

$$\boldsymbol{P} = \boldsymbol{G}^P = [\boldsymbol{R}_1^P \quad \boldsymbol{R}_2^P \quad \cdots \quad \boldsymbol{R}_i^P \quad \cdots \quad \boldsymbol{R}_N^P]^{\mathrm{T}} \tag{13.45}$$

进行变异操作个体中的任意行向量 $\boldsymbol{R}$ 表示为

$$\boldsymbol{R}_i^P = [\boldsymbol{C}_{i,1} \quad \boldsymbol{C}_{i,2} \quad \cdots \quad \boldsymbol{C}_{i,t} \quad \cdots \quad \boldsymbol{C}_{i,T}] \tag{13.46}$$

式中,$C_{i,t}$ 为编码矩阵中的第 i 行、第 t 列元素,表示发电机组 i 在时段 t 中的发电量大小。

变异后的个体为

$$\boldsymbol{O}_m = \boldsymbol{G}^m = [\boldsymbol{R}_1^m \quad \boldsymbol{R}_2^m \quad \cdots \quad \boldsymbol{R}_i^m \quad \cdots \quad \boldsymbol{R}_N^m]^{\mathrm{T}} \tag{13.47}$$

步骤2 生成随机数 $\alpha, \alpha \in (0,1)$;确定窗口变异的起始位子 j,满足 $j + w - 1 \leqslant T$;确定变异前的行向量 $\boldsymbol{R}_{i1}^P, \boldsymbol{R}_{i2}^P$。

步骤3 进行窗口变异操作,生成变异个体 $\boldsymbol{O}_m$。具体方法如下:

$$\boldsymbol{R}_i^m = \begin{cases} [C_{i1,1}, \cdots, C_{i1,j-1},\ (1-a)C_{i1,j}, \cdots, (1-a)C_{i1,j+w-1},\ C_{i1,j+w}, \cdots, C_{i1,T}], & i = i_1 \\ [C_{i2,1}, \cdots, C_{i2,j-1},\ (1+a)C_{i2,j}, \cdots, (1+a)C_{i2,j+w-1},\ C_{i2,j+w}, \cdots, C_{i2,T}], & i = i_2 \\ \boldsymbol{R}_i^m = \boldsymbol{R}_i^P, & \text{其他} \end{cases} \tag{13.48}$$

13.3.3.5 算法流程

AQGA 的算法流程如图 13.11 所示。

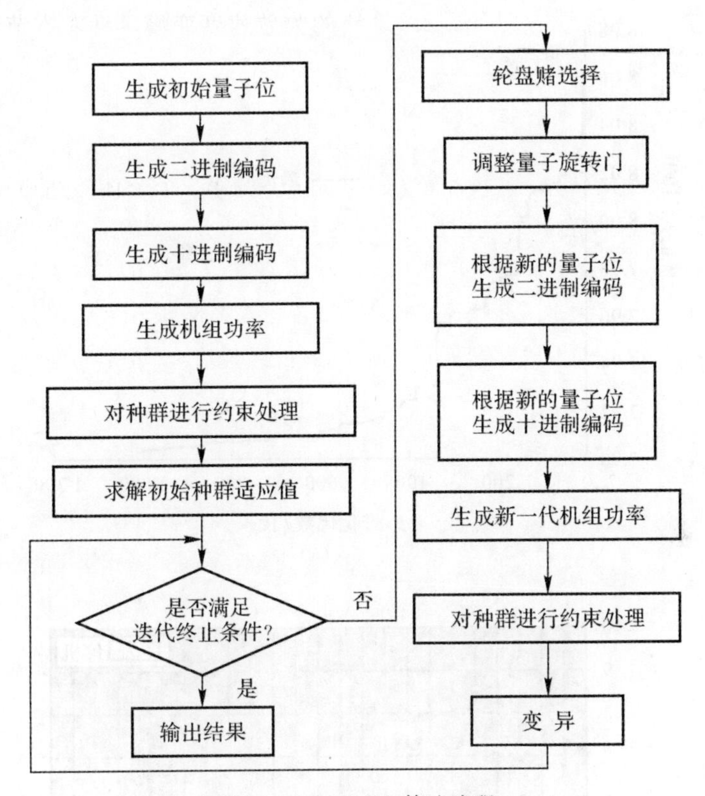

图 13.11　AQGA 算法流程

13.3.4　仿真算例分析

为验证本节中 AQGA 的有效性,采用文献[37]中的机组组合模型进行仿真研究。此次仿真在 IntelCore - i53337U1.8 GHz 处理器 4 G 内存的 AspireV5 - 472G 上运行,软件环境为 MATLAB 7.6.0(R2008a)。

算法中的参数确定规则为,在确定其他参数不变的情况下,只对其中一个参数进行调整,并进行 10 次运算。综合考虑所得 10 次运算结果的平均值、最优值及运算时间,确定最优参数。经过大量仿真,最优算法参数设置为:进化代数为 1 000 代;种群规模为 100;量子进化率为 75%;变异概率为 2%;量子旋转角范围 $\theta_{min}=0.05\pi$,$\theta_{max}=0.1\pi$;机组启停次数为 2 次时的仿真结果为最优。

仿真的最优值结果进化曲线与甘特图如图 13.12 所示。其中,图 13.12(a)的线的变化代表最优值随着进化代数的变化趋势,图 13.12(b)是机组启停调度图,图中黑色框代表机组运行,白色框代表停机。

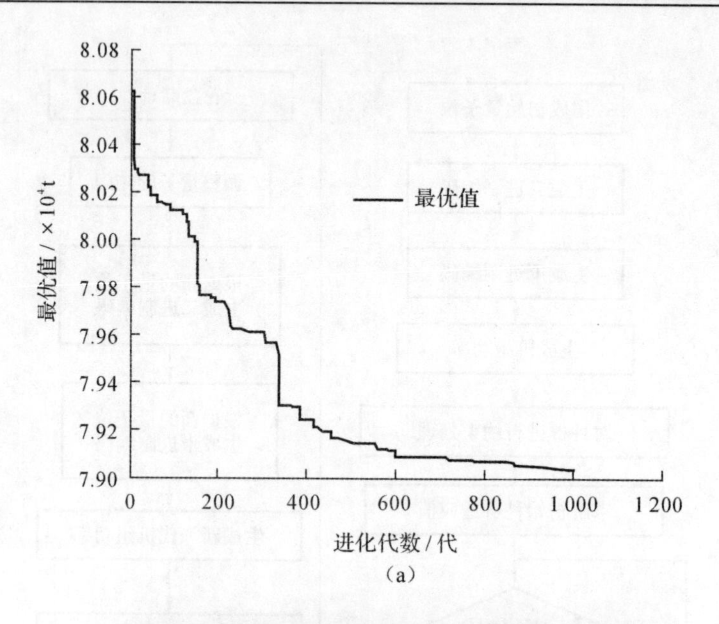

(a)

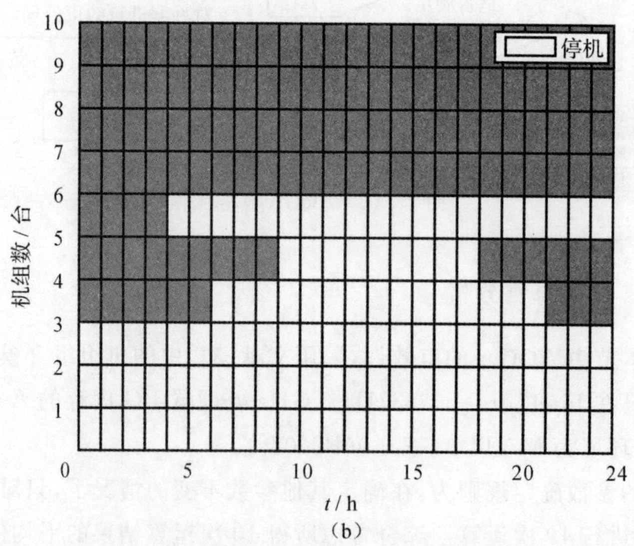

(b)

图 13.12　最优值结果进化曲线与甘特图

(a)进化曲线；(b)甘特图

经过 10 次运算之后，最低耗费值的最小值是 79 036 t，其运算时间是 26.482 9 s，10 次运算的平均耗能量为 79 133.5 t，平均计算时间为 27.831 4 s。相比于文献[11]所求得的运行耗能量(80 766 t)降低了 1 730 t，表明该 AQGA 有很好的收敛性和有效性。最优值各机组功率见表 13.7。

表 13.7　最优值各机组功率　　单位：MW

t/h	1	2	3	4	5	6	7	8	9	10
1	0	0	0	81.848 4	133.737 8	231.720 4	218.392 4	409.810 4	476.658 4	447.832 2
2	0	0	0	110.731 2	134.759 9	176.444 9	192.217 8	423.266 5	506.294 4	436.285 3
3	0	0	0	119.126 9	135.100 7	170.479 6	183.735 5	410.315 7	493.256 1	427.985 5
4	0	0	0	94.323 1	128.152 4	144.433 8	185.344 6	415.699 2	476.974 1	455.072 7
5	0	0	0	119.191 3	139.824 6	0	236.605 6	393.516 2	490.300 4	460.561 8
6	0	0	0	98.612 2	141.257 1	0	202.255 2	398.698 5	498.721 0	530.456 0
7	0	0	0	0	145.119 0	0	234.252 0	395.593 5	514.581 3	530.454 3
8	0	0	0	0	136.781 8	0	202.210 5	367.377 2	478.355 7	515.274 7
9	0	0	0	0	130.038 8	0	175.147 3	347.795 1	427.566 2	429.452 6
10	0	0	0	0	0	0	165.342 9	354.342 8	462.968 6	427.345 7
11	0	0	0	0	0	0	152.944 5	355.950 5	381.098 4	430.006 7
12	0	0	0	0	0	0	161.121 1	300.628 0	353.193 2	385.057 7
13	0	0	0	0	0	0	126.453 2	366.409 9	385.627 2	321.464 1
14	0	0	0	0	0	0	121.233 0	319.019 4	374.340 1	345.407 5
15	0	0	0	0	0	0	121.168 1	311.107 2	329.295 1	378.429 6
16	0	0	0	0	0	0	168.048 2	301.109 4	345.720 3	345.122 1
17	0	0	0	0	0	0	169.246 5	297.718 8	391.299 4	401.735 4
18	0	0	0	0	0	0	210.758 0	360.026 7	425.817 5	383.397 8
19	0	0	0	0	118.012 3	0	183.804 9	360.836 3	421.865 6	475.480 9
20	0	0	0	0	122.304 7	0	217.550 1	422.895 6	486.196 3	451.053 4
21	0	0	0	0	149.587 9	0	212.738 1	423.957 0	502.283 3	531.433 7
22	0	0	0	114.240 7	149.030 4	0	206.705 7	426.931 4	487.414 7	515.677 1
23	0	0	0	120.000 0	149.221 4	0	209.340 5	436.073 5	500.329 3	535.035 3
24	0	0	0	120.000 0	149.114 5	0	222.735 8	437.570 9	516.533 6	544.045 2

参考文献

[1] Venkatesh P, Gnanadass R, Padhy N P. Comparison and Application of Evolutionary Programming Techniques to Combined Economic Emission Dispatch with Line Flow Constraints[J]. IEEE Transactions on Power Systems, 2003, 18(2): 688 - 697.

[2] 李树山,李刚,程春田. 动态机组组合与等微增率法相结合的火电机组节能负荷分配方法[J].中国电机工程学报,2011,31(7):41 - 47.

[3] Abido M A. Multiobjective Particle Swarm Optimization for Environmental/economic Dispatch Problem[J]. Electric Power Systems Research, 2009, 79(7): 1105 - 1113.

[4] 高菱,江辉,李小燕. 基于独立性网损微增率和环境成本的发电调度[J].电力系统及其自动化学报,2011,23(5):47 - 52.

[5] 陈功贵,陈金富,段献忠. 考虑备用约束和阈点效应的电力系统环境经济优化调度[J].电力自动化设备,2009,29(8):18 - 22.

[6] 吴杰康,李赢. 梯级水电站联合优化发电调度[J].电力系统及其自动化学报,2010,22(4):11 - 18.

[7] 毛亚林,张国忠,朱斌,等.基于混沌模拟退火神经网络模型的电力系统经济负荷分配[J].中国电机工程学报,2005,25(3):65 - 70.

[8] 李茜,刘天琪,李兴源.大规模风电接入的电力系统优化调度新方法[J].电网技术,2013,37(3):733 - 739.

[9] 王治国,刘吉臻,谭文. 基于快速性与经济性多目标优化的火电厂厂级负荷分配研究[J].中国电机工程学报 2006,26(19):86 - 92.

[10] Zhang Huifeng, Zhou Jianzhong, et al. Short Term Hydrothermal Scheduling Using Multi - objective Differential Evolution with Three Chaotic Sequences[J]. International Journal of Electrical Power & Energy Systems, 2013, 47(1): 85 - 99.

[11] 刘静,罗先觉. 采用多目标随机黑洞粒子群优化算法的环境经济发电调度[J].中国电机工程学报,2010,30(34):105 - 111.

[12] 蒋秀洁,徐满清,龚学会. 计及阈点效应负荷经济分配的杂交粒子群算法[J].电力系统保护与控制,2009,37(8):10 - 13.

[13] Rughooputh H C S, Ah King R T F. Environmental/eco - nomic Dispatch of Thermal Units Using an Elitist Multiobjective Evolutionary Algorithm [C]//IEEE International Conference on Industrial Technology, Maribor,

[29] Padhy N P. Unit Commitment - a Bibliographical Survey[J]. IEEE Transactions on Power Systems,2004,19(2):1196-1205.

[30] 蔡超豪,蔡元宇.机组优化组合的遗传算法[J].电网技术,1997,21(1):44-47.

[31] Gil E, Bustos J, Rudnick H. Short - term Hydrothermal Generation Scheduling Model Using a Genetic Algorithm[J] .IEEE Transactions. on Power Systems,2003,18(4):1256-1264.

[32] 赵波,曹一家.电力系统机组组合问题的改进粒子群优化算法[J].电网技术,2004,28(21):6-10.

[33] Sishaj P Simon, Padhy Narayana Prasad, Anand R S. An Ant Colony System Approach for Unit Commitment Problem[J].International Journal of Electrical Power & Energy Systems,2006,28(5):315-323.

[34] Lau T W, Chung C Y, Wong K P, e t al. Quantuminspired Evolutionary Algorithm Approach for Unit Commitment[J]. IEEE Transactions on Power Systems,2009,24(3):1503-1512.

[35] 于艾清,顾幸生.一种求解同等并行机调度的混合量子衍生进化算法[J].控制与决策,2011,26(10):1473-1478.

[36] 孙力勇,张焰,蒋传文.基于矩阵实数编码遗传算法求解大规模机组组合问题[J].中国电机工程学报,2006,1(2):82-87.

[37] 韩学山,柳焯.考虑发电机组输出功率速度限制的最优机组组合[J].电网技术,1994,18(6):11-16.

[38] 陈碧云,韦杏秋,陈绍南,等. 基于多种群遗传算法的电力系统多目标优化[J].电力系统及其自动化学报,2015,27(7):24-29.

[39] 杨胡萍,李威仁,左士伟,等. 基于改进遗传算法的电力系统无功优化[J].郑州大学学报(工学版),2015,36(6):66-75.

[40] 于艾清,刘滔.基于自适应量子遗传算法的电力系统机组组合问题[J].上海电力学院学报,2015,31(1):24-28.

Slovenia:2003.

[14] Farag A, Al - Baiyat S, Cheng T C. Economic Load Dispatch Multiobjective Optimization Procedures Using Linear Programming Techniques[J]. IEEE Transactions on Power Systems, 1995, 10(2): 731 - 738.

[15] Carpentier J. Optimal power flows [J]. Journal of Electrical Power&Energy Systems, 1979, 1(1): 3 - 15.

[16] 张勇军,任震,李邦峰.电力系统无功优化调度研究综述[J].电网技术,2005,29(2):50 - 56.

[17] 张丽,徐玉琴,王增平.包含分布式电源的配电网无功优化[J].电工技术学报,2011,26(3):168 - 174.

[18] 程杉,陈民铀,黄薏宸.含分布式发电的配电网多目标无功优化策略研究[J].电力系统保护与控制,2013,41(10):45 - 50.

[19] 陈琳,钟金,倪以信,等.含分布式发电的配电网无功优化[J].电力系统自动化,2006,30(14):20 - 24.

[20] 陈海焱,陈金富,段献忠.含风电机组的配网无功优化[J],中国电机工程学报,2008,28(7):40 - 45.

[21] 赵晶晶,符杨,李东东.考虑双馈电机风电场无功调节能力的配电网无功优化[J].电力系统自动化,2011,35(11):33 - 38.

[22] 张庭场,耿光飞.基于改进粒子群算法的中压配电网无功优化[J].电网技术,2012,36(2):158 - 162.

[23] 崔挺,孙元章,徐箭,等.基于改进小生境遗传算法的电力系统无功优化[J].中国电机工程学报,2011,31(19):43 - 50.

[24] 刘科研,盛万兴,李运华. 基于改进遗传模拟退火算法的无功优化[J].电网技术,2007,31(3):13 - 18.

[25] 熊虎岗,程浩忠,李宏仲.基于免疫算法的多目标无功优化[J].中国电机工程学报,2006,26(11):102 - 108.

[26] 李鸿鑫,李银红,李智欢.多目标进化算法求解无功优化问题的比较与评估[J].电网技术,2013,37(6):1652 - 1658.

[27] 中华人民共和国中央人民政府门户网站.国务院办公厅关于转发发展改革委等部门节能发电调度办法(试行)的通知(国办发[2007]53号)[EB/OL].[2007 - 08 - 07]. http://www.gov.cn/zwgk/2007—08/07/content_708486.htm.

[28] 王锡凡.机组组合问题的优化方法综述[J].电力系统自动化,1999,23(4):51 - 56.

[29] Padhy N P. Unit Commitment - a Bibliographical Survey [J]. IEEE Transactions on Power Systems, 2004, 19(2): 1196 - 1205.

[30] 蔡超豪，蔡元宇.机组优化组合的遗传算法[J].电网技术，1997，21(1)：44 - 47.

[31] Gil E, Bustos J, Rudnick H. Short - term Hydrothermal Generation Scheduling Model Using a Genetic Algorithm[J] .IEEE Transactions. on Power Systems, 2003, 18(4): 1256 - 1264.

[32] 赵波，曹一家.电力系统机组组合问题的改进粒子群优化算法[J].电网技术，2004，28(21)：6 - 10.

[33] Sishaj P Simon, Padhy Narayana Prasad, Anand R S. An Ant Colony System Approach for Unit Commitment Problem[J].International Journal of Electrical Power & Energy Systems, 2006, 28(5): 315 - 323.

[34] Lau T W, Chung C Y, Wong K P, e t al. Quantuminspired Evolutionary Algorithm Approach for Unit Commitment [J]. IEEE Transactions on Power Systems, 2009, 24(3): 1503 - 1512.

[35] 于艾清，顾幸生.一种求解同等并行机调度的混合量子衍生进化算法[J].控制与决策，2011，26(10)：1473 - 1478.

[36] 孙力勇，张焰，蒋传文.基于矩阵实数编码遗传算法求解大规模机组组合问题[J].中国电机工程学报，2006，1(2)：82 - 87.

[37] 韩学山，柳焯.考虑发电机组输出功率速度限制的最优机组组合[J].电网技术，1994，18(6)：11 - 16.

[38] 陈碧云，韦杏秋，陈绍南，等. 基于多种群遗传算法的电力系统多目标优化[J].电力系统及其自动化学报，2015，27(7)：24 - 29.

[39] 杨胡萍，李威仁，左士伟，等. 基于改进遗传算法的电力系统无功优化[J].郑州大学学报(工学版)，2015，36(6)：66 - 75.

[40] 于艾清，刘滔.基于自适应量子遗传算法的电力系统机组组合问题[J].上海电力学院学报，2015，31(1)：24 - 28.

Slovenia:2003.

[14] Farag A, Al - Baiyat S, Cheng T C. Economic Load Dispatch Multiobjective Optimization Procedures Using Linear Programming Techniques[J]. IEEE Transactions on Power Systems,1995,10(2):731 -738.

[15] Carpentier J. Optimal power flows [J]. Journal of Electrical Power&Energy Systems,1979,1(1):3 -15.

[16] 张勇军,任震,李邦峰.电力系统无功优化调度研究综述[J].电网技术,2005,29(2):50 -56.

[17] 张丽,徐玉琴,王增平.包含分布式电源的配电网无功优化[J].电工技术学报,2011,26(3):168 -174.

[18] 程杉,陈民铀,黄薏宸.含分布式发电的配电网多目标无功优化策略研究[J].电力系统保护与控制,2013,41(10):45 -50.

[19] 陈琳,钟金,倪以信,等.含分布式发电的配电网无功优化[J].电力系统自动化,2006,30(14):20 -24.

[20] 陈海焱,陈金富,段献忠.含风电机组的配网无功优化[J],中国电机工程学报,2008,28(7):40 -45.

[21] 赵晶晶,符杨,李东东.考虑双馈电机风电场无功调节能力的配电网无功优化[J].电力系统自动化,2011,35(11):33 -38.

[22] 张庭场,耿光飞.基于改进粒子群算法的中压配电网无功优化[J].电网技术,2012,36(2):158 -162.

[23] 崔挺,孙元章,徐箭,等.基于改进小生境遗传算法的电力系统无功优化[J].中国电机工程学报,2011,31(19):43 -50.

[24] 刘科研,盛万兴,李运华. 基于改进遗传模拟退火算法的无功优化[J].电网技术,2007,31(3):13 -18.

[25] 熊虎岗,程浩忠,李宏仲.基于免疫算法的多目标无功优化[J].中国电机工程学报,2006,26(11):102 -108.

[26] 李鸿鑫,李银红,李智欢.多目标进化算法求解无功优化问题的比较与评估[J].电网技术,2013,37(6):1652 -1658.

[27] 中华人民共和国中央人民政府门户网站.国务院办公厅关于转发发展改革委等部门节能发电调度办法(试行)的通知(国办发[2007]53 号)[EB/OL].[2007 - 08 - 07]. http://www.gov.cn/zwgk/2007 — 08/07/content_708486.htm.

[28] 王锡凡.机组组合问题的优化方法综述[J].电力系统自动化,1999,23(4):51 -56.